21世纪全国高职高专电子信息系列技能型规划教材

电子技术应用项目式教程

（第2版）

主　编　王志伟

参　编　华　奇　赖永波　静国梁

孙　玲　徐江红　田　齐

严　惠

主　审　金卫国

北京大学出版社

PEKING UNIVERSITY PRESS

内 容 简 介

本书包括模拟电路、数字电路两部分内容。 全书共分为两篇、13个项目，其理论和实践内容主要围绕两大项目展开，即模拟电路部分的音频放大电路和数字电路部分的数显电容计的制作。

本书可作为高职高专机电、电气自动化技术专业及相近专业的教材，也可供相关专业的工程技术人员学习参考。

图书在版编目(CIP)数据

电子技术应用项目式教程/王志伟主编．—2版．—北京：北京大学出版社，2015.9
（21世纪全国高职高专电子信息系列技能型规划教材）
ISBN 978-7-301-26076-0

Ⅰ.①电… Ⅱ.①王… Ⅲ.①电子技术—高等职业教育—教材 Ⅳ.①TN

中国版本图书馆CIP数据核字（2015）第167811号

书　　名	电子技术应用项目式教程（第2版）
著作责任者	王志伟　主编
策划编辑	刘晓东
责任编辑	李娉婷
标准书号	ISBN 978-7-301-26076-0
出版发行	北京大学出版社
地　　址	北京市海淀区成府路205号　100871
网　　址	http://www.pup.cn　新浪微博：@北京大学出版社
电子信箱	pup_6@163.com
电　　话	邮购部62752015　发行部62750672　编辑部62750667
印 刷 者	北京溢漾印刷有限公司
经 销 者	新华书店
	787毫米×1092毫米　16开本　18印张　420千字
	2010年8月第1版
	2015年9月第2版　2018年1月第3次印刷
定　　价	40.00元

第 2 版前言

本书是根据高职高专机电、自动化等专业的培养目标，并参照相关行业的职业技能鉴定规范和高级技术工人等级考核标准，以及后续专业课程对电子技术知识点的需求编写而成的。为了适应新技术发展对电子技术课程的教学需要，并符合目前高职教育项目导向、任务驱动的课改方向，本书在编写过程中，坚持理论系统性、注重实践性的原则。

本书分为 13 个项目，理论和实践内容主要围绕两大部分展开，即模拟电路部分的音频放大电路和数字电路部分的数显电容计的制作。第 2 版内容将第 1 版内容的项目 1 和项目 2 进行了合并，并优化了其中内容，可使学生尽快掌握电子技术基本技能训练。音频放大电路和数显电容计的制作包含了模拟电路和数字电路的绝大部分知识点，且教学内容遵循由易到难、从简单到复杂、理论结合实践的原则，按照理论内容和实践教学内容 1∶1 的安排方式，将总课题拆分为若干个子项目进行模块化的教学。另外，第 2 版增加了 EDA(Multisim 软件)的认知及应用，真正实现了教材内容“教、学、做、验、仿”的目标。同时，书中一些典型器件和电路的测试与仿真，也尽量选用了项目中所用到的元件，以降低实践成本。另外，仿真电路已随本书同时配套提供，可在 www.pup6.com 网站下载，所有仿真电路中的元件参数设置均已通过调试，达到测试要求。本书还安排了一些可操作性强、教学成本低的项目以供学习和训练，既能让学生系统地掌握知识点，又能培养学生制作、调试电子电路以及分析、排除故障的实际操作能力。

本书建议学时分配如下。

序　号	内　容	总学时	知识训练	技能训练
项目 1	电子技术基本技能训练	10	4	6
项目 2	二极管的认知及晶体管直流稳压电源的制作	6	3	3
项目 3	晶体管的认知及应用电路的制作	6	3	3
项目 4	集成运放、反馈的认知及应用电路的制作	6	3	3
项目 5	功率放大器的认知及应用电路的制作	6	3	3
项目 6	信号发生器的认知及应用电路的制作	6	4	2
项目 7	电力电子器件的认知及应用电路的制作	4	2	2
项目 8	数字电路基础	8	6	2
项目 9	集成门电路的认知及应用电路的制作	6	3	3
项目 10	组合逻辑电路的认知及数显电容计显示电路的制作	8	4	4
项目 11	时序逻辑电路的认知及应用电路的制作	8	4	4
项目 12	集成 555 定时器的认知及应用电路的制作	8	4	4
项目 13	集成 A/D 及 D/A 转换器的认知及应用电路的制作	6	4	2
附录	EDA(Multisim)认知及应用	8	3	5
总　计		96	50	46

注：读者可根据自己的实际条件和需要，选择合适的部分进行学习或教学，按照电子技术基本内容，本书建议学时范围为 64～96 个学时。

本书由江苏信息职业技术学院王志伟担任主编；江苏信息职业技术学院华奇、赖永波、孙玲、徐江红、严惠、田齐，山东理工职业学院静国梁，共同参与编写；由江苏信息职业技术学院金卫国担任主审。

本书编写分工如下：孙玲编写项目1，王志伟编写项目2～5，静国梁编写项目6～7，赖永波编写项目8～9，徐江红编写项目10～11，华奇编写项目12，严惠编写项目13，田齐编写附录。全书由王志伟统稿。

在编写过程中得到了洪雪峰高工、邓红教授、曹菁教授、焦振宇教授、金卫国副教授、杨春生副教授的大力支持，在此表示衷心的感谢！

由于编者水平及编写时间所限，书中难免存在疏漏之处，恳请广大读者给予批评指正。

编　者

2015年5月

目　录

项目1

电子技术基本技能训练

学习目标

1. 知识目标

(1) 了解常用元器件的概况。

(2) 掌握常见电阻、电位器元件的符号、分类、特点及使用。

(3) 掌握常见电感元件的基本特性：电感的结构与符号、电感的分类及特点、电感的使用及选用原则等。

(4) 掌握常见电容元件的基本特性：电容的结构与符号、电容的分类及特点、电容的使用及选用原则等。

(5) 掌握常用测量仪表的使用，了解各种测量仪器的特点、分类和工作原理。

2. 技能目标

(1) 掌握利用万用表测量电压、电流、电阻、电容等特性参数的方法。

(2) 掌握直流稳压电源、信号发生器、示波器的使用。

(3) 掌握利用信号发生器输出相应幅值和频率的波形的方法，以及利用示波器测试信号发生器输出波形的特性参数的方法。

(4) 掌握焊接工艺中常用焊接工具的使用，掌握焊接工艺(五步工艺法)，掌握焊接工艺的基本知识。

生活提点

生活中经常用到各种电器，如计算机、手机、随身听、电动剃须刀等，包括本书中将要制作的音频放大器，不管这些电器的电路是简单还是复杂，它们都是由各种各样的电子元器件组成的，这些器件的识别和选用，和运用各种测量仪表对电路进行特性测量，以及运用手工焊接技术完成成品电路板的制作，都是学习电子技术必须掌握的内容。

项目任务

(1) 掌握万用表、信号发生器、示波器以及晶体管稳压电源的使用。

(2) 掌握应用直标法以及测试仪表测试各种元器件的特性参数的方法。

(3) 熟练掌握手工焊接的基本技能。

项目实施

1.1 万用表的认知及使用

1.1.1 指针式万用表

万用表实物如图 1.1 所示。从万用表实物的面板可看到，万用表可测量电阻、交直流电压与电流、电容量及晶体管的极性等参数。

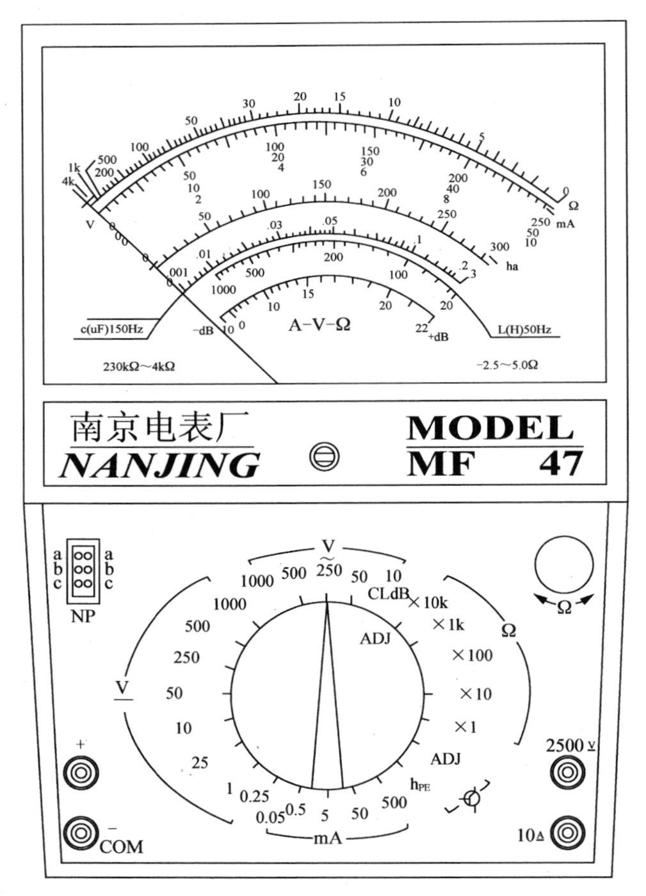

图 1.1 指针式万用表实物面板

1. 结构组成

万用表主要由测量机构(习惯上称为表头)、测量线路、转换开关和刻度盘 4 部分构成。

万用表的面板上有多条标度尺组成的刻度盘、转换开关旋钮、调零旋钮和接线插孔等。

1）表头

万用表的表头通常采用灵敏度高、准确度好的磁电系测量机构，它是万用表的核心部件，其作用是指示该测电量的数值。其内部等效电路如图 1.2 所示。

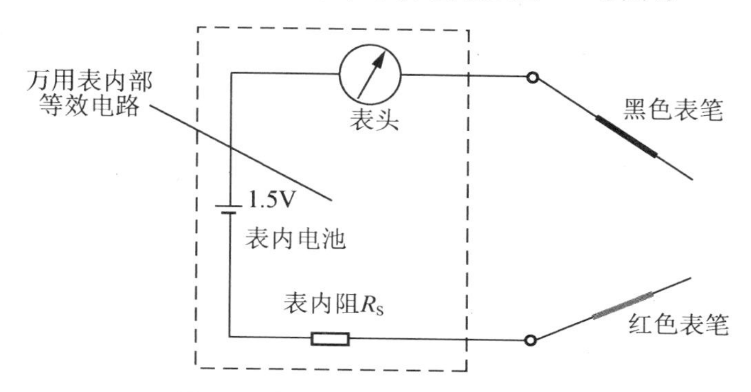

图 1.2　指针式万用表内部等效电路

2）转换开关

转换开关用来选择不同的量程和被测量的电量。转换开关旋钮周围有几种符号，其作用和含义如下。

“Ω”表示测量直流电阻挡，以欧(姆)为单位。“×”表示倍率；“k”(也有用 K 的)表示 1000；“×k”表示表盘上 Ω 刻度线读值乘以 1000，如刻度指示为 4，则所测阻值为 4000Ω，即 4kΩ。

“DCV”表示测量直流电压挡，以 V(伏)为单位，各分挡上的数值是该挡允许实测电压的上限值，如果超过该值万用表的表针会满偏出刻度线。

“ACV”表示测量交流电压挡，以 V(伏)为单位。各分挡上的数字含义与 DCV 挡相同。

“DCmA”和“A”表示测量直流电流，分别以 μA(微安)和 mA(毫安)为单位。它也由若干个表示测量允许上限值的分挡组成。

万用表刻度线分为均匀和非均匀两种，其中电流和电压的刻度线为均匀刻度线，欧姆刻度线为非均匀刻度线。

2. 万用表的使用方法及注意事项

1）正确地进行被测电量和量程的选择

在选择万用表量程时，原则上一般要使指针指示在满刻度的 1/2 到 2/3 之间的位置，这样便于读数，测量结果比较准确。如果不知道被测电量的范围，可先选择最大的量程，若指针偏转很小，则逐步减小量程。

2）正确读数

在读数时，眼睛应位于指针的正上方，对于有反射镜的万用表，应使指针和镜像中的指针相重合，这样可以减小读数误差，提高读数准确性。在测量电流和电压时，还要根据所选择的量程来确定刻度线上每一个小格所代表的值，从而确定最终的读数值。

3）使用注意事项

(1) 在使用万用表之前，应先进行“机械调零”，即在没有被测量电量时，使万用表指针指在零电压或零电流的位置上，尤其是测量电阻时，在切换量程时，不同量程均必须调零。

(2) 在使用万用表过程中，不能用手去接触表笔的金属部分。这样一方面可以保证测量的准确，另一方面也可以保证人身安全。

(3) 在测量某一电量时，不能在测量的同时换挡，尤其是在测量高电压或大电流时，更应注意，否则会使万用表毁坏。如需换挡，应先断开表笔，换挡后再去测量。

(4) 万用表在使用时，必须水平放置，以免造成误差。同时，还要注意避免外界磁场对万用表的干扰。

(5) 万用表使用完毕，应将转换开关置于交流电压的最大挡，如果长期不使用，还应将万用表内部的电池取出来，以免电池漏液腐蚀影响表内其他器件。

1.1.2 数字式万用表

数字式万用表面板及各部分使用功能如图 1.3 所示，其区别于指针式万用表的特点如下。

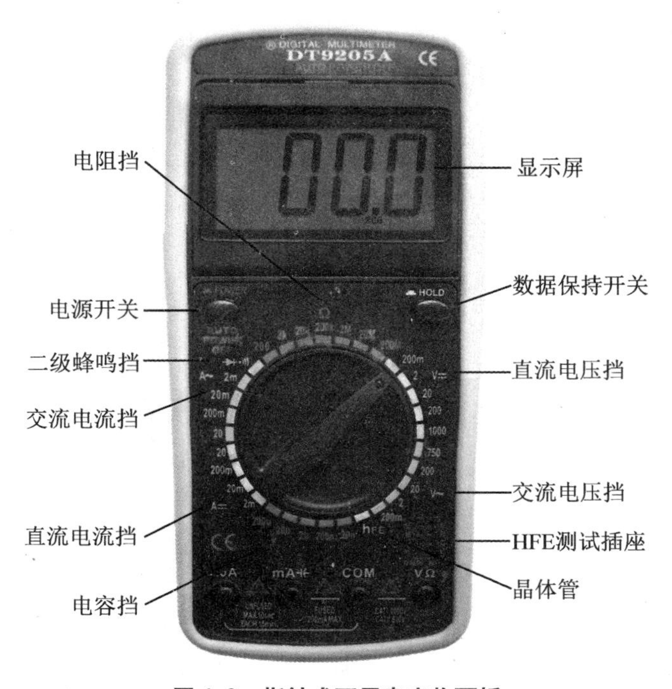

图 1.3 指针式万用表实物面板

（1）数字显示，直观准确。

（2）准确度高。数字式万用表的准确度与显示位数有关，其性能远远优于指针式万用表。

（3）分辨率高。分数字式万用表中分辨率是以能显示的最小数(零除外)与最大数字的百分比来确定的，百分比越小，分辨率越高。例如：3×1/2数字式万用表可显示的最小数为1，最大数为1999，故分辨率为1/1999≈0.05％。

（4）测量速率快。测量速率是指仪表在每秒内对被测电路的测量次数，单位为“次/s”。数字式万用表可达每秒几十次，甚至几百或上千次。

（5）输入阻抗高。数字式万用表具有很高的输入阻抗，这样可以减少对被测电路的影响。

（6）集成度高，便于组装和维修。目前数字式万用表均采用中大规模集成电路，外围电路十分简单，组装和维修都很方便，同时也使万用表的体积大大缩小。

（7）保护功能齐全。数字式万用表内部有过流、过压等保护电路，过载能力很强。在不超过极限值的情况下，即使出现误操作(如用电阻挡测量电压等)，也不会损坏内部电路。

（8）数字式万用表还具有功耗低、抗干扰能力强等特点。

1.2　电阻元件的认知及测试

电阻在电子产品中是必不可少的、用得最多的元件之一。它的种类繁多、形状各异，功率也各有不同，在电路中常用来控制电流、分配电压。电阻按使用场合可分为固定电阻和电位器。

1.2.1　固定电阻

1. 固定电阻种类

固定电阻的种类比较多，按材料不同，主要分为碳质电阻、碳膜电阻、线绕电阻等。常用的固定电阻元件实物如图1.4所示。

(a) 碳膜电阻

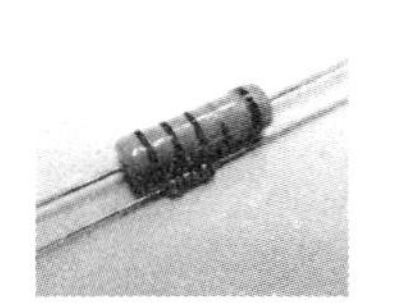
(b) 金属膜电阻

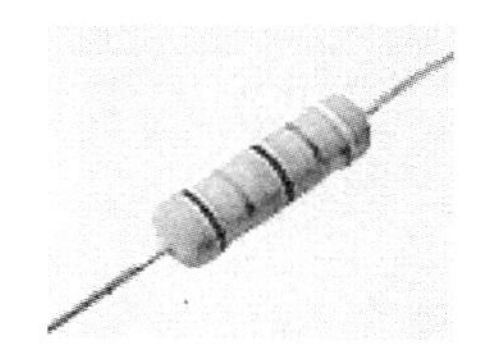
(c) 金属氧化膜电阻

(d) 线绕电阻

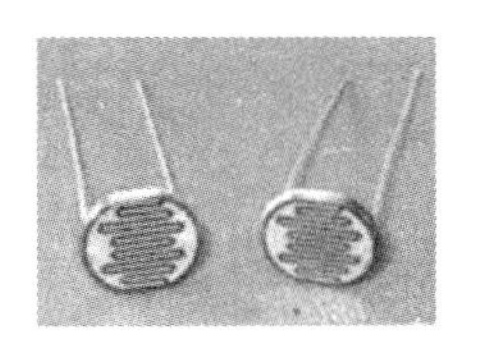
(e) 光敏电阻

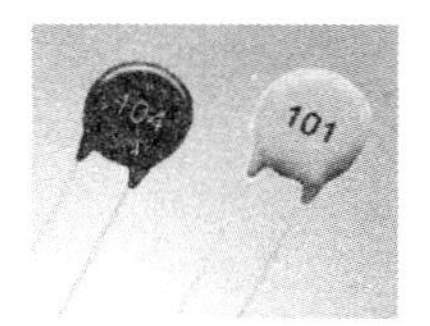

(f) 热敏电阻

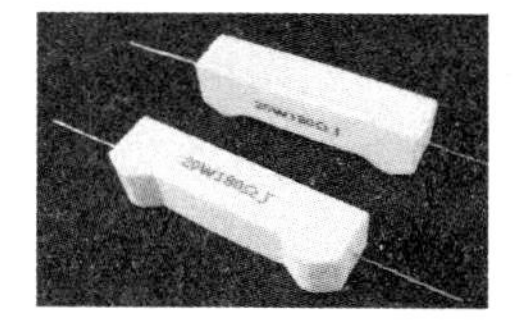
(g) 水泥电阻

图1.4　电阻实物

固定电阻的阻值是固定不变的，阻值的大小就是它的标称阻值。各种电阻的特性及使用范围见表1－1。

表1－1　电阻特性及使用范围

电阻类型	材料及结构组成	特　　点	使用范围
碳膜电阻	由结晶碳在高温与真空的条件下沉淀在瓷棒上或瓷管骨架上制成	碳膜电阻成本较低，性能一般	用在收录机、电视机以及其他一些电子产品中
金属膜电阻	由合金粉在真空的条件下蒸发于瓷棒骨架表面制成	稳定性好、高频特性好、噪声小、可靠性高，并具有比较好的耐高温特性(能在125℃的温度下长期工作)及精度高的特点	被广泛应用于高级音响器材、计算机、仪表、国防及太空设备等方面
金属氧化膜电阻	采用真空合金蒸发工艺制成，可使瓷棒表面形成一层导电金属膜。刻槽和改变金属膜厚度可以控制阻值，分为四色环和五色环两种	与金属膜电阻相比，具有更高的耐压、耐热性能，兼备低杂音，高频特性好的优点。但长期工作的稳定性稍差，电阻皮膜负载的电力也高。高精度氧化膜电阻误差可达±0.5～±0.01％	可用于工作温度较高的电子电路和设备中
绕线电阻	由镍、铬、锰铜、康铜等合金电阻绕在瓷管上制成	具有精度高、稳定性好的特点，并能承受较高的温度(能在300℃左右的温度下连续工作)和较大的功率，但不适用于高频电路	在万用表、电阻箱中作为分压器和限流器，在电源电路中作限流电阻
热敏电阻	电阻体由半导体陶瓷材料组成，热敏电阻采用半导体材料，大多为负温度系数，即阻值随温度增加而降低	灵敏度较高；工作温度范围宽，为－273～2000℃；体积小；使用方便，电阻值可在0.1～100kΩ间任意选择；易加工成复杂的形状，可大批量生产；稳定性好、过载能力强	可作为电子线路元件用于仪表线路温度补偿和温差电偶冷端温度补偿等。可实现自动增益控制，延迟电路和保护电路
光敏电阻	光敏电阻器是利用半导体的光电导效应制成的一种电阻值随入射光的强弱而改变的电阻器，通常由光敏层、玻璃基片和电极等组成	电阻值随光照强度的变化而发生明显的变化，分为负温度系数的热敏电阻和正温度系数的热敏电阻	往往作为控制电路中的感光元件来使用

2. 固定电阻的识别及参数测量

固定电阻的文字符号常用字母 R 表示，在电路图中的符号如图 1.5 所示。其识别及参数测量方法有以下两种。

(1) 色标法。用不同颜色的色环表示电阻器的阻值和误差。电阻器上有 3 道或 4 道色环，靠近电阻器端头的为第一道色环，其余的顺次为第二、三、四道色环。第四道色环表示误差，如没有，其误差为±20%。表示方法如图 1.6 所示。

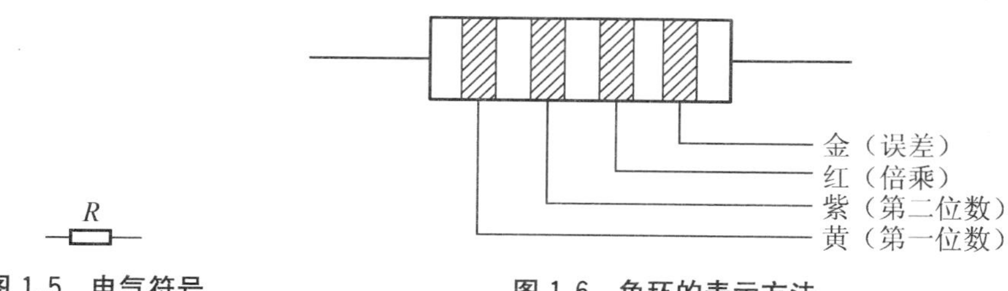

图 1.5　电气符号　　图 1.6　色环的表示方法

色环所代表的意义见表 1-2。如果一个电阻器的色环分别为红、紫、棕、银，则这个电阻器的阻值为 270Ω，误差为±10%。

表 1-2　电阻色环(四色环)代表的意义

色环颜色	第一色环(第一位数)	第二色环(第二位数)	第三色环(前两位应乘的值/Ω)	第四色环(误差)
黑	0	0	$\times 10^{0}$	±1%
棕	1	1	$\times 10^{1}$	±2%
红	2	2	$\times 10^{2}$	±3%
橙	3	3	$\times 10^{3}$	±4%
黄	4	4	$\times 10^{4}$	—
绿	5	5	$\times 10^{5}$	—
蓝	6	6	$\times 10^{6}$	—
紫	7	7	$\times 10^{7}$	—
灰	8	8	$\times 10^{8}$	—
白	9	9	$\times 10^{9}$	—
金	—	—	$\times 10^{-1}$	±5%
银	—	—	$\times 10^{-2}$	±10%
无色	—	—	—	±20%

精密电阻器用 5 条色环表示标称阻值和允许偏差，通常五色环电阻识别方法与四色环电阻一样(第 1～3 环为有效数字)，只是比四色环电阻器多一位有效数字，其表示方法如图 1.7 所示。

例如图 1.7(b)中电阻器的色环颜色依次是：棕、紫、绿、银、棕，其标称阻值为：

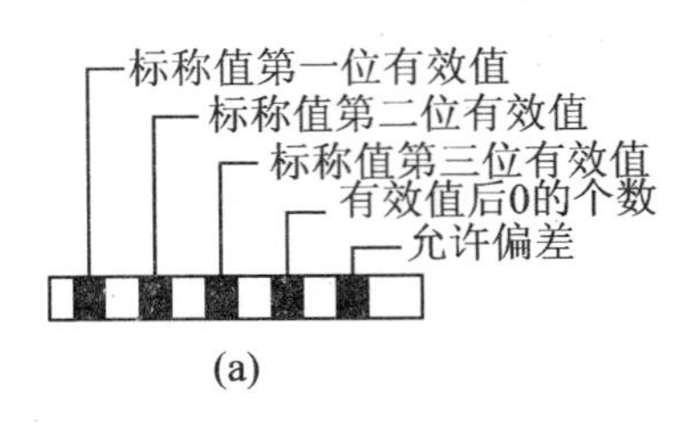

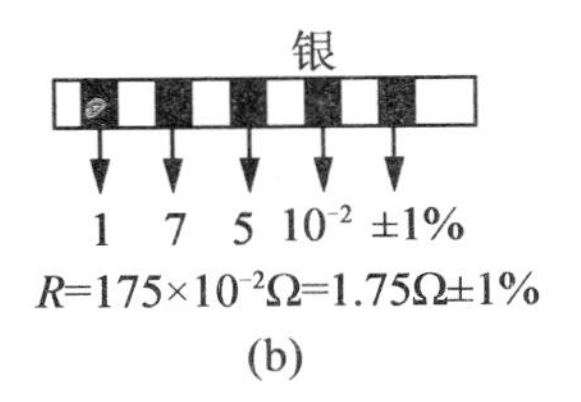

图 1.7　五色环的表示方法

$175\times10^{-2}\Omega=1.75\Omega$，偏差为±1%(故第五色环颜色一般为棕色)。

(2) 万用表测试。选择碳膜、金属膜等各种类型和精度的电阻若干，再根据色环判别出各个电阻的标称值并记录。通过万用表测量电阻值(注意：每更换量程之前先调零)，检查其阻值与标称值是否相符，差值是否在电阻器的标称误差之内，并记录在表 1-3 之内。

表 1-3　电阻测量记录表

电　阻	1#电阻	2#电阻	3#电阻	4#电阻	5#电阻	6#电阻	7#电阻	8#电阻
色标值								
测量值								
误　差								

以上讨论的只是阻值不可变的固定电阻，但在很多电路中，需要在合适的时候改变电阻的值，这就需要用到在一定范围内阻值可变的可变电阻，即电位器。

1.2.2　电位器

电位器是一种可调的电子元件，它由一个电阻体和一个转动或滑动系统组成。当电阻体的两个固定触点之间外加一个电压时，通过转动或滑动系统改变触点在电阻体上的位置，在动触点与固定触点之间便可得到一个与动触点位置成一定关系的电压，如后面所做的音频放大电路调节音量、音调以及数显电容计中进行精度调试时均要用到各种类型的电位器。

电位器实物及电气符号如图 1.8 所示。

1. 电位器分类及特性

电位器按电阻体所用的材料的不同可分为碳膜电位器、绕线电位器、金属膜电位器、碳质实芯电位器、有机实芯电位器、玻璃釉电位器等。

电位器按结构的不同可分为单圈、多圈电位器，串联、双联电位器，带开关电位器，锁紧和非锁紧型电位器。

按调节方式又分为旋转式电位器、直滑式电位器。其中旋转式电位器的滑动臂在电阻体上做旋转运动，单圈式、多圈式电位器就属于这种。

电位器的阻值变化规律是指电位器的阻值随转轴的旋转角度而变化的关系。变化规律有 3 种不同的形式，即直线式、指数式、对数式。其特性如图 1.9 所示。

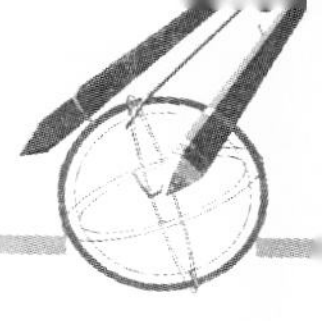

(a) 合成碳膜电位器

(b) 有机实心电位器

(c) 直滑式电位器

(d) 数字电位器

(e) 方形电位器

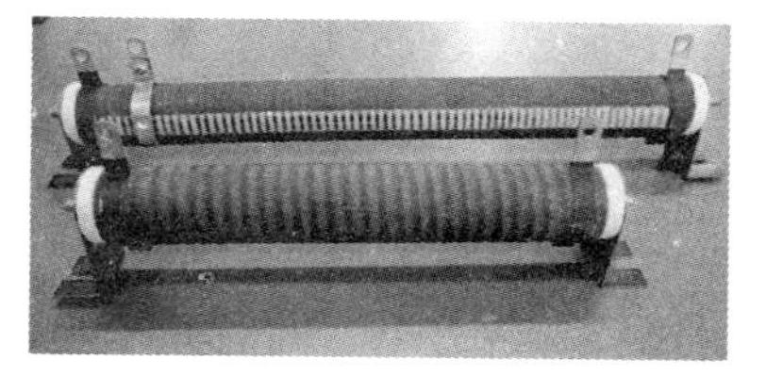

(f) 绕线电位器

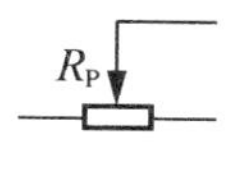

(g) 电气符号

图 1.8　电位器实物及电气符号

(1) 直线式。用字母 X 表示，阻值随转轴的旋转作均匀的变化，并与旋转角度成正比，就是说阻值随旋转角度的增大也在增大。这种电位器适用于作分压、偏流的调整等。

(2) 对数式。用字母 D 表示，阻值随转轴的旋转作对数关系的变化，就是说阻值变化一开始较大，而后变化逐渐变慢。这种电位器适用于作音调控制和黑白电视机的黑白对比度调整。

(3) 指数式。用字母 Z 表示，阻值随旋转轴的旋转作指数规律变化，就是说阻值变化一开始比较缓慢，以后随转角的加大阻值变化也逐渐加快。这种电位器适用于作音量控制。

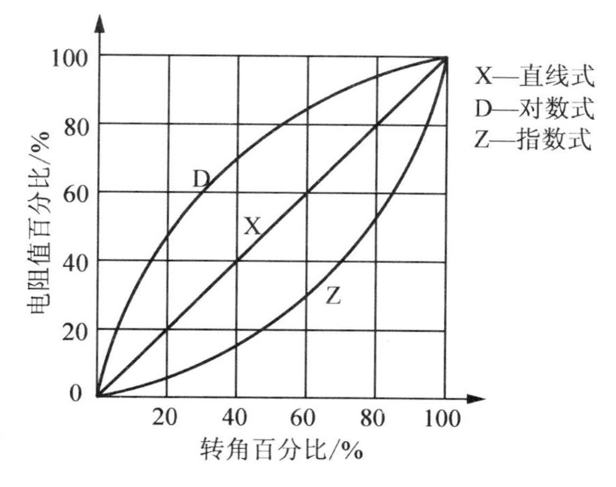

图 1.9　不同电位器特性曲线

图 1.9 所示各种电位器的特性及使用范围见表 1-4。

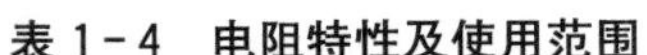

表 1-4　电阻特性及使用范围

电阻类型	材料及结构组成	特　点	使用范围
合成碳膜电位器	通过将研磨的炭黑、石墨、石英等材料涂敷于基体表面而制成，通过电刷在电阻体上的滑动，输出线性调整电压	阻值连续可调，阻值范围宽，一般为 100Ω～4.7MΩ，易制成符合需要的阻值变化特性；精度较差，一般为±20%，耐热和耐潮性较差，寿命低	碳膜电位器主要应用在调音台、音响、汽车音响、电视机、功率放大器、电子留言设备、耳机、收音机、玩具、DVD/VCD、医疗器材、灯具等
有机实心电位器	由电阻体与转动或滑动系统组成。电阻体是用炭黑、石英粉、有机黏合粉等材料混合加热后，压入塑料基体上，再经过加热聚合而成	具有耐磨性好、分辨率高、可靠性高、阻值范围宽、体积小等优点；但噪声大、耐高温性差	在小型化、高可靠性的交直流电路中用作调节电压和电流
直滑式电位器	其电阻体为长方条形，通过与滑座相连的滑柄做直线运动来改变电阻值。电阻体应有良好的阻值稳定性、较小的电阻温度系数和静噪声	表面电阻率应分布均匀，电阻特性线性度好，机械耐久性好	一般用于电视机、音响中作音量控制或均衡控制。还可用于汽车室内的座席加热，调光器，乱水器等各种控制
数字电位器	采用集成电路技术制作的电位器；把一串电阻集成到一个芯片内部，采用 MOS 管控制电阻串联网络与公共端连接；控制精度由控制器的位数决定，一般为 8 位、10 位、12 位等	调节精度高；没有噪声，有极长的工作寿命；无机械磨损；用于自动控制系统可以实现对角度位置的精确测量，也可以利用输出反馈信号与角度变化成线性比例的特性，通过驱动转轴实现输出调节功能	已在自动检测与控制、智能仪器仪表、船舶设备、风力发电等许多重要领域得到成功应用
方形电位器	是一精密多圈电位器，装有插入式焊片和插入式支架，所以能直接插入印制电路板，调整圈数有 5 圈、10 圈等数种	采用碳精接点，耐磨性能好，使用起来很方便，线性优良，能进行精细调整	常用于电视机的亮度、对比度、色饱和度的调节
绕线电位器	这种电位器由合金电阻丝绕在环状骨架上制成，可为线绕单圈电位器和线绕多圈电位器	绕线电位器的优点是能承受较大功率，精确度较高，而且耐热性能和耐磨性能比较好，但分布电容、分布电感使高频特性较差	这种电位器的缺点是当电流通过合金电阻丝时产生感抗，这将影响整个电路的稳定性，故在高频电路中不宜采用

2. 电位器的测量

电位器在使用之前要进行测量，看其阻值与标称阻值是否相符，差值是否在电位器的标称误差之内。用万用表测量电位器时要注意以下事项。

（1）测量时手不能同时接触被测电阻的两根引线，以免人体电阻影响测量的准确性。

（2）测量在电路上的电阻时，必须将电位器从电路中断开，以免电路中的其他元件对测量结果产生不良的影响。

（3）测量电位器的阻值时，应根据电阻值的大小选择合适的量程，否则将无法准确地读出数值。这是因为万用表的欧姆挡刻度线的非线性关系所致。一般欧姆挡的中间段分度较细而准确，因此测量电阻时，应尽可能将表针落到刻度盘的中间段，以提高测量精度。

如图 1.10 所示，电位器的引脚分别为 A、B、C。首先用万用表测电位器的标称值。

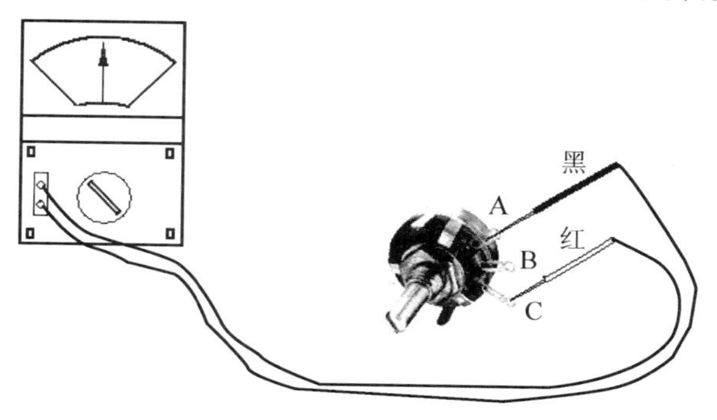

图 1.10　电位器的测量

测电位器的标称值。根据标称阻值的大小，选择合适的挡位，测 A、C 两端的阻值是否与标称阻值相符，如阻值较大，表明电阻体与其相连的引脚断开了。然后再测 A、B 两端或 B、C 两端的电阻值，并慢慢地旋转转轴，这时表针若平稳地朝一个方向移动，没有跌落和跳跃现象，表明滑动触点与电阻体接触良好。最后用 $R\times1$ 挡测 K 与 S 之间的阻值，转动转轴使电位器的开关接通或断开，阻值应为零或无穷大，否则说明开关坏了。

1.3　电容元件的认知及测试

常用的电容实物如图 1.11 所示。

1.3.1　电容的图形符号

电路图中，电容的图形符号如图 1.12 所示。

1.3.2　电容的参数及标注方法

1. 标称容量和误差

标在电容外壳上的电容量数值称为电容的标称容量。

(a) 有机薄膜电容

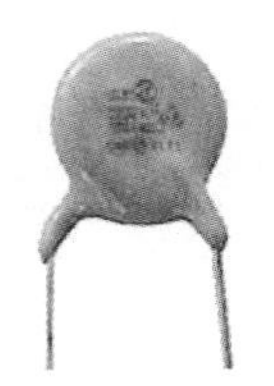

(b) 瓷介电容

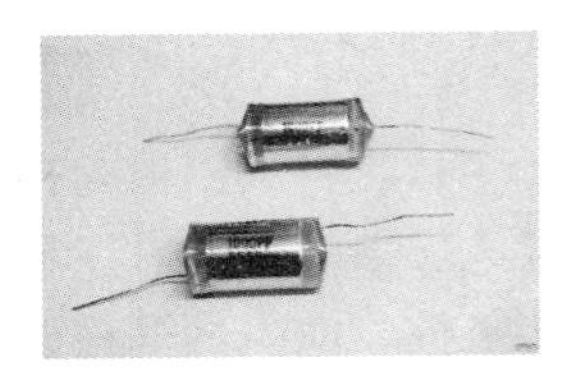

(c) 聚苯乙烯电容

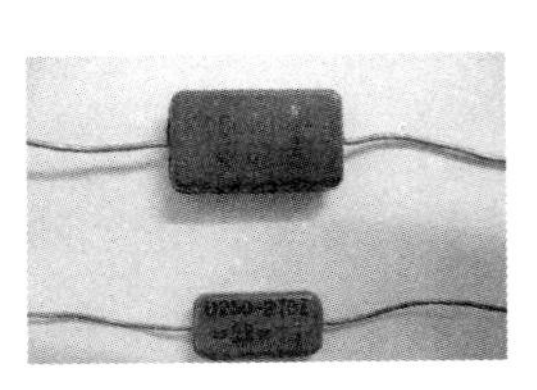

(d) 云母电容

(e) 纸介质电容

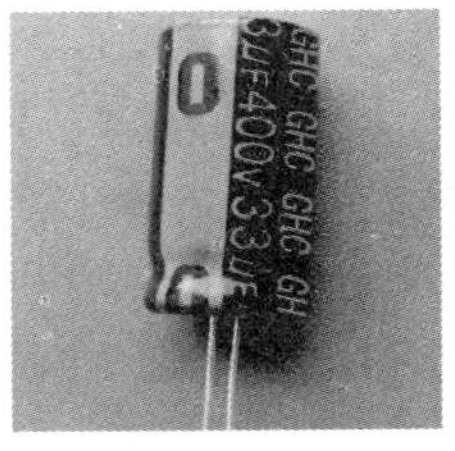

(f) 电解电容

(g) 电力电容

(h) 超级电容器

图 1.11　电容实物

(a) 电容一般符号

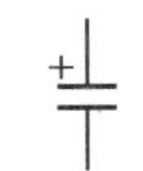

(b) 电解电容

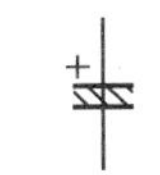

(c) 国外电解电容

(d) 微调电容

(e) 单联可变电容

图 1.12　电容图形符号

为了便于生产和使用，国家规定了一系列容量值作为产品标准。表 1－5 中列出的是固定电容的标称容量系列(电阻器、电位器的阻值系列也基本相同)。

表 1－5　固定电容标称容量系列

标称值系列	允许误差	标称容量系列
E24	±5%	1.0、1.1、1.2、1.3、1.5、1.6、1.8、2.0、2.2、2.4、2.7、3.0、3.3、3.9、4.3、4.7、5.1、5.6、6.2、6.8、7.5、8.2、9.1
E12	±10%	1.0、1.2、1.5、1.8、2.2、2.7、3.3、3.9、4.7、5.6、6.8、8.2
E6	±20%	1.0、1.5、2.2、3.3、4.7、6.8

电容的单位有：法拉(F)、微法(μF)、皮法(pF)。它们之间的换算关系为

$$1F=10^6\mu F=10^{12}pF$$

电容的标称值与其实际容量之差，再除以标称值所得的百分数，就是电容的容量误差。电容的容量误差一般分为 3 级，即±5%、±10%、±20%，或写成Ⅰ级、Ⅱ级、Ⅲ级。有的电解电容的容量误差可能大于±20%。

电容元件上的标注(印刷)方法如下。

(1) 加单位的直标法。这种方法是国际电工委员会推荐的表示方法。该方法中，用 2～4 位数字和一个字母表示标称容量，其中数字表示有效值，字母表示数值的量级。字母有 m、μ、n、p。字母 m 表示毫法(10^{-3} F)、μ 表示微法(10^{-6} F)、n 表示纳法(10^{-9} F)、

p表示皮法（10^{-12} F）。字母有时也表示小数点。如：33m 表示 33000μF；47n 表示 0.047μF；3μ3 表示 3.3μF；5n9 表示 5900pF；2p2 表示 2.2pF。另外，如果在数字前面加R，则表示为零点几微法，即R表示小数点，如R22表示0.22μF。

（2）不标单位的直接表示法。这种方法是用1～4位数字表示，容量单位为pF。如用零点零几或零点几表示，其单位为μF。如3300表示3300pF、680表示680pF、7表示7pF、0.056表示0.056μF。

（3）电容的数码表示法。这种方法一般用3位数表示容量的大小。前面两位数字为电容标称容量的有效数字，第三位数字表示有效数字后面零的个数，它们的单位是pF。如：102表示1000pF；221表示220pF；224表示22×10^4pF。在这种表示方法中有一个特殊情况，就是当第三数字用9表示时，是用有效数字乘以10^{-1}来表示容量的，如229表示22×10^{-1}pF，即2.2pF。

2. 额定直流工作电压(耐压值)

电容的耐压值表示电容接入电路后能长期连续可靠地工作，不被击穿时所能承受的最大直流电压。

3. 绝缘电阻

电容的绝缘电阻是指电容两极之间的电阻，或称漏电阻。绝缘电阻的大小决定于电容介质性能的好坏。使用电容时，应选用阻值大的绝缘电阻。因为绝缘电阻越小，漏电就越多，这样可能会影响电路的正常工作。

1.3.3　电容种类及应用

电容种类及应用见表1-6。

表1-6　电容种类及应用

电容类型	材料、结构组成及容量范围	特　点	使用范围
有机薄膜电容	采用合成的高分子聚合物卷绕而成，容量范围：15～550pF	电容的电容量和工作电压范围很宽，但易老化，稳定性、耐热性差	通信、广播接收机等
瓷介电容	用陶瓷作介质，它的外形有圆片形、管形、筒形、叠片形等；容量范围：1～6800pF	具有性能稳定、绝缘电阻大、漏电流小、体积小、结构简单等特点，容量从几皮法到几百皮法，但缺点是机械强度较低，受力后易破碎	多用于高频电路
聚苯乙烯电容	以聚苯乙烯为介质，以铝箔或直接在聚苯乙烯薄膜上蒸上一层金属膜为电极，经卷绕后进行热处理而制成。容量范围：10pF～1μF	优点是绝缘电阻高（可达2000MΩ）、耐压较高（可达3000V）、漏电流小、精度高，不足之处是耐热性能差	多用于滤波和要求较高的电路中

续表

电容类型	材料、结构组成及容量范围	特　点	使用范围
云母电容	用云母作介质，以金属箔为电极，在外面用胶木粉压制而成。容量范围：10pF～0.1μF	云母电容具有介质损耗小、温度稳定性好、绝缘性能好等优点，但电容量不大	主要用于高频电路
纸介质电容	以纸作介质，以铝箔作为电极，卷成筒状，经密封后即成。容量范围：10pF～1μF	纸介电容具有体积小、容量大、具有自愈能力等优点，但漏电流和损耗较大、高频性能和热稳定性差	—
电解电容	电解电容按正极的材料不同可分为铝、钽、铌、钛电解电容等。它们的负极是液体、半液体和胶状的电解液，其介质为正极金属极表面上形成一层氧化膜，容量范围：0.47～10000μF	有正、负极，漏电流较其他固定电容大得多、容量误差较大	用于电源滤波、低频耦合、去耦、旁路等
独石电容	独石电容是以钛酸钡为主的陶瓷材料烧结而成的一种瓷介电容，但制造工艺不同于一般瓷介电容。容量范围：0.5pF～1mF	电容量大、体积小、可靠性高、电容量稳定、耐高温、耐湿性好等	各种小型电子设备中作谐振、耦合、滤波、旁路
超级电容	超级电容器是建立在德国物理学家亥姆霍兹提出的界面双电层理论基础上的一种全新的电容器。众所周知，插入电解质溶液中的金属电极表面与液面两侧会出现符号相反的过剩电荷，从而使相间产生电位差。它所形成的双电层和传统电容器中的电介质在电场作用下产生的极化电荷相似，从而产生电容效应，紧密的双电层近似于平板电容器，但是，由于紧密的电荷层间距比普通电容器电荷层间的距离小得多，因而具有比普通电容器更大的容量。容量范围：1～5000F	是一种新型储能装置，它具有充电时间短、使用寿命长、温度特性好、节约能源和绿色环保等特点	用于起重装置，可提供超大电流的电力；用作车辆起动电源，可以替代传统的蓄电池；用作车辆的牵引能源可以生产电动汽车；用在军事上可保证坦克车、装甲车等战车的顺利起动、作为激光武器的脉冲能源。此外还可用作其他机电设备的储能能源

1.3.4 用万用表检测电容

电容的常见故障有断路、短路、失效等。为保证电路正常工作，事先必须对电容进行检测。

1. 漏电电阻的测量

用万用表的欧姆挡($R\times10$k 或 $R\times1$k 挡，视电容的容量而定)，当两表笔分别接触电容的两根引线时，表针首先朝顺时针方向(R 为零的方向)摆动，然后又慢慢地向反方向退回到∞位置的附近，如果表针静止时所指的位置距无穷大较远，表明电容漏电严重，不能使用。有的电容在测漏电阻时，表针退回到无穷大位置时，又顺时针摆动，此时电容漏电更严重。

2. 电容断路的测量

用万用表判断电容的断路情况时，首先要看电容量的大小。对于 0.01μF 以下的小容量电容，用万用表不能判断其是否断路，只能用其他仪表进行鉴别(如 Q 表等)。对于 0.01μF 以上的电容可用万用表测量，必须根据电容容量的大小分别选择合适的量程，才能正确地加以判断。例如：测 300μF 以上的电容可使用 $R\times10$k 或 $R\times1$k 挡；测 10～300μF 的电容可使用 $R\times100$k 挡；测 0.47～10μF 的电容可使用 $R\times1$k 挡；测 0.01～0.47μF 的电容可使用 $R\times10$k 挡。具体的测量方法是：用万用表的两表笔分别接触电容的两根引线(测量时，手不能同时碰触两根引线)，如表针不动，将表针对调后再测量，表针仍不动则说明电容断路。

3. 电容短路的测量

用万用表的 $R\times100$ 挡，将两表笔分别接触电容的两引线，如表针指示阻值很小或为零，且表针不再退回，说明电容已被击穿短路。当测量电解电容时，要根据电容容量的大小适当选择量程，电容量越小，量程 R 要越小，否则就会把电容的充电误认为是击穿。

4. 电解电容的极性的判断

用万用表测量电解电容的漏电电阻，并记下这个阻值的大小，然后将红、黑表笔对调再测电容的漏电电阻，将两次所测得的阻值对比，漏电电阻小的一次，黑表笔所接触的就是负极。

1.4 电感元件的认知及测试

常见电感实物如图 1.13 所示。

图 1.13　电感实物

1.4.1　电感工作原理及作用

能产生电感作用的元件统称为电感元件，简称为电感。它是利用电磁感应的原理进行工作的。

电感的作用是：阻交流通直流、阻高频通低频(滤波)。也就是说，高频信号通过电感线圈时会遇到很大的阻力，很难通过，而低频信号通过它时所呈现的阻力则比较小，即低频信号可以较容易地通过它。电感线圈对直流电的电阻几乎为零。

1.4.2　电感器的种类

按照外形，电感器可分为空心电感器(空心线圈)与实心电感器(实心线圈)；按照工作性质，电感器可分为高频电感器(各种天线线圈、振荡线圈)和低频电感器(各种扼流圈、滤波线圈等)；按照封装形式，电感器可分为普通电感器、色环电感器、环氧树脂电感器和贴片电感器等；按照电感量，电感器可分为固定电感器和可调电感器。

1.5　晶体管直流稳压电源的认知及使用

直流稳压电源实物如图 1.14 所示。

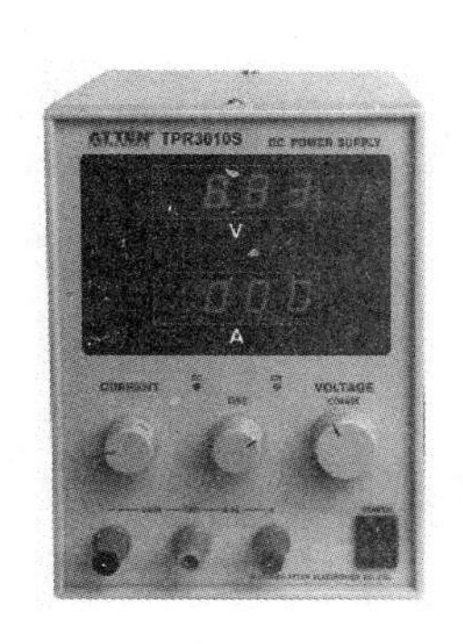

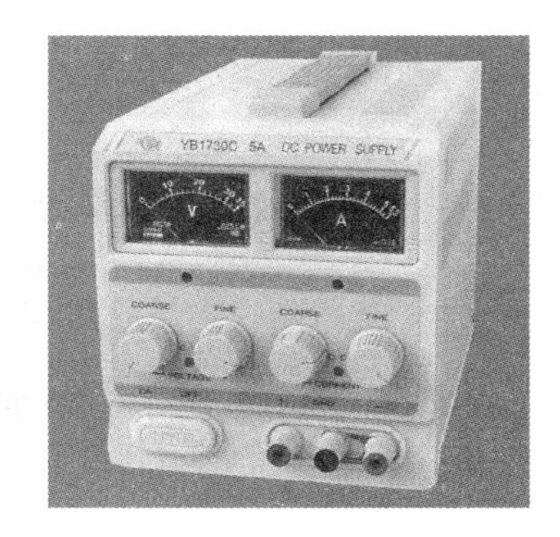

图 1.14　直流稳压电源实物

由于电子技术的特性，电子设备对电源电路的要求就是能够提供持续稳定、满足负载要求的电能，而且通常情况下都要求提供稳定的直流电能。提供这种稳定的直流电能的电

源就是直流稳压电源。直流稳压电源在电源技术中占有十分重要的地位。另外，在电子技术初学阶段首先遇到的就是电源问题，否则电路无法工作、电子制作无法进行，学习就无从谈起。虽然晶体管直流稳压电源型号、品牌众多，外形也多种多样，但稳压电源最重要的作用就是在电源额定设计参数之下，输出幅值可调的直流电压。在本书的模拟电路和数字电路部分，均须用到直流稳压电源来进行元件的测试和单元电路的调试。本节学习晶体管直流稳压电源的特性及使用方法。

1.5.1　晶体管直流稳压电源的面板操作

晶体管直流稳压电源面板如图1.15所示。

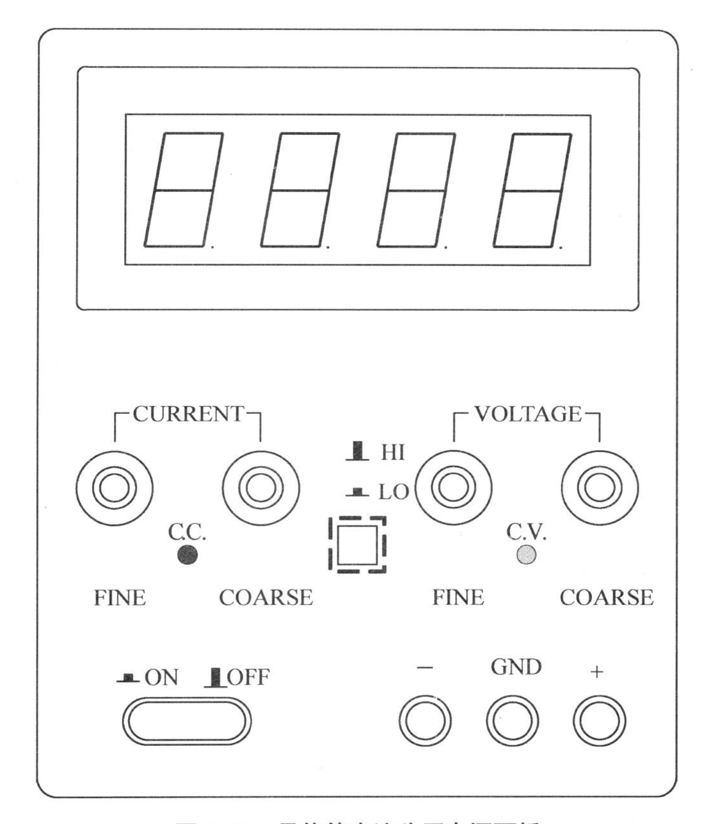

图1.15　晶体管直流稳压电源面板

1. 电源开关

将电源开关弹出，即为“关”位置，将电源线接入，按电源开关，以接通电源。

2. 电压调节(VOLTAGE)

直流稳压电源中，VOLTAGE为电压输出调节部分。其中，FINE为粗调旋钮，COARSE为微调旋钮。

3. 恒压指示灯(C. V.)

当电路处于恒压状态时，C. V. 灯亮。

4. 电流调节(CURRENT)

直流稳压电源中，CURRENT 为电流输出调节部分。其中，FINE 为粗调旋钮，COARSE 为微调旋钮。

5. 恒压指示灯(C. C.)

当电路处于恒压状态时，C. C. 灯亮。

1.5.2 课内实训：直流稳压电源的使用

训练要求：调节直流稳压电源输出，并用数字式万用表测量输出直流电压。

训练步骤如下。

(1) 接通电源。

(2) 调节直流稳压电源的输出，先用电压调节粗调旋钮将电压输出调至 2V 左右，再通过微调旋钮精确调至 2V，用万用表测试输出是否满足要求，并记录直流稳压电源当前的输出示值和测量值。

(3) 同理，分别将直流稳压电源输出值调至 5V、8V、10V、12V、15V，并记录。

使用一个激发装置(即信号源)来激励一个系统，以便观察、分析它对激励信号的反应如何，这是电子测试技术的标准实验之一，其中使用到的激发装置就是函数信号发生器。

1.6 信号发生器的认知及使用

YB1600 系列的函数信号发生器实物如图 1.16 所示。

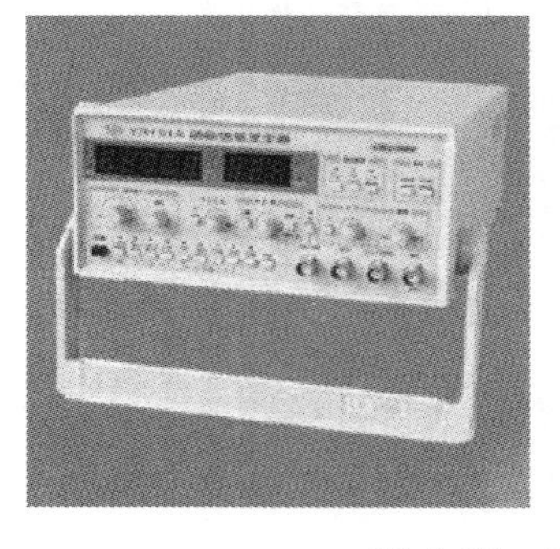

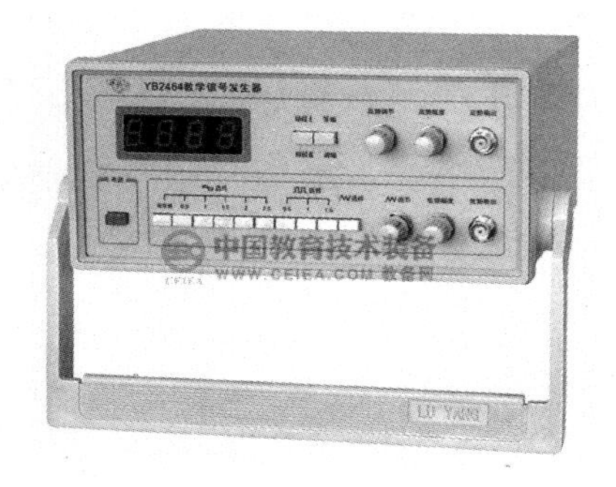

图 1.16 函数信号发生器实物

1.6.1　信号发生器

信号发生器又称信号源或振荡器，在生产实践和科技领域中有着广泛的应用。各种波形曲线均可以用三角函数方程式来表示。能够产生多种波形（如三角波、锯齿波、矩形波、正弦波）的电路被称为函数信号发生器。函数信号发生器在电路实验和设备检测中具有十分广泛的应用。例如，在通信、广播、电视系统中，都需要射频（高频）发射，这里的射频波就是载波。把音频（低频）、视频信号或脉冲信号运载出去，就需要能够产生高频的振荡器。在工业、农业、生物医学等领域内，如高频感应加热、熔炼、淬火、超声诊断、核磁共振成像等，都需要功率或大或小、频率或高或低的振荡器。比如本书后续要做的音频放大电路以及数显电容计，为了观察每一个项目电路工作是否正常，就需要用信号发生器在其输入端输入一个一定频率和幅值的周期性的波形，这就需要用到函数信号发生器。

1.6.2　函数信号发生器的使用

如图1.17所示，为了了解函数信号发生器的使用，以绿杨YB1600系列信号发生器为例，先来看一下其控制面板。

（1）电源开关（POWER）：将电源开关按键弹出，即为“关”位置，将电源线接入，按电源开关，以接通电源。

（2）LED显示窗口：此窗口指示输出信号的频率，按下“外测”开关，则显示外测信号的频率。如超出测量范围，溢出指示灯亮。

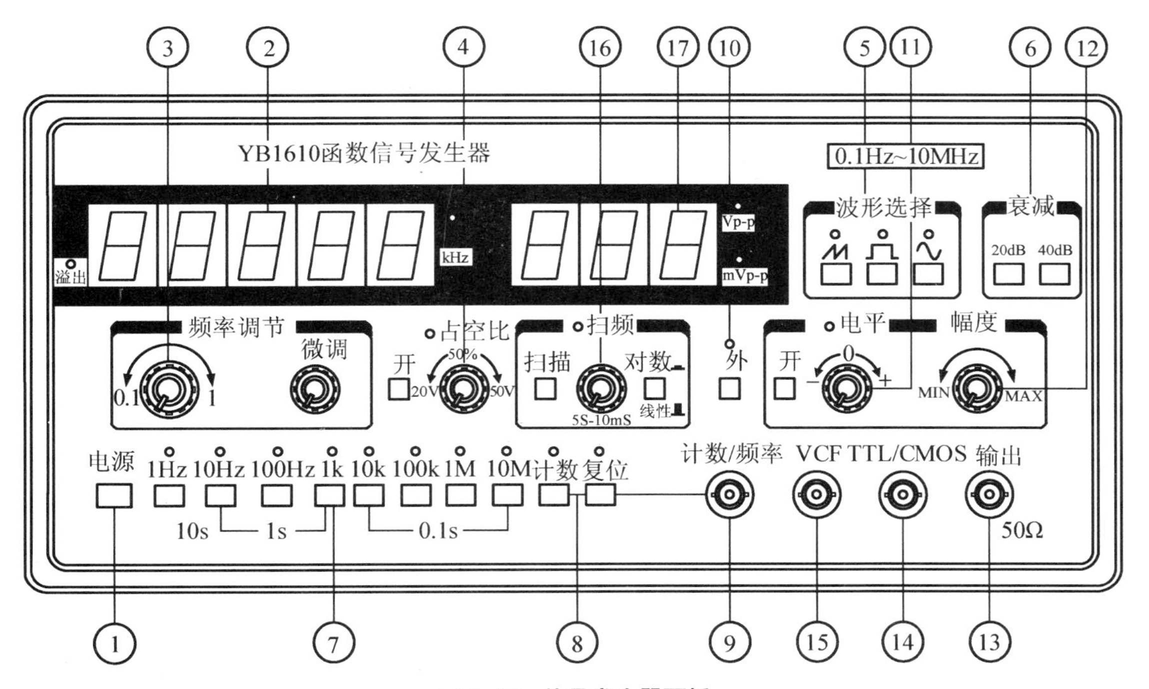

图1.17　信号发生器面板

(3) 频率调节旋钮(FREQUENCY)：调节此旋钮以改变输出信号的频率，顺时针旋转，则频率增大，逆时针旋转，则频率减小，微调旋钮可以微调频率。

(4) 占空比(DUTY)：占空比开关和占空比调节旋钮。将占空比开关按下，占空比指示灯亮，此时，调节占空比旋钮可改变波形的占空比。

(5) 波形选择开关(WAVE FORM)：按下对应波形的按钮，可选择需要的波形。

(6) 衰减开关(ATTE)：电压输出衰减开关，二挡开关为20dB、40dB(或同时按下进行组合)。

(7) 频率范围选择开关(并兼频率计闸门开关)：根据所需要的频率，按下其中一个按钮。同时函数信号发生器默认为10k挡正弦波。

(8) 计数、复位开关：按计数键，LED显示开始计数；按复位键，LED全显示0。

(9) 计数/频率端口：计数、外测频率输入端口。

(10) 外测频率开关：此开关按下时，LED显示窗显示外测信号频率或计数值。

(11) 电平调节：按下电平调节开关，电平指示灯亮，此时调节电平调节旋钮可改变直流的偏置电平。

(12) 幅度调节旋钮(AMPLITUDE)：顺时针调节此旋钮，可增大电压输出幅度。逆时针调节此旋钮可减小电压输出幅度。

(13) 电压输出端口(VOLTAGE OUT)：电压输出由此端口输出。

(14) TTL/CMOS输出端口：由此端口输出TTL/CMOS信号。

(15) VCF：由此端口输入电压控制频率变化。

(16) 扫频：按下扫频开关，电压输出端口输出的信号为扫频信号，调节速率旋钮，可改变扫频速率，改变线性/对数开关可产生线性扫频和对数扫频。

(17) 电压输出指示：3位LED显示输出电压值，输出接50Ω负载时应将读数除以2。

1.7 示波器的认知及使用

YB4328系列示波器实物如图1.18所示。

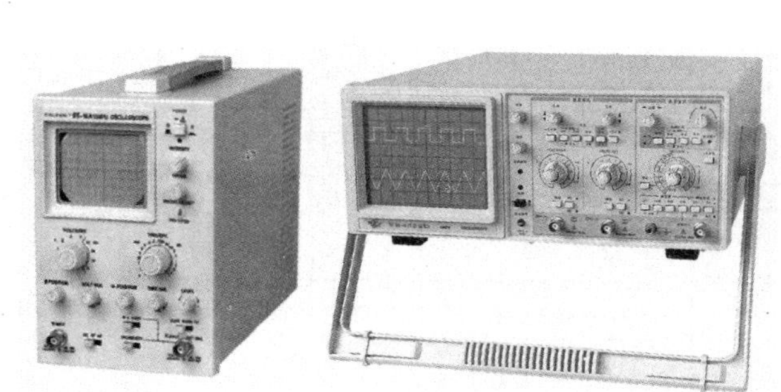
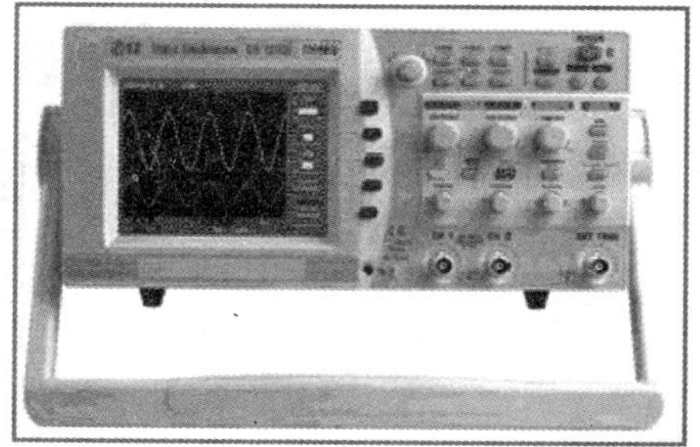

图1.18 示波器实物

1.7.1　示波器认知

1. 示波器概况

示波器是用来显示电压波形的，其核心部件是示波管。而示波管则由电子枪、Y偏转板、X偏转板、荧光屏组成，利用电子开关将两个待测的电压信号YCH1和YCH2周期性地轮流作用在Y偏转板上。由于视觉滞留效应，能在荧光屏上看到两个波形。

为了了解示波器的使用，以绿杨YB4328系列示波器为例，先来看一下其控制面板，如图1.19所示。

2. 电源和光屏显示旋钮

①为电源开关按键；②为亮度旋钮；③为聚焦旋钮；④为光迹旋转；⑤为校准信号接口，是一个标准方波，其峰—峰值为0.5V，用于自校准。

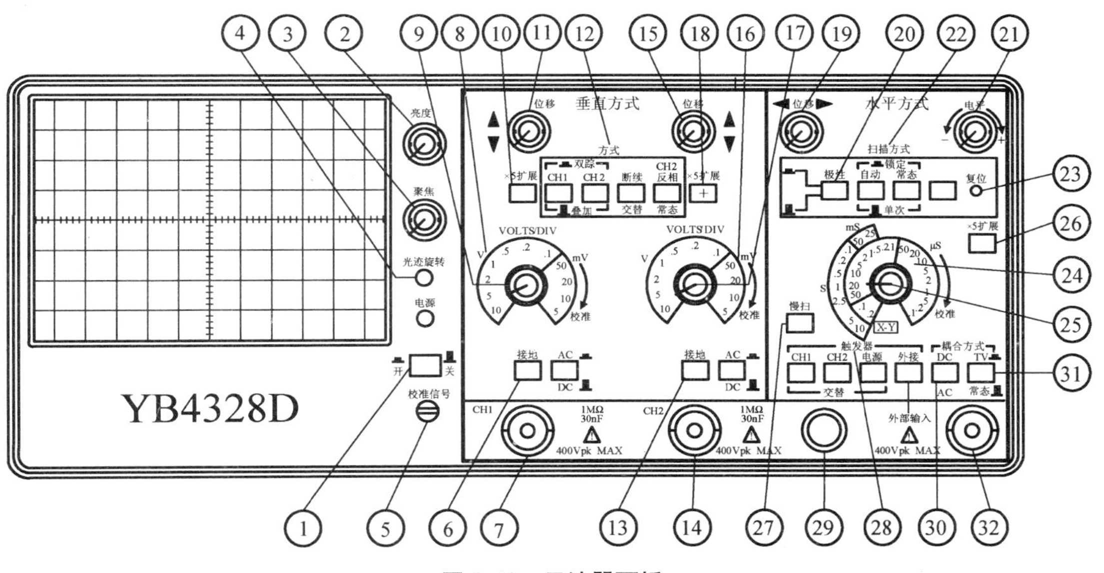

图1.19　示波器面板

3. 垂直工作方式选择按键

由于YB4328型示波器是双踪显示，按下垂直工作方式选择按键，中间就有一条细线将其分成两部分CH1和CH2，而且是对称的，其功能相同，必须通过⑫垂直工作方式选择按键选择信号通道和显示方式。⑫有4个按键，按下CH1，弹起CH2，则信号从CH1中输入，⑦是接探头的接口位置；按下CH2，弹起CH1，则信号从CH2中输入，由“反相”和“常态”按键决定其显示方式为双踪显示，通过“断续”和“交替”按键选择其显示方式。按下CH1、弹起CH2时，信号从CH1中输入，⑥～⑩各旋钮才起作用。其中，⑥按下时，信号接地；弹起，则信号接通。AC、DC分别为交流、直流耦合。⑧、⑨旋钮为垂直方向偏转灵敏度的粗调和微调旋钮，若要其准确指示，微调旋钮须以逆时针方向调

到底。⑩为垂直方向偏转灵敏度扩展倍数按键。⑪为垂直方向(Y方向)位移旋钮。⑬～⑭仅用于通道信号的调节，功能和CH1中的各旋钮相同。

4. CH1和CH2公用旋钮

⑲为水平方向(X方向)位移旋钮，用以调节信号在水平方向的位置。⑳为极性按键，用以选择被测信号在上升沿或下降沿触发扫描。㉑为电平旋钮，用以调节被测信号在变化至某一电平时触发扫描。还有扫描旋钮，由于其功能较为特殊，将它单列出来。

5. 扫描旋钮

㉒为扫描方式，用于选择产生扫描的方式。

自动：当无触发信号输入时，屏幕上显示扫描光迹，一旦有触发信号输入，电路自动转换为触发扫描状态，调节电平可使波形稳定地显示在屏幕上，此方式适合观察频率在50Hz以上的信号。

常态：无信号输入时，屏幕上无光迹显示，有信号输入且触发电平旋钮在合适位置上时，电路被触发扫描，当被测信号频率低于50Hz时，必须选择该方式。

锁定：仪器工作在锁定状态后，不用调节电平即可使波形稳定地显示在屏幕上。

单次：用于产生单次扫描，进入单次状态后，按复位键，电路工作在单次扫描方式，扫描电路处于等待状态，当触发信号输入时，扫描只产生一次，下次扫描需再次按复位键。

㉔为扫描因数(时基扫描或称扫描速率SEC/DIV)粗调旋钮，根据被测信号的频率高低，选择合适的挡位。㉕为微调按钮，用于连续调节扫描速率，调节范围≥2.5倍，顺时针旋转可校准位置。㉖×5扩展开关：按下此键，水平速度扩展5倍。

6. 其他旋钮或按键

㉘为触发源按键，用于选择不同的触发源。

CH1：在双踪显示时，触发信号来自CH1通道，单踪显示时，触发信号来自被显示的通道。CH2的功能同CH1。

交替：在双踪交替显示时，触发信号交替来自两个通道，此方式用于同时观察两路不相关的信号。

电源：触发信号来自市电。

外接：触发信号来自于触发输入端口。

㉙为机壳接地端。

㉚AC/DC按键：决定外触发信号的触发方式，当选择外触发源且信号频率很低时，应将开关置于DC位置。

㉛常态/TV按键：一般测量时此开关置常态位置，当需观察电视信号时，应将此开关置TV位置。

外触发输入：当选择外触发方式时，触发信号由此端口输入。

1.7.2　示波器的定量测量

定量测量时，应将 V/div 旋钮和 SEC/DIV 旋钮的微调旋钮置于校准位置(即顺时针方向旋到底)，这样可以按照旋钮所指的读数计算被测信号的相关参数。

1. 直流电压的测量

首先使屏幕显示一条水平扫描线，置输入耦合开关“AC—⊥—DC”于“AC”，此时显示的扫描线为零电平的参考基准线，再将开关置于“DC”位置。输入端加上被测信号，此时 V/div 旋钮所指的数值与信号在 Y 轴方向位移的格数相乘，即为所测直流电压值。高于或低于零电平的电压分别为正值和负值。

例如：被测点基准电平为 2.6 格，且当前 V/div 旋钮置于 0.2V，则直流电压值为

$$U=2.6\times0.2\text{V}=0.56\text{V}$$

2. 交流电压值的测量

测量交流电压的交流量时，置输入开关“AC—⊥—DC”于“AC”，观察屏幕上信号波形在 Y 轴方向所示的格数，其测量交流电压峰—峰值为 V/div 旋钮所指示数值与 Y 轴方向显示格数的乘积。如图 1.20 所示波形的峰—峰值 $U_{\text{P-P}}=4.4\times0.2\text{V}=0.88\text{V}$(当前 V/div 旋钮置于 0.2V/div)。

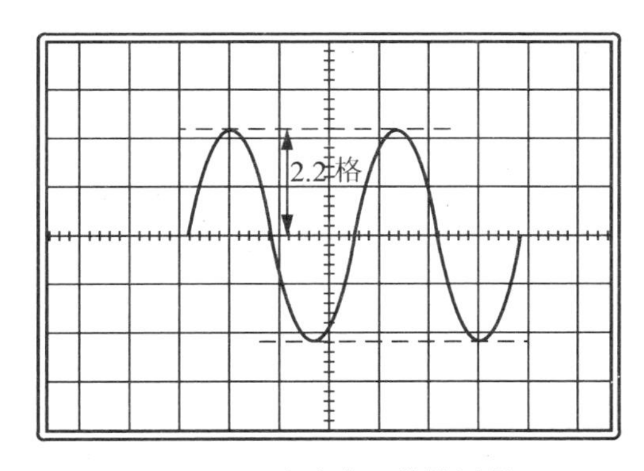

图 1.20　交流电压值的测量

3. 周期和频率的测量

测量交流量的周期或频率时，观察 X 轴上波形，将一个周期所占的格数与扫描速度旋钮 SEC/DIV 当前指示值相乘，即为该交流量的周期。

例：如图 1.21 所示(扫描速度旋钮 SEC/DIV 当前指示值为 0.2ms/div)，则该波形周期为：$T=5\times0.2\text{ms}=1\text{ms}$，则频率 $f=1\text{kHz}$。

4. 同频率两信号之间相位差的测量

将两个信号加到 CH1 和 CH2 输入插座，将显示方式置于断续或交替，读出信号一个

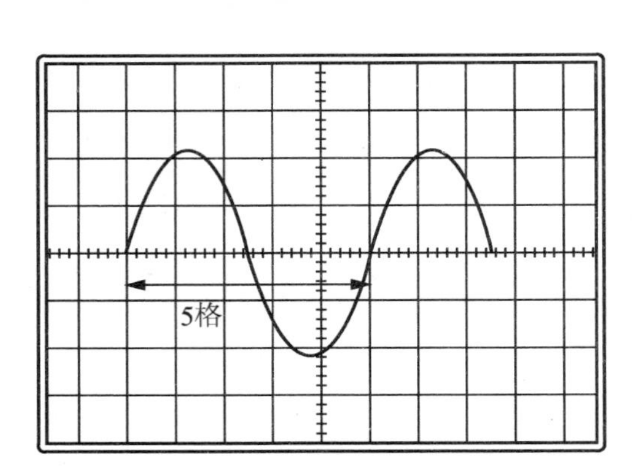

图 1.21　周期和频率的测量

周期所占格数为 N，两信号相位差所占格数为 M，则相位差为：$\phi=M/N\times360°$。

如图 1.22 所示，波形一个周期在水平轴上 6 个格，如果以超前的信号波形 A 为基准信号，波形 B 滞后波形 A 的格数为 2 个格，则相位差为：$\phi=2/6\times360°=120°$。

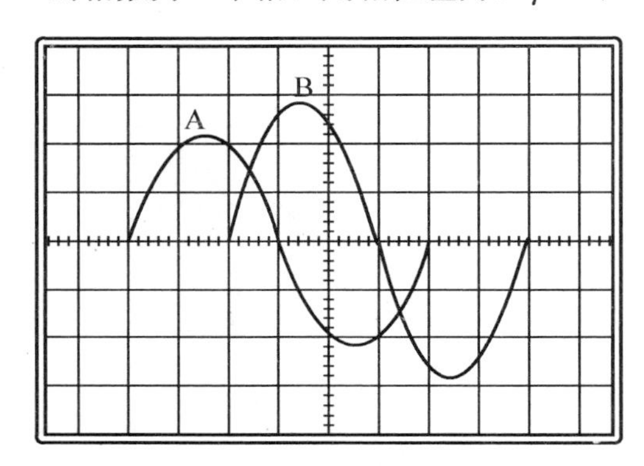

图 1.22　同频率两信号之间相位差的测量

1.7.3　用示波器测试信号发生器输出波形的特性参数

1. 调节信号发生器的输出

信号频率的调节方法是：按下面板下方“频率范围”波段开关并配合右上方 3 个频率调节旋钮，可以输出 20Hz～200kHz 范围内的任意正弦波信号。当输出衰减旋钮为 0dB 时，调节输出微调旋钮使表头指示为 2V，并通过频率范围、频率调节旋钮配合示波器依次调出 20Hz、350Hz、1kHz、35kHz、200kHz 的信号波形。

2. 使用示波器进行测试

(1) 将示波器接通电源，待预热后顺时针调节光度旋钮，使触发方式开关置于“AUTO”，X 轴、Y 轴的位移旋钮置中，使荧光屏上出现扫描线，调节聚焦旋钮使基线细而清晰。在此过程中熟悉光度、聚焦、X 轴上下和左右移动、Y 轴上下和左右移动旋钮的作用。

(2) 将低频信号发生器输出端接示波器 Y 轴输入，调节信号发生器的输出幅度旋钮，使其输出电压(有效值)为 2V，频率为 1kHz，用示波器观察电压波形，并测量信号幅度、周期及频率，熟悉 Y 轴衰减、Y 轴增幅旋钮的作用。

(3) 调节有关旋钮，使荧光屏上显示的波形增加或减少，例如在荧光屏上得到 1 个、3 个或 6 个完整的正弦波，熟悉扫描时间及稳定度等旋钮的作用。

(4) 将信号频率改成 100Hz、10kHz、100kHz，调节有关旋钮使波形清晰、稳定，并执行上述(2)、(3)的操作。

1.8　手工焊接工艺

手工焊接是焊接技术的基础，也是电子产品装配的一项基本操作技能。它适用于小批量生产、具有特殊要求的高可靠产品、某些不便于机器焊接的场合，以及调试和维修过程中修复焊点和更换元器件等，手工锡焊工艺具有不可替代性。

1.8.1　焊接工具和焊料

1. 焊接工具

电烙铁是手工焊接的基本工具，其作用是加热焊件和被焊金属，使熔融的焊料润湿被焊金属表面并生成合金。常见的电烙铁的种类有内热式电烙铁、外热式电烙铁、吸锡电烙铁等。常见的焊接工具如图 1.23 所示。

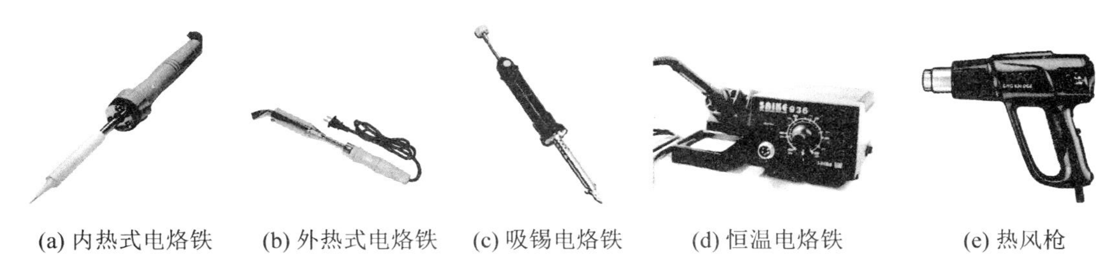

(a) 内热式电烙铁　(b) 外热式电烙铁　(c) 吸锡电烙铁　(d) 恒温电烙铁　(e) 热风枪

图 1.23　焊接工具

1) 内热式电烙铁

内热式电烙铁由连接杆、手柄、弹簧夹、烙铁心、烙铁头(俗称铜头)等组成，其结构如图 1.24 所示。其中，烙铁心安装在烙铁头的里面，称为内热式电烙铁。烙铁心采用镍铬电阻丝绕在瓷管上制成，且可更换。内热式电烙铁的规格有 20W、30W、50W 等，往往用于焊接集成电路、印制电路板、CMOS 电路。

2) 外热式电烙铁

外热式电烙铁一般由烙铁头、烙铁心、外壳、手柄、插头等部分组成，如图 1.25 所示。

烙铁头安装在烙铁心里面，故称外热式电烙铁。烙铁头的长短可以调整，且越短，烙

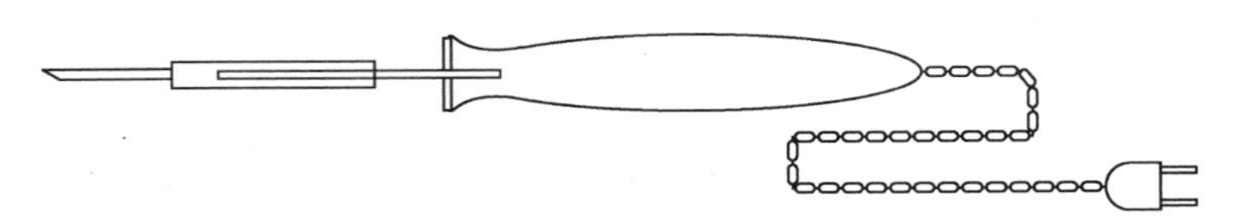

图 1.24 内热式电烙铁结构

铁头的温度就越高。外热式电烙铁有 20W、25W、30W、50W、75W、100W、150W、300W 等多种规格。

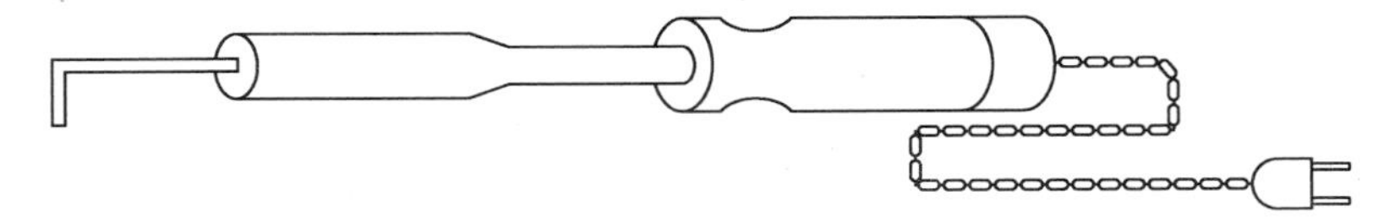

图 1.25 外热式电烙铁结构

3）吸锡电烙铁

在电子产品的调试与维修过程中，有时印制电路板焊点上的锡砣不易清除，且难以取下安装在印制电路板上的器件，这时，若采用吸锡电烙铁进行拆焊就非常方便。

吸锡电烙铁的烙铁头是空心的，而且多了一个吸锡装置，其结构如图 1.26 所示。操作时，先加热焊点，待焊锡熔化后，按动吸锡装置，则焊锡被吸走，元器件与印制电路板脱焊。

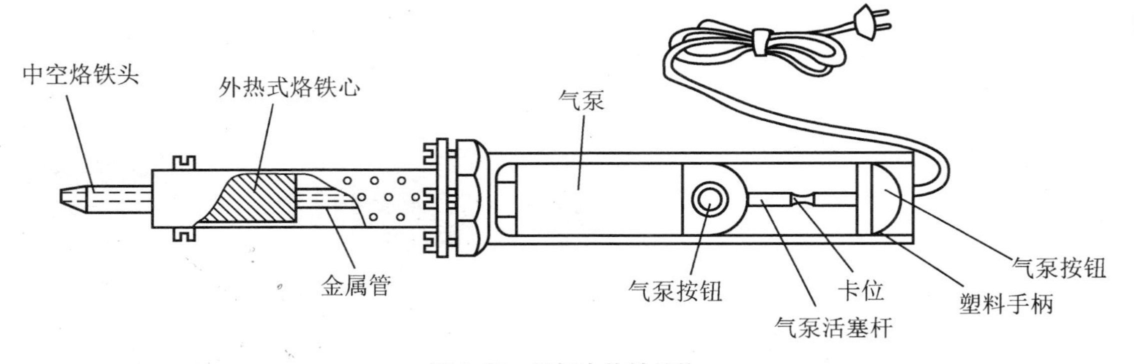

图 1.26 吸锡电烙铁结构

4）恒温电烙铁

恒温电烙铁内部采用高居里温度条状的 PTC 恒温发热元件，配设紧固导热结构，如图 1.27 所示。其特点是优于传统的电热丝烙铁心，升温迅速、节能、工作可靠、寿命长、成本低廉，用低电压 PTC 发热芯就能在野外使用，便于维修工作。

5）热风枪

热风枪是手机维修中使用得最多的工具之一，使用的工艺要求也很高，其实物如图 1.23(e)所示。从取下或安装小元件到大片的集成电路，都要用到热风枪。不同的场合对热风枪的温度和风量等会有特殊要求，温度过低会造成元件虚焊，温度过高会损坏元件及线路板，风量过大会吹跑小元件，不要因为价格问题去选择低档次的热风枪。

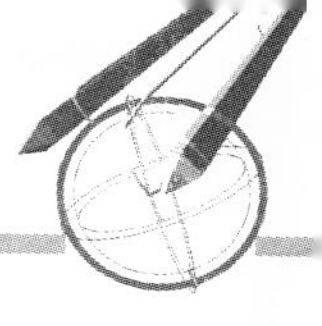

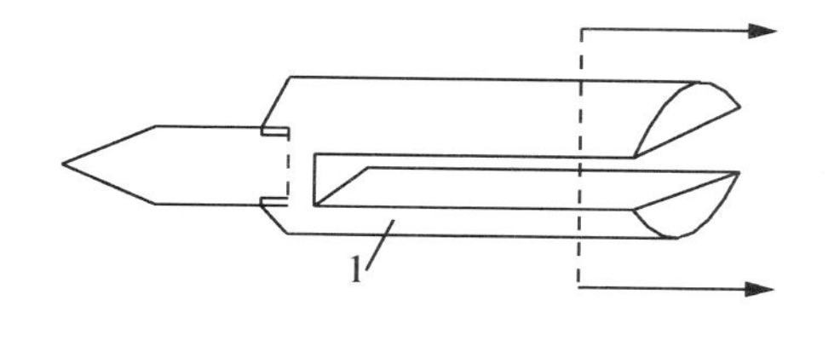

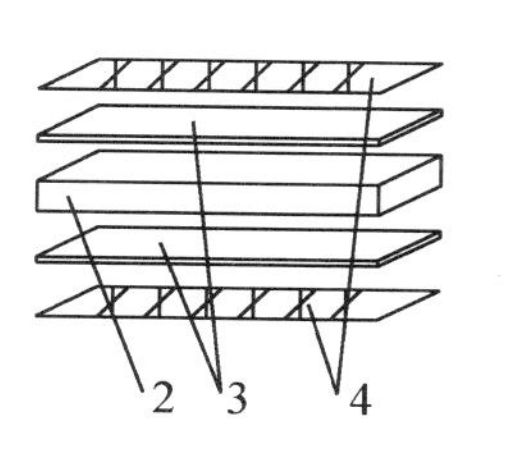

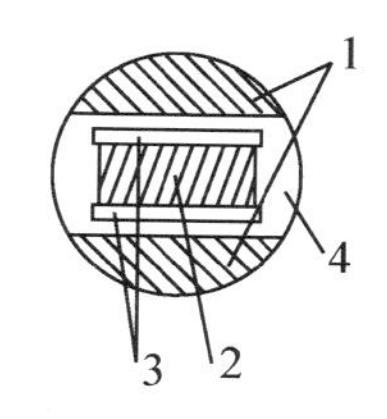

图 1.27　恒温电烙铁内部结构

1—可卸换式速热烙铁头；2—条状 PTC 元件；
3—电极片；4—包裹绝缘层

2. 焊料和助焊剂

焊料的主要作用就是把被焊物连接起来，对电路来说构成一个通道。

常用焊料应具备以下条件。

(1) 焊料的熔点要低于被焊工件。

(2) 易于与被焊物连成一体，要具有一定的抗压能力。

(3) 要有较好的导电性能。

(4) 要有较快的结晶速度。

在锡焊工艺中，一般使用锡铅合金焊料，其中使用最多的是达到共晶成分的锡铅焊料，也称共晶焊锡，合金成分是锡的含量为 61.9%、铅的含量为 38.1%。共晶焊锡拉伸强度、折断力、硬度都较大，且结晶细密，机械强度高，是锡焊料中性能最好的一种。

焊锡在使用时常按规定的尺寸加工成型，有片状、块状、棒状、带状和丝状等多种形状和分类。

而松香助焊剂是电子产品焊接中应用最广泛的一种可靠助焊剂，在焊接工艺中能帮助和促进焊接过程，同时具有保护作用，可阻止氧化反应。

丝状焊料通常称为锡焊丝，中心包着松香助焊剂，叫松脂芯焊丝，手工烙铁锡焊时常用。松脂芯焊丝的外径通常有 0.5mm、0.6mm、1.0mm、1.2mm、1.6mm、2.0mm、2.3mm 等规格。

3. 电烙铁的握法

根据电烙铁的大小、形状和被焊件的要求等不同情况，电烙铁的握法通常有 3 种，如图 1.28 所示。

(a) 反握法

(b) 正握法

(c) 握笔法

图 1.28　电烙铁的握法

(1) 反握法，即用五指把烙铁手柄握在手掌内。这种握法动作稳定，适用于大功率的电烙铁和热容量大的被焊件。

(2) 正握法，适用于弯烙头操作或直烙铁头在机架上焊接互连导线时的操作。

(3) 握笔法，就像写字时握笔一样，适用于小功率电烙铁和热容量小的被焊件的焊接。

4. 焊锡丝的拿法

焊锡丝的拿法分为两种。一种是连续工作时的拿法，即用左手的拇指、食指和小指夹住焊锡丝，用另外两个手指配合就能把焊锡丝连续向前送进。另一种拿法为：焊锡丝通过左手的虎口，用大拇指和食指夹住，这种拿焊锡丝的方法不能连续向前送进焊锡丝，如图 1.29 所示。

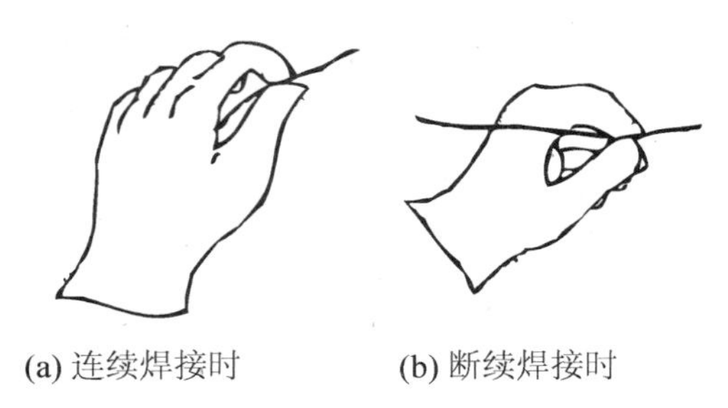

(a) 连续焊接时　　(b) 断续焊接时

图 1.29　焊锡丝的拿法

特别提示

电烙铁使用注意事项

(1) 根据焊接对象合理选用不同类型的电烙铁。

(2) 使用过程中，不要任意敲击电烙铁头，以免损坏。内热式电烙铁连杆钢管壁厚度只有 0.2mm，不能用钳子夹，以免损坏。在使用过程中应经常维护，保证烙铁头挂上一层薄锡。

1.8.2　焊接操作手法及焊点的形成

手工焊接的具体操作方法常用五工序法，如图 1.30 所示。

五工序法的操作步骤如下。

(1) 准备阶段。将烙铁头和焊锡丝同时移向焊接点。

(2) 把烙铁头放在被焊部位上进行加热。

(3) 放上焊锡丝，被焊部位加热到一定温度后，立即将手中的 V 形焊锡丝放到焊接部位，熔化焊锡丝。

(4) 移开焊锡丝。当焊锡丝熔化到一定量后，迅速撤离焊锡丝。

(5) 当焊料扩散到一定范围后，移开电烙铁。

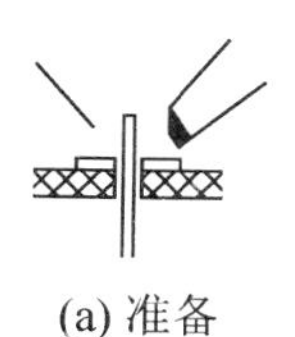

(a) 准备

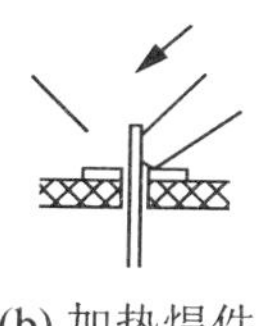

(b) 加热焊件

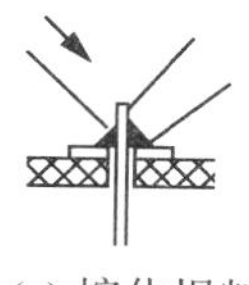

(c) 熔化焊料

(d) 移开焊锡

(e) 移开烙铁

图 1.30　手工焊接五工序法

通过上述操作过程，形成的焊点可能会出现如下情况，如图 1.31 所示。

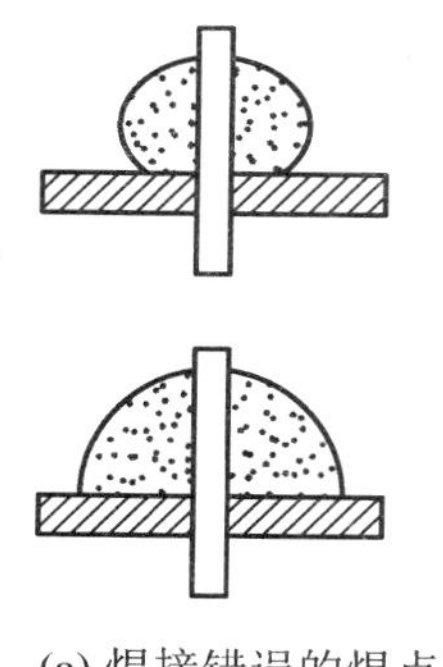

(a) 焊接错误的焊点

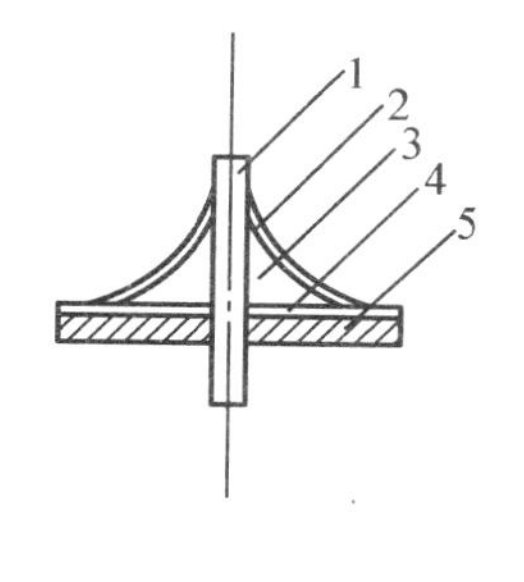

(b) 正确焊接的焊点结构示意图

图 1.31　焊接焊点

1—母材；2—表面层；3—焊料层；4—铜箔；5—基板

其中图 1.31(b)中正确的焊点应具有如下特征。

(1) 焊点应接触良好，保证被焊件间能稳定可靠地通过一定的电流，尤其要避免虚焊的产生。

(2) 焊点要有足够的机械强度，以保证被焊件不致脱落。

(3) 焊点表面应美观、有光泽，不应出现棱角或拉尖等现象。

在电子产品组装中，要保证焊接的高质量相当不容易，因为手工焊接的质量受很多因素的影响，故在焊接过程中应注意如下事项。

1.8.3　焊接注意事项

(1) 被焊件必须具备可焊性。被焊件表面必须能被焊料润湿，即能沾锡。因此，在进行焊接前必须清除被焊件表面的油污、灰尘、杂质、氧化层、绝缘层等。

(2) 烙铁头的温度要适当。一般烙铁头的温度控制在使助焊剂熔化较快又不冒烟时的温度。

(3) 焊接时间要适当。焊接时间一般控制在几秒钟之内完成。集成电路装配时引脚焊接一般以 2～3s 为宜；其他焊点一般 2～5s 即可。需要注意的是，焊接时间过长容易烫坏元器件及造成电路板铜箔脱落，焊接时间过短又容易造成虚焊。

(4) 焊料和助焊剂的使用要适量。焊锡使用过量容易造成堆锡并流入元件管脚的底部，可能造成管脚之间的短路；使用过少易使焊点机械强度降低。

(5) 焊点凝固过程中不要触动焊点。在焊点凝固过程中不要触动焊点上的被焊元器件或导线，以免造成焊点变形和虚焊。

1.8.4 拆焊

在电子产品的调试、维修工作中，常需更换一些元器件。更换元器件时，首先应将需更换的元器件拆焊下来。若拆焊的方法不当，就会造成印制电路板或元器件的损坏。

对于一般的电阻、电容、晶体管等引脚不多的元器件，可采用电烙铁直接进行分点拆焊。方法是一边用烙铁(烙铁头一般不需蘸锡)加热元器件的焊点，一边用镊子或尖嘴钳夹住元器件的引线，轻轻地将其拉出来，再对原焊点的位置进行清理，认真检查是否因拆焊而造成相邻电路短接或开路。

项目小结

(1) 电阻、电位器、电容、电感等是构成电子电路的基本器件。

(2) 万用表可用来测试电路及电子器件的各种不同电参数，如电阻、电压、电流等。

(3) 晶体管直流稳压电源可输出可调的直流电压，能够给各种电子电路提供持续稳定、满足负载要求的直流电能。

(4) 信号发生器又称信号源或振荡器，能够产生多种波形(如三角波、锯齿波、矩形波、正弦波)，信号发生器在电路实验和设备检测中具有十分广泛的应用。

(5) 示波器是一种常用电子测量仪表，可用于测量各种信号的电压、电流的幅值、频率等基本特性。

习　　题

一、选择题

1.1　低频信号发生器是用来产生(　　)信号的信号源。

A. 标准方波　　B. 标准直流

C. 标准高频正弦　　D. 标准低频正弦

1.2　使用低频信号发生器时，(　　)。

A. 先将电压调节旋钮放在最小位置，再接通电源

B. 先将电压调节旋钮放在最大位置，再接通电源

C. 先接通电源，再将电压调节旋钮放在最小位置

D. 先接通电源，再将电压调节旋钮放在最大位置

1.3　发现示波管的光点太亮时，应调节(　　)。

A. 聚焦旋钮　　B. 辉度旋钮

C. Y轴增幅旋钮　　D. X轴增幅旋钮

1.4　低频信号发生器开机后，(　　)即可使用。

A. 很快　　B. 加热1min后

C. 加热20min后　　D. 加热1h后

1.5　用普通示波器观测一波形，若荧光屏显示由左向右不断移动的不稳定波形，应当调整(　　)旋钮。

A. X位移　　B. 扫描范围　　C. 整步增幅　　D. 同步电平

1.6　用万用表检查电容的好坏，测量前使电容短路，放电后测量，将万用表打到$R\times1$k挡，当指针满偏转，说明电容(　　)。

A. 正常　　B. 断开　　C. 短路

1.7　用万用表欧姆挡测量晶体管参数时，应选用(　　)挡。

A. $R\times1$或$R\times10$　　B. $R\times100$或$R\times1$k

C. $R\times10$k

1.8　用万用表欧姆挡测量电阻时，要选择适当的倍率挡，应使指针尽量接近(　　)处，测量结果比较准确。

A. 高阻值的一端　　B. 低阻值的一端

C. 标尺中心

二、简答题

1.9　有一个电阻器阻值为1.5kΩ左右，在复核时用哪一个量程挡？为什么？

1.10　电阻器的五色环依次为黄、紫、蓝、黄、棕，它的阻值与误差各是多少？

1.11　如何用万用表判断电位器的好坏？

1.12　一批电容上分别标注有下列数字和符号，试指出其标称容量：22n、3n3、202、R22、339、0.47、620、3P3、103、503。

1.13　在使用电流挡或电压挡时，为什么要尽量选用较大的量程挡？

1.14　数字式万用表具有哪些特点？

1.15　产生虚焊的原因有哪些？

1.16　焊接操作的五工序法是什么？

项目2

二极管的认知及晶体管直流稳压电源的制作

学习目标

1. 知识目标

(1) 掌握PN结、二极管的特性，了解二极管的结构、种类及应用场合。

(2) 掌握晶体管直流稳压电源的组成，了解电路原理分析及基本计算。

2. 技能目标

(1) 学会判别以及使用万用表测试二极管的极性。

(2) 制作晶体管直流稳压电源，掌握使用万用表和示波器测试该电源参数的方法，学会对电路所出现的故障进行原因分析及排故。

生活提点

生活中经常用到的各种电器，如计算机、手机、随身听、电动剃须刀等，包括本书中后续章节将要制作的音频放大器，基本都是使用直流电源作为供电电源，但电网家用供电一般都是220V交流电，这就需要通过一定的装置把220V的单相交流电转换为只有几伏或几十伏的直流电，能完成这个转换的装置就是直流稳压电源。

 项目任务

制作音频放大电路的直流稳压电源部分，要求该直流稳压电源输出电压为±15V，输出功率要达到10W以上。该直流稳压电源的PCB板如图2.1所示。

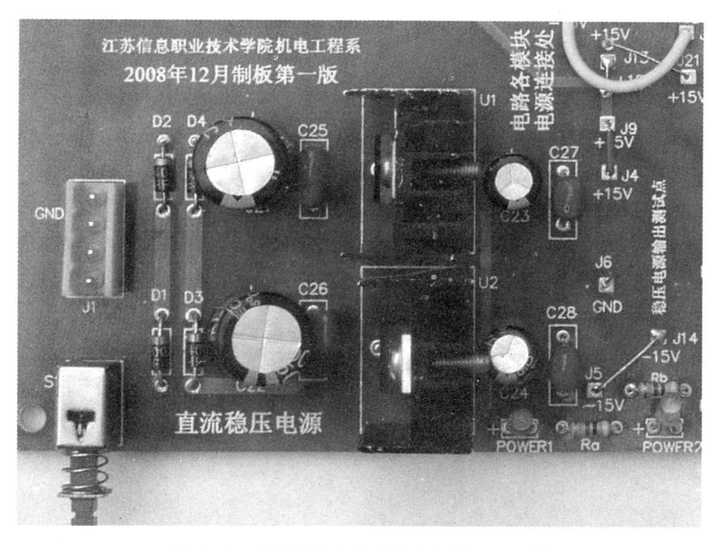

图2.1　晶体管直流稳压电源PCB板

 项目实施

2.1　二极管的认知

各种二极管实物如图2.2所示。

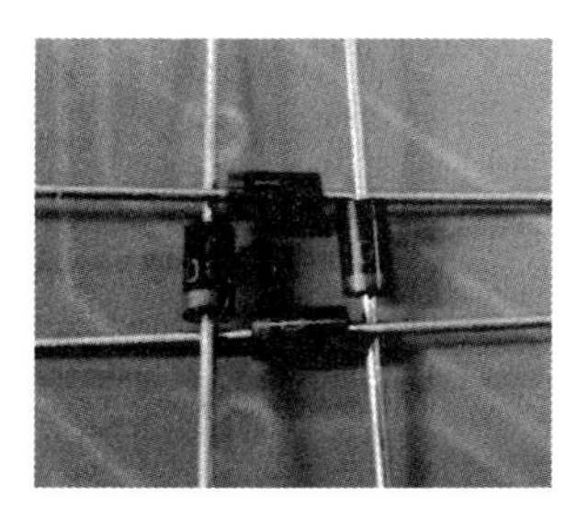
(a) 整流二极管

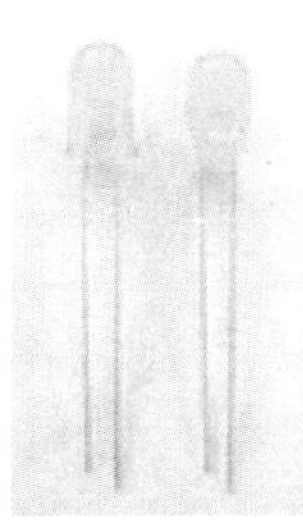
(b) 发光二极管

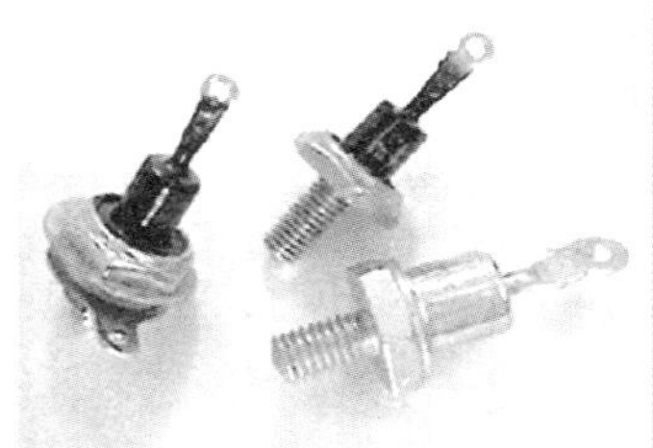
(c) 大功率螺栓二极管

(d) 快恢复二极管

图2.2　二极管实物

2.1.1　二极管的结构、类型及图形符号

半导体二极管按其结构的不同，可分为点接触型、面接触型和平面型3种。常见二极管的结构、外形和图形符号如图2.3所示。二极管的两极分别称为正极或阳极，负极或阴极。

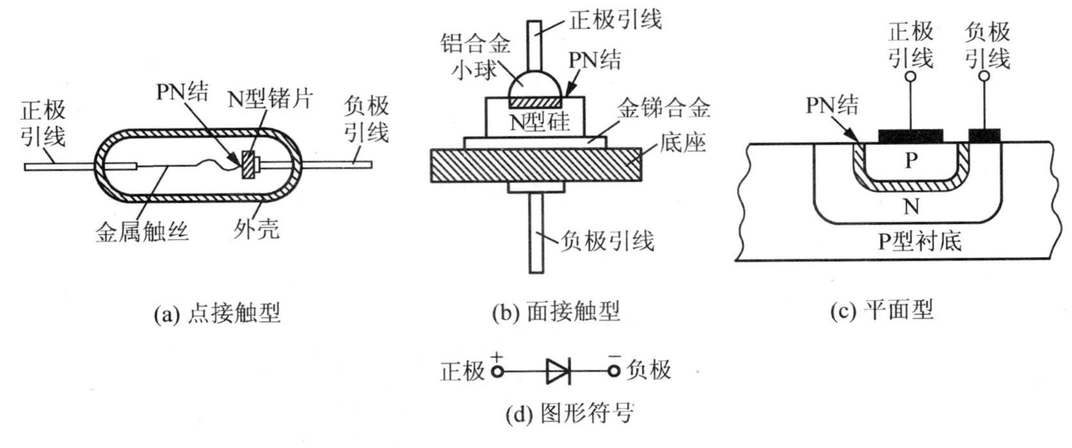

图 2.3　半导体二极管的结构、外形与图形符号

2.1.2　判别二极管极性

二极管是有极性的，通常在二极管的外壳上标有二极管的极性符号。标有色道(一般黑壳二极管为银白色标记，玻壳二极管为黑色银白或红色标记)的一端为负极，另一端为正极，如图 2.4 所示。

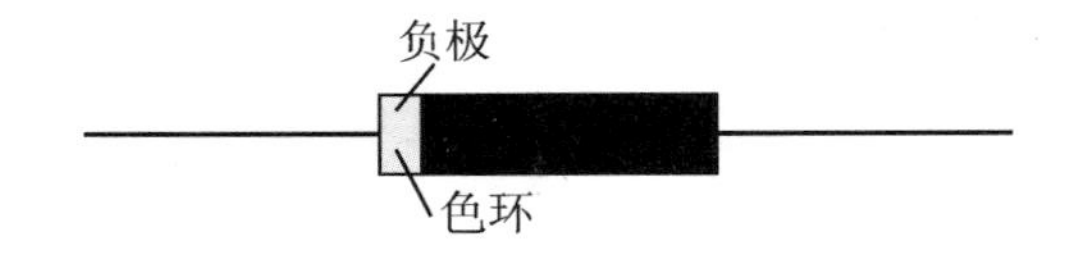

图 2.4　二极管的极性判别

二极管的极性也可通过万用表的欧姆挡测定，将万用表打在 $R\times100$ 或 $R\times1\text{k}$ 挡上，由于二极管具有单向导电性，正向电阻小，反向电阻大(这在后续内容会详细分析)，在测试时，若二极管正偏，则万用表黑表笔所搭位置为二极管的正极，而红表笔所搭为二极管的负极。测试电路如图 2.5 所示。

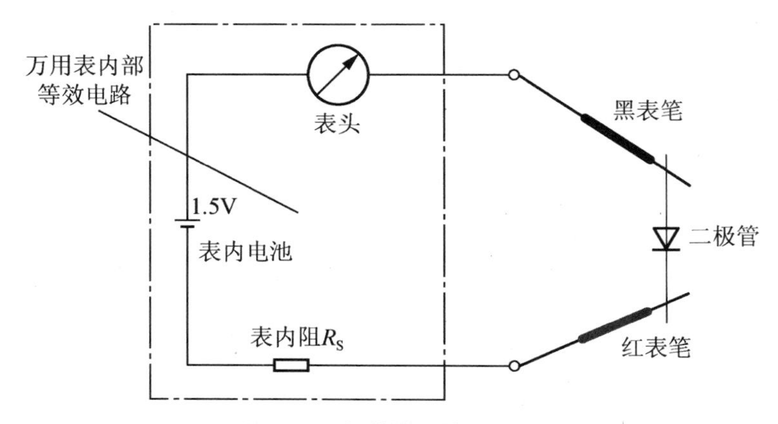

图 2.5　二极管的极性测试电路

二极管正、反向电阻的测量值相差越大越好，一般二极管的正向电阻测量值为几百欧，反向电阻为几十千欧到几百千欧。如果测得正、反向电阻均为无穷大，说明内部断路；若测量值均为零，则说明内部短路；如测得正、反向电阻几乎一样大，这样的二极管已经失去作用，没有使用价值了。

2.2　测试二极管的单向导电性及电路仿真

二极管的单向导电性仿真及测试电路如图 2.6 所示。

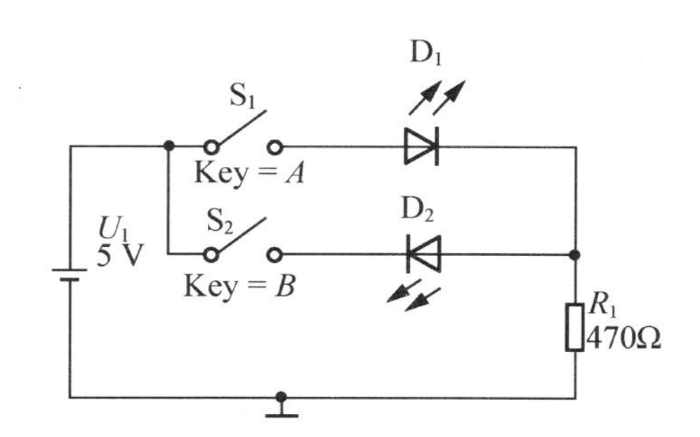

图 2.6　二极管单向导电性仿真及测试电路

测试器件见表 2-1。

表 2-1　二极管单向导电性测试器件清单

序号	名　称	规　格	数量
1	晶体管稳压电源	—	1 台
2	面包板	—	1 块
3	发光二极管	红色(ϕ 3)	2 个
4	金属膜电阻	470 Ω	1 个
5	指针式万用表	—	1 台
6	导线	—	若干

测试步骤如下。

(1) 按图 2.6 所示的测试电路将器件装在面包板上，并正确连线。

(2) 将晶体管稳压电源+5V 电压输出接 D_1 正极，负极接地，闭合 S_1，观察 D_1 是否发光并记录。

(3) 将电源+5V 输出电压接 D_2 负极，正极接地，闭合 S_2，观察 D_2 是否发光并记录。

测试结果分析如下。

(1) D_1 发光，用电流表测试电路中有电流，说明二极管导通。

(2) D_2 不发光，用电流表测试出电流基本为零，说明二极管截止。

由于二极管是由半导体组成的，想一想，为什么在上述不同接法下，二极管会出现这样两种不同情况？下面来学习一下相关知识。

2.2.1 半导体及基本特性

自然界中存在许多不同的物质，根据其导电性能的不同大体可分为导体、绝缘体和半导体三大类。通常，将很容易导电、电阻率小于 $10^{-4}\Omega\cdot cm$ 的物质称为导体，如铜、铝、银等金属材料；将很难导电、电阻率大于 $10^{10}\Omega\cdot cm$ 的物质称为绝缘体，如塑料、橡胶、陶瓷等材料；将导电能力介于导体和绝缘体之间、电阻率在 $10^{-3}\sim10^{9}\Omega\cdot cm$ 范围内的物质称为半导体。常用的半导体材料是硅(Si)和锗(Ge)，硅和锗等半导体都是晶体，所以利用这两种材料所制成的半导体器件又称晶体管。

同时，半导体材料的导电能力会随着温度、光照等的变化而变化，分别称为热敏性和光敏性，尤其是半导体的导电能力因掺入适量杂质会发生很大的变化。例如在半导体硅中，只要掺入亿分之一的硼，电阻率就会下降到原来的几万分之一，这种现象称为杂敏性，利用这一特性，可以制造出不同性能、不同用途的半导体器件。而金属导体即使掺入千分之一的杂质，对其电阻率也几乎没有什么影响。

2.2.2 本征半导体和杂质半导体

通常把纯净的、不含任何杂质的半导体(硅和锗)称为本征半导体，从化学的角度来看，硅原子和锗原子的电子数分别为 32 和 14，所以它们最外层的电子数都是 4 个，是四价元素。由于导电能力的强弱在微观上看就是单位体积中能自由移动的带电粒子的数目，所以，半导体的导电能力介于导体和绝缘体之间。

由于半导体具有杂敏性，所以利用掺杂可以制造出不同导电能力、不同用途的半导体器件。根据掺入杂质的不同，半导体又可分为 N 型半导体和 P 型半导体。

1. N 型半导体

在四价的本征硅(或锗)中，掺入微量的五价元素磷(P)之后，由于磷原子数量较少，不会改变本征硅的共价键结构，而是和本征硅一起组成共价键结构，形成 N 型半导体。

2. P 型半导体

在四价的本征硅(或锗)中掺入微量的三价元素硼(B)之后，参照上述分析，硼原子也和周围相邻的硅原子组成共价键结构，形成 P 型半导体。

2.2.3 PN 结的形成与单向导电性

在一块本征半导体上通过某种掺杂工艺，使其形成 N 型区和 P 型区两部分后，在它们的交界处就形成了一个特殊薄层，这就是 PN 结，如图 2.7 所示。

将 PN 结的 P 区接较高电位(比如电源的正极)，N 区接较低电位(比如电源的负极)，称为给 PN 结加正向偏置电压，简称正偏，如图 2.8 所示。PN 结正偏时，外加电场 PN 结中形成了以扩散电流为主的正向电流 I_F，且扩散电流随外加电压的增加而增加，当外加电压增加到一定值后，扩散电流随正偏电压的增大而呈指数上升。由于 PN 结对正向偏置

呈现较小的电阻(理想状态下可以看成是短路情况)，因此称为正偏导通状态。

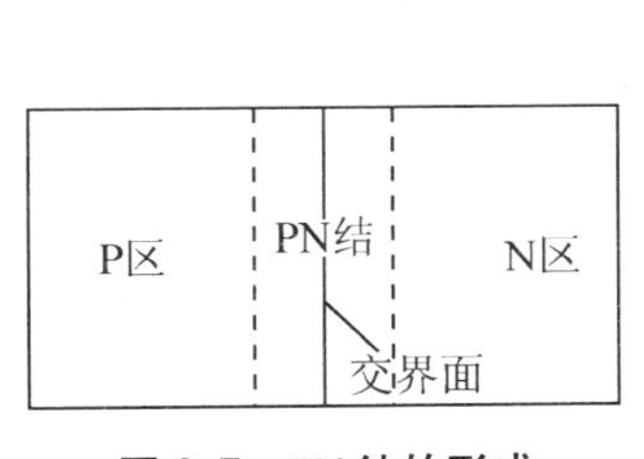

图 2.7　PN 结的形成

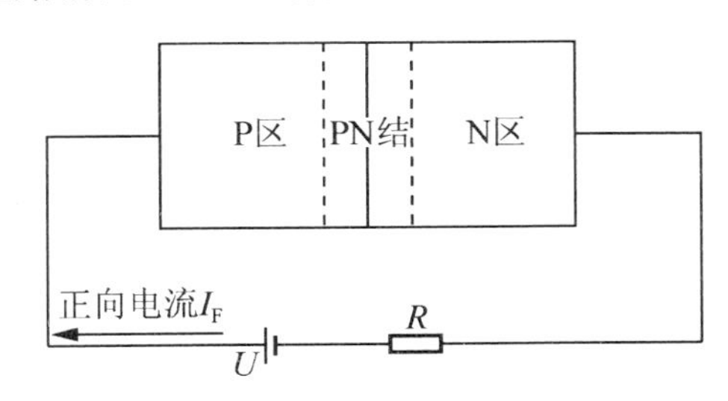

图 2.8　PN 结外加正偏电压

将 PN 结的 P 区接较低电位(比如电源的负极)，N 区接较高电位(比如电源的正极)，称为给 PN 结加反向偏置电压，简称反偏，如图 2.9 所示。

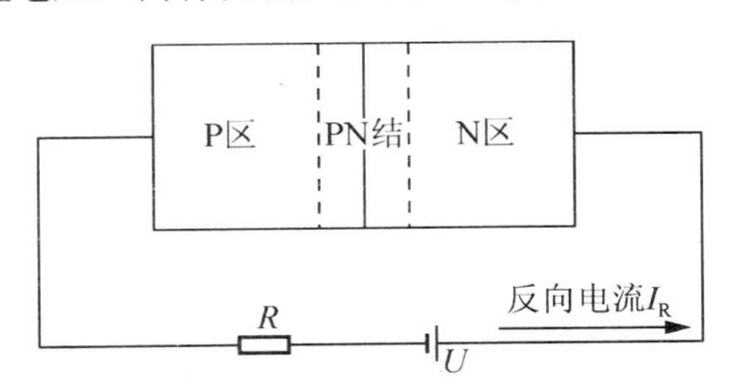

图 2.9　PN 结外加反偏电压

PN 结反偏时，在 PN 结电路中形成了反向电流 I_R，在一般情况下该电流都非常小，近似等于零，可将此时 PN 结的工作状态称为反向截止。

由此可说明，PN 结具有单向导电性。

二极管是由半导体材料制成的，其核心是 PN 结，PN 结的单向导电性也是二极管的主要特征。二极管由管芯(主要是 PN 结)、正极、负极(从 P 区和 N 区分别焊出两根金属引线)和封装外壳组成。接下来学习一下二极管的特性。

2.2.4　二极管的伏安特性曲线

二极管的伏安特性是指二极管通过的电流与外加偏置电压的关系，由图 2.10 可知该特性由 3 部分组成。

1. 正向导通特性

当正向电压 U_F 开始增加时(即正向特性的起始部分)，此时 U_F 较小，正向电流仍几乎为零，该区域称为死区，硅管的死区电压约为 0.5V，锗管的死区电压约为 0.1V。只有当 U_F 大于死区电压后，才开始产生正向电流 I_F。二极管正偏导通后的管压降是一个恒定值，硅管和锗管分别取 0.7V 和 0.3V 的典型值。

2. 反向截止特性

当外加反向偏压 U_R 时，反向电流 I_R 较小，基本可忽略不计。室温下一般硅管的反向

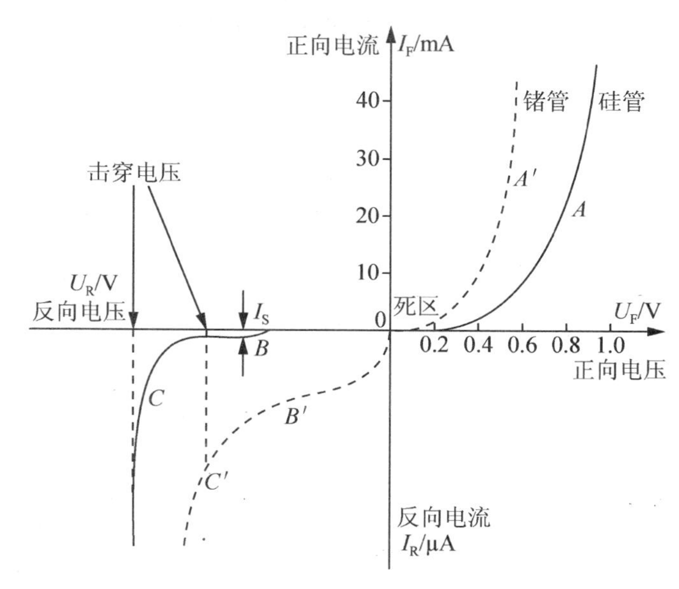

图 2.10　二极管的伏安特性

饱和电流小于 1μA，锗管为几十微安到几百微安，如图 2.10 中的 B 段所示。

3. 反向击穿特性

击穿特性属于反向特性的特殊部分。当 U_R 继续增大并超过某一特定电压值时，反向电流将急剧增大，这种现象称为击穿。

如果 PN 结击穿时的反向电流过大(比如没有串接限流电阻等原因)，使 PN 结的温度超过 PN 结的允许结温(硅 PN 结为 150～200℃，锗 PN 结约为 75～100℃)，PN 结将因过热而损坏，称为热击穿，它是一种不可逆击穿。但也有个别特殊二极管工作于反向击穿区，且形成可逆的电击穿，如稳压管。

2.2.5　二极管的主要参数

为了正确判断二极管的好坏并选用合适的型号，必须对其主要参数有所了解。

1. 最大整流电流 I_F

I_F 指二极管在一定温度下，长期允许通过的最大正向平均电流。超过这一电流会使二极管因过热而损坏。另外，对于大功率二极管，必须加装散热装置。

2. 反向击穿电压 U_{BR}

二极管反向击穿时的电压值称为反向击穿电压 U_{BR}。一般手册上给出的最高反向工作电压 U_{RM} 约为反向击穿电压的一半，以保证二极管正常工作的余量。

3. 反向电流 I_R(反向饱和电流 I_S)

反向电流是指室温和规定的反向工作电压下(管子未击穿时)的电流。这个值越小，则

二极管的单向导电性就越好，同时该电流随温度的增加而按指数规律上升。

2.2.6　特殊二极管

1. 稳压二极管

常见稳压二极管如图 2.11 所示。

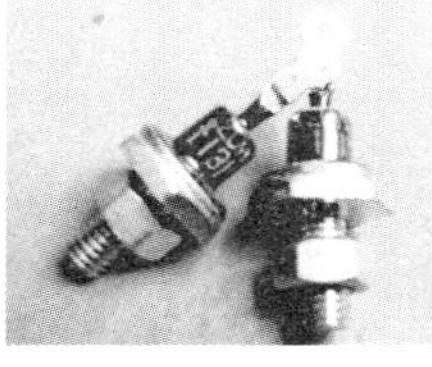

(a) 实物图

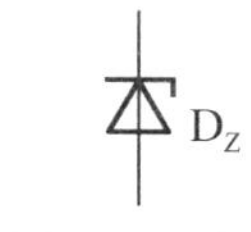

(b) 图形和文字符号

图 2.11　常见稳压二极管

加在二极管上的反向电压如果超过二极管的承受能力，二极管就要击穿损毁。但是有一种二极管，它的正向特性与普通二极管相同，而反向特性却比较特殊：当反向电压加到一定程度时，虽然管子呈现击穿状态，但通过较大电流却不损毁，并且这种现象的重复性很好；反过来看，只要管子处于击穿状态，尽管流过管子的电流变化很大，而管子两端的电压却变化极小，该二极管起到了稳压作用。这种特殊的二极管叫稳压管，它的特性曲线和符号如图 2.12 所示，其正向特性曲线与普通二极管相似，而反向击穿特性曲线很陡。在正常情况下，稳压管工作在反向击穿区，由于曲线很陡，反向电流在很大范围内变化时，端电压变化很小，因而具有稳压作用。图中的 U_Z 表示反向击穿电压，当电流的增量 ΔI_Z 很大时，只引起很小的电压变化，即 ΔU_Z 变化很小。

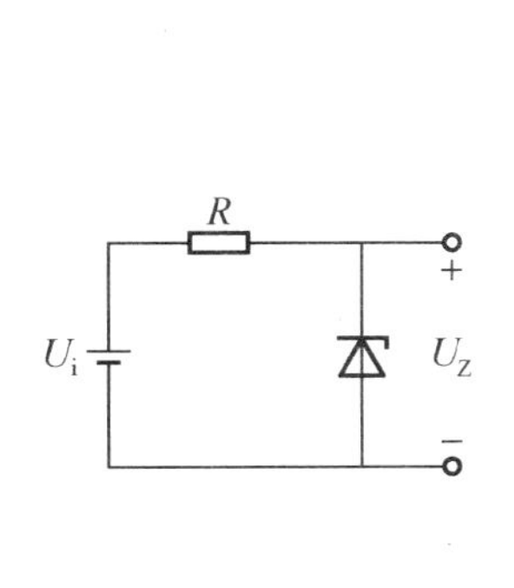

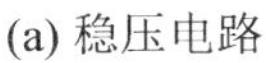

(a) 稳压电路

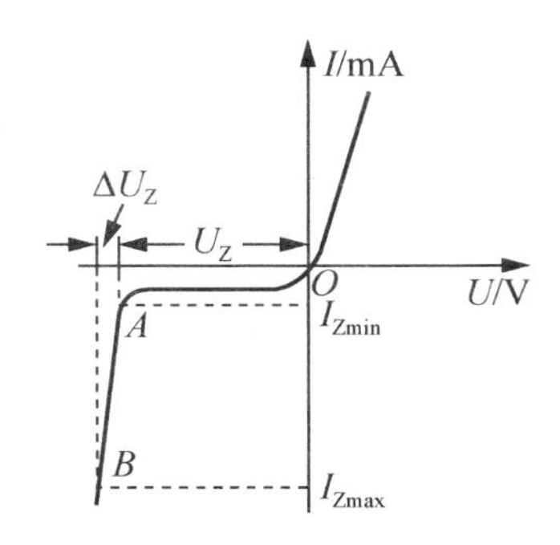

(b) 伏安特性曲线

图 2.12　稳压二极管符号及伏安特性曲线

只要反向电流不超过稳压管的最大稳定电流，就不会形成破坏性的热击穿，因此，在电路中应与稳压管串联一个具有适当阻值的限流电阻。

2. 发光二极管

发光二极管的实物和图形符号如图 2.13(b)和(c)所示。它是一种将电能直接转换成光能的固体器件，简称 LED(Light Emitting Diode)。发光二极管和普通二极管相似，也由一个 PN 结组成，结构如图 2.13(a)所示。发光二极管在正向导通时，发出一定波长的可见光。光的波长不同，颜色也不同。常见的 LED 有红、绿、黄等颜色。发光二极管的驱动电压低、工作电流小，具有很强的抗振动和抗冲击能力，同时由于发光二极管体积小、可靠性高、耗电省、寿命长，被广泛用于制作显示器件，可制成七段式或矩阵式器件；还可先用发光二极管将电信号变为光信号，通过光缆传输，然后再用光电二极管接收变为光信号，再转换为电信号；或利用上述发光二极管和光电二极管制成光电耦合器件。

LED 的反向击穿电压一般大于 5V，但为使器件长时间稳定而可靠地工作，安全使用电压选择在 5V 以下，同时发光二极管在使用时也需要串联一个适当阻值的限流电阻。

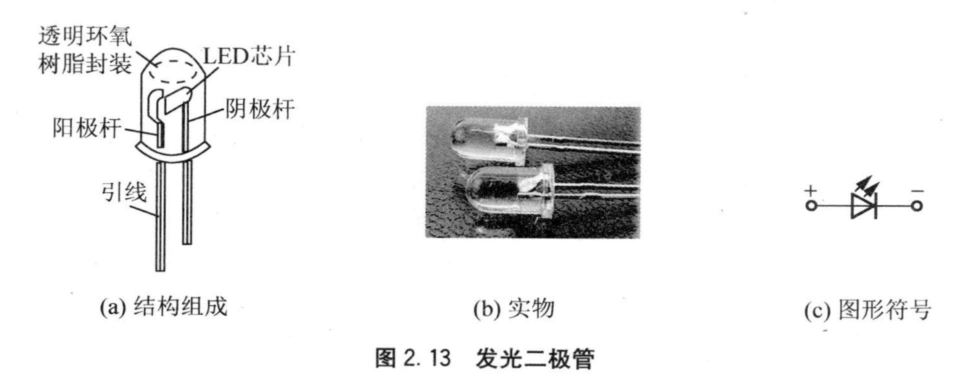

(a) 结构组成　　(b) 实物　　(c) 图形符号

图 2.13　发光二极管

3. 有机发光二极管 OLED(Organic Light—Emitting Diode)

OLED 显示技术与传统的 LCD 显示方式不同，无需背光灯，采用非常薄的有机材料涂层和玻璃基板，当有电流通过时，这些有机材料就会发光。而且 OLED 显示屏幕可以做得更轻更薄，可视角度更大，并且能够显著节省电能。具备轻薄、省电等特性，因此从 2003 年开始，这种显示设备在 MP3 播放器，以及 DC 与手机等数码类产品上得到了广泛应用，如图 2.14 所示。

4. 光敏二极管

光敏二极管的结构与普通二极管基本相同，实物和图形符号如图 2.15 所示，只是在它的 PN 结处，通过管壳上的一个玻璃窗口能接收外部的光照，从而实现光电转换。光敏二极管的 PN 结可在反向偏置状态下运行，其主要特点是反向电流与光照度成正比。

除了上述常见的特殊二极管之外，还有用于高频电路的变容二极管、激光二极管等，其中激光二极管在计算机上的光盘驱动器、激光打印机中的打印头、条形码扫描仪、激光测距、激光医疗、光通信、激光指示等小功率光电设备中得到了广泛的应用。

图 2.14 OLED 应用

图 2.15 光敏二极管实物和图形符号

2.3 直流稳压电源的仿真及制作

直流稳压电源能把 220V 的工频交流电转换为极性和数值均不随时间变化的直流电，其结构框图如图 2.16 所示。

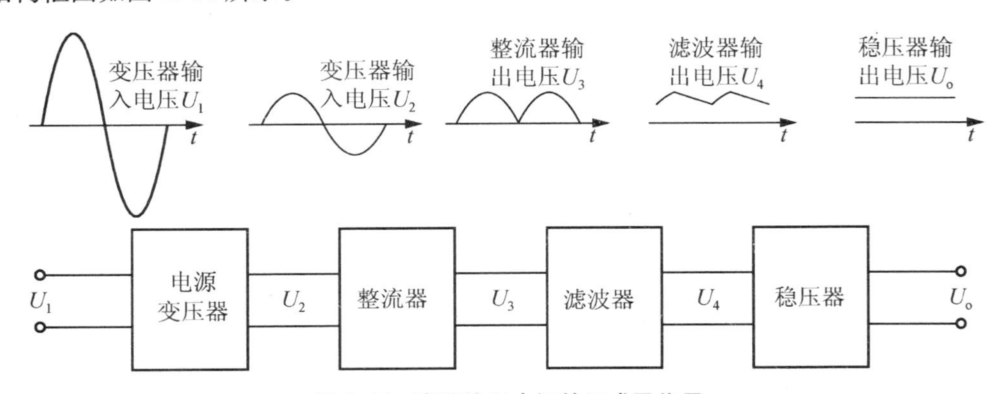

图 2.16 直流稳压电源的组成及作用

由图 2.16 可知，直流稳压电源一般由变压器、整流电路、滤波电路和稳压电路 4 部分组成。各部分作用如下：电源变压器的作用是为用电设备提供合适的交流电压，如本项目中采用的变压器可实现220V输入、双18V交流电输出，由于在电工基础中已经涉及，本书就不再作详细介绍；整流器的作用是把交流电变换成单相脉动的直流电；滤波器的功能是把单相脉动直流电变为平滑的直流电；稳压器的作用是克服电网电压、负载及温度变化所引起的输出电压的变化，提高输出电压的稳定性。

直流稳压电源的原理图也是由上述4部分组成的，如图2.17所示。

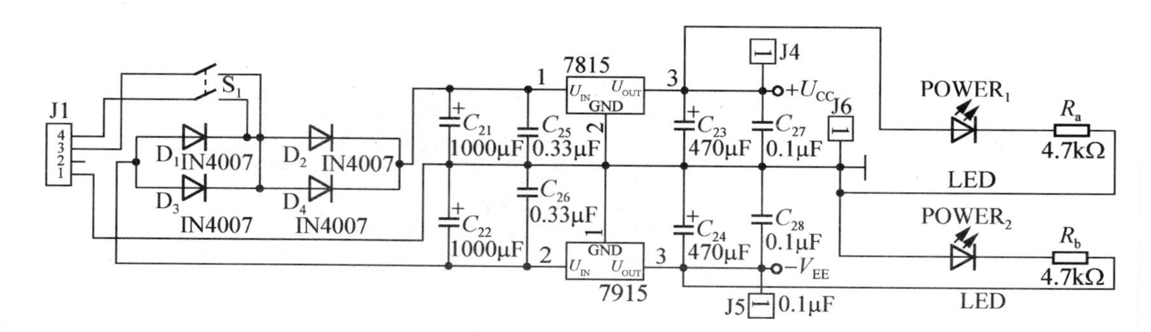

图2.17 双15V输出直流稳压电源原理图

器件清单见表2-2。

表2-2 音频放大电路输入级器件清单

序号	名　　称	规　　格	数量
1	电容	1000 μF/50V	2
2	电容	100 μF/50V	2
3	电容	0.33 μF	2
4	电容	0.1 μF	2
5	二极管	IN4001	4
6	三端集成稳压器	LM7915	1
7	三端集成稳压器	LM7815	1
8	变压器	次级 2×15V	1

接下来介绍整流电路、滤波电路及稳压电路的组成及工作原理。

2.3.1 整流电路

1. 单相半波整流电路

图2.18(a)所示为单相半波整流电路。由于流过负载的电流和加在负载两端的电压只有半个周期的正弦波，故称半波整流，其输出电压、电流波形如图2.18(b)所示。且输出

$$U_O=\frac{1}{2\pi}\int_0^{\pi}\sqrt{2}U_2\sin\omega t\,d(\omega t)\approx 0.45U_2\ ,\ I_O=I_D=\frac{U_O}{R_L}=0.45\frac{U_2}{R_L}$$

由图2.18(b)所示波形可知，半波整流把交流电的负半周削掉了，整流后电压的有效

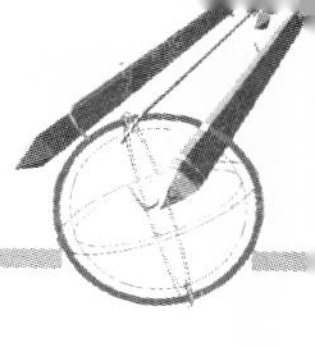

值接近整流前的一半，效率较低，故一般不采用半波整流。

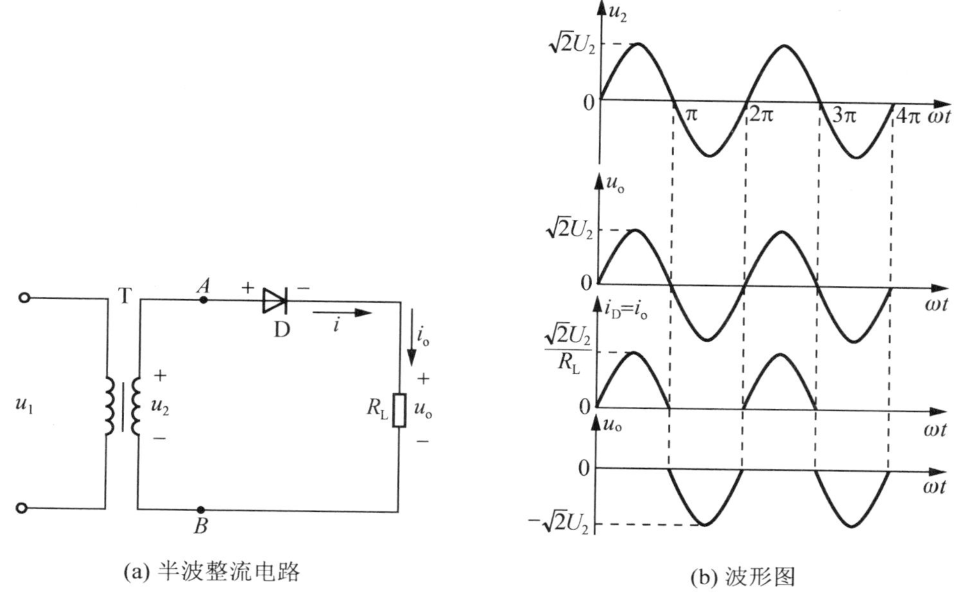

(a) 半波整流电路　　　　(b) 波形图

图 2.18　单相半波整流电路及波形

2. 单相桥式整流电路

图 2.19(a)所示为单相桥式整流电路；图 2.19(b)为其等效画法，其中 D_1～D_4 为 4 个整流二极管，也常称为整流桥，图 2.19(c)为波形图。

桥式整流电路各参数计算如下。

(1) 输出平均电压 $U_{O(AV)}$。由 u_o波形可知，桥式整流是半波整流的 2 倍，即

$$U_{O(AV)}=2\frac{\sqrt{2}}{\pi}U_2\approx 0.9U_2 \tag{2.1}$$

(2) 流过二极管的平均电流 $I_{D(AV)}$。由于 D_1、D_3 和 D_2、D_4 轮流导通，因此流过每个二极管的平均电流只有负载电流的一半，即

$$I_{D(AV)}=\frac{1}{2}I_{O(AV)}=\frac{1}{2}I_L=\frac{1}{2}\frac{U_{O(AV)}}{R_L} \tag{2.2}$$

(3) 二极管承受的最高反向峰值电压 U_{RM}。当 u_2上正下负时，D_1、D_3 导通，D_2、D_4 截止，D_2、D_4 相当于并联后跨接在 u_2上，因此反向最高峰值电压为

$$U_{RM}=\sqrt{2}U_2 \tag{2.3}$$

(4) 整流二极管的选择。

二极管的最大整流电流

$$I_F\geqslant I_D=\frac{1}{2}I_L \tag{2.4}$$

二极管的最大反向电压，按其截止时所承受的反向峰值电压有

$$U_{RM}\geqslant U_{DM}=1.414U_2 \tag{2.5}$$

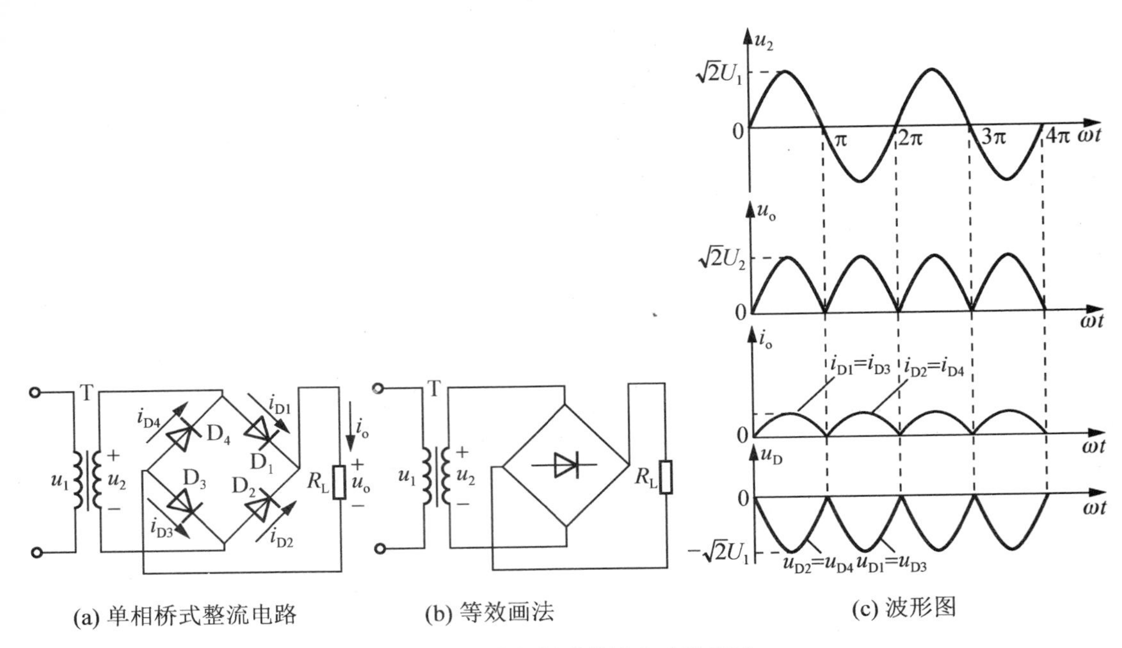

(a) 单相桥式整流电路　　(b) 等效画法　　(c) 波形图

图 2.19　单相桥式整流电路及波形

由图 2.19 可知，在相同的交流输入和负载情况下，单相桥式整流电路输出脉动减小，直流输出电压提高 1 倍，电源利用率明显提高。

例 2.1　本项目中要求输出电流至少达到 1A，即 $I_L \geqslant 1A$，并用单向桥式整流电路供电，试选择整流二极管的型号和电源变压器次级电压的有效值。

解：由式(2.1)可确定变压器次级电压为

$$U_2=\frac{U_O}{0.9}=\frac{15}{0.9}V=16.6V$$

所以，该稳压电源需用双 18V 左右输出的变压器。

二极管的最大反向电压为 $U_{RM} \geqslant U_{DM}=\sqrt{2}\,U_2 \approx 24V$。

二极管的最大整流电流，按式(2.4)计算为

$$I_F \geqslant I_D=\frac{1}{2}I_L=0.5A$$

根据上述计算结果，该项目可选 IN4007 型二极管 4 只，其最大整流电流为 1A，最高反向工作电压达到 220V，完全满足设计要求。

必须注意，为了保证二极管能安全可靠地工作，选用管子时要留有电流、电压余量，并按器件手册的要求装置散热器。在本项目中，可以采用 4 个二极管搭接桥式整流电路，也可采用整流桥堆进行整流，下面简要介绍一下整流桥堆。

整流桥堆产品由 4 只整流硅芯片作桥式连接，简称桥堆，实物如图 2.20 所示。桥堆一般用绝缘塑料封装而成，大功率整流桥在绝缘层外添加锌金属壳包封，以增强散热。整流桥品种多，有扁形、圆形、方形、板凳形(分直插与贴片)等，有 GPP 与 O/J 结构之分。最大整流电流范围为 0.5～100A，最高反向峰值电压(即耐压值)有 25～1600V 的各种规格。

图 2.20　桥堆实物

2.3.2　滤波电路

在整流电路中，把一个大电容 C 并接在负载电阻两端就构成了电容滤波电路，由于电解电容的制造工艺的原因，电解电容都有一定的电感效应，越大的电解电容电感值越大，大电解是滤不掉高频的，所以可在大电容 C 两边并联小电容以过滤旁路高频干扰信号。其电路和工作波形如图 2.21 所示。

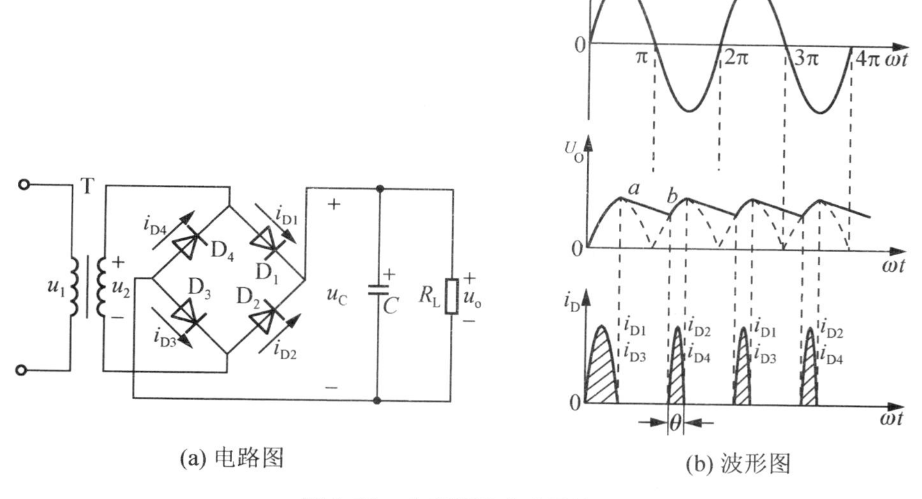

(a) 电路图　　(b) 波形图

图 2.21　电容滤波电路及波形

经上述分析可知，由于在二极管截止期间电容 C 向负载电阻缓慢放电，使输出电压的脉动减小，结果平滑了许多，输出电压平均值也得到了提高。一般当负载开路($R_L=\infty$)时，为了取得良好的滤波效果，电容 C 一般取 $C\geqslant(3\sim5)\dfrac{T}{2R_L}$，式中，$T$ 为交流电源的周期，此时 $U_O=1.2U_2$。且 C 的值越大，滤波效果越好，即滤波电容越大越好，故项目中采用了一对容量为 1000μF 的大电容作滤波之用。同时需要考虑电容的耐压值，在滤波电路中，电容的耐压值不要小于滤波电容电压最高时交流的峰峰值的 $\sqrt{2}$ 倍，所以这里电解电容选择了 50V。

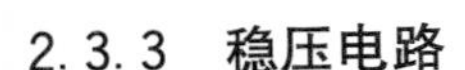

2.3.3 稳压电路

1. 硅稳压管稳压电路

硅稳压管稳压电路如图 2.22 所示。

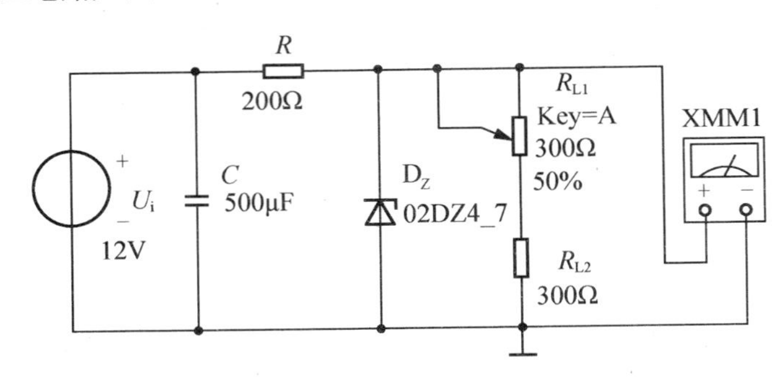

图 2.22 稳压电路

硅稳压管的稳压原理是利用稳压管两端电压 U_Z 的微小变化，引起电流 I_Z 的较大的变化，通过电阻 R 调整电压，保证输出电压基本恒定，从而达到稳压作用。电路中所选用的稳压管属于分立器件，其功率选择余地大，适合于小、中、大各种功率场合的稳压，故使用范围较广。

同样，也可采用三端集成稳压器来实现稳压。

2. 三端集成稳压器稳压电路

三端稳压器(三端稳压管)是一种集成电路，它是通过电路的线性放大原理来实现稳压的。三端稳压器主要有两种类型：一种输出电压是固定的，称为固定输出三端稳压器；另一种输出电压是可调的，称为可调输出三端稳压器。在线性集成稳压器中，由于三端稳压器只有 3 个引出端子，具有外接元件少、使用方便、性能稳定、价格低廉等优点，因而得到了广泛应用。

三端固定输出线性集成稳压器有 CW78××(正输出)和 CW79××(负输出)系列。其型号后两位××所标数字代表输出电压值，有 5V、6V、8V、12V、15V、18V、24V。其额定电流以 78(或 79)后面的尾缀字母区分，其中 L 表示 0.1A，M 表示 0.5A，无尾缀字母表示 1.5A。如 CW78M05 表示正输出、输出电压为 5V、输出电流为 0.5A。其外形及引脚排列如图 2.23 所示。

本项目中由于需要直流±15V 输出，故选用了 78L15 和 79L15 两种三端稳压器。

特别提示

在使用时必须注意 U_i 和 U_o 之间的关系。以 78L15 为例，该三端稳压器的固定输出电压是 15V，而输入电压至少大于 17V，这样输入/输出之间有 2～3V 或以上的压差，保证调整管工作在放大区。但压差取得大时，又会增加集成块的功耗，所以，两者应兼顾，即

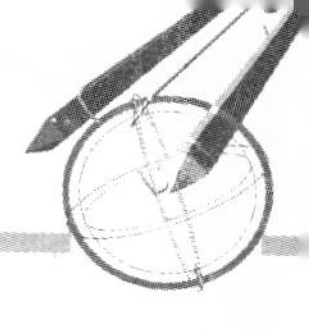

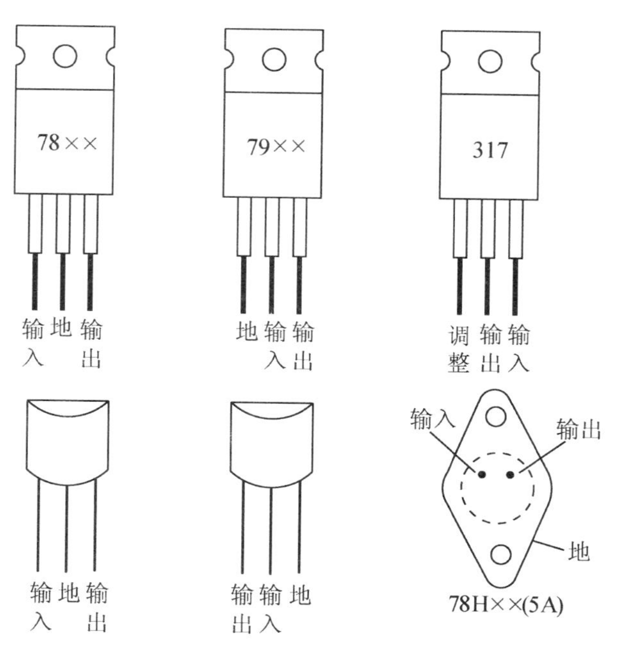

图 2.23　三端集成稳压器外形及引脚排列

既保证在最大负载电流时调整管不进入饱和，又不至于功耗偏大。

2.3.4　实施步骤

1. 安装

（1）安装前应认真理解电路原理，弄清印制板上元件与电原理图元件的对应关系，并对所装元器件预先进行检查，确保元器件处于良好状态。

（2）参考原理图 2.17 将电阻、电容、发光二极管、IN4007、三端稳压器等元件在实验板上焊好。

2. 调试

（1）检查印制板元器件的安装、焊接，确保准确无误。

（2）复审无误后通电，在电路输入端接入信号发生器，依次在整流电路、滤波电路及三端稳压器后级作如下测试。

①整流滤波后直流电压值是否正常。

②输出在空载下，分别测量滤波电容两端电压是否有超压现象。

③ 分别测量三端集成稳压器的输入输出电压是否正常。

将上述各级的各输出参数值及波形作记录，并与理论比较是否吻合。

（3）为提高测量精度，对输出电压可用直流数字电压表或数字式万用表测之。

项目小结

(1) 常用的半导体材料有硅和锗两种，纯净的半导体称为本征半导体。

(2) 本征半导体在掺入硼和磷元素后，导电能力将发生很大的变化，分别形成P型半导体和N型半导体。

(3) P型半导体和N型半导体结合将形成PN结，PN结具有单向导电性。

(4) 二极管的组成核心是PN结，它具有正向导通、反向截止、反向击穿特性。

(5) 直流稳压电源由变压器、整流电路、滤波电路和稳压电路4部分组成。

(6) 单相桥式整流电路中的二极管在选用时应充分考虑电压、电流的余量。

(7) 滤波电路中电解电容容量越大越好，同时应考虑耐压值。

(8) 稳压电路中稳压二极管是二极管中的一种，在反向击穿后电压变化很小，利用这个特点通过电路来实现输出电压的稳定，它属于分立器件且根据功率不同，选择范围较广；三端稳压器(三端稳压管)它是一种集成电路，它是通过电路的线性放大原理来实现稳压的，一般适用于中小功率的电路稳压。

习　　题

一、选择题

2.1　如图2.24所示的单相桥式整流电路，变压器次级电压有效值$U_2=20V$，则输出直流电压平均值U_L为(　　)。

A. 9V　　B. 18V　　C. 20V　　D. 24V

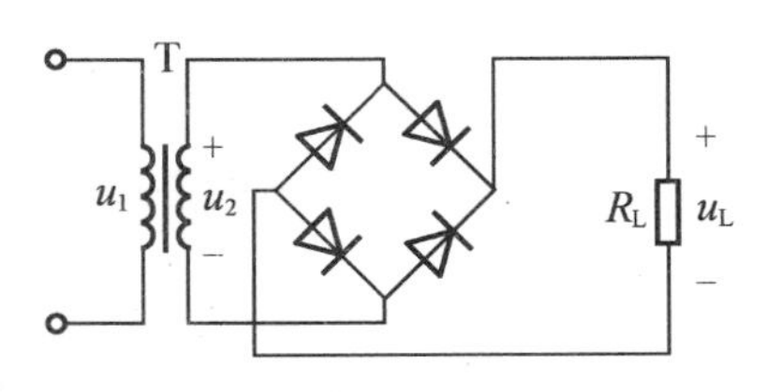

图2.24　硅二极管电路

2.2　本征半导体中掺入五价元素后成为(　　)。

A. P型半导体　　B. N型半导体　　C. PN结

2.3　工作在反向击穿状态的二极管是(　　)。

A. 一般二极管　　B. 稳压二极管　　C. 开关二极管

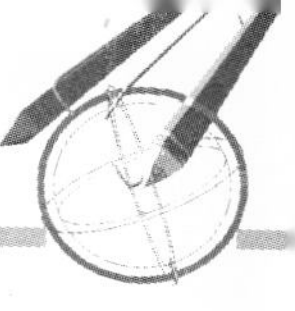

2.4　二极管两端加上正向电压时(　　)。

A. 一定导通　　B. 超过死区电压才导通

C. 超过0.3V才导通　　D. 超过0.7V才导通

2.5　在桥式整流电路中，若变压器次级电压有效值$U_2=10V$，则二极管承受的最高反向工作电压为(　　)。

A. 10V　　B. 12V　　C. 14V

二、简答题

2.6　P型半导体与N型半导体有什么区别？

2.7　PN结有什么特性？该特征在什么情况下才能体现出来？

2.8　稳压管与普通整流二极管有何区别？

2.9　在图2.17所示直流稳压电源的制作中，C_{21}和C_{22}的作用是什么？若将其容量减小，会对其输出造成何影响？试分析原因。

三、分析计算题

2.10　在图2.17所示直流稳压电源的制作中，试根据电路估算该直流稳压电源的最大输出功率是多少。

2.11　硅二极管电路如图2.25所示，试分别用二极管的理想模型和恒压降模型计算电路中的电流I和输出电压U_{AO}：①$E=3V$；②$E=10V$。

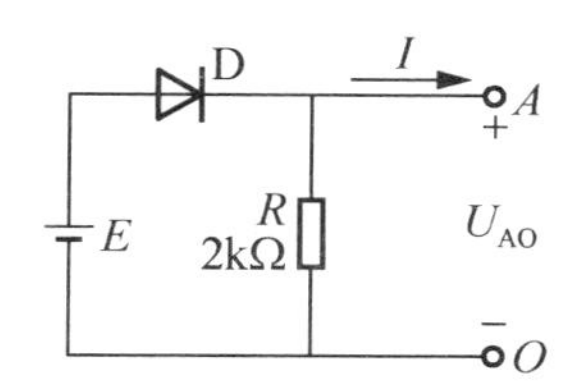

图2.25　题2.11图

2.12　二极管电路如图2.26所示，试判断各二极管是导通还是截止，并求出A、O端的电压U_{AO}(设二极管为理想二极管)。

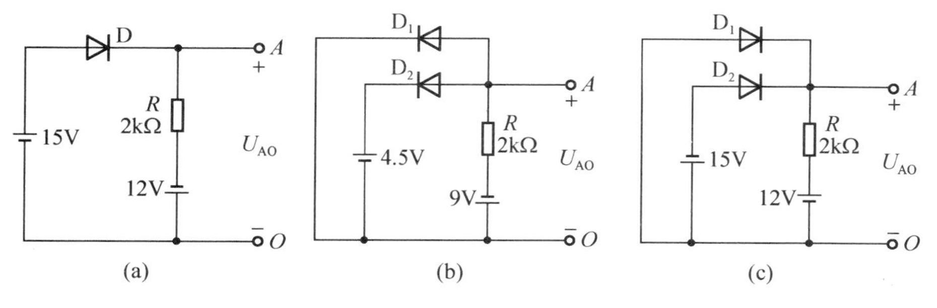

图2.26　题2.12图

2.13　画出图2.27所示电路中的输出电压u_o的波形，$u_i=10\sin\omega t$ (V)(设二极管为理想二极管)。

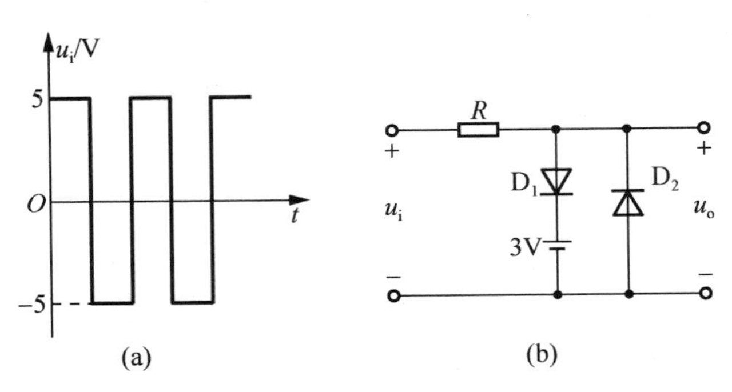

图 2.27 题 2.13 图

2.14 在图 2.28 所示的电路中，$u_i=10\sin\omega t$（V），D 为理想二极管，试画出各电路输出电压 u_o的波形。

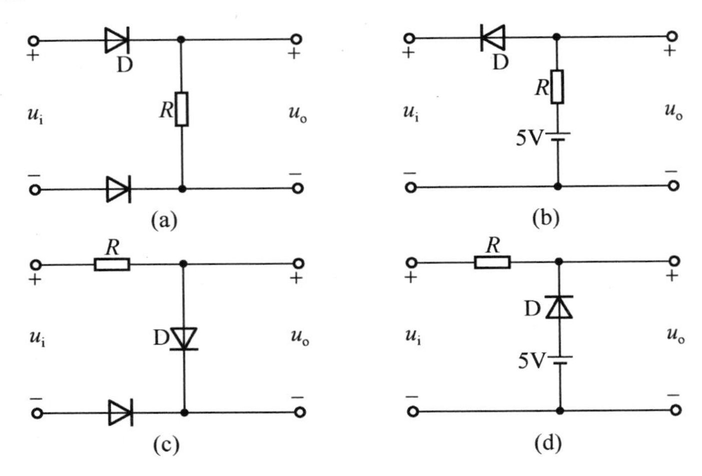

图 2.28 题 2.14 图

2.15 设硅稳压二极管 D_{Z1}和 D_{Z2}的稳定电压分别为 5V 和 10V，求图 2.29 所示各电路的输出电压 u_o的值。

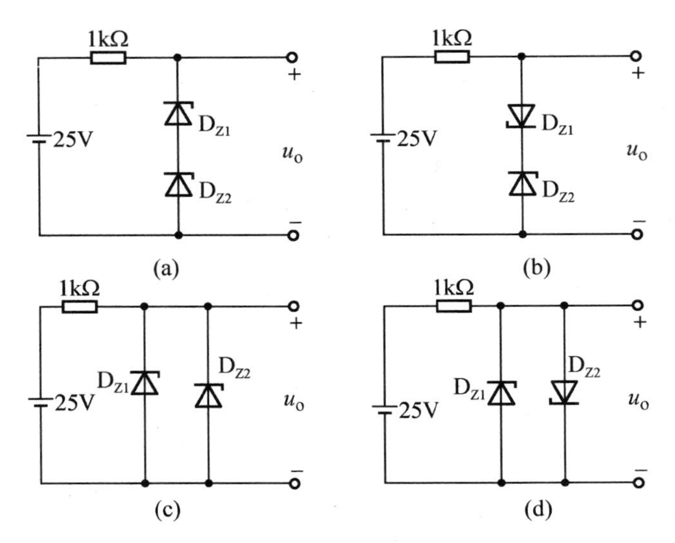

图 2.29 题 2.15 图

2.16　某发光二极管的导通电压为1.5V，最大整流电流为30mA，要求用4.5V直流供电，电路的限流电阻应如何选取？

2.17　一单相桥式整流电路，变压器次级电压有效值为75V，负载电阻为100Ω，试计算该电路的直流输出电压和直流输出电流，并选择二极管。

2.18　在线路板上，分别由4只二极管组成桥式整流电路，元件排列如图2.30所示。如何在(a)、(b)两图的端点上接入交流负载和负载电阻R_L？要求画出最简接线图。

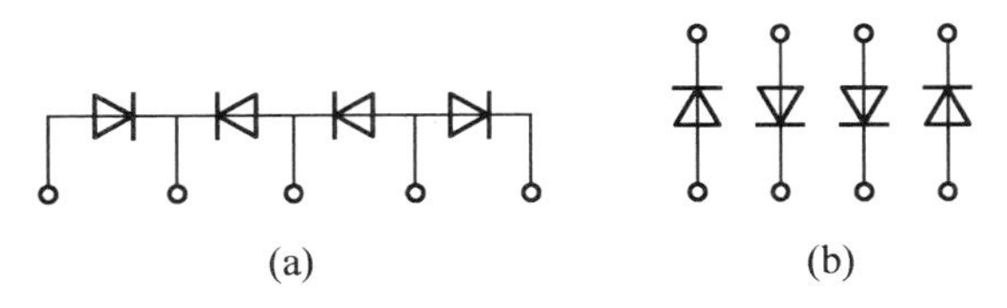

图2.30　题2.18图

2.19　桥式整流电容滤波电路中，已知$R_L=100\Omega$，$C=100\mu F$，用交流电压表测得变压器次级电压有效值为20V，用直流电压表测得R_L两端电压U_O。如出现下列情况，试分析哪些是合理的，哪些表明出了故障，并分析原因：①$U_O=28V$；②$U_O=24V$；③$U_O=18V$；④$U_O=9V$。

2.20　图2.31所示为一桥式整流电容滤波电路，已知交流电压u_1等于220V，负载电阻$R_L=50\Omega$，要求直流输出电压为24V，根据要求，试：

(1) 选择整流二极管型号。

(2) 选择滤波电容(容量和耐压)。

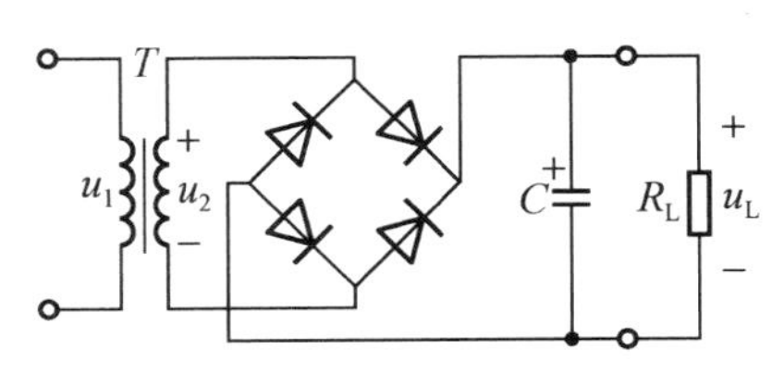

图2.31　题2.20图

项目3

晶体管的认知及应用电路的制作

学习目标

1. 知识目标

(1) 掌握晶体管的结构、种类及应用场合。

(2) 掌握晶体管元件的电流放大特性。

(3) 掌握单管共射级、共集电极放大电路的组成及基本计算。

2. 技能目标

(1) 学会判别以及使用万用表测试晶体管的极性的方法。

(2) 掌握利用万用表、信号发生器、示波器测试单管放大电路的静态和动态特性的方法。

(3) 制作音频放大电路的输入级，学会对电路所出现的故障进行原因分析及排除。

生活提点

音响是现在很多家庭中常用的家用电器，一般由音源(包括CD、VCD、DVD、MP3等)、音频功放、音箱3部分组成。由于音源的输出功率一般为10毫瓦级，而欣赏音乐的时候，音箱的功率一般都要达到几瓦、几十瓦甚至更大，所以需要对音源的输出电压和电流进行一定倍数的放大，同时又希望播放出的声音不仅响亮，而且杂音要尽可能地少，即音频放大电路的输入级不仅具有一定放大倍数，还要尽可能减少失真，动态特性参数也要理想。这就是接下来要做的项目。

项目任务

制作音频放大电路的输入级部分，要求该放大电路输入电阻达到 10kΩ 以上、输出电阻低于 100Ω。该电路在 PCB 板上为图 3.1 中左上角框出的部分。在该部分电路中，除了电阻、电容元件外，还多了一种元件，即晶体管，它是放大电路能够放大的重要部件，接下来先学习一下晶体管特性以及应用电路。

图 3.1　音频放大电路输入级实物

项目实施

3.1　晶体管的认知

各种晶体管实物如图 3.2 所示。

(a) 小功率硅管

(b) 中功率硅管

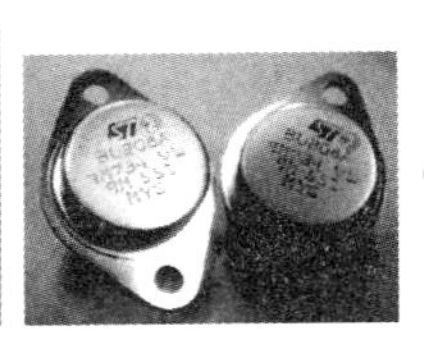

(c) 大功率硅管

(d) 贴片晶体管

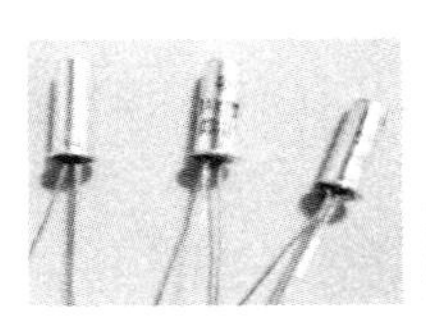

(e) 小功率锗管

(f) 中功率锗管

图 3.2　晶体管实物

3.1.1　晶体管的结构与电路符号

晶体管的种类很多，按照半导体材料的不同，可分为硅管、锗管；按照功率可分为小功率管、中功率管和大功率管；按照频率可分为高频管和低频管等。若按照结构的不同，可将其分为两种类型：NPN 型管和 PNP 型管，在基本结构上分三极(基极 b、发射极 e、集电极 c)和两结(发射结、集电结)。图 3.3 给出了 NPN 和 PNP 型管的结构示意图及其图形和文字符号，符号中的箭头方向是晶体管的实际电流方向。文字符号有时也采用大写。

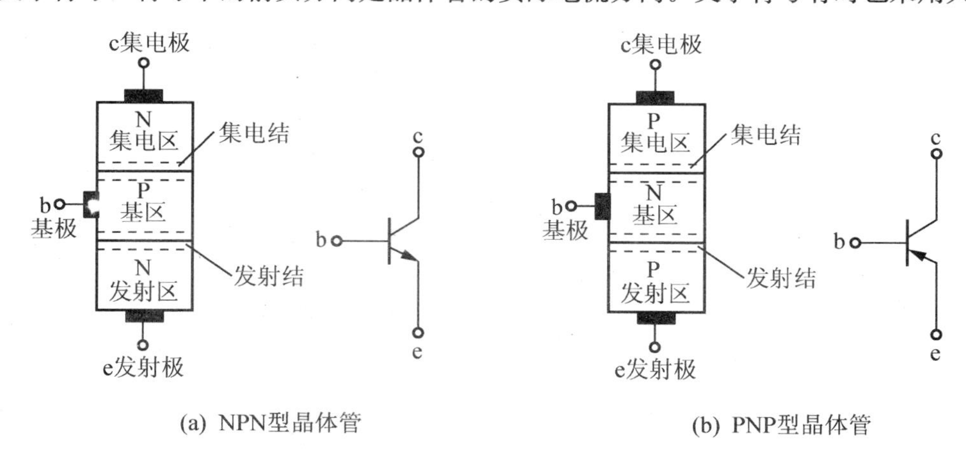

(a) NPN型晶体管　　(b) PNP型晶体管

图 3.3　晶体管的结构示意与图形和文字符号

3.1.2　晶体管的判别

要准确地了解一只晶体管的类型、性能与参数，可用专门的测量仪器进行测试，但一般粗略判别晶体管的类型和引脚时，可直接通过晶体管的型号简单判断，也可利用万用表测量的方法判断。下面具体介绍其型号的意义及利用万用表进行简单测量的方法。

1. *实物辨别法*

在晶体管实物上，三极一般按图 3.4 所示的顺序排列，图中视图角度为仰视方向。

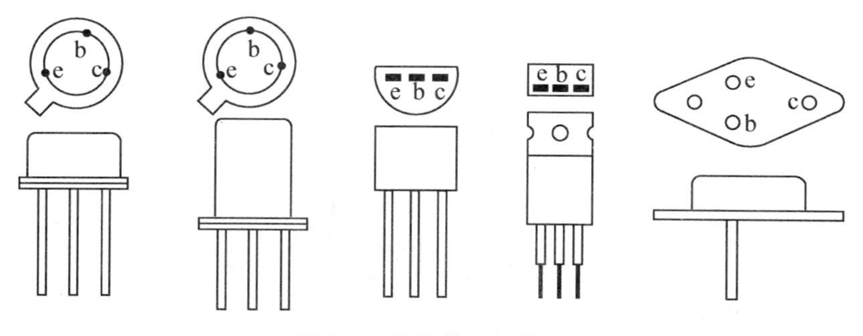

图 3.4　晶体管三极排列

2. *仪表测试法*

通过晶体管的引脚，也可以用万用表来初步确定晶体管的类型(NPN 型还是 PNP 型)，并辨别出 e、b、c 三个电极，测试方法如下。

(1) 用指针式万用表判断基极 b 和晶体管的类型。将万用表欧姆挡置“$R\times100$”或“$R\times1$k”处，先假设晶体管的某极为“基极”，并把黑表笔接在假设的基极上，将红表笔先后接在其余两个极上，如图 3.5 所示。如果两次测得的电阻值都很小(约为几百欧至几

千欧)，则假设的基极是正确的，且被测晶体管为NPN型管；如果两次测得的电阻值都很大(约为几千欧至几十千欧)，则假设的基极是正确的，且被测晶体管为PNP型管。如果两次测得的电阻值是一大一小，则原来假设的基极是错误的，这时必须重新假设另一电极为“基极”，再重复上述测试。

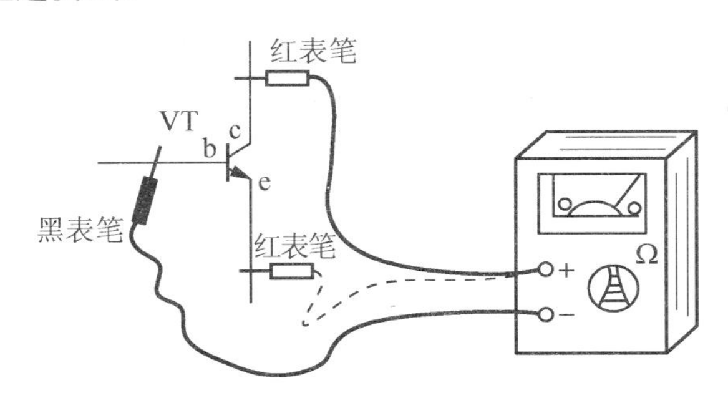

图 3.5 晶体管基极的测试

(2) 判断集电极c和发射极e。仍将指针式万用表欧姆挡置“$R\times100$”或“$R\times1\text{k}$”处，以NPN管为例，把黑表笔接在假设的集电极c上，红表笔接到假设的发射极e上，并用手捏住b和c极(不能使b、c直接接触)，如图3.6所示，通过人体相当于在b、c之间接入偏置电阻，读出表头所示的阻值，然后将两表笔反接重测。若第一次测得的阻值比第二次小，说明原假设成立，因为c、e间电阻值小说明通过万用表的电流大，偏置正常。

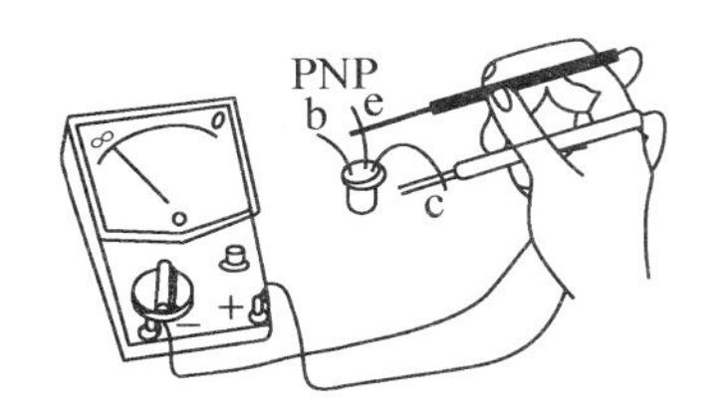

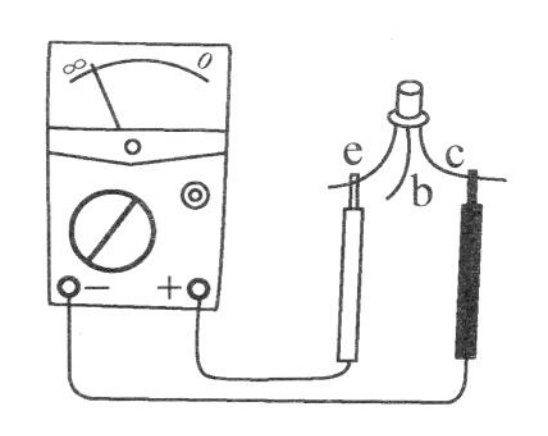

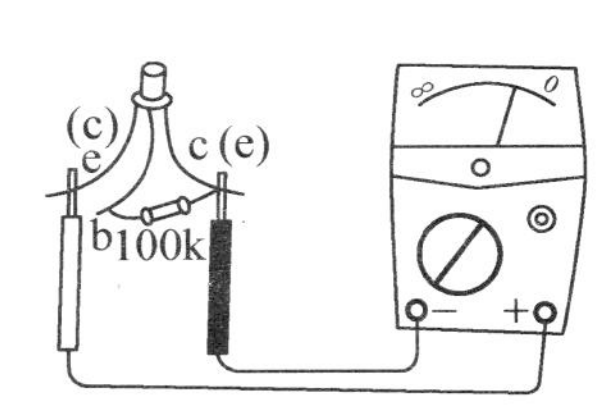

图 3.6 晶体管集电极、发射极的判别

如果已知晶体管类型及电极，用指针式万用表判别晶体管好坏的方法如下。

(1) 测NPN晶体管。将万用表欧姆挡置“$R\times100$”或“$R\times1\text{k}$”处，把黑表笔接在基极上，将红表笔先后接在其余两个极上，如果两次测得的电阻值都较小，再将红表笔接在基极上，将黑表笔先后接在其余两个极上，两次测得的电阻值都很大时，则说明晶体管是好的。

(2) 测PNP晶体管。将万用表欧姆挡置“$R\times100$”或“$R\times1\text{k}$”处，把红表笔接在基极上，将黑表笔先后接在其余两个极上，如果两次测得的电阻值都较小，再将黑表笔接在基极上，将红表笔先后接在其余两个极上，两次测得的电阻值都很大时，则说明晶体管是好的。

用万用表判别晶体管的管型的方法如下。

根据硅管的发射结正向压降大于锗管的正向压降的特征，来判断其材料。常温下，锗管正向压降为0.2～0.3V，硅管的正向压降为0.6～0.7V。

下面通过实验来测试晶体管在电路中所起的作用。

3.2 单管共射极放大电路的特性测试

晶体管仿真及测试电路如图 3.7 所示。

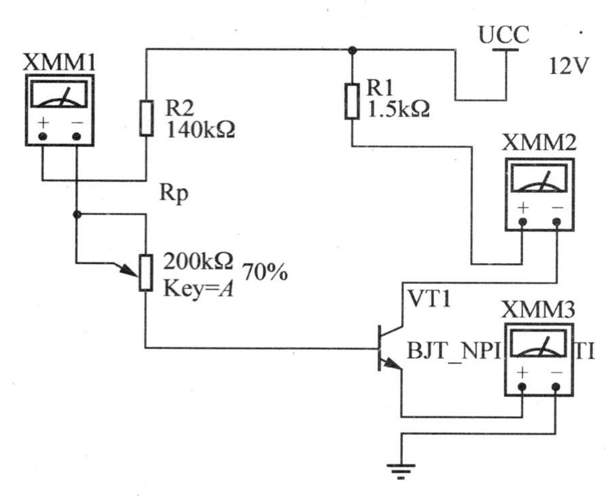

图 3.7 晶体管测试电路

测试器件清单见表 3-1。

表 3-1 单管共射极放大电路特性测试器件清单

序号	名　称	规　格	数量
1	晶体管稳压电源	—	1 台
2	面包板	—	1 块
3	毫安表	—	1 台
4	微安表	—	1 台
5	NPN 型晶体管	(设定 $\beta=100$)	1 个
6	金属膜电阻	100 Ω	1 个
7	金属膜电阻	1.5kΩ	1
8	电位器	200kΩ	1
9	导线	—	若干

由于该电路中，晶体管的发射极是输入回路和输出回路的公共端，故该电路也称为单管共射极放大电路。接下来了解一下晶体管及共射极放大电路的相关特性。

3.2.1 晶体管电流分配关系

组建图 3.7 所示的晶体管电流分配关系实验电路。改变电位器 R_P 的值(0%、20%、40%、60%、70%、100%)，使偏置电流 I_B 分别为表 3-2 中所示的数据，依次测量对应

的 I_C、I_E的值，并填入表中。仿真测试电路测试数据截图如图 3.8 所示 。

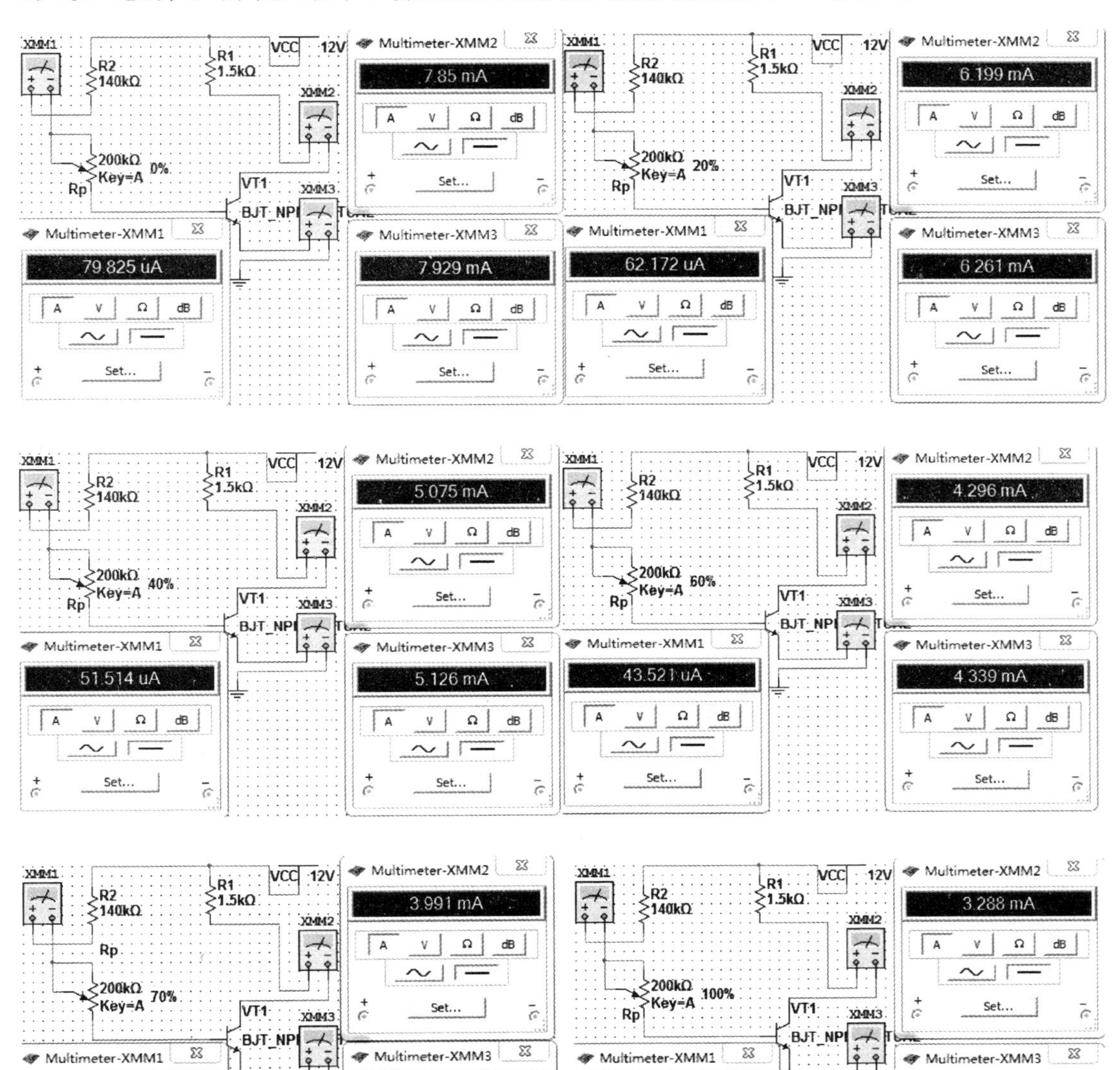

图 3.8　仿真测试电路测试数据截图

表 3-2　晶体管放大电路测量数据

$I_B/\mu A$	79.825	62.172	51.514	43.521	40.856	33.751
I_C/mA	7.85	6.199	5.075	4.296	3.991	3.288
I_E/mA	7.929	6.261	5.126	4.339	4.03	3.321
I_C/I_B	98.3	99.7	98.5	98.7	97.7	97.4

通过实验及仿真测试可以得到，当基极电流 I_B、集电极电流 I_C、发射极电流 I_E在一定范围内变化时，根据广义节点电流定律，不仅满足 $I_E = I_B + I_C$，同时 I_C/I_B的值基本维持在 99 左右，即 $I_C = \bar{\beta} I_B$，体现了对直流电流的放大作用，其中 $\bar{\beta}$ 称为直流放大系数；通过表 3-2 计算集电极电流的变化量 ΔI_C与基极电流的变化量 ΔI_B的比值，也基本为一常值，且该比值反映了晶体管 9013 对交流信号的放大，所以把这个比值称为晶体管的交流放大系数 β，且通过测试发现，同一个晶体管的直流放大系数和交流放大系数基本一致，在忽略误差的前提下，可以把这两种放大倍数视作相同，即统一用 β 表示晶体管的放大倍数，简称晶体管的电流放大倍数。一般晶体管的电流放大倍数 β 为几十到两百之间。

通过实验，可以了解到晶体管具有电流放大作用，也是放大电路的核心分立元件。同时，在实验中也发现，当基极电流过大或过小时，集电极电流与基极电流并不完全成比例，为何会出现这种情况？下面学习一下晶体管的伏安特性。

3.2.2 晶体管的伏安特性

1. 输入特性曲线

输入特性曲线是指当集电极与发射极之间电压 u_{CE} 为常数时，输入回路中加在晶体管基极与发射极之间的发射结电压 u_{BE}和基极电流 i_B之间的关系曲线，如图 3.9 所示。用函数关系式表示为

$$i_B = f(u_{BE}) \mid u_{CE} = 常数 \tag{3.1}$$

2. 输出特性曲线

输出特性曲线是在基极电流 i_B一定的情况下，晶体管的集电极输出回路中，集电极与发射极之间的管压降 u_{CE}和集电极电流 i_C之间的关系曲线，如图 3.10 所示。用函数式表示为

$$i_C = f(u_{CE}) \mid i_B = 常数 \tag{3.2}$$

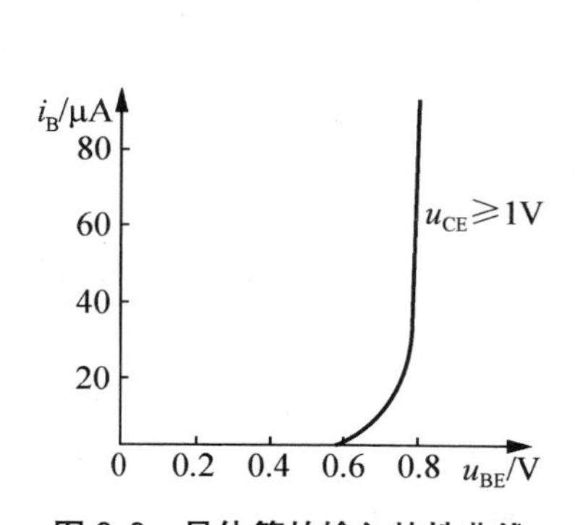

图 3.9 晶体管的输入特性曲线

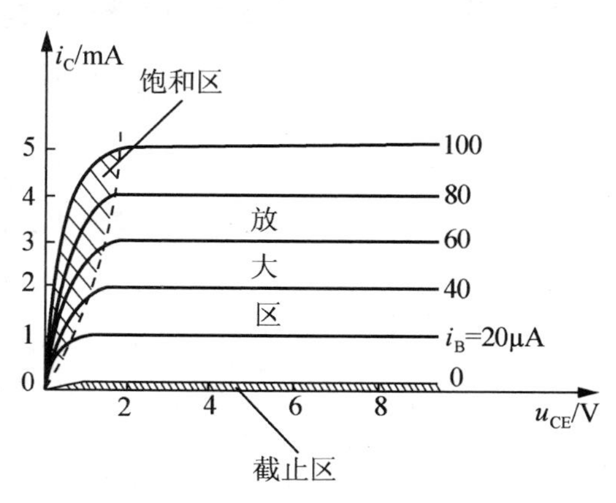

图 3.10 晶体管的输出特性曲线

1）截止区

习惯上把 $i_B \leqslant 0$ 的区域称为截止区，即 $i_B=0$ 的输出特性曲线和横坐标轴之间的区域。若要使 $i_B \leqslant 0$，晶体管的发射结就必须在死区以内或反偏，为了使晶体管能够可靠截止，通常给晶体管的发射结加反偏电压，同时集电结也处于反偏状态。

2）放大区

在这个区域内，发射结正偏，集电结反偏。i_C 与 i_B 之间满足电流分配关系 $i_C=\beta i_B+I_{CEO}$，输出特性曲线近似为水平线。

3）饱和区

如果发射结正偏时，出现管压降 $u_{CE}<0.7V$（对于硅管来说），也就是 $u_{CB}<0$ 的情况，称晶体管进入饱和区。所以饱和区的发射结和集电结均处于正偏状态。饱和区中的 i_B 对 i_C 的影响较小，放大区的 β 也不再适用于饱和区。

通过晶体管伏安特性的学习了解，要让晶体管对交流信号进行有效放大，就必须让晶体管处于输出特性的放大区，那怎么才能让晶体管处于放大区，同时又要让晶体管发挥最大的放大效能，放大电路能把交流信号放大多少倍，带负载能力如何？接下来学习一下放大电路的静态和动态特性。

由于晶体管有 3 个电极，因此在放大电路中有 3 种连接方式，即共基极、共发射极和共集电极连接，如图 3.11 所示。以基极作为输入回路的公共端时，即为共基极接法，如图 3.11(a)所示，依次类推。无论是哪种连接方式，要使晶体管具有放大作用，都必须保证发射结正偏，集电结反偏。

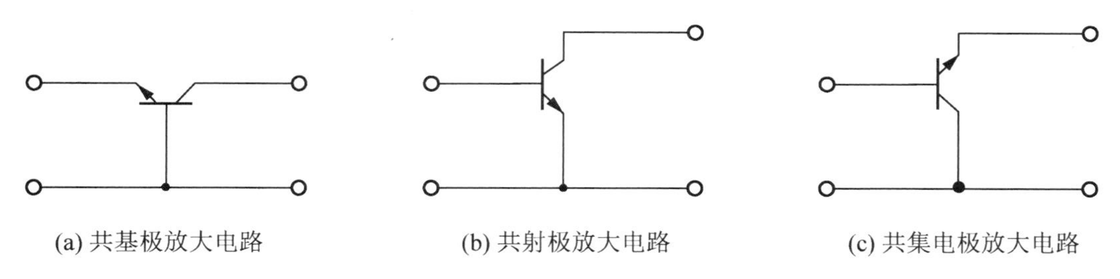

(a) 共基极放大电路　　(b) 共射极放大电路　　(c) 共集电极放大电路

图 3.11　晶体管放大电路的三种组态

3.2.3　共射极放大电路的组成及各元件的作用

共射极放大电路的组成如图 3.12 所示。

电路中各元件的作用如下。

(1) 集电极电源 U_{CC}：其作用是为整个电路提供能源，保证晶体管的发射结正向偏置，集电结反向偏置。

(2) 基极偏置电阻 R_B：其作用是为基极提供合适的偏置电流。

(3) 集电极电阻 R_C：其作用是将集电极电流的变化转换成电压的变化。

(4) 耦合电容 C_1、C_2：其作用是隔直流、通交流。

(5) 符号“⊥”为接机壳(一般即表示接地)符号，是电路中的零参考电位。

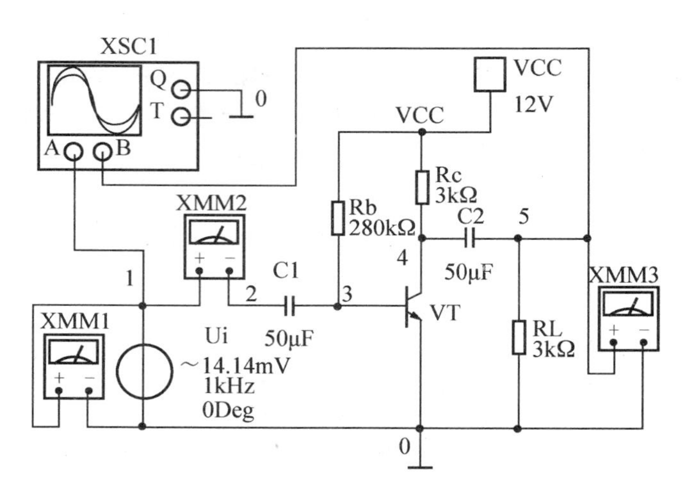

图 3.12　共射极放大电路的组成

3.2.4　放大电路中电压、电流符号规定

（1）直流分量为如图 3.13(a)所示的波形，用大写字母和大写下标表示。如 I_B表示基极的直流电流。

（2）交流分量为如图 3.13(b)所示的波形，用小写字母和小写下标表示。如 i_b表示基极的交流电流。

（3）总变化量为如图 3.13(c)所示的波形，是直流分量和交流分量之和，即交流叠加在直流上，用小写字母和大写下标表示。如 i_B表示基极电流总的瞬时值，其数值为 $i_B=I_B+i_b$。

（4）交流有效值用大写字母和小写下标表示。如 I_b表示基极的正弦交流电流的有效值。

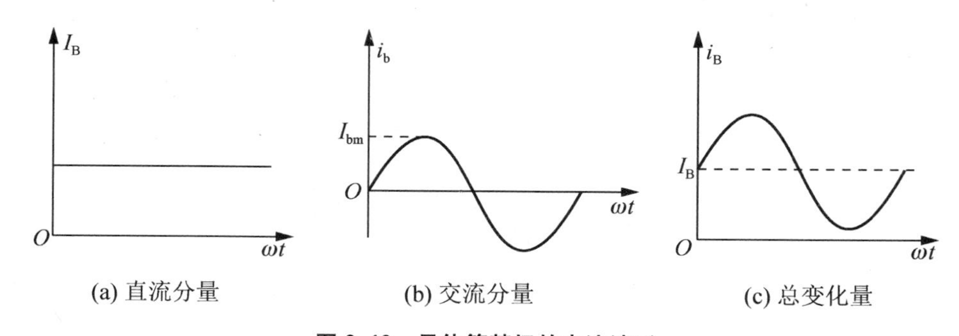

图 3.13　晶体管基极的电流波形

3.2.5　放大电路的静态分析及静态工作点的确定

静态分析的目的就是要计算静态时电路中晶体管的直流电压和直流电流值。因为晶体管的输出特性分为放大区、饱和区、截止区，其中只有放大区才有放大作用，所以，由电路参数所确定的静态工作点必须使晶体管处于合理的放大状态，以等待交流输入信号的到来。

要得到晶体管电路中的直流电流、电压值，只需考虑晶体管电路的直流通路即可。直

流通路就是直流信号传递的路径。

因为耦合电容对直流信号相当于开路，将放大电路中的耦合电容开路，就得到对应的直流通路。按照这个原则，共发射极固定偏置放大电路对应的直流通路如图 3.14 所示。这个直流通路中的直流电压和电流的数值就是静态工作点。

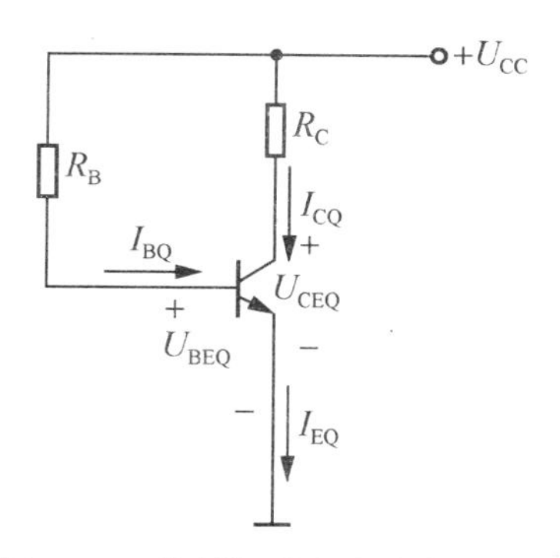

图 3.14 共射极放大电路直流通路

1. 用估算法求取静态工作点

$$I_{BQ}=\frac{(V_{CC}-U_{BEQ})}{R_B}\approx\frac{V_{CC}}{R_B} \tag{3.3}$$

$$I_{CQ}=I_{BQ} \tag{3.4}$$

$$U_{CQ}=U_{CC}-I_{CQ}R_C \tag{3.5}$$

仍以图 3.14 为例来介绍估算法的分析过程，由式(3.3)可求得 $I_{BQ}=40\mu A$，同时已知 $\beta=100$，则由式(3.4)可得

$$I_{CQ}=\beta I_{BQ}=100\times40\mu A=4mA$$

由回路方程及式(3.5)可知

$$U_{CEQ}=U_{CC}-I_{CQ}R_C=12-1.5\times4=6V$$

所以，该晶体管电路的静态工作点为

$$U_{BEQ}=0.7V，I_{BQ}=40\mu A，U_{CEQ}=U_{CC}-I_{CQ}R_C=12-1.5\times4=6V，$$
$$I_{CQ}=\beta I_{BQ}=100\times40\mu A=4mA$$

2. 静态工作点的位置与非线性失真的关系

如果静态工作点处于负载线的中央，这时的动态工作范围最大(要求工作点的移动范围不能进入截止区或饱和区)，可以获得最大的不失真输出。但在实际工作中，如果输入信号比较小，在不至于产生失真的情况下，一般把静态工作点选得稍微低一些，这样可以降低静态工作电流，并节省直流电源能量消耗，因为静态工作点的高低就是静态集电极电流的大小。

静态工作点的位置与非线性失真的关系如图 3.15 所示。

如果静态工作点选得过低，将使工作点的动态范围进入截止区而产生失真，这种由于晶体管进入截止区而造成的失真称为截止失真，如图 3.15(a)所示；相反，如果静态工作

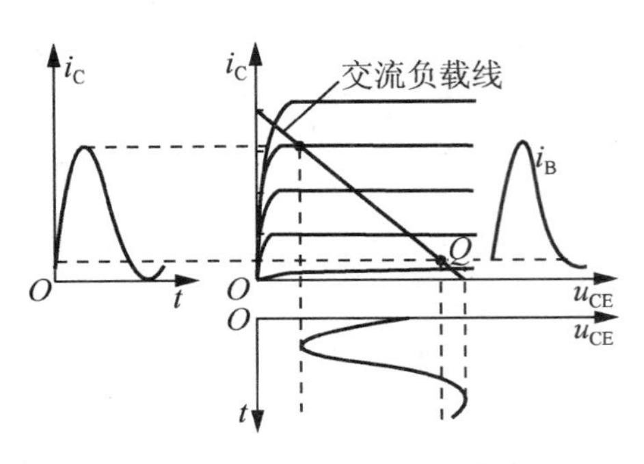

(a) Q点设置过低的截止失真

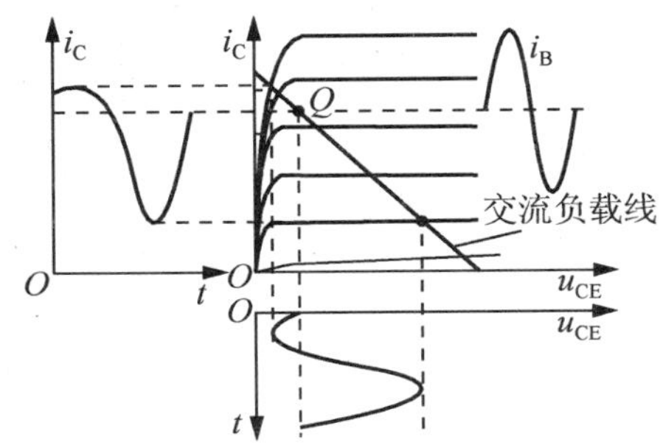

(b) Q点设置过高的饱和失真

图 3.15 静态工作点的位置与非线性失真的关系

点选得过高，将使晶体管进入饱和区引起饱和失真，图 3.15(b)给出了饱和失真的情况，参照图 3.14，当出现饱和失真时，晶体管的$\beta \neq \frac{I_C}{I_B}$，故在进入饱和状态之前，即临界饱和状态，有临界基极电流$I_{BS}=\frac{I_{CS}}{\beta}=\frac{U_{CC}-U_{CES}}{\beta}\approx\frac{V_{CC}}{\beta}$。由于输出与输入反相，当出现截止失真时，$u_o$的顶部被削平；反之，当出现饱和失真时，$u_o$的底部被削平。请读者思考，若出现了饱和失真或截止失真，应该如何消除?

3.2.6 放大电路的动态分析

放大电路放大的对象是变化量，研究放大电路时除了要保证放大电路具有合适的静态工作点外，更重要的是还要研究其放大性能。对于放大电路的放大性能有两个方面的要求：一是放大倍数要尽可能大；二是输出信号要尽可能不失真。衡量放大电路性能的重要指标有电压放大倍数A_u、输入电阻r_i和输出电阻r_o。首先通过分析放大电路的交流通路来求取这些性能指标。而交流通路是指在交流信号源的作用下，交流电流所流过的路径。画交流通路的原则如下。

(1) 放大电路的耦合电容、旁路电容都看作短路。

(2) 将电源U_{CC}看作短路。

根据以上原则，可画出 3.16 所示共射极放大电路的交流通路。

接下来通过微变等效电路了解一下共射极放大电路的动态性能指标及计算，如图 3.17 所示。

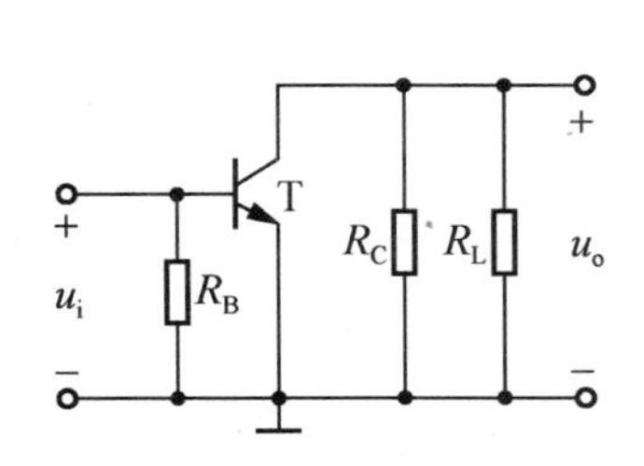

图 3.16 共射极放大电路的交流通路

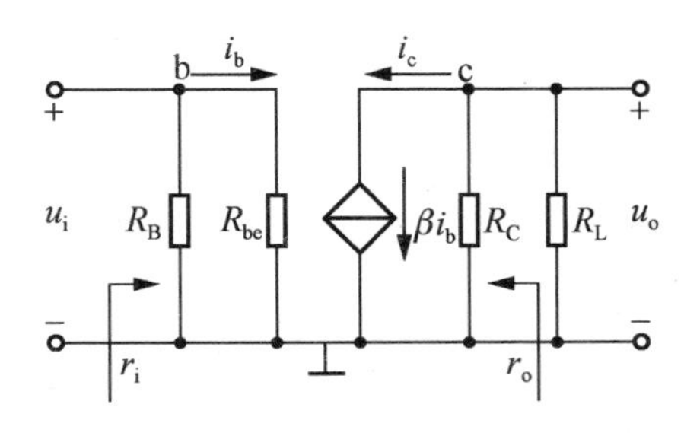

图 3.17 共发射极放大电路的微变等效电路

1. 电压放大倍数 A_u

$$A_u=\frac{u_o}{u_i} \tag{3.6}$$

在带负载时

$$u_i=i_b r_{be}$$
$$u_o=-i_c R'_L=-\beta i_b R'_L$$

则

$$A_u=\frac{u_o}{u_i}=-\beta\frac{R'_L}{r_{be}} \tag{3.7}$$

式中，$R'_L=R_C / R_L$ 称为交流负载，$r_{be}=300+\frac{(\beta+1)\times 26\text{mV}}{I_E\text{mA}}=300+\frac{26\text{mV}}{I_{BQ}}$。

2. 输入电阻 r_i

对于输入信号源，可把放大器当作它的负载，用 r_i 表示，称为放大器的输入电阻，且该参数越大越好。定义其为放大器输入端信号电压对电流的比值，即

$$r_i=\frac{u_i}{i_i} \tag{3.8}$$

$$r_i=\frac{u_i}{i_i}=R_B/\!/r_{be}\approx r_{be} \tag{3.9}$$

3. 输出电阻 r_o

如图 3.17 所示，对于输出负载 R_L，可把放大器当作它的信号源，用相应的电压源或电流源等效电路表示。图中 u_i 是将 R_L 移去，U_s 或者 I_s 在放大器输出端产生的开路电压。i_n 是将 R_L 短接，U_s 或者 I_s 在放大器输出端产生的短路电流。r_o 是等效电流源或电压源的内阻，也就是放大器的输出电阻，且该参数越小越好。即

$$r_o=\frac{u_o}{i_o} \tag{3.10}$$

$$r_o=r_{ce}/\!/R_C\approx R_C \tag{3.11}$$

通过图 3.17，可计算出该电路的动态参数：

$$r_{be}=300+\frac{(\beta+1)\times 26\text{mV}}{I_E\text{mA}}=300+\frac{26\text{mV}}{I_{BQ}}=950\Omega$$

不带负载时　$$A'_u=-\frac{\beta R_C}{r_{be}}=-\frac{100\times 1.5}{0.95}=-158$$

带负载时　$$A_u=-\frac{\beta R'_L}{r_{be}}=-\frac{100\times 1}{0.95}=-105$$

$$r_i=\frac{u_i}{i_i}=R_B/\!/r_{be}\approx r_{be}=0.95\text{k}\Omega$$

$$r_o=r_{ce}/\!/R_C\approx R_C=1.5\text{k}\Omega$$

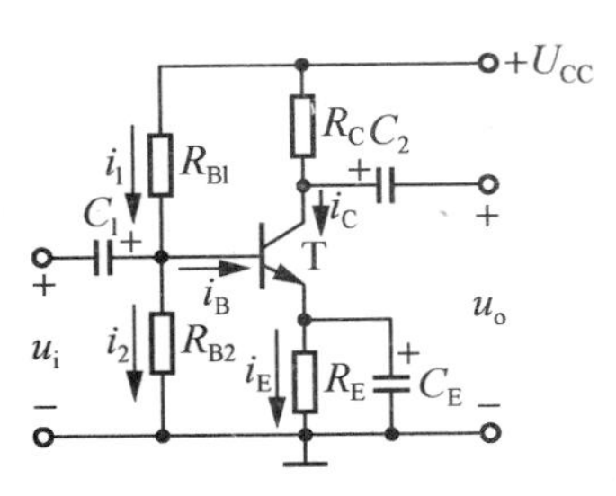

图 3.18　分压式偏置电路

合理的静态工作点是晶体管放大电路能够正常工作的基础。在设计电路时，通过调整电路参数，总可以确定一个合适的静态工作点，使放大电路正常工作，不产生失真。但在实际工作中，随着晶体管工作时间的延长或者其他因素的影响，输出信号出现了失真。比如说温度的变化将带来静态工作点的变化，简称温漂。且晶体管工作时温度不可避免地会变化，抑制温漂、稳定静态工作点的一种方法是采用分压式偏置电路，如图 3.18 所示。

另外，为更好地抑制因温度、元件参数变化、干扰等因素造成的静态工作点变化(零漂)，也可采用更为有效的电路——差动放大电路，接下来了解一下差动放大电路。

3.2.7　差动放大电路

图 3.19 是基本差动放大电路的基本结构图。由图可知差动放大电路是由两个元件对称的共射极放大电路组成的，在理想的情况下，两管的特性及对应电阻元件的参数值都相等，使得两管静态工作点相同。

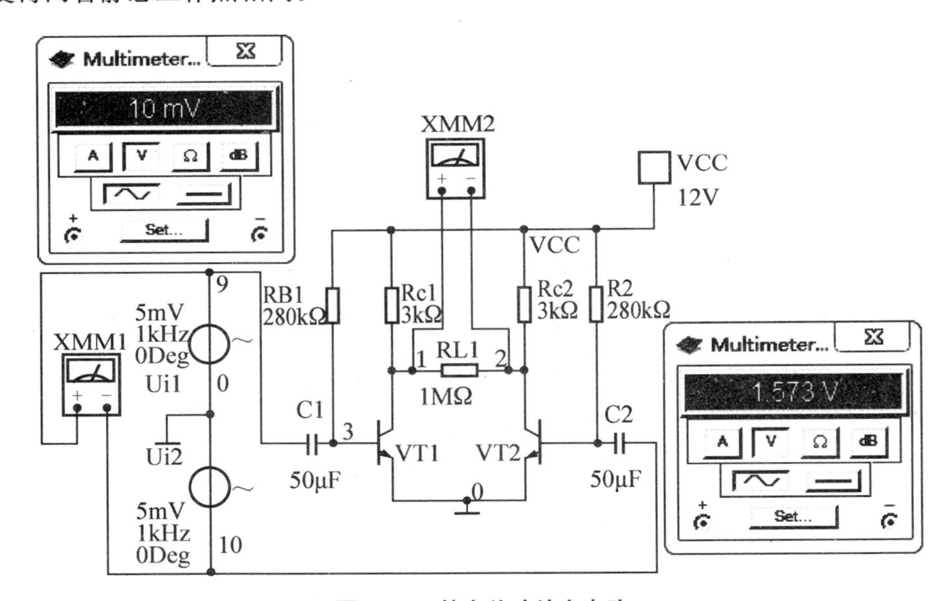

图 3.19　基本差动放大电路

1. 零点漂移的抑制

静态时，$u_{i1}=u_{i2}=0$，$u_o=U_{C1}-U_{C2}=0$，当温度升高时→I_C↑→U_C↓(两管变化量相等)，$u_o=(U_{C1}+\Delta U_{C1})-(U_{C2}+\Delta U_{C2})=0$，故对称差分放大电路对两管所产生的同向漂移都有抑制作用。

2. 有信号输入时的工作情况

（1）共模信号。$u_{i1}=u_{i2}$，大小相等、极性相同，一般用 u_{id} 表示。

两管集电极电位呈等量同向变化，所以输出电压为零，即对共模信号没有放大能力，差动电路抑制共模信号能力的大小，反映了它对零点漂移的抑制水平。

（2）差模信号。$u_{i1}=-u_{i2}$，大小相等、极性相反，一般用 u_{ic} 表示。

两管集电极电位一减一增，呈等量异向变化，$u_o=(V_{C1}-\Delta V_{C1})-(V_{C2}+\Delta V_{C1})=-2\Delta V_{C1}$，即对差模信号有放大能力。

（3）比较输入。

u_{i1}、u_{i2} 大小和极性是任意的。一对比较信号 u_{i1}、u_{i2} 可以看成是一对共模信号和一对差模信号的叠加，即 $u_{i1}=u_{ic}+u_{id1}$，$u_{i2}=u_{ic}+u_{id2}$。式中

$$u_{ic}=\frac{u_{i1}+u_{i2}}{2}\text{，}u_{id1}=-u_{id2}=\frac{u_{i1}-u_{i2}}{2}$$

$$u_{id}=u_{id1}-u_{id2}=u_{i1}-u_{i2}\text{，}u_o=A_{ud}(u_{i1}-u_{i2})$$

由上式可知，该放大器只放大两个输入信号的差值信号，而对共模信号进行抑制。

例如，$u_{i1}=10\text{mV}$，$u_{i2}=6\text{mV}$，可分解成

$$u_{i1}=8\text{mV}+2\text{mV}\text{，}u_{i2}=8\text{mV}-2\text{mV}$$

又如，$u_{i1}=20\text{mV}$，$u_{i2}=16\text{mV}$，可分解成

$$u_{i1}=18\text{mV}+2\text{mV}\text{，}u_{i2}=18\text{mV}-2\text{mV}$$

3. 共模抑制比(Common Mode Rejection Ratio)

共模抑制比可以全面衡量差动放大电路放大差模信号和抑制共模信号的能力。可用下列两式表示。

$$K_{CMRR}=\frac{|A_d|}{|A_c|}\text{ 或 }K_{CMRR}(\text{dB})=20\lg\frac{|A_d|}{|A_c|}(\text{dB})$$

K_{CMRR} 越大，说明差放分辨差模信号的能力越强，而抑制共模信号的能力越强。

若电路完全对称，理想情况下共模放大倍数 $A_c=0$，输出电压 $u_o=A_d(u_{i1}-u_{i2})=A_d u_{id}$；若电路不完全对称，则 $A_c\neq0$，实际输出电压 $u_o=A_c u_{ic}+A_d u_{id}$，即共模信号对输出有影响。

通过动态分析，可得差模放大倍数，$A_d=-\dfrac{\beta(R_L//R_C)}{r_{be}}$，参考图 3.12，它与单管共射极放大电路放大倍数一致，但差模输入电阻 $r_{id}\approx2r_{be}$，输出电阻 $r_o=2R_C$。

通过分析，不管是共射级放大电路、分压式偏置电路还是差动放大电路，通过计算都可得出其电路特点，即具有较高的电压放大倍数，但输入电阻过小、输出电阻过大也抑制了电路的应用范围。故在原有基本差分放大电路的基础上，还有长尾型和恒流源型差动放大电路，读者可自行分析。

如何增加放大电路的输入电阻、减小输出电阻，提高输入级电路的动态性能？接下来通过制作音频放大电路学习一下共集电极放大电路。

3.3 音频放大电路输入级的制作

音频放大电路输入级原理图如图 3.20 所示。

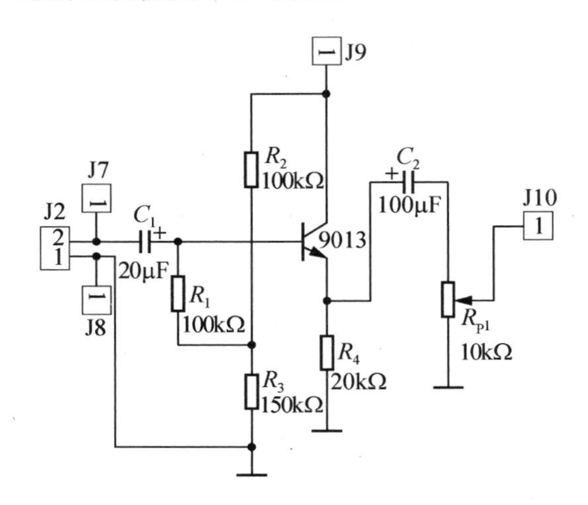

图 3.20 音频放大电路输入级

由图 3.20 可知，该电路是由晶体管 9013、电阻 $R_1 \sim R_5$、电容 C_1、C_2 及电位器 R_{P1} 组成的共集放大电路。

器件清单见表 3-3。

表 3-3 音频放大电路输入级器件清单

序号	名称	规格	数量	序号	名称	规格	数量
1	电阻	100kΩ	1	7	电容	100 μF/25V	1
2	电阻	100kΩ	1	8	晶体管	9013	1
3	电阻	150kΩ	1	9	信号发生器	—	1
4	电阻	20kΩ	1	10	双踪示波器	—	1
5	电位器	10kΩ	1	11	晶体管毫伏表	—	1
6	电容	20 μF/63V	1	12	万用表	—	1

3.3.1 共集电极放大电路的组成

电路如图 3.21(a)所示，交流信号从基极输入，从发射极输出，故该电路又称为射极输出器，图 3.21(b)为该电路对应的交流通路。由交流通路可看出，集电极为输入、输出的公共端，故称为共集电极放大电路(简称共集放大电路)。

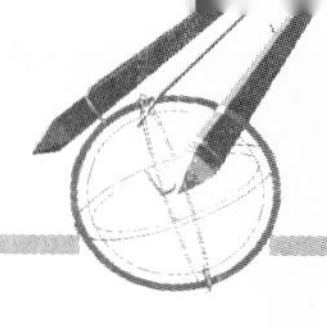

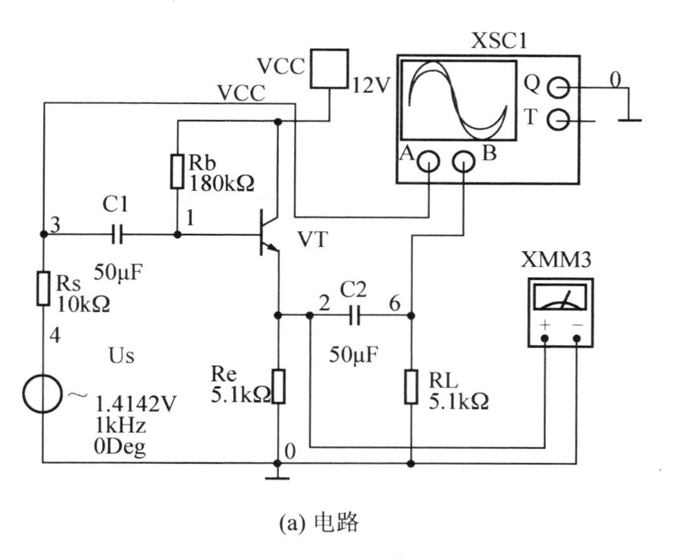

(a) 电路

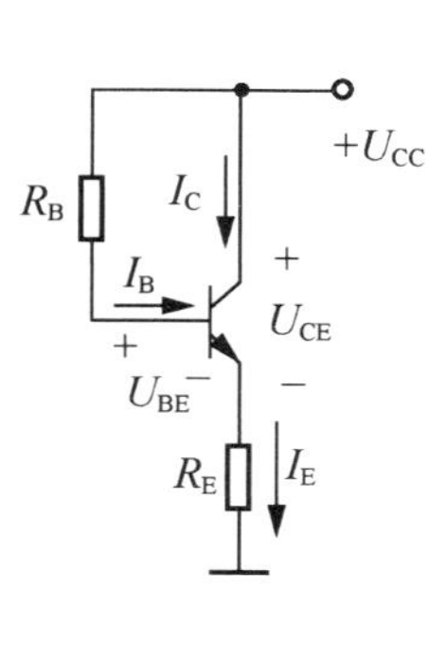

(b) 直流通路

图 3.21 共集电极放大电路

3.3.2 共集电极放大电路的特性及原理分析

1. 静态分析

通过直流通路，可计算得到

$$I_B=\frac{V_{CC}-U_{BE}}{R_B+(1+\beta)R_E} \tag{3.12}$$

$$I_E=(1+\beta)I_B \tag{3.13}$$

$$U_{CE}=U_{CC}-I_ER_E \tag{3.14}$$

2. 动态分析

共集电极放大电路交流通路及微变等效电路如图 3.22 所示。

1）电压放大倍数 A_u

根据图 3.22(b)可得

$$A_u=\frac{u_o}{u_i}=\frac{(1+\beta)R'_L}{r_{be}+(1+\beta)R'_L} \tag{3.15}$$

式中，$R'_L=R_E//R_L$ 。由于通常满足 $(1+\beta)R'_L\gg r_{be}$ ，所以共集放大电路的电压放大倍数 A_u略小于 1，而接近于 1。而且输出电压和输入电压同相位，即输出电压随输入电压变化，因此该电路又称为射极跟随器。

2）输入电阻 r_i

$$r_i=\frac{u_i}{i_i}=R_B//[r_{be}+(1+\beta)R'_L] \tag{3.16}$$

可见，共集电极电路的输入电阻很高，可达几十千欧到几百千欧。

3）输出电阻 r_o。

去掉负载，从输出端可得到 $r_o=R_E // \frac{r_{be}+R'_s}{1+\beta}$，其中 $R'_S=R_B//r_s$，通常 $(1+\beta)R_E \gg r_{be}+R'_S$，可得到输出电阻

$$r_o \approx \frac{r_{be}+r_s//R_B}{1+\beta} \tag{3.17}$$

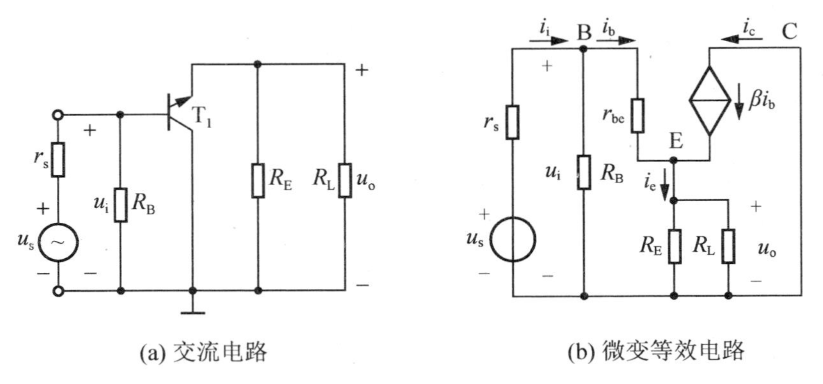

图 3.22　共集电极放大电路

可见，射极输出器的输出电阻很小，若把它等效成一个电压源，则具有恒压输出特性。

虽然射极输出器的电压放大倍数略小于1，但输出电流 i_o是基极电流的$(1+\beta)$倍。它不但具有电流放大和功率放大的作用，而且还具有输入电阻高、输出电阻低的特点。

由于射极输出器输入电阻高，向信号源汲取的电流小，对信号源的影响也小，因而一般用它作输入级。又由于它的输出电阻小、负载能力强，所以音频放大电路选用其作为共集电极放大电路的输入级，同时通过电阻 $R_1 \sim R_3$实现电路的分压偏置，以抑制温漂。

3.3.3　实施步骤

1. 安装

安装前应认真理解电路原理，弄清印制板上元件与电原理图的对应关系，并对所装元器件预先进行检查，确保元器件处于良好状态。将电阻、电容、晶体管、接线及电位器等元件参考图 3.20 所示连接在实验板上并焊好。

2. 调试

(1) 检查印制电路板元器件的安装、焊接，应准确无误。

(2) 复审无误后通电，用万用表测试该放大电路各静态工作点的数值并记录在表 3－4 中，通过比较计算值和测量值判别安装有无错误。若出现数值异常，通过修改电路中相应元器件的参数重新进行静态工作点的测试，直至正确为止。

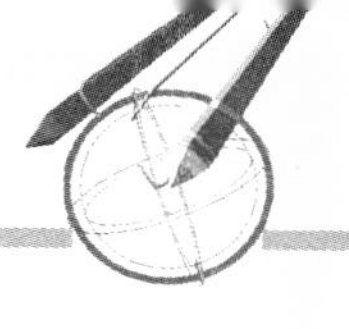

表 3-4　输入级静态工作点测量数据

测量	U_B=　　　　，U_E=　　　　，U_{CE}=

（3）在电路输入端接入信号发生器，正确连接双踪示波器(将示波器输出测试通道表笔搭在J10端)，并输出一定频率(1kHz)和幅值(幅值 U_{im}=0.5V)的正弦交流信号。调整电位器阻值信号发生器输出信号的幅度，利用双踪示波器观察输入、输出波形。

（4）将电位器阻值调至最大，观察输出波形，通过示波器记录波形的幅值，计算此时的电压放大倍数；调整输入信号幅值(0.05V、0.1V、0.2V、0.8V、1.0V、2.0V、5.0V)并将各种信号幅度下的各参数值记录于表 3-5 中，并验证是否正常。测量电路的输入、输出电阻，并和计算值比较，观察是否符合。

表 3-5　不同输入下输出信号的幅值

U_{im}/V	0.05	0.10	0.5	0.8	1.0	2.0	5.0
U_{om}/V							
A_u							
r_i=　　　　；r_o=							

3.3.4　3种不同放大电路的性能比较和应用

对于3种不同组态的放大电路，它们的性能及应用见表 3-6。

表 3-6　3种放大电路的性能和应用

电路组态	电压放大倍数	输入电阻	输出电阻	应　　用
共发射极电路	高、反相位	适中	适中	低频电压放大电路
共基极电路	高、同相位	低	高	高频放大及宽带放大电路
共集电极电路	低，约为1	最高	最低	放大电路的输入级、输出级及中间隔离级

前面讲过的基本放大电路，其电压放大倍数一般只能达到几十到几百。然而，在实际工作中，放大电路所得到的信号往往都非常微弱，要将其放大到能推动负载工作的程度，仅通过单级放大电路放大还达不到实际要求，必须通过多个单级放大电路连续多次放大才可满足实际要求，接下来介绍一下多级放大电路。

3.4　多级放大电路的认知及测试

多级放大电路的测试电路如图 3.23 所示。

其中由 R_{b2}、R_{e2}、T_2 构成的共集电极放大电路用于前后两级共射极放大电路的隔离电路，思考一下，若无此电路将对电路造成什么影响?

器件清单见表 3-7。

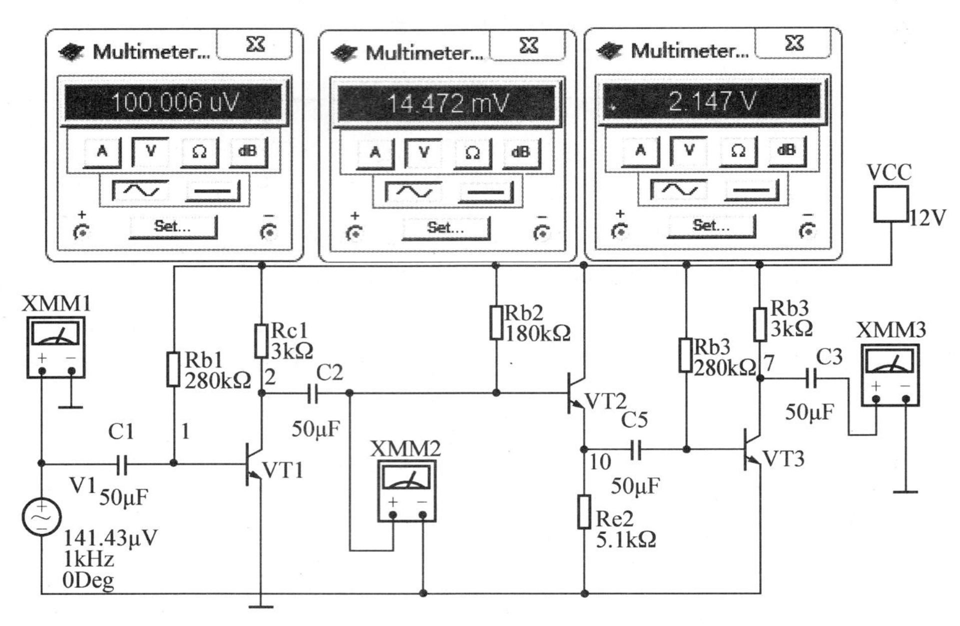

图 3.23 多级阻容耦合仿真测试电路

表 3-7 多级放大电路测试器件清单

序号	名称	规格	数量	序号	名称	规格	数量
1	电阻	270kΩ	2	6	信号发生器	—	1
2	电阻	1.43kΩ	2	7	双踪示波器	—	1
3	电容	50μF/63V	4	8	晶体管毫伏表	—	1
4	晶体管	9013	2	9	万用表	—	1
5	晶体管	8050	1	10	面包板	—	1

3.4.1 多级放大电路的耦合方式

多级放大电路是由两级或两级以上的单级放大电路连接而成的。在多级放大电路中，级与级之间的连接方式称为耦合方式。而级与级之间耦合时，必须满足以下条件。

(1) 耦合后，各级电路仍具有合适的静态工作点。

(2) 保证信号在级与级之间能够顺利地传输过去。

(3) 耦合后，多级放大电路的性能指标必须满足实际的要求。

为了满足上述要求，一般常用的耦合方式有阻容耦合、直接耦合、变压器耦合。

1. 阻容耦合

级与级之间通过电容连接的方式称为阻容耦合方式。本节测试电路即为阻容耦合，其特点如下。

(1) 优点：因电容具有隔直作用，所以各级电路的静态工作点相互独立，互不影响。这给

放大电路的分析、设计和调试带来了很大的方便。此外，它还具有体积小、重量轻等优点。

(2) 缺点：因电容对交流信号具有一定的容抗，信号在传输过程中会有一定的衰减，尤其对于变化缓慢的信号容抗很大，不便于传输。此外，在集成电路中，制造大容量的电容很困难，所以这种耦合方式下的多级放大电路不便于集成。阻容耦合只适用于分立元件组成的电路。

2. 直接耦合

为了避免电容对缓慢变化的信号在传输过程中带来的不良影响，也可以把级与级之间直接用导线连接起来，这种连接方式称为直接耦合。其电路如图 3.24 所示。

直接耦合的特点如下。

(1) 优点：既可以放大交流信号，也可以放大直流和变化非常缓慢的信号，电路简单、便于集成，所以集成电路中多采用这种耦合方式。

(2) 缺点：存在各级静态工作点相互牵制和零点漂移这两个问题。

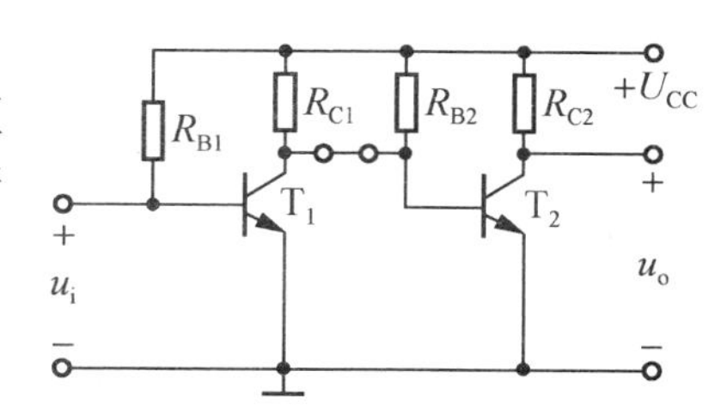

图 3.24　直接耦合两级放大电路

3. 变压器耦合

级与级之间通过变压器连接的方式称为变压器耦合。其电路如图 3.25 所示。

(1) 优点：由于变压器不能传输直流信号，且有隔直作用，因此各级静态工作点相互独立，互不影响。变压器在传输信号的同时还能够进行阻抗、电压、电流的变换。

(2) 缺点：体积大、笨重等，不能实现集成化应用。

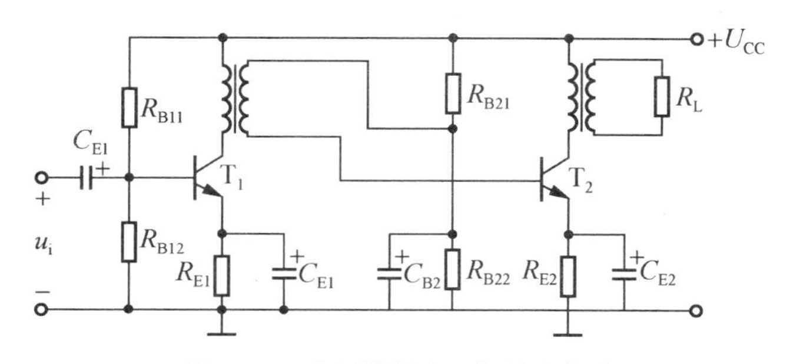

图 3.25　变压器耦合两级放大电路

3.4.2　多级放大电路的性能指标估算

1. 电压放大倍数

通过图 3.22 的仿真测试，该电路的三级放大倍数分别为 150、≈ 1、150，总放大倍数为 22000 倍左右，即总电压放大倍数为两级电路放大倍数的乘积，即 $A_u = A_{u1}A_{u2}A_{u3}$。

因此可推得 n 级放大电路的电压放大倍数为

$$A_u = A_{u1}A_{u2}\cdots A_{un}$$

2. 输入电阻

多级放大电路的输入电阻就是输入级的输入电阻，即 $r_i = r_{i1}$。

3. 输出电阻

多级放大电路的输出电阻就是输出级的输出电阻，即 $r_o = r_{on}$。

3.4.3 实施步骤

1. 连接电路

在实验系统上确认各元件的位置，先按图 3.22 连接电路。

2. 调整并测试各级电路的静态工作点

两级电路暂不耦合，先把第一级电路的基级电压 U_{B1} 调至 4V，然后按表 3-8 测试各点数值并填写在表内。

再调试第二级电路的静态工作点，在 M 点输入 1kHz 的正弦信号 u_{i2}，用示波器监视输出电压 u_o 的波形(负载电阻 R_L 暂不接入)。

调节 R_{P2} 与 u_{i2} 使 u_{o2} 为最大不失真电压。然后撤掉输入信号 u_{i2}，测试此时的静态工作点并记入表 3-8 中。

表 3-8 多级放大电路静态工作点

测试值						计算值		
级数	U_B	U_E	U_{CE}	U_{BC}	U_{RB2}	$I_B = U_{RB2}/R_{B2}$	$I_C = U_{BC}/R_C$	$U_{CE} = U_C - U_E$
第一级								
第二级								

3. 测试电压放大倍数

第二级放大电路暂不接负载，将两级电路耦合起来，从第一级输入频率为 1kHz 的交流信号 u_i，再测出 u_i 和 u_o，填入表 3-9 中。

表 3-9 各级电压放大倍数

测试条件	测试值			计算值		
	u_i	u_{o1}	u_{o2}	A_{u1}	A_{u2}	$A_u = \frac{u_o}{u_i} = A_{u1} A_{u2}$
$R_L = 5.1\text{k}\Omega$						

4. 观察各级波形的相位关系

用双踪示波器观察并绘制 u_{o1}、u_{o2} 与 u_i 的波形的相位关系曲线。

5. 测量通频带

断开 R_L，测量不同频率下的输出电压 u_o。在输入电压 u_i 幅值不变的条件下按表 3－10 所列频率值改变频率，用示波器监视 u_o(即 u_{o2})波形，要求不失真，用电子电压表测试对应频率下的输出电压有效值 u_o，并记入表 3－10 中，根据此表所测之值，在单对数坐标上绘制频率响应曲线，在曲线上分别找出各自的 f_{oL} 和 f_{oH}。

表 3－10　频率特性测试

f/Hz	20	40	60	80	100	500	1k	10k
u_o/V								
f/Hz	50k	100k	150k	160k	180k	200k	500k	
u_o/V								

6. 结果分析

记录好各种测量数据，对照理论认真分析结果。

7. 思考一下

(1) 三级放大电路中输出信号为什么容易失真？
(2) 频率特性曲线为什么用对数坐标？

项目小结

(1) 半导体晶体管是一种电流控制器件，它的输出特性曲线可以分为 3 个工作区域：放大区(或恒流区)、饱和区和截止区。在放大区，主要是通过较小的基极电流去控制较大的集电极电流。应当注意的是，管子的发射结必须正向偏置，而集电结必须反向偏置。

(2) 放大电路中有交、直流两种成分，交流驮载在直流上，直流是基础，交流是目的，交流性能也受直流工作点的影响。

(3) 稳定电路是针对半导体器件的热不稳定性而提出的，分压式偏置稳定电路是常用的电路。

(4) 共射电路的电压放大倍数较大，但输入电阻偏小、输出电阻偏大；共集电路的输入电阻大、输出电阻小，电压放大倍数接近 1，适用于信号的跟随。

习　题

一、选择题

3.1　由晶体管组成的3种组态放大电路中输入阻抗较大的是(　　)。

A. 共射极　　B. 共集电极　　C. 共基极

3.2　放大电路设置静态工作点的目的是(　　)。

A. 提高放大能力

B. 避免非线性失真，保证较好的放大效果

C. 获得合适的输入电阻和输出电阻

D. 使放大器工作稳定

3.3　阻容耦合放大电路能放大(　　)信号。

A. 直流　　B. 交流　　C. 直流和交流

3.4　晶体管放大时，它的两个PN结的工作状态为(　　)。

A. 均处于正偏　　B. 均处于反偏

C. 发射结正偏，集电结反偏　　D. 发射结反偏，集电结正偏

3.5　若晶体管静态工作点在交流负载线上位置定得太高，会造成输出信号的(　　)。

A. 饱和失真　　B. 截止失真　　C. 交越失真　　D. 线性失真

3.6　引起零点漂移的因素有(　　)。

A. 温度的变化　　B. 电路元件参数的变化

C. 电源电压的变化　　D. 电路中电流的变化

3.7　在放大电路中测得一只晶体管3个电极的电位分别为6V、11.7V、12V，则这只晶体管属于(　　)。

A. 硅NPN型　　B. 硅PNP型　　C. 锗NPN型　　D. 锗PNP型

3.8　PNP型晶体管工作在放大区时，3个电极直流电位关系为(　　)。

A. $U_C<U_E<U_B$　　B. $U_B<U_C<U_E$

C. $U_C<U_B<U_E$　　D. $U_B<U_E<U_C$

3.9　已知某放大状态的晶体管，当$I_B=20\mu A$时，$I_C=1.2mA$；当$I_B=40\mu A$时$I_C=2.4mA$。则该晶体管的电流放大系数β为(　　)。

A. 40　　B. 50　　C. 60　　D. 100

二、简答题

3.10　晶体管的“两结”“三极”分别是指什么？

3.11　为什么说晶体管放大作用的本质是电流控制作用？

3.12　什么叫静态工作点？放大电路为什么一定要设置静态工作点？静态工作点设置不合理会出现什么后果？

三、分析计算题

3.13 一个晶体管的输出特性曲线如图3.26所示，试估算该输出特性曲线的电流放大系数β。

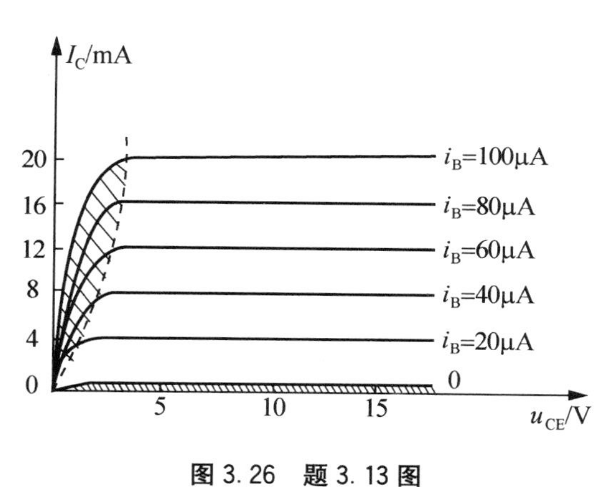

图3.26 题3.13图

3.14 测得某电路中几个晶体管的各极电位如图3.27所示，判断各管工作在截止区、放大区还是饱和区。

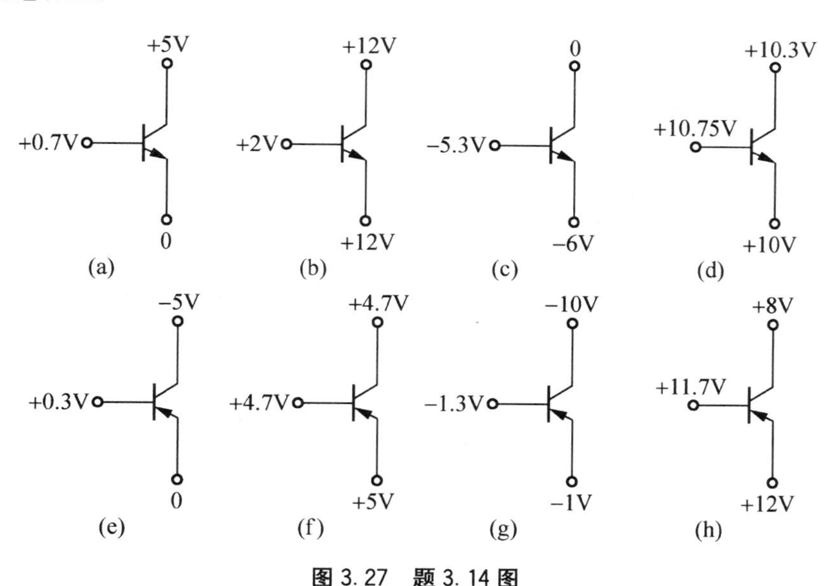

图3.27 题3.14图

3.15 分别测得放大电路中晶体管的各极电位如图3.28所示，识别其引脚并标上b、c、e，判断两个管子是PNP型还是NPN型，锗管还是硅管。

3.16 放大电路如图3.29所示，为了把I_{CQ}调整到3mA，如果单用330kΩ的电位器R_P，不小心把电位器调到零造成深度饱和时会损坏管子。安全的做法是串联一只固定电阻R_{dd}来限流。问：R_{dd}应取多大较适合？（提示：管子不会进入饱和状态即可。）

3.17 放大电路如图3.30所示。已知$U_{CC}=12V$，$R_C=5.1k\Omega$，$R_B=400k\Omega$，$R_L=2k\Omega$，晶体管$\beta=40$。

(1) 估算静态工作点 I_{BQ}、I_{CQ}及 U_{CEQ}。

(2) 计算带负载的电压放大倍数 A_u。

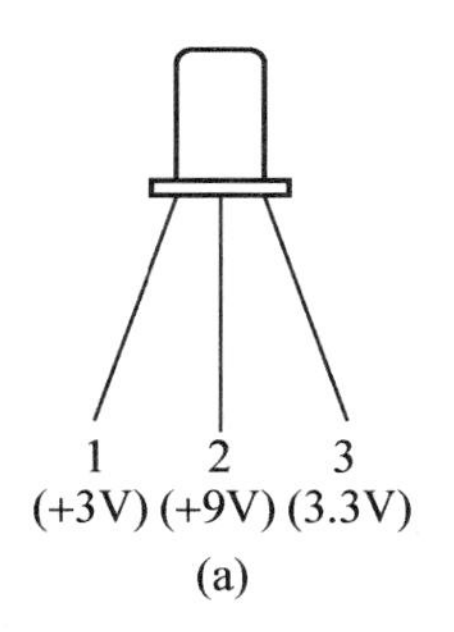

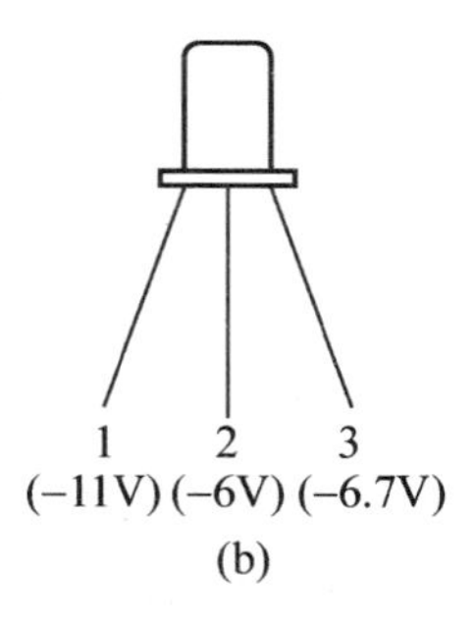

图 3.28 题 3.15 图

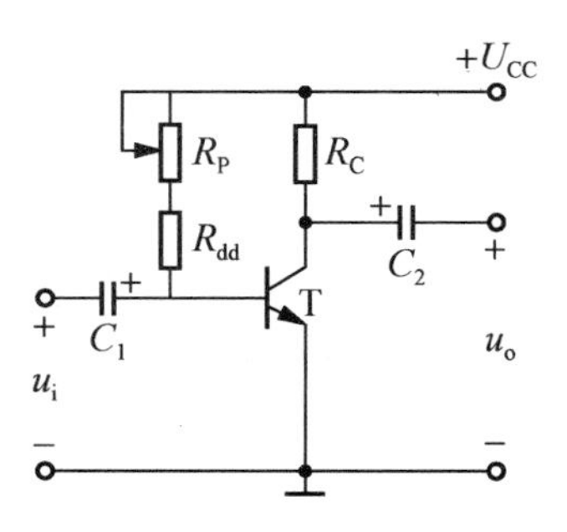

图 3.29 题 3.16 图

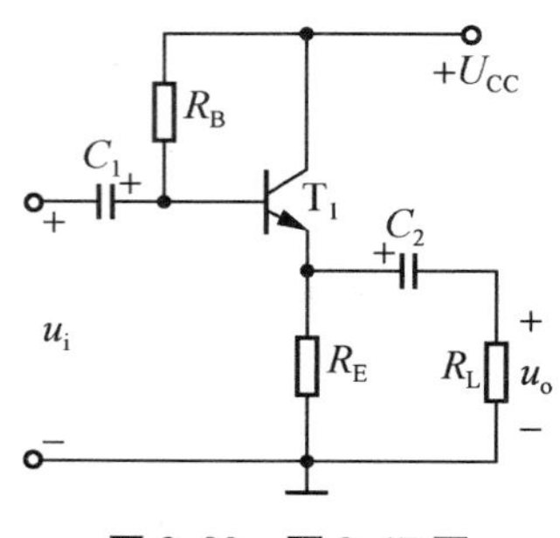

图 3.30 题 3.17 图

3.18 分压式射极偏置电路如图 3.31 所示，其中 $\beta=60$，$R_E=1\text{k}\Omega$，$R_{B1}=30\text{k}\Omega$，$R_{B2}=10\text{k}\Omega$，$R_C=2\text{k}\Omega$，$R_L=2\text{k}\Omega$，$V_{CC}=12\text{V}$。求：

(1) 静态工作点 Q。

(2) 电压放大倍数 A_u。

(3) 输入电阻 r_i。

(4) 输出电阻 r_o。

3.19 电路如图 3.32 所示。设 $U_{CC}=12\text{V}$，$R_B=300\text{k}\Omega$，$R_E=5\text{k}\Omega$，$R_L=2\text{k}\Omega$，$U_{BEQ}=0.7\text{V}$，$\beta=50$，$r_{be}=200\ \Omega$，$r_s=2\text{k}\Omega$。

(1) 求静态电流 I_{BQ}，I_{CQ}，U_{CEQ}。

(2) 求电压放大倍数 A_u及输入电阻 R_i。

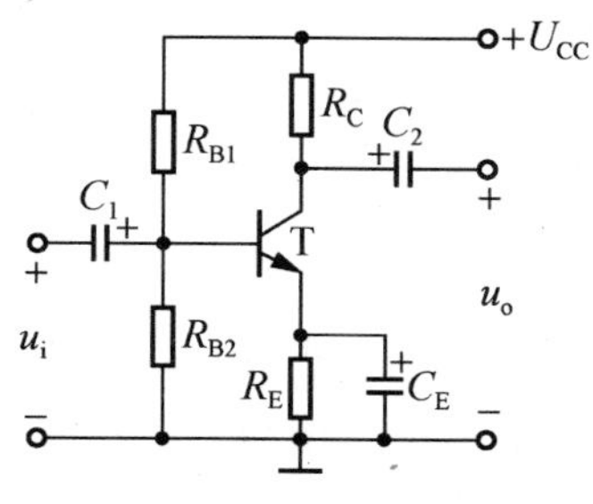

图 3.31 题 3.18 图

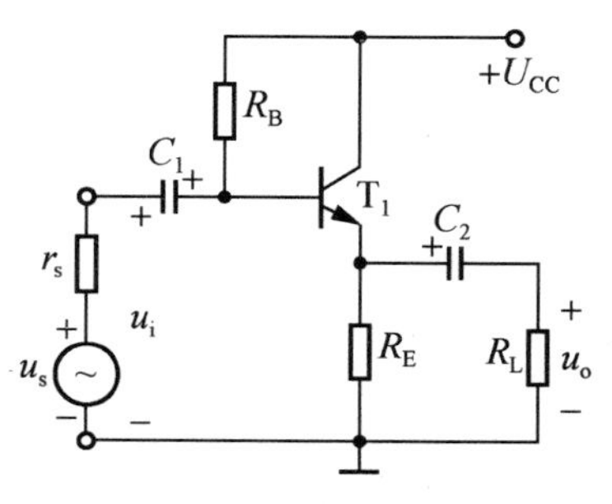

图 3.32 题 3.19 图

项目4

集成运放、反馈的认知及应用电路的制作

学习目标

1. 知识目标

(1) 了解集成运算放大器(简称集成运放)的结构组成及特性指标，了解常见集成运放的种类、引脚特性。

(2) 了解集成运放的“虚短”和“虚地”的概念，了解集成运放应用电路的分析与基本计算。

(3) 掌握反馈的定义、分类及判别方法，重点掌握各种反馈类型对放大电路静态和动态性能的影响。

2. 技能目标

(1) 掌握利用万用表、信号发生器、示波器测试反馈电路的特性的方法。

(2) 制作音频放大电路的中间级，学会对电路所出现故障进行原因分析及排除。

生活提点

集成电路是20世纪60年代初发展起来的一种新型器件。它把整个电路中的各个元器件以及器件之间的连线采用半导体集成工艺同时制作在一块半导体芯片上，再将芯片封装并引出相应引脚做成具有特定功能的集成电子线路。与分立件电路相比，集成电路实现了器件、连线和系统的一体化，外接线少，具有可靠性高、性能优良、质量轻、造价低廉、使用方便等优点。另外，通过引入反馈可改善放大电路的放大性能。

项目任务

制作音频放大电路的中间级部分，要求该电路采用两级集成运放作为放大之用，电压放大倍数达到50以上。该电路在PCB上如图4.1所示。

图4.1 音频放大电路的中间级部分

项目实施

4.1 集成运放的认知

集成运放的实物如图4.2所示。

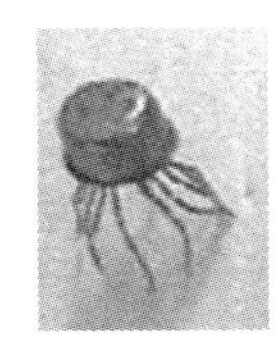

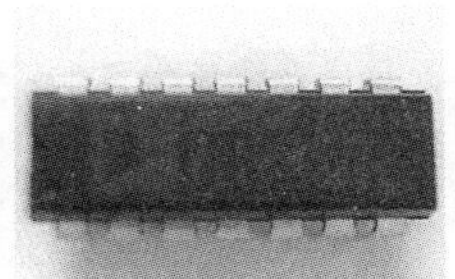

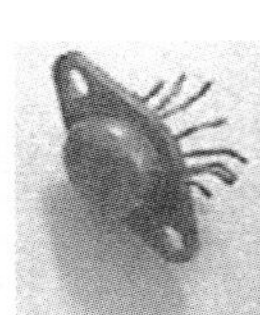

图4.2 集成运放的实物

4.1.1 集成运放的组成及其符号

各种集成运算放大器的基本结构相似，主要都是由输入级、中间级和输出级以及偏置电路组成，如图4.3所示。输入级一般由可以抑制零点漂移的差动放大电路组成；中间级的作用是获得较大的电压放大倍数，可以由共射极电路承担；输出级要求有较强的带负载能力，一般采用射极跟随器；偏置电路的作用是为各级电路供给合理的偏置电流。

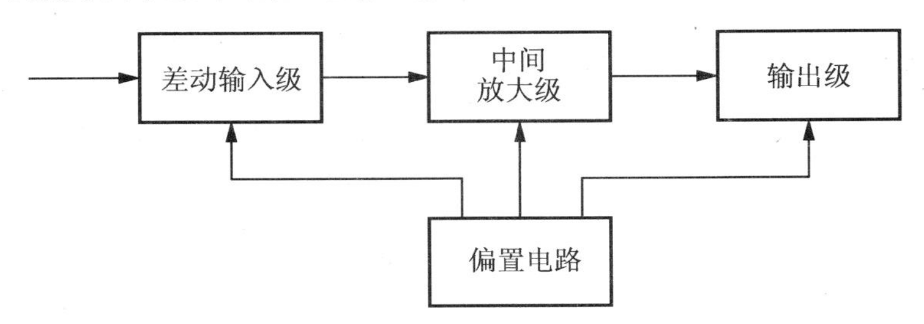

图4.3 集成运算放大电路的结构组成

集成运放的图形和文字符号如图 4.4 所示。

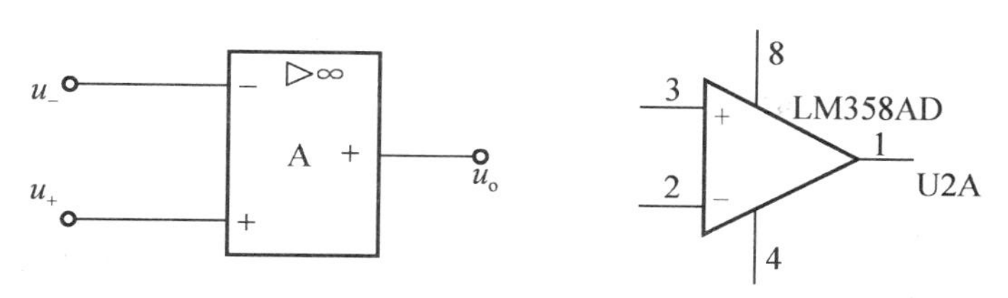

图 4.4　集成运放的图形和文字符号

其中“－”称为反相输入端，即当信号在该端进入时，输出相位与输入相位相反；而“＋”称为同相输入端，输出相位与输入信号相位相同。

4.1.2　集成运放的基本技术指标

衡量集成运放质量好坏的技术指标很多，基本指标有 10 项左右。接下来结合项目，介绍一下其中主要性能参数的含义。

1. 输入失调电压 U_{OS}

实际的集成运放难以做到差动输入级完全对称，当输入电压为零时，输出电压并不为零。规定在室温(25℃)及标准电源电压下，为了使输出电压为零，需在集成运放的两输入端额外附加补偿电压，称为输入失调电压 U_{OS}。U_{OS}越小越好，一般为 0.5～5mV。

2. 开环差模电压放大倍数 A_{od}

集成运放在开环时(无外加反馈时)，输出电压与输入差模信号的电压之比称为开环差模电压放大倍数 A_{od}。它是决定运放运算精度的重要因素，常用分贝(dB)表示，目前最高值可达 140dB(即开环电压放大倍数达 10^7)。

3. 共模抑制比 K_{CMRR}

K_{CMRR}是差模电压放大倍数与共模电压放大倍数之比，即 $K_{CMRR}=\left|\frac{A_{od}}{A_{oc}}\right|$，其含义与差动放大器中所定义的 K_{CMRR}相同，高质量的运放 K_{CMRR}可达 160dB。

4. 差模输入电阻 r_{id}

r_{id}是集成运放在开环时输入电压变化量与由它引起的输入电流的变化量之比，即从输入端看进去的动态电阻，一般为 MΩ 数量级，以场效应晶体管为输入级的 r_{id}可达 10^4 MΩ 。分析集成运放应用电路时，把集成运放看成理想运算放大器可以使分析简化。实际集成运放绝大部分接近理想运放。对于理想运放，A_{od}、K_{CMRR}、r_{id}均趋于无穷大。

5. 开环输出电阻 r_o

r_o是集成运放开环时从输出端向里看进去的等效电阻。其值越小，说明运放的带负载能力越强。理想集成运放 r_o趋于零。

其他参数包括输入失调电流 I_{OS}、输入偏置电流 I_B、输入失调电压温漂 dU_{OS}/dT 和输入失调电流温漂 dI_{OS}/dT、最大共模输入电压 U_{Icmax}、最大差模输入电压 U_{Idmax}等，可通过器件手册直接查到参数的定义及各种型号运放的技术指标。

4.1.3 中增益运算放大器 LM358

1. 电路组成及使用范围

LM358 内部包括两个独立、高增益、内部频率补偿的双运算放大器，适合电源电压范围很宽的单电源使用，也适用于双电源工作模式，在推荐的工作条件下，电源电流与电源电压无关。

它的使用范围包括传感放大器、直流增益模块和其他所有可用单、双电源供电的使用运算放大器的场合。

2. 主要参数和外部引脚图

1）主要参数及特点

电压增益高，约为 100dB，即放大倍数约为 10^5。

单位增益频带宽，约为 1MHz。

电源电压范围宽，单电源为 3～32V、双电源为±1.5～±15V。

低功耗电流，适合于电池供电。

低输入失调电压，约为 2mV。

共模输入电压范围宽。

差模输入电压范围宽，且等于电源电压范围。

输出电压摆幅大，为 0～U_{CC}。

2）外部引脚图(图 4.5)

图 4.5 中 IN(+)为同相输入端，IN(－)反相输入端，OUT 为输出端。通过一个实验来看一下集成运放的应用，测试电路如图 4.6 所示。

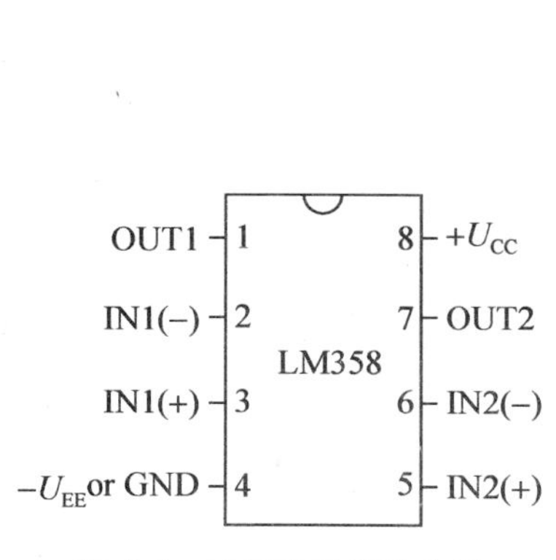

图 4.5　LM358 引脚分布图

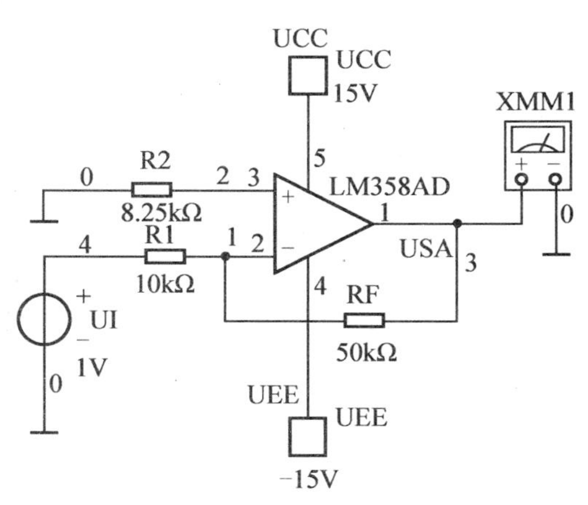

图 4.6　LM358 测试电路

器件清单见表4-1。

表4-1　集成运放LM358测试电路的器件清单

序号	名　称	规　格	数量
1	晶体管稳压电源	—	1台
2	面包板	—	1块
3	集成运放	LM358	1块
4	毫伏表	—	1台
5	金属膜电阻R_F	10～100kΩ	8个
6	金属膜电阻R_2	6.8kΩ	1个
7	金属膜电阻R_1	10kΩ	1个
8	导线	—	若干

给定输入电压u_i=50mV，分别将电阻R_F依次从10kΩ调至200kΩ，同时依次调整$R_2=R_1/R_F$，分别测试LM358的输出电压u_o，将结果填在表4-2内。

表4-2　集成运放LM358测试记录表

R_F/kΩ	10	20	40	50	100	120	150	200
u_o/V								

通过实验，可得出如下基本结论

$$u_o \approx -\frac{R_F}{R_1}u_i$$

该电路为何出现上述结论？下面分析其中原因。

对于LM358，A_{od}、K_{CMRR}、r_{id}参数值均比较大，为了方便分析，可视作趋于无穷大。

(1) 由于集成运放的差模开环输入电阻$R_{id}\to\infty$，输入偏置电流$I_B\approx0$，不向外部索取电流，因此两输入端电流为零，即$i_-=i_+=0$。也就是说，集成运放工作在线性区时，两输入端均无电流，称为“虚断”。

(2) 由于两输入端无电流，则两输入端电位相同，即$u_-=u_+$。由此可见，集成运放工作在线性区时，两输入端电位相等，称为“虚短”。

下面由“虚断”和“虚短”这两个概念从理论上分析一下实验电路。

3. LM358实验电路原理分析

参照图4.6所示的反相输入式放大电路，输入信号经R_1加入反相输入端，R_F称为反馈电阻，同相输入端电阻R_2用于保持运放的静态平衡，一般要求$R_2=R_1/\!/R_F$，R_2称为平衡电阻。

由于集成运放工作在线性区，根据虚断$i_-=i_+=0$，即流过R_2的电流为零，则$u_-=u_+=0$，说明反相端虽然没有直接接地，但其电位为地电位，相当于接地，是虚假接地，

故简称为“虚地”。虚地是反相输入式放大电路的重要特点。利用基尔霍夫电流定律，有

$$i_1 = i_- + i_F \approx i_F$$

则

$$\frac{u_i - u_-}{R_1} \approx \frac{u_- - u_o}{R_F} \tag{4.1}$$

进而可得输出电压为

$$u_o = -\frac{R_F}{R_1} u_i \tag{4.2}$$

由此得到反相输入运算放大电路的电压放大倍数为

$$A_{uf} = \frac{u_o}{u_i} = -\frac{R_F}{R_1} \tag{4.3}$$

式中，A_{uf}是反相输入式放大电路的电压放大倍数。

由上可知，反相输入式放大电路中，输入信号电压U_i和输出信号电压U_o的相位相反，大小成比例关系，比例系数为$\frac{R_F}{R_1}$，可以直接作为比例运算放大器。当$R_F = R_1$时，$A_{uf} = -1$，即输出电压和输入电压的大小相等、相位相反，此电路称为反相器。

4.1.4 集成运放应用电路

集成运放的其他应用电路及其输入输出关系见表 4-3。

表 4-3 集成运放应用电路

应用电路名称	测试电路图	输入/输出关系式
同相比例运算电路	UCC 15V XMM1 8 R2 6.8kΩ 4 3 3 LM358AD 1 2 U2A 2 UI 1V 0 1 4 RF 20kΩ 0 R1 10kΩ 0 UEE UEE -15V	$u_o = \left(1 + \frac{R_F}{R_1}\right) u_i$

续表

应用电路名　称	测试电路图	输入/输出关系式
加法运算电路	UCC 15V UCC 8 XMM1 0 R4 5 3 LM358AD 6.8kΩ 1 7 8 R1 2 U2A 0 10kΩ + UI1 2 R2 4 RF 20kΩ 100kΩ 0 1V + UI2 6 1 R3 UEE 0 1V 50kΩ 0 UEE + UI3 -15V 0 1V	$u_o = -\left(\frac{R_F}{R_1}u_{i1} + \frac{R_F}{R_2}u_{i2} + \frac{R_F}{R_3}u_{i3}\right)$
减法运算电路	UCC UCC 15V 0 R3 30kΩ XMM1 8 5 R2 1 3 LM358AD 10kΩ 1 3 +UI2 4 2 U2A 0 2V R1 10kΩ +UI 2 4 RF 0 1V 20kΩ UEE 0 UEE -15V	$u_o = \left(1+\frac{R_F}{R_1}\right)\frac{R_3}{R_2+R_3}u_{i2} - \frac{R_F}{R_1}u_{i1}$
积分电路	UEE -15V C 0.01μF R1 10kΩ 8 U1A 3 + R2 6.8kΩ 2 1 UI LM358AH 1V 4 UCC 15V	$u_o = -\frac{1}{R_1C}\int u_i \mathrm{d}t$

续表

应用电路名　称	测试电路图	输入/输出关系式
微分电路	UEE -15V; RF 10kΩ; 0.01μF C; 8; U1A; 3; +; 1; R2 6.8kΩ 2; −; UI 1V; LM358AH; 4; UCC 15V	$u_o = -R_F C \frac{du_i}{dt}$

上述电路的分析可参照反相比例运算电路，利用集成运放的“虚短”和“虚断”概念和电路的基本定律来得到其输入输出关系，有兴趣的读者可自行分析一下。

4.1.5 电压比较器

1. 单限电压比较器

实验电路如图 4.7 所示。

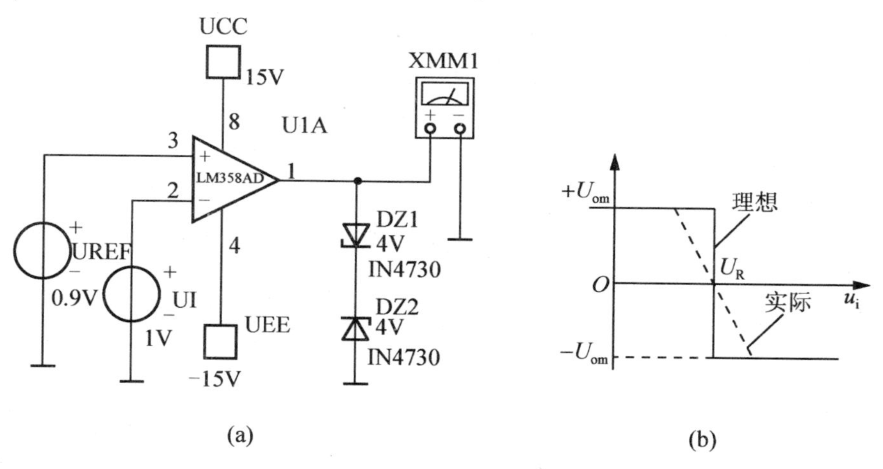

图 4.7　单限电压比较器

器件清单见表 4-4。

实验步骤如下。

将同相输入端电压 U_R 调至 0.5V，在反相输入端将输入电压 u_i 依次从 0 调至 1V，测试该电路的输出电压 u_o 并填入表 4-5 中。

表 4-4 单限电压比较器测试电路的器件清单

序号	名　　称	规　　格	数量
1	晶体管稳压电源	—	1台
2	面包板	—	1块
3	集成运放	LM358	1块
4	毫伏表	—	1台
5	金属膜电阻 R_1	10kΩ	1个
6	金属膜电阻 R_2	4.7kΩ	1个
7	稳压管	IN4730	2个
8	导线	—	若干

表 4-5 单限电压比较器测试记录表

u_i/V	0	0.1	0.2	0.4	0.5	0.6	0.8	1
u_o/V								

通过实验，可以看到当输入电压 u_i 在 0～0.5V 时，输出电压 u_o 约为 1.5V；当输入电压在 0.5～1V 时，输出电压 u_o 约为 -1.5V。即当 $U_i<U_R$ 时，u_o 输出高电平；当 $u_i>U_r$ 时，u_o 输出低电平。

将 u_i 和 U_R 互相调换位置，重复上述过程，记录输出电压 u_o，可观察到结果刚好相反。

在实验中为何会出现上述现象？分析一下其中的原因。

在图 4.7 所示的电路中，同相输入端接基准电位(或称参考电位)U_R。被比较信号由反相输入端输入。集成运放 LM358 处于开环状态。当 $u_i>U_R$ 时，由于 LM358 的电压放大倍数足够大，所以，输入端只要有微小的电压差，电压即饱和输出，在第一种情况下，输出电压为负饱和值为 $-U_{om}$；同理当 $u_i<U_R$ 时，输出电压为正饱和值为 $+U_{om}$。其传输特性如图 4.7(b)所示。可见，只要输入电压在基准电压 U_R 处稍有正负变化，输出电压 u_o 就在负最大值到正最大值处变化。

通过上述分析可知，图 4.7(a)所示电路的功能是将一个输入电压与另一个输入电压或基准电压进行比较，判断它们之间的相对大小，比较结果由输出状态反映出来，该电路称为单限电压比较器，其特性如图 4.7(b)所示。

2. 滞回比较器

电路中引入正反馈后，其特点如下。

(1) 提高了比较器的响应速度。

(2) 输出电压的跃变不是发生在同一门限电压上。

利用集成运放“虚断”，有 $u_i=u_-$，由于输入为反相输入，且当 u_i 一开始足够小的时候，有 $u_o=+U_Z$，则 $+U_T=\frac{R_1}{R_1+R_2}U_O$，其中 $+U_T$ 称为上限门电压，是指 u_i 逐渐增加时的阈值电压。

当 u_i一开始足够大的时候，有 $u_o=-U_Z$，则 $-U_T=-\dfrac{R_1}{R_1+R_2}U_O$，其中$-U_T$称为下限门电压，是指 u_i逐渐减小时的阈值电压。其中 $+U_Z$ 和 $-U_Z$ 为双向稳压管的输出电压，如图 4.8 所示。

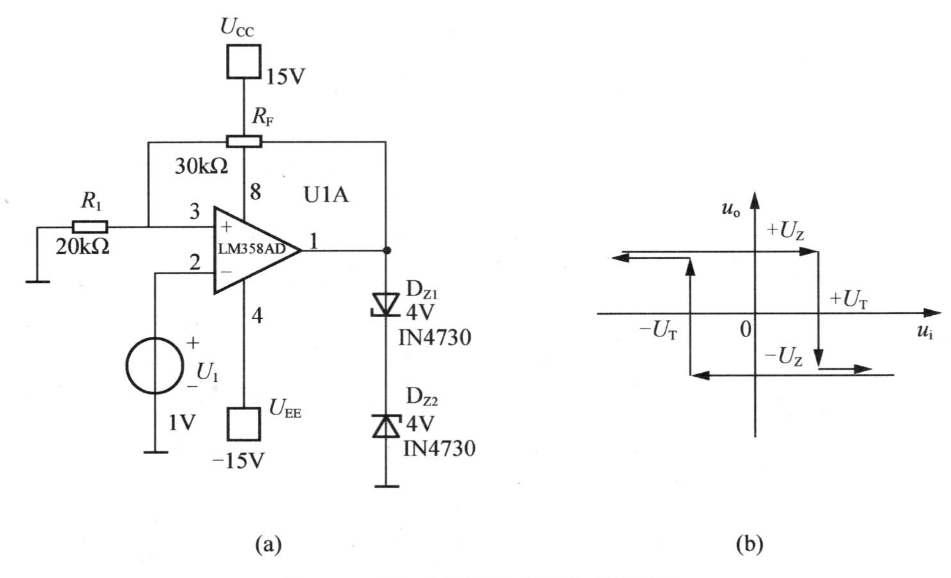

图 4.8　滞回电压比较器及其传输特性

4.2　反馈的认知

在图 4.6 所示的电路中，除了了解集成运放应用电路的运算关系之外，整个电路的放大倍数在大小上并不是 LM358 标称的 10^5左右，而是 R_F/R_1。为什么会出现上述现象呢?可以看到在 LM358 的输入与输出之间通过一电阻连接，即电路的输出反过来会影响输入，从而影响整个电路的放大倍数，这个过程称为反馈。通过实验认识到反馈能影响电路的电压放大倍数，那么反馈对其他特性参数是否也有影响呢?

4.2.1　反馈定义

将放大电路输出量(电压或电流)的一部分或全部通过某些元件或网络(称为反馈网络)反向送回到输入端，以此来影响原输入量(电压或电流)的过程称为反馈。

反馈放大电路的方框图如图 4.9 所示。图中，$\dot{X}_i$、$\dot{X}_o$ 和 $\dot{X}_f$ 分别表示放大器的输入、输出和反馈(相量)信号。而 A 和 F 为该电路中基本放大器的开环电压放大倍数及反馈网络的反馈系数。

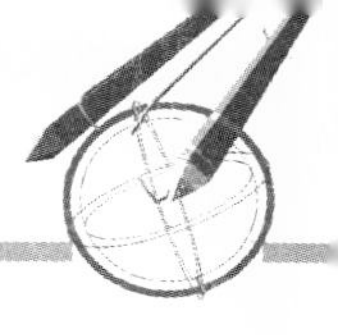

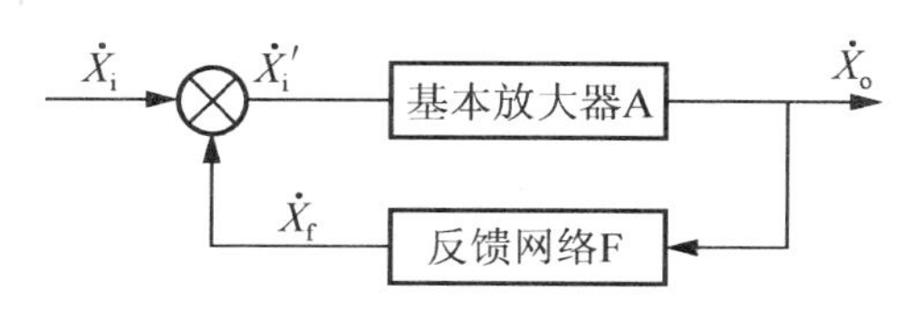

图 4.9　反馈放大器方框图

4.2.2　反馈的类型及判别

1. 正负反馈

在反馈放大电路中，反馈量使放大器净输入量得到增强的反馈称为正反馈，使净输入量减弱的反馈称为负反馈。通常采用“瞬时极性法”来判断是正反馈还是负反馈，具体方法如下。

(1) 假设输入信号某一瞬时的极性。

(2) 根据输入与输出信号的相位关系，确定输出信号和反馈信号的瞬时极性。

(3) 再根据反馈信号与输入信号的连接情况，分析净输入量的变化。若反馈信号与输入信号在同一端口，且反馈信号与输入信号极性相同，则为正反馈，反之为负反馈；若反馈信号与输入信号在不同端口，且反馈信号与输入信号极性相同，则为负反馈，反之为正反馈。

(4) 电阻、电容、电感元件不会改变信号的极性。

(5) 晶体管元件的基极和集电极的极性相反，和发射极的极性相同，如图 4.10 所示。

利用瞬时极性法可看出，图 4.11 所示的测试电路的反馈信号和输入信号在同一端口，且极性相反，故该电路为负反馈。

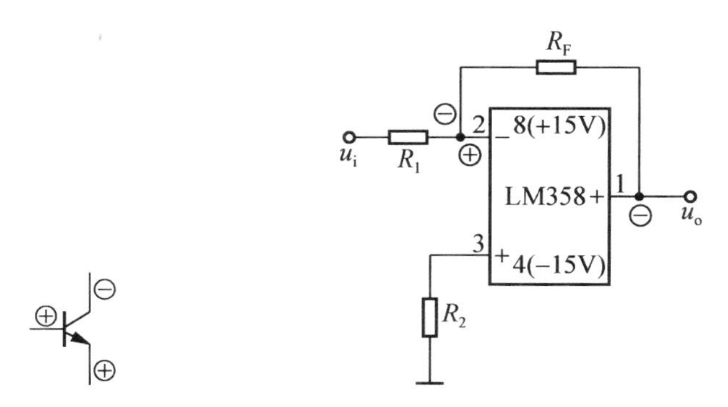

图 4.10　晶体管三极信号极性　　图 4.11　负反馈电路

2. 交流反馈与直流反馈

在放大电路中存在有直流分量和交流分量，若反馈信号是交流量，则称为交流反馈，它影响电路的交流性能；若反馈信号是直流量，则称为直流反馈，它影响电路的直流性能，如静态工作点。若反馈信号中既有交流量又有直流量，则反馈对电路的交流性能和直流性能都有影响。从图4.12所示的电路中可看出，电容元件 C 是形成交直流反馈的主要原因，该电路中既存在交流反馈，也存在直流反馈。

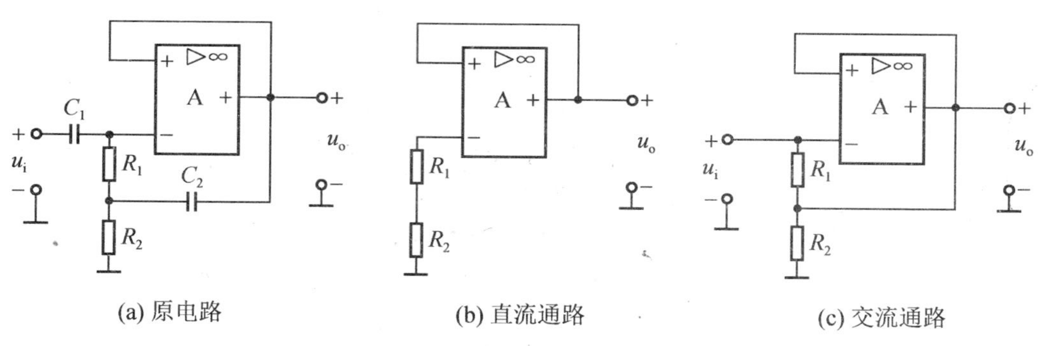

图4.12 交直流反馈电路

3. 电压反馈与电流反馈

从输出端看，若反馈信号取自输出电压，则为电压反馈，如图4.13(a)所示；若反馈信号取自输出电流，则为电流反馈，如图4.12(b)所示。

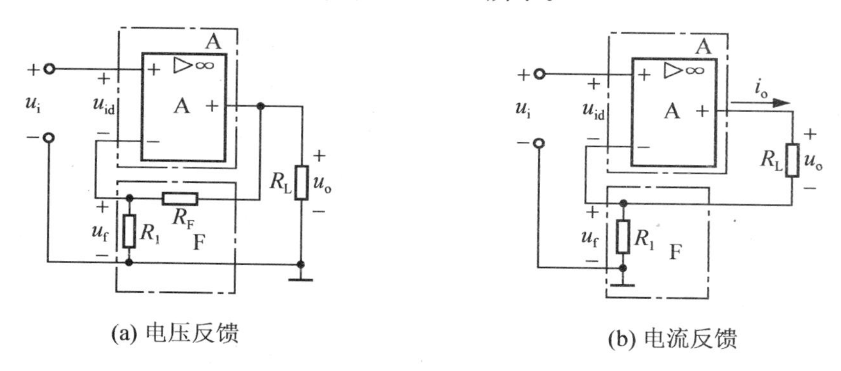

图4.13 电压电流反馈电路

4. 串联反馈和并联反馈

串联反馈和并联反馈是按照反馈信号在输入回路中与输入信号相叠加的方式不同来分类的。反馈信号反馈至输入回路，与输入信号有两种叠加方式：串联和并联。如果反馈信号与输入信号串联接在基本放大器的输入回路中，即反馈信号和输入信号在不同端口，则电路反馈类型为串联反馈；反之，如果反馈信号与输入信号是并联接在基本放大器的输入回路中(即在同一端口)，则为并联反馈，如图4.14所示。

为什么要引入不同类型的反馈？因为没有反馈的放大器的性能往往不理想，在许多情况下不能满足需要。引入反馈后，电路可根据输出信号的变化控制基本放大器的净输入信号的大小，从而自动调节放大器的放大过程，以改善放大器的性能。

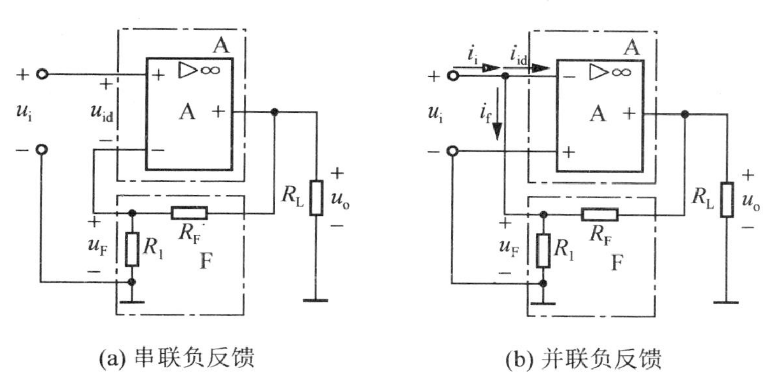

图 4.14　串联接法和并联接法

4.2.3　负反馈对放大器性能的影响

1. 提高了放大倍数的稳定性

引入负反馈以后，由于某种原因造成放大器放大倍数变化时，负反馈放大器的放大倍数变化量只是基本放大器放大倍数变化量的 $\frac{1}{(1+AF)^2}$，放大器放大倍数的稳定性大大提高。

2. 展宽通频带

引入负反馈后，放大器下限频率由无负反馈时的 f_L 下降为 $\frac{f_L}{1+AF}$，而上限频率由没有负反馈时的 f_H 上升到 $(1+AF)\cdot f_H$。放大器的通频带得到展宽，展宽后的频带约是未引入负反馈时的$(1+AF)$倍，如图 4.15 所示。

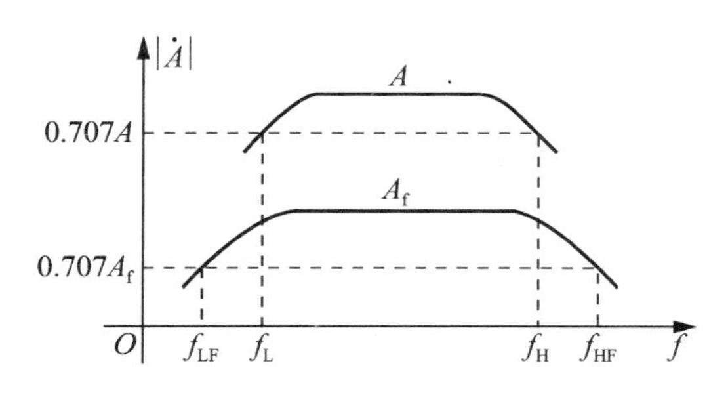

图 4.15　负反馈展宽频带

图 4.15 中，A 和 A_f 分别表示负反馈引入前后的放大倍数，f_L 和 f_H 分别表示负反馈引入前的下限频率和上限频率，f_{LF} 和 f_{HF} 分别表示引入负反馈后的下限频率和上限频率。

3. 减小非线性失真

由于放大电路中存在晶体管等非线性器件，所以，即使输入的是正弦波，输出也不是

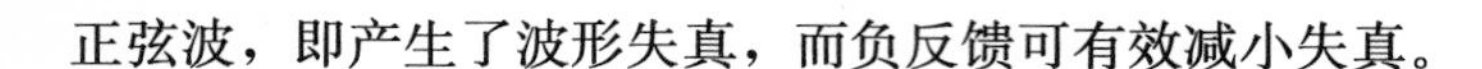

正弦波，即产生了波形失真，而负反馈可有效减小失真。

4. 对放大器输入、输出电阻的影响

1）对输入电阻的影响

串联负反馈使输入电阻增大，并联负反馈使输入电阻减小。

2）对输出电阻的影响

电压负反馈使输出电阻减小，电流负反馈使输出电阻增大。

前面学习了集成运放的特性及反馈的作用，接下来选用集成运放 LM358 和合理的反馈类型来搭建音频放大电路的中间级。

4.3 音频放大电路中间级的制作

音频放大电路中间级电路如图 4.16 所示。

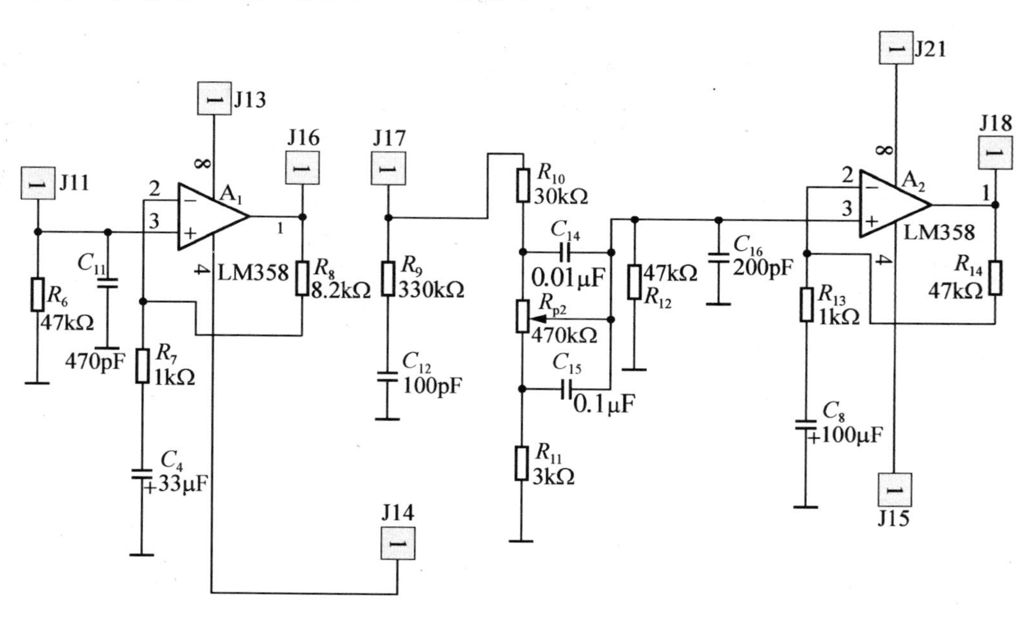

图 4.16　音频放大电路的中间级

器件清单见表 4－6。

表 4－6　音频放大电路中间级的器件清单

序号	名称	规格	数量	序号	名称	规格	数量
1	电阻	47kΩ	3	5	电阻	3kΩ	1
2	电阻	1kΩ	2	6	电阻	8.2kΩ	1
3	电阻	330kΩ	1	7	电位器	470kΩ	1
4	电阻	30kΩ	1	8	电解电容	33 μF/25V	1

续表

序号	名称	规格	数量	序号	名称	规格	数量
9	电解电容	100 μF/25V	1	13	电容	0.1 μF	1
10	电容	470pF	1	14	集成运放	LM358	2
11	电容	100pF	1	15	集成块座(8 脚)	DIP8 座	2
12	电容	0.01 μF	1				

4.3.1 电路结构及原理分析

中间级音调控制电路由集成运放 LM358，电阻 $R_6 \sim R_{14}$，电容 C_4、C_8、$C_{12} \sim C_{17}$，电位器 R_{P2}组成。其中 LM358(A_1)组成的同相输入放大器构成电压放大部分，电容 C_{14}至 C_{15}之间的阻容网络构成音调控制部分。A_2的作用是音调控制部分对信号衰减的补偿。

音调控制作用是通过 RC 衰减器对高低频率信号的衰减倍数的不同来升或降高、低音信号的。R_{P2}为低音控制电位器，其滑动端由上端移至下端时，低频衰减逐渐加大，输出信号中的低频成分随之逐渐减小。

4.3.2 电路反馈类型及作用

在电路中，运用瞬时极性法可判别出中间级两级放大电路为负反馈，通过反馈电阻 R_8和 R_{14}反馈交直流信号，可稳定电路的静态和动态特性，反馈信号和输入信号在不同端口，为串联反馈，可有效提高电路的输入电阻、输出端反馈电压信号，可有效减小输出电阻。

综上所述，电路所采用的反馈类型为电压串联负反馈，对信号的放大起到了很好的优化作用。

4.3.3 实施步骤

1. 安装

(1) 安装前应认真理解电路原理，弄清印制电路板上元件与电路原理图的对应关系，并对所装元器件预先进行检查，确保元器件处于良好状态。

(2) 将器件清单的电阻、电容、电位器、集成运放 LM358 等元件参考原理图 4.16 在实验板上焊好。

2. 调试

(1) 检查印制板元器件的安装、焊接，应准确无误。

(2) 复审无误后通电，用万用表测试该放大电路各静态工作点的数值并记录，并通过比较计算值和测量值判别安装有无错误。若出现数值异常，通过修改电路中相应元器件的参数重新进行静态工作点的测试，直至正确为止。

(3) 在电路输入端接入信号发生器，正确连接双踪示波器，并输出一定频率的正弦交流信号，观察双踪示波器的输入、输出波形并记录波形曲线，计算该电路的电压放大倍数，和计算值比较，观察是否吻合，若有偏差，分析其中的原因。

(4) 将反馈电阻 R_8 断开，结合调试步骤(3)重新测定所有参数，体会负反馈对电路放大功能的影响。

(5) 将已制作完成的输入级和中间级正确连接(即用导线连接 J10 和 J11、J16 和 J17)，通过示波器测定电路的通频带并记录和绘制相应曲线。

项目小结

(1) 集成运放实现了器件、连线和系统的一体化，外接线少，具有可靠性高、性能优良、质量轻、造价低廉、使用方便等优点。

(2) 常用集成运放具有良好的特性，即电压放大倍数大、输入电阻高、共模抑制比高、输出电阻小。理想集成运放开环差模电压放大倍数 A_{od}、共模抑制比 K_{CMRR}、差模输入电阻 r_{id} 可视作无穷大，输出电阻视作零，故具有“虚断”和“虚短”的特性。

(3) 反馈能有效地影响电路的放大性能，其中电压串联负反馈可有效增加输入电阻、减少输出电阻、提高放大倍数的稳定性、展宽通频带，是改善电路放大性能的最优反馈类型，音频放大电路中间级即采用了该种反馈类型。

习　题

一、选择题

4.1　集成运算放大器的最主要特点之一是(　　)。

A. 输入电阻很大　　B. 输入电阻为零

C. 输出电阻很大　　D. 输出电阻为零

4.2　欲使放大器净输入信号削弱，应采取的反馈类型是(　　)。

A. 串联反馈　　B. 并联反馈

C. 正反馈　　D. 负反馈

4.3　放大电路采用负反馈后，下列说法不正确的是(　　)。

A. 放大能力提高了　　B. 放大能力降低了

C. 通频带展宽了　　　　D. 非线性失真减小了

4.4　将一个具有反馈的放大器的输出端短路，即晶体管输出电压为0，反馈信号消失，则该放大器采用的反馈是(　　)。

A. 正反馈　　B. 负反馈　　C. 电压反馈　　D. 电流反馈

4.5　串联负反馈会使放大器的输入电阻(　　)。

A. 变大　　B. 减小　　C. 为零　　D. 不变

二、简答题

4.6　集成电路为什么要采用直接耦合方式?

4.7　运放的输入级与输出级各采用什么电路形式? 它们对运放的性能带来什么影响?

4.8　电路中引入负反馈对电路特性有什么影响?

4.9　什么是负反馈? 举例说明负反馈的实质是什么。

4.10　如何判别音频放大电路中反馈电阻所形成的反馈类型及所起的作用?

三、分析计算题

4.11　电路如图4.17所示，试求：

(1) 当R_1＝20kΩ，R_F＝100kΩ时，u_o与u_i的运算关系。

(2) 当R_F＝100kΩ时，欲使u_o＝$26u_i$，则R_1为何值?

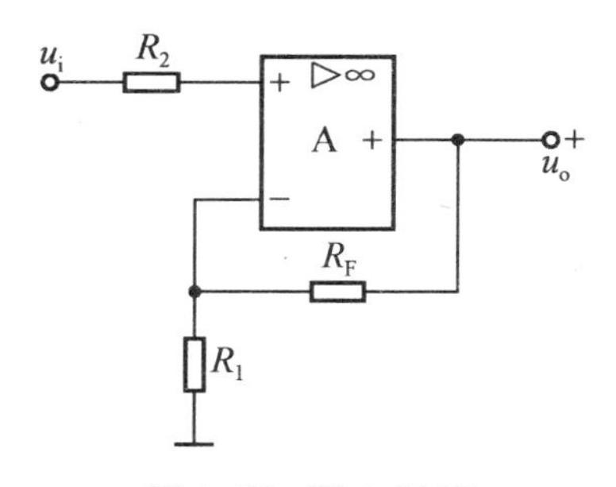

图4.17　题4.11图

4.12　电路如图4.18(a)所示，已知R_1＝10kΩ，R_2＝20kΩ，U_{VS}＝11.3V，U_{VD}＝0.7V，输入波形如图4.18(b)所示。试求：

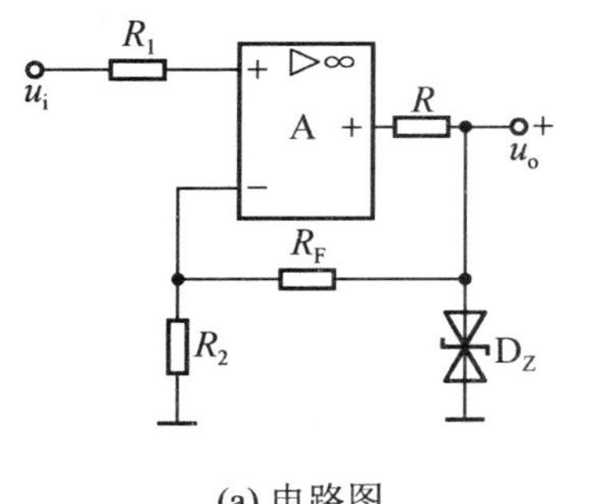

(a) 电路图

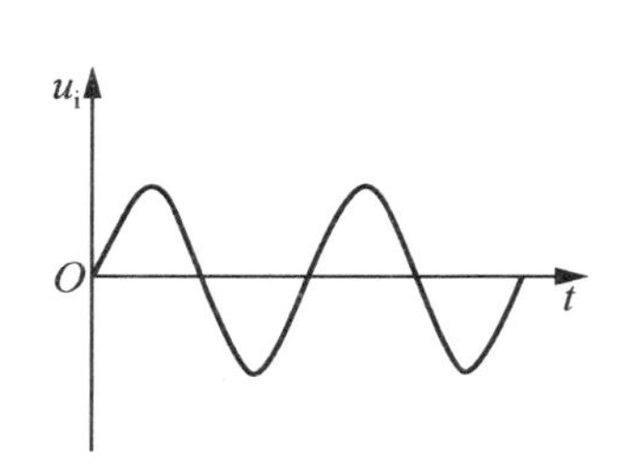

(b) 输出波形

图4.18　题4.12图

(1) 参考电压U_T。

(2) 画出输出波形。

4.13 电压比较器电路如图4.19所示，其中稳压二极管VD_Z的稳定电压$\pm U_Z=\pm 6V$。试求：

(1) 电路的阈值电压$U_T=?$

(2) 画出电压传输特性，并标出有关参数。

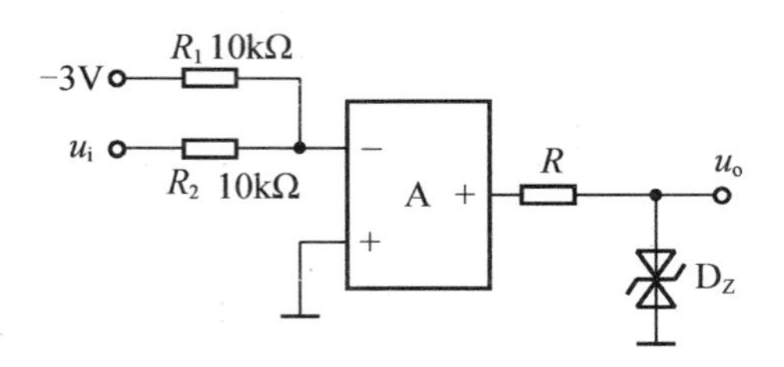

图4.19 题4.13图

4.14 设计一个加减法运算电路，使其实现数学运算：$Y=X_1+2X_2-5X_3-X_4$。

4.15 判断图4.20所示的各电路中有无反馈，是直流反馈还是交流反馈？哪些构成了级间反馈？哪些构成了本级反馈？

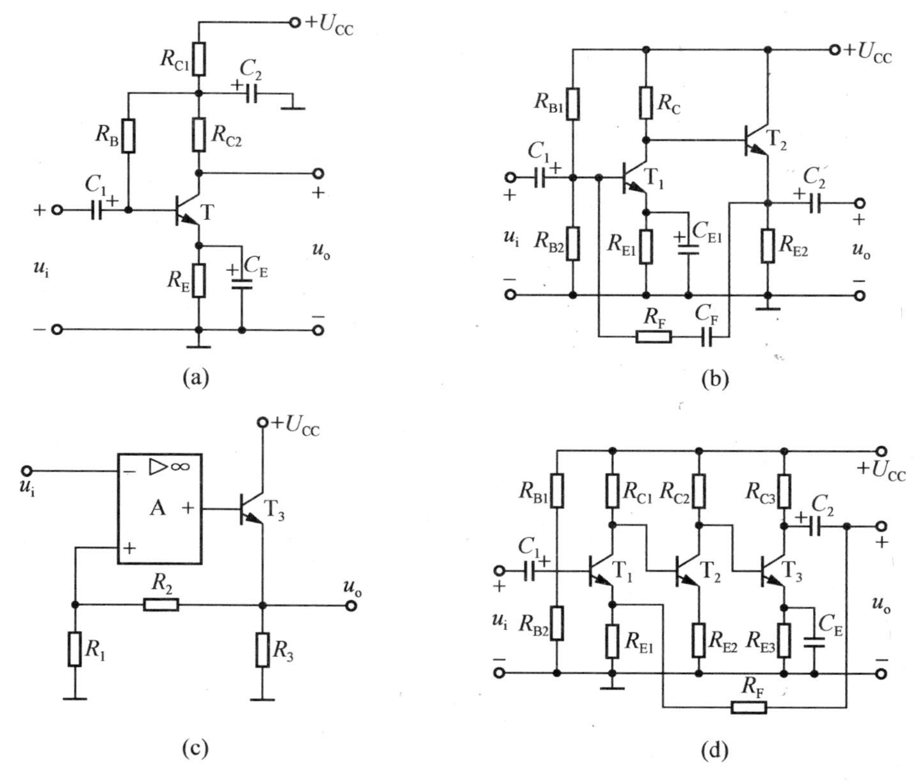

图4.20 题4.15图

4.16 指出图4.20所示的各电路中反馈的类型和极性，并在图中标出瞬时极性及反馈电压或反馈电流。

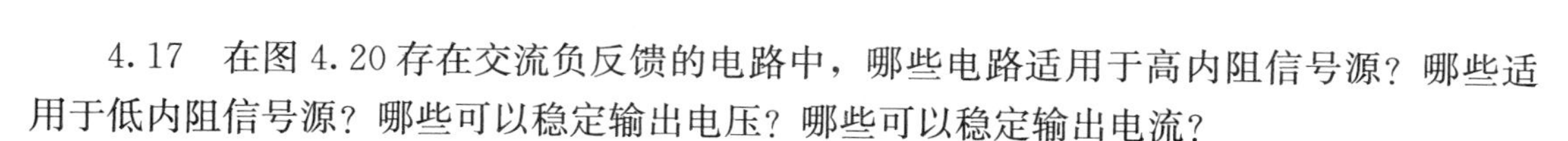

4.17 在图 4.20 存在交流负反馈的电路中，哪些电路适用于高内阻信号源？哪些适用于低内阻信号源？哪些可以稳定输出电压？哪些可以稳定输出电流？

4.18 如果要求稳定输出电压并提高输入电阻，应该对放大器施加什么类型的负反馈？对于输入为高内阻信号源的电流放大器，应引入什么类型的负反馈？

4.19 负反馈放大电路如图 4.21 所示，判断电路的负反馈类型。若要求引入电流并联负反馈，应如何修改此电路？

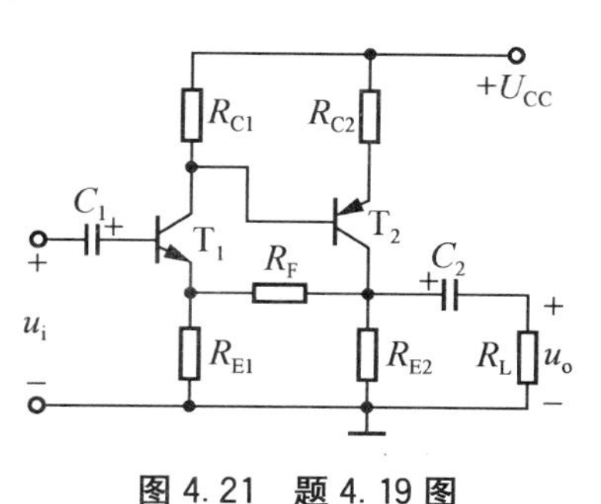

图 4.21 题 4.19 图

项目5

功率放大器的认知及应用电路的制作

学习目标

1. 知识目标

(1) 掌握功率放大电路的3种组态(即甲类、乙类、甲乙类功率放大电路)的特点及应用场合。

(2) 了解常见集成功放的种类和引脚特性，了解常用集成功放应用电路的工作原理及分析。

(3) 了解功率放大电路在运用过程中的散热问题，掌握功率晶体管和集成功放散热的解决措施。

2. 技能目标

(1) 掌握利用万用表、信号发生器、示波器测试功率放大电路特性的方法。

(2) 利用分立元件制作音频放大电路输出级，学会对电路所出现的故障现象进行原因分析及排除。

(3) 利用集成功率放大器制作音频放大电路。

生活提点

功率放大电路(简称功放)通常作为多级放大电路的输出级。在很多电子设备中，要求放大电路的输出级能够带动某种负载，例如：驱动仪表，使指针偏转；驱动扬声器，使之发声；或驱动自动控制系统中的执行机构等。总之，要求放大电路有足够大的输出功率。这样的放大电路统称为功率放大电路。

项目任务

(1) 利用分立元件制作音频放大电路输出级，要求输出效率高，最大输出功率不低于10W。该输出级在PCB上如图5.1所示。

(2) 利用集成功率放大器制作音频放大电路。

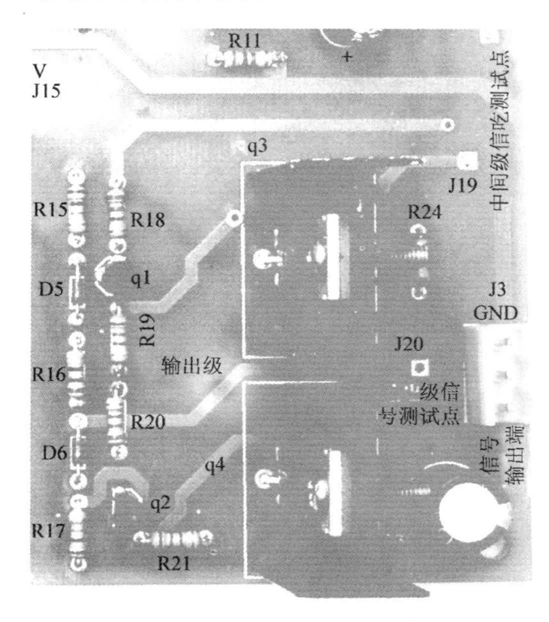

图5.1　音频放大电路输出级电路实物

项目实施

5.1　功率放大电路的认知

功率放大电路在音频放大电路中主要提供较大的电流转化(放大)以带动负载(即音箱)，是一种以输出较大功率为目的的放大电路，其在整个音频放大电路中的位置如图5.2所示。

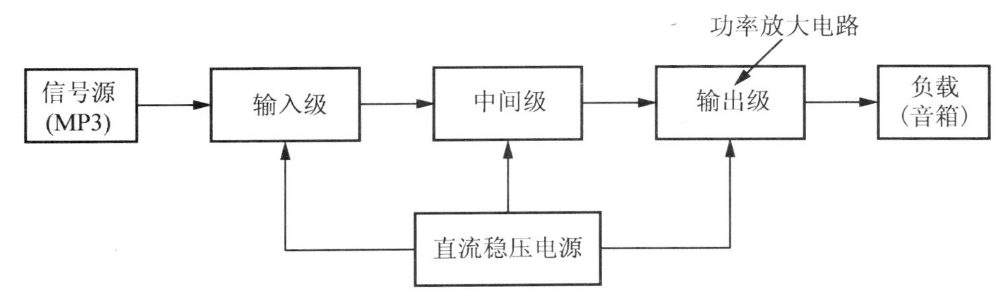

图5.2　音频放大电路框图

5.1.1 功率放大电路所要达到的要求

(1) 功放电路中电流、电压要求都比较大，电路参数不能超过晶体管的极限值：I_{CM}、U_{CEM}、P_{CM}，同时要保证功放管的散热和保护问题，一般采用给功放管加装由铜、铝等导热性能良好的金属材料制成的散热片(板)的措施，加装了散热片的功放管可充分发挥管子的潜力，增加输出功率而不损坏管子，功率晶体管的工作特性如图 5.3 所示。

(2) 电流、电压信号比较大，波形失真小。

(3) 电源提供的能量尽可能转换给负载，减少晶体管及线路上的损失。电路的效率(η)高。

$$\eta=\frac{P_{Omax}}{P_E}\times 100\% \tag{5.1}$$

式中，P_{Omax}为负载上得到的交流信号功率，P_E为电源提供的直流功率。

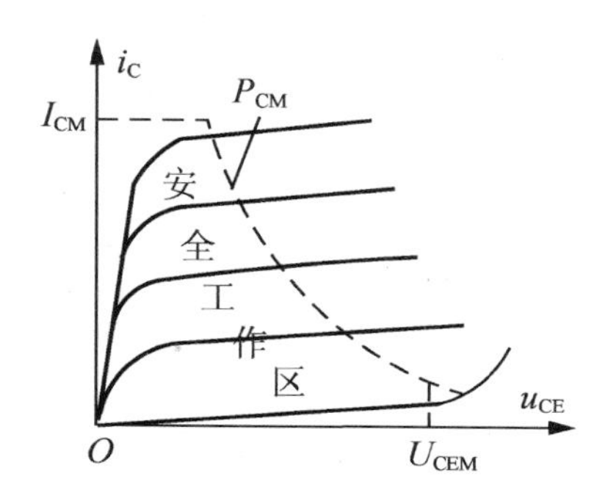

图 5.3 功率晶体管工作特性

对比功率放大电路，对项目 3 中的电压放大电路提出的要求如下。

(1) 晶体管工作在放大状态。

(2) 主要讨论的是电压增益、输入和输出电阻等。

(3) 信号不失真。

与电压放大电路类似，功率放大电路也有多种组态，电路中功率管的工作状态有甲类、乙类、甲乙类等，下面先了解一下这几种放大电路的特点。

5.1.2 功率放大器的分类及特点

1. 甲类功放

甲类放大器的工作点设置在放大区的中间，其功放电路和特性曲线如图 5.4 所示。由图可知，这种电路的优点是在输入信号的整个周期内晶体管都处于导通状态，输出信号失真较小(前面讨论的电压放大器都工作在这种状态)，缺点是晶体管有较大的静态电流 I_{CQ}，这时管耗 P_C大，电路能量转换效率低。

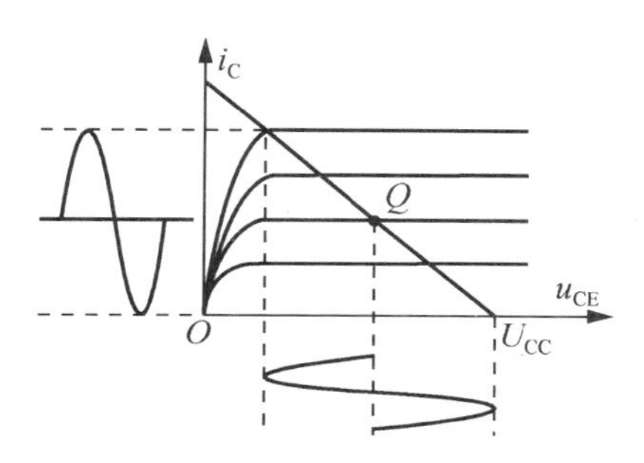

图 5.4　甲类功放电路功率管特性曲线

2. 乙类功放

1）乙类双电源互补对称功放（OCL）

乙类放大器的工作点设置在截止区，电路及特性曲线如图 5.5 所示。电路工作时，晶体管 T_1、T_2交替对称各工作半周，晶体管的静态输出电流为 0，静态输出电压为 0V，所以能量转换效率高。

图 5.5(a)所示电路由两个对称的工作在乙类状态的射极输出器组合而成。T_1（NPN 型）和 T_2（PNP 型）是两个特性一致的互补晶体管；电路采用双电源供电，负载直接接到 T_1，T_2的发射极上。因电路没有输出电容和变压器，故称为无输出电容电路，简称 OCL 电路。

设 u_i为正弦波，当 u_i处于正半周时，T_1导通，T_2截止，输出电流 $i_L=i_{C1}$流过 R_L，形成输出正弦波的正半周。当 u_i处于负半周时，T_1截止，T_2导通，输出电流 $i_L=-i_{C1}$流过 R_L，形成输出正弦波的负半周，如图 5.5 所示。因此，在信号的一个周期内，输出电流基

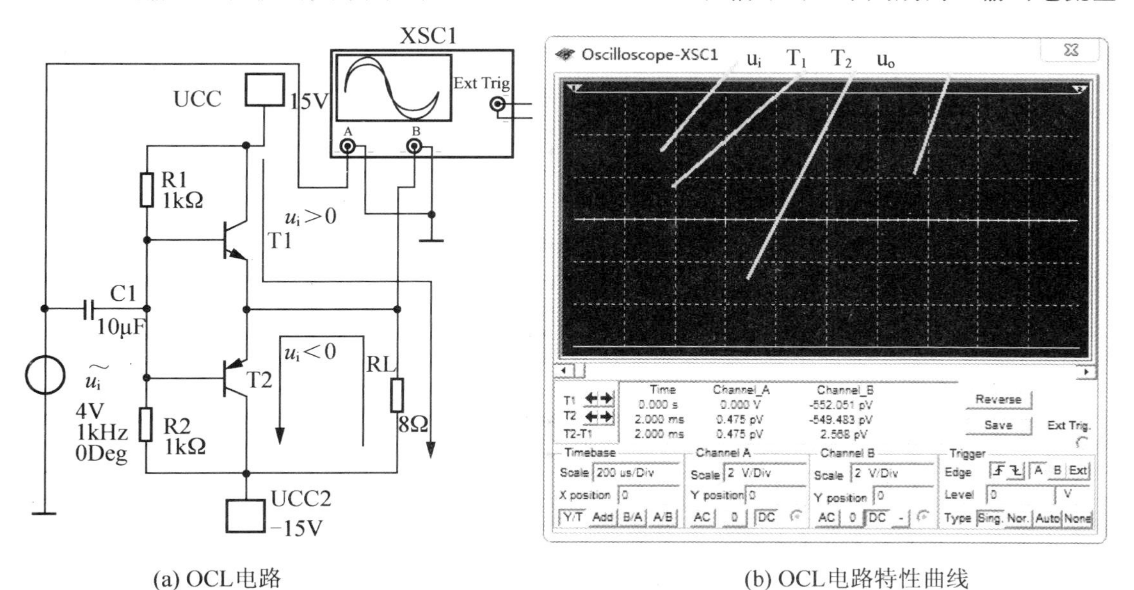

(a) OCL电路　　(b) OCL电路特性曲线

图 5.5　OCL 乙类功放电路及特性曲线

本上是正弦波电流。由此可见，该电路实现了在静态时管子无电流通过，而有信号时，T_1、T_2轮流导通，组成推挽电路。由于电路结构和两管特性对称，工作时两管互相补充，故称“互补对称”电路。

OCL类互补放大电路的输出功率、直流电源供给的功率、效率及管耗的计算如下。

假设u_i为正弦波且幅度足够大，T_1、T_2导通时均能达到饱和，此时输出最大电压值为：$U_{Lmax}=U_{CC}-U_{CES}$，其中U_{CES}为功率晶体管工作在饱和状态时的集电极与发射极之间的压降，输出最大电流为

$$I_{Lmax}=\frac{U_{CC}-U_X}{R_L}$$

负载上得到最大功率为

$$P_{Omax}=\frac{U_{CC}-U_{CES}}{\sqrt{2}}\cdot\left(\frac{U_{CC}-U_{CES}}{\sqrt{2}}\cdot\frac{1}{R_L}\right)=\frac{(U_{CC}-U_{CES})^2}{2R_L}\tag{5.2}$$

由于每个电源中的电流为半个正弦波，表达式为

$$i_L=\frac{U_{CC}-U_{CES}}{R_L}\sin\omega t$$

则电流平均值为

$$I_{av1}=I_{av2}=\frac{1}{2\pi}\int_0^{\pi}\frac{V_{CC}-U_{CES}}{R_L}\sin\omega t\,d(\omega t)=\frac{U_{CC}-U_{CES}}{\pi R_L}$$

且

$$U_{CC1}=U_{CC2}=U_{CC}$$

电源提供的总功率为

$$P_E=P_{E1}+P_{E2}=2U_{CC}\cdot\frac{U_{CC}-U_{CES}}{\pi R_L}=\frac{2U_{CC}(U_{CC}-U_{CES})}{\pi R_L}\tag{5.3}$$

效率为

$$\eta=\frac{P_{Omax}}{P_E}=\frac{\dfrac{(U_{CC}-U_{CES})^2}{2R_L}}{\dfrac{2U_{CC}(U_{CC}-U_{CES})}{\pi R_L}}=\frac{\pi(U_{CC}-U_{CES})}{4U_{CC}}\approx\frac{\pi}{4}=78.5\%\tag{5.4}$$

余下的21.5%则消耗在功率晶体管上。

例：对照音频放大电路功率输出级，$U_{CC}=15V$，在输入信号足够大的情况下，实测D880的$U_{CES}=0.5V$，所带负载$R_L=8\Omega$，试估算P_{Omax}和η。

解：负载所获最大功率

$$P_{Omax}=\frac{(U_{CC}-U_{CES})^2}{2R_L}=\frac{(15-0.5)^2}{2\times 8}=13.14(W)>10W$$

满足设计要求，同时

$$P_E=P_{E1}+P_{E2}=\frac{2U_{CC}(U_{CC}-U_{CES})}{\pi R_L}=\frac{2\times 15(15-0.5)}{3.14\times 8}=17.3(W)$$

可得

$$\eta=\frac{P_{Omax}}{P_E}=\frac{\pi(U_{CC}-U_{CES})}{4U_{CC}}=\frac{3.14\times(15-0.5)}{4\times 15}=75.9\%$$

2）乙类单电源互补对称功放（OTL）

图 5.5 所示的互补对称功率放大器中需要正、负两个电源。但在实际电路（如收音机、扩音机）中，为了简化，常采用单电源供电。为此，可采用图 5.6 所示的单电源供电的互补对称功率放大器。这种形式的电路无输出变压器，却有输出耦合电容，简称为无输出变压器电路（Output Transformer Less，OTL）。

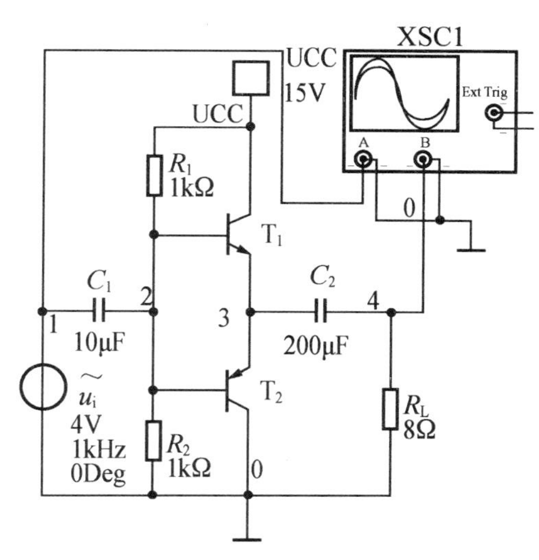

图 5.6　乙类单电源互补对称功放（OTL）

图 5.6 所示的电路中，管子工作于乙类状态。静态时因电路对称，两管发射极 e 点电位即静态输出电压约为电源电压的一半（忽略 U_{BE}），负载中没有电流。动态时，在输入信号的正半周，T_1导通、T_2截止，T_1以射极输出的方式向负载 R_L提供电流 $i_o=i_{C1}$，使负载 R_L上得到正半周输出电压，同时对电容 C 充电。在输入信号的负半周，T_1截止，T_2导通，电容 C 通过 T_2、R_L放电，T_2也以射极输出的方式向 R_L提供电流 $i_o=i_{C2}$，在负载 R_L上得到负半周输出电压。电容器 C 在这时起到负电源的作用。为了使输出波形对称，即 i_{C1}与 i_{C2}大小相等，必须保持 C 上静态电压恒为 $U_{CC}/2$ 不变，也就是电容器 C 在放电过程中其端电压不能下降过多，因此，C 的容量必须足够大。

由上述分析可知单电源互补对称电路的工作原理与正、负双电源互补对称电路的工作原理相似，不同之处只是静态输出电压幅度由 0 变为约 $U_{CC}/2$。

乙类互补对称电路（包括 OTL 和 OCL 电路）效率比较高，但由于晶体管的输入特性存在死区（硅管约为 0.5V 时），只有当输入信号的幅值大于 0.5V 时，晶体管才逐渐导通。所以输出波形在输入信号零点附近的范围出现失真，称为交越失真，如图 5.7 所示。为了消除交越失真，需使推挽放大的每一个功率管的导通时间略大于信号的半个周期，以克服死区电压，此时电路工作于第三种状态

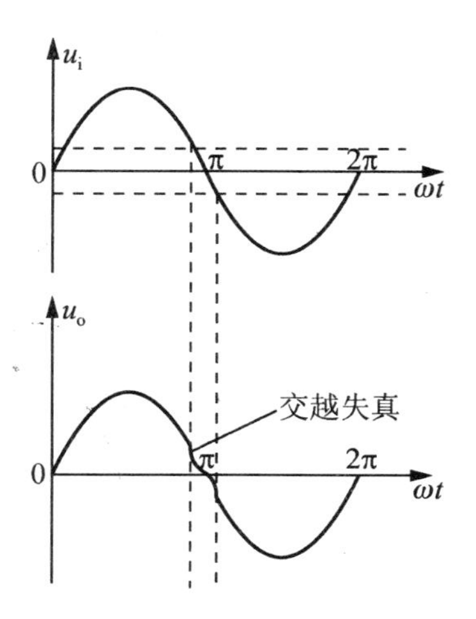

图 5.7　交越失真波形

——甲乙类，接下来介绍甲乙类放大电路以及音频放大电路输出级，同时了解一下进一步提高电路电流放大倍数的复合晶体管结构。

5.2 甲乙类放大电路及复合管结构

5.2.1 甲乙类互补对称电路

为了克服交越失真，可以利用 PN 压降、电阻压降或其他元器件压降给两个晶体管的发射结加上正向偏置电压，使两个晶体管在没有信号输入时处于微导通的状态。由于此时电路的静态工作点已经上移进入了放大区(为了降低损耗，一般将静态工作点设置在刚刚进入放大区的位置)，因此功率放大电路的工作状态由乙类变成了甲乙类。

图 5.8 所示的电路即为甲乙类互补对称电路，它可以克服交越失真的问题。其原理是静态时，在二极管 D_1、D_2 上产生的压降为功率管 T_1、T_2 提供了一个适当的正偏电压，使之处于微导通状态。由于电路对称，静态时 $i_{C1}=i_{C2}$，$i_o=0$，$u_o=0$。有信号时，由于电路工作在甲乙类，所以即使 u_i 很小，也基本上可线性放大。

在图 7.7 的音频放大电路中用了两个二极管 IN4148 和电阻 R_{16}，为后续功率管提供了合适的正偏电压。

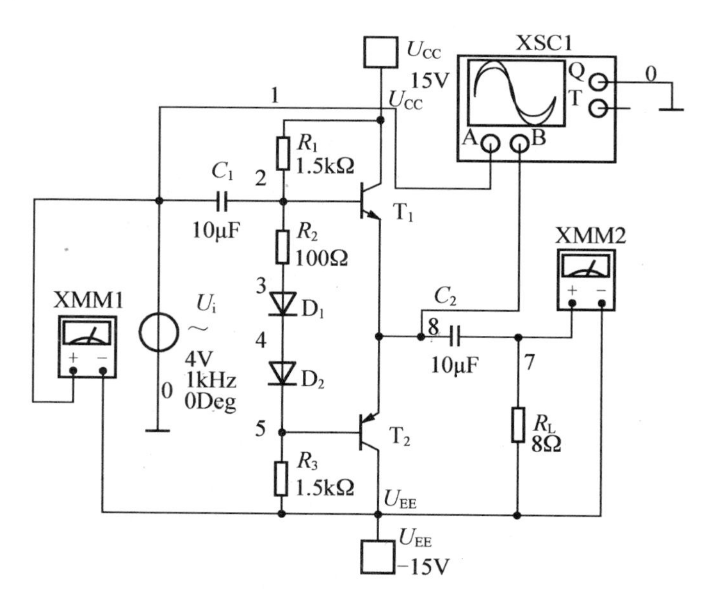

图 5.8 二极管偏置互补对称电路

功率放大电路中，如果负载电阻较小，且要求得到较大的功率，则电路必须为负载提供很大的电流。由于一般很难从前极获得这样大的电流，因此需设法进行电流放大。如果采用单管结构的话，由于电流放大倍数较小及驱动能力不足，很难获得良好的放大效果，所以通常在电路中采用复合管结构。

5.2.2　复合管及互补对称功率放大电路

1. 复合管

所谓复合管，就是把两只或两只以上的晶体管适当地连接起来等效成一只晶体管，也叫达林顿管。连接时，应遵守两条规则：①在串联点，必须保证电流的连续性；②在并联点，必须保证总电流为两个管子电流的代数和。复合管的连接形式共有 4 种，如图 5.9 所示。

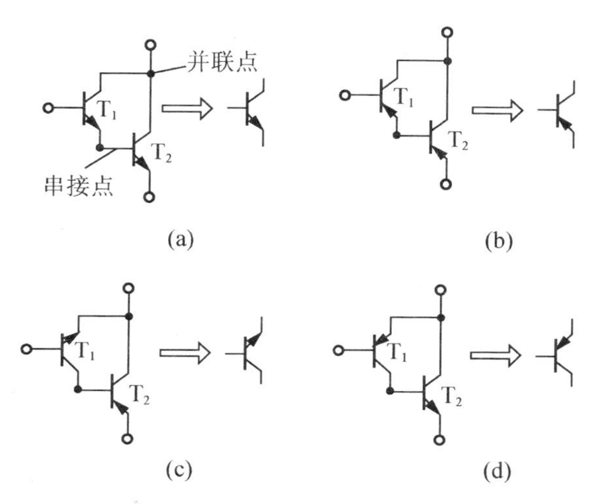

图 5.9　复合管的 4 种连接形式

利用 2N5551 和 2N5172 搭建一个等效 NPN 晶体管，并且将两个晶体管的 β_1 和 β_2 分别设定为 30 和 20，同时用该复合管组成共射极放大电路，进行仿真实验，如图 5.10 所示。由实验可得出 $\beta=\frac{I_C}{I_B}=\frac{35.143}{0.059286}=593$，调整等参数，但确保 U_{CE} 为 V_{CC} 的一半，总电流放大倍数基本维持在 600 左右。

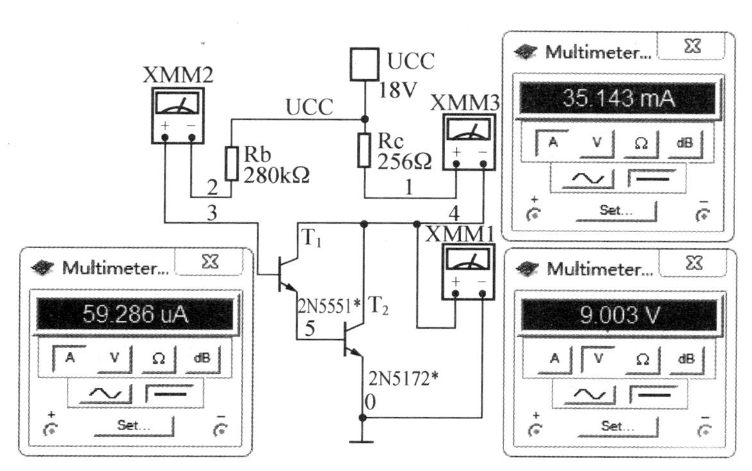

图 5.10　复合管共射极放大电路

由图 5.9 及图 5.10 实验结果可得如下结论。

(1) 复合管的极性取决于推动级。如 T_1 为 NPN 型，则复合管就为 NPN 型。

(2) 输出功率的大小取决于输出管 T_2。

(3) 若 T_1 和 T_2 管的电流放大系数为 β_1、β_2，则复合管的电流放大系数为 $\beta=\beta_1\cdot\beta_2$。

2. 复合管互补对称功率放大电路

利用图 5.9(a)、(d)形式的复合管代替图 5.8 中的 T_1 和 T_2，就构成了采用复合管的互补对称输出级，如图 5.11 所示。它可以降低对前级推动电流的要求，不过其直接为负载 R_L 提供电流的两个末级对管 T_3、T_4 的类型截然不同。在大功率情况下，两者很难选配到完全对称。

图 5.12 所示的电路则与之不同，其两个末级对管是同一类型，因此比较容易配对。这种电路被称为准互补对称电路。电路中 R_{E1}、R_{E2} 的作用是使 T_3 和 T_2 管能有一个合适的静态工作点。

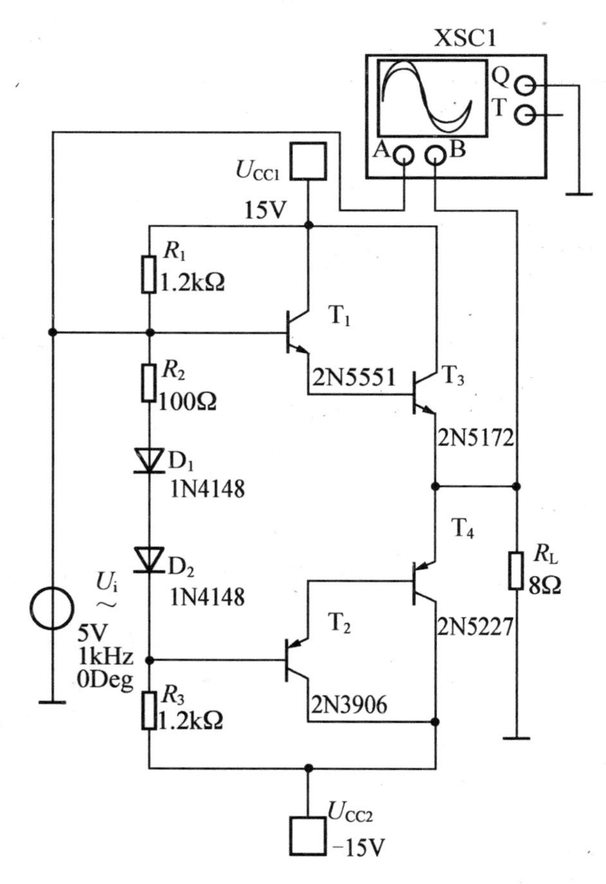

图 5.11 复合管互补对称电路

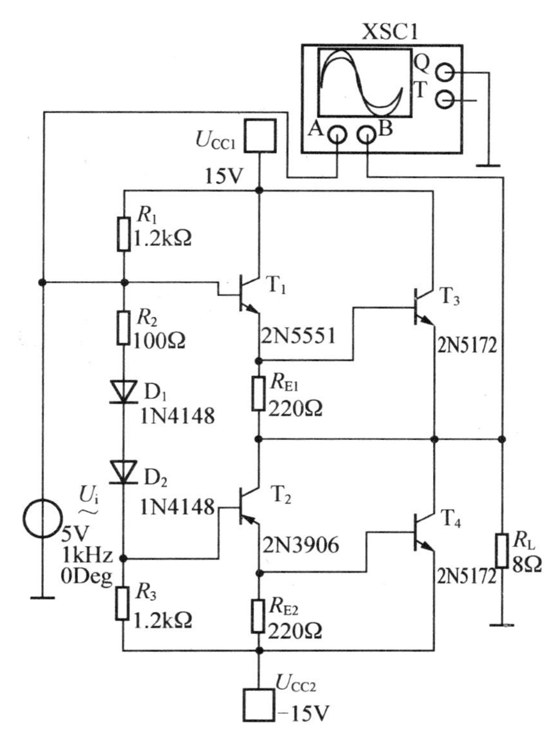

图 5.12　准互补对称电路

5.3　音频放大电路功率输出级的制作

5.3.1　音频放大电路功率输出级电路结构及原理

音频放大电路功率输出级电路结构如图 5.13 所示。

器件清单见表 5-1。

表 5-1　音频放大电路输出级的器件清单

序号	名称	规格	数量	序号	名称	规格	数量
1	电阻	47kΩ	3	9	电容	20 μF	1
2	电阻	1kΩ	1	10	二极管	IN4148	2
3	电阻	510 Ω	1	11	晶体管	8050	1
4	电阻	22 Ω	2	12	晶体管	8550	1
5	电阻	220 Ω	2	13	晶体管	D880	2
6	电阻	10kΩ	2	14	信号发生器	—	1
7	电容	10 μF	1	15	双踪示波器	—	1
8	电容	200pF	1	16	万用表	—	1

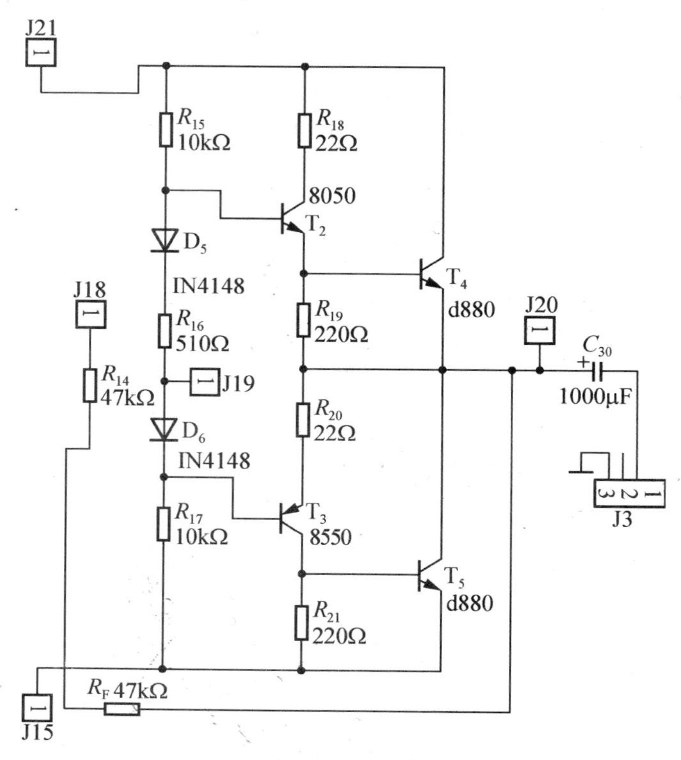

图 5.13　音频放大电路输出级原理图

音频放大电路输出级在图 5.13 上由晶体管 T_2～T_5、电阻 R_{15}～R_{21}、R_F及二极管 D_5、D_6组成。其中 T_2～T_5组成的准互补对称功率放大器为末级。电阻 R_F组成的反馈网络构成电压串联负反馈。该反馈网络对于直流而言是全反馈，目的是使输出端 O 点(T_4的 e 极与 T_2的 c 极连接点)的静态电位稳定为 OV，而电容 C_{30}作为喇叭保护之用。

由于功率放大电路工作时电流较大，为了保护功放电路，尤其是保证其中功放管的安全，在实际应用时，要特别注意散热问题。

5.3.2　实施步骤

1. 安装

(1) 应认真理解电路原理，弄清印制电路板上元件与电路原理图的对应关系，并对所装元器件预先进行检查，确保元器件处于良好状态。

(2) 将电阻、二极管 IN4148、晶体管 8050、8550、D880、电容等元件按图 5.13 所示连接在实验板上并焊好。

2. 调试

(1) 检查印制电路板元器件的安装、焊接，应准确无误。

(2) 复审无误后通电，在负载端连接一个 8Ω 的电阻，用万用表测试该放大电路各静

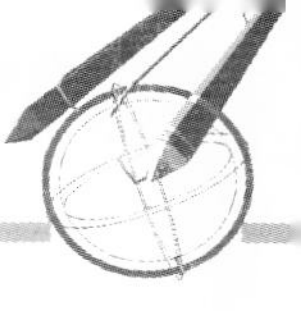

态工作点的数值并记录在表 5-2 中，并通过比较计算值和测量值判别安装有无错误。若出现数值异常，通过修改电路中相应元器件的参数重新进行静态工作点的测试，直至正确为止。

表 5-2　输入级静态工作点测量数据

测量	$U_{J19}=$	$U_{J20}=$	$I_{J18-J19}=$	$I_{J20-RL}=$

（3）在电路输入端 J2 接入信号发生器，正确连接双踪示波器(将示波器输出测试通道表笔搭在 J20 端)，并输出一定频率(1kHz)和幅值(幅值 $U_{im}=0.2V$)的正弦交流信号，并将电位器阻值调至最大，观察输出波形，通过示波器记录波形的幅值，计算此时的电压放大倍数。调整输入信号幅值(0.05V、0.10V、0.20V、0.8V、1.0V、1.5V、2.0V)，利用双踪示波器观察输入、输出波形，将各种信号幅度下的各参数值记录于表 5-3 中，并判别是否正常。

表 5-3　不同输入下的输出信号幅值

U_{im}/V	0.05	0.1	0.5	0.8	1.0	1.5	2.0
U_{om}/V							
A_u							

5.3.3　输出级电路的调试

（1）安装前应认真理解电路原理，弄清印制电路板上元件与电路原理图的对应关系，并对所装元器件预先进行检查，确保元器件处于良好状态。将电阻、电容、二极管、晶体管、接线及电位器等元件参考图示连接在实验板上并焊好。

（2）测量与调试。

① 检查印制电路板元器件的安装、焊接，应准确无误。

② 复查无误后通电，用万用表测试该放大电路各静态工作点的数值并记录，通过比较计算值和测量值判别安装有无错误。若出现数值异常，通过修改电路中相应元器件的参数重新进行静态工作点的测试，直至正确为止。

③ 在电路输入端接入信号发生器，正确连接双踪示波器，并输出一定频率的正弦交流信号，观察双踪示波器的输入、输出波形并记录波形曲线。调整信号发生器的输出信号的幅度，利用晶体管毫伏表测量输入、输出电压的数值，并计算该电路的电压放大倍数。记录各种信号幅度下的各参数值，并判断是否正常。测量电路输入、输出电阻并和计算值比较，观察是否吻合。

④ 将反馈电阻 R_F 断开，结合步骤③重新测定所有参数，体会负反馈对电路放大的影响。

5.4 集成功率放大器的认知及运用

随着集成技术的不断发展，集成功率放大器产品越来越多。由于集成功放成本低、使用方便，因而被广泛地应用在有源音箱、收录机、电视机等系统中的功率放大部分。本节通过利用集成功放 TDA2030A 制作音频放大电路来学习集成功率放大器。以通用功率放大器 TDA2030A 为例，先来了解一下集成功率放大电路。

5.4.1 TDA2030A 音频集成功率放大器简介

TDA2030A 是目前使用较为广泛的一种集成功率放大器，与其他功放相比，它的引脚和外部元件都较少。

TDA2030A 的电器性能稳定，并在内部集成了过载和热切断保护电路，能适应长时间连续工作，由于其金属外壳与负电源引脚相连，因而在单电源使用时，金属外壳可直接固定在散热片上并与地线(金属机箱)相接，无须绝缘，使用很方便。

TDA2030A 使用于收录机和有源音箱中，作音频功率放大器，也可用作其他电子设备中的功率放大。因其内部采用的是直接耦合，也可以作直流放大。

主要性能参数如下。

电源电压 U_{CC}：±3～±18V。

输出峰值电流：3.5 A。

输入电阻：>0.5 MΩ 。

静态电流：<60 mA(测试条件：$U_{CC}=\pm15V$)。

电压增益：30 dB。

频响 BW：0～140 kHz。

在电源为±15V、$R_L=4\Omega$ 时，输出功率为 14 W。

外引脚的排列、电气符号如图 5.14 所示。

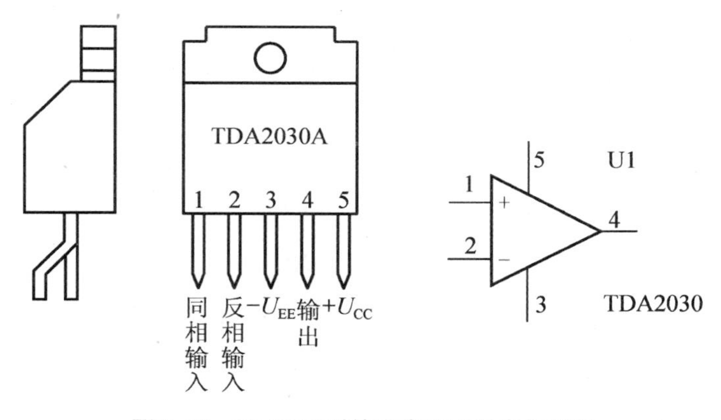

图 5.14 TDA2030A 的引脚排列及电气符号

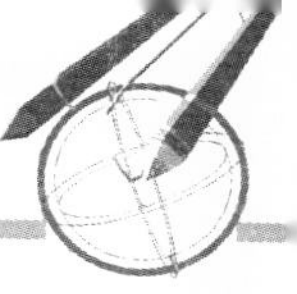

5.4.2　TDA2030A 集成功放的典型应用

1. 双电源(OCL)电路

图 5.15 所示的电路是双电源时 TDA2030 组成的 OCL 典型应用电路。

集成功率放大电路的器件清单见表 5-4。

表 5-4　集成功率放大电路的器件清单

序号	名　　称	规　　格	数　　量
1	电阻	22kΩ	2
2	电阻	470 Ω	1
3	电阻	22	1
4	电位器	10 Ω	1
5	负载电阻	8 Ω	1
6	电容	22 μF	1
7	电容	0.33 μF	1
8	二极管	IN4001	4
9	集成功放	TDA2030A	1
10	信号发生器		1
11	示波器		1
12	面包板	—	1
13	晶体管稳压电源	—	1

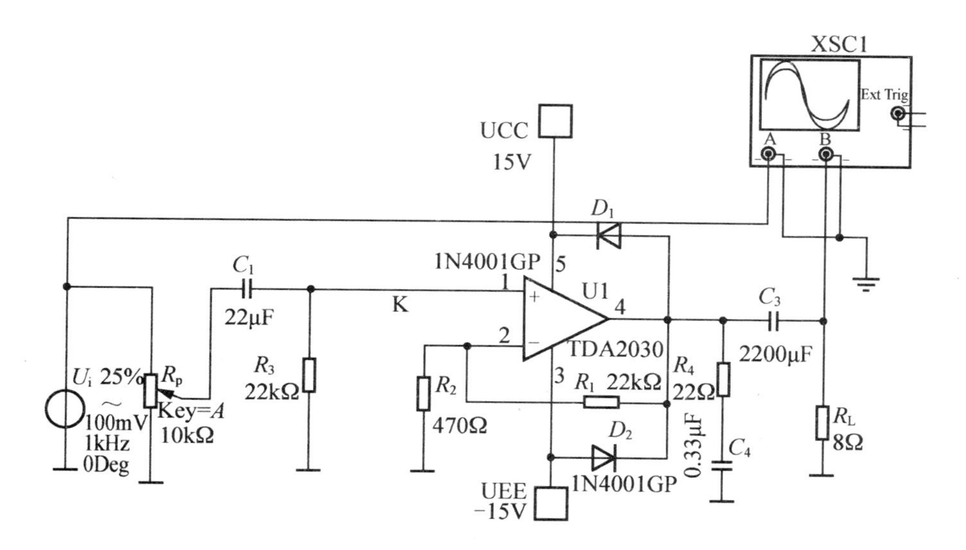

图 5.15　由 TDA2030A 构成的 OCL 电路

输入信号 u_i 由同相端输入，其中 R_P 为音量调节旋钮，R_1 是 TDA2030 同相输入端偏置电阻，由 R_1 和 R_2 决定放大器闭环放大倍数，闭环电压放大倍数为

$$A_{uf}=1+\frac{R_1}{R_2}=1+\frac{22}{0.47}=48 \tag{5.5}$$

且 R_2 电阻越小，放大倍数越高，考虑到实际如 PC、MP3 等音源输出峰值电压可达 200mV 左右，故放大倍数达到 40～50 倍即可满足放音要求，过大反而容易导致信号失真。两个二极管 D_1、D_2 接在电源与输出端之间，防止扬声器感性负载反冲而影响音质，同时防止输出电压峰值损坏集成块 TDA2030A，R_4 和 C_2 可对感性负载(扬声器)进行相位补偿来消除自激。

2. 单电源(OTL)应用电路

对仅有一组电源的中、小型录音机的音响系统，可采用单电源连接方式，如图 5.16 所示。由于采用单电源供电，故同相输入端用阻值相同的 R_1、R_2 组成分压电路，使 K 点电位为 $U_{CC}/2$，经 R_3 加至同相输入端。在静态时，同相输入端、反向输入端和输出端皆为 $U_{CC}/2$。其他元件作用与双电源电路相同。

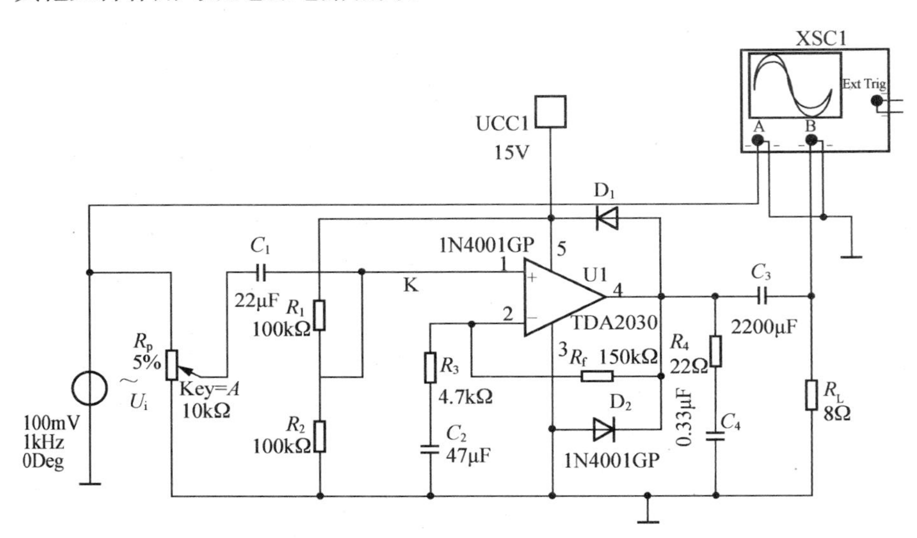

图 5.16　由 TDA2030A 构成的单电源 OTL 功放电路

5.4.3　实施步骤

1. 安装

(1) 应认真理解电路原理，弄清元件与电气原理图的对应关系，并对所装元器件预先进行检查，确保元器件处于良好状态。

(2) 将电阻、二极管 IN4001、集成功率放大器 TDA2030A、电容等元件按图 5.15 和图 5.16 所示的电路在面包板上正确连接。

2. 调试

(1) 检查电路板上元器件的安装、接线，应准确无误。

(2) 复审无误后通电，将音源(MP3)从最小调至最大，观察扬声器中音质的变化。若出现异常情况，分析并检测电路中器件和连接是否正常，直至正确为止。

项目小结

(1) 功率放大电路作为负载的驱动级，有3种组态，分别为甲类、乙类和甲乙类3种。

(2) 甲类功放输出失真小，但静态功耗大；乙类功放效率高，但失真大；甲乙类功放效率高，且交越失真小。

(3) 功率放大电路输出电流大，为保护功率装置，必须要加装散热器。

(4) 集成功率放大器可有效地简化电路结构，现已得到广泛应用。

习　题

一、选择题

5.1　对功率放大器最基本的要求是(　　)。

A. 输出信号电压大　　B. 输出信号电流大

C. 输出信号电压和电流均大　　D. 输出信号电压大、电流小

5.2　推挽功率放大电路在正常工作过程中，晶体管工作在(　　)状态。

A. 放大　　B. 饱和　　C. 截止　　D. 放大或截止

5.3　推挽功率放大电路比单管甲类功率放大电路(　　)。

A. 输出电压高　　B. 输出电流大

C. 效率高　　D. 效率低

5.4　乙类推挽功率放大器，易产生的失真是(　　)。

A. 饱和失真　　B. 截止失真　　C. 交越失真　　D. 线性失真

5.5　两个晶体管的电流放大倍数分别为50和60，则由其组成的复合管的理论电流放大倍数为(　　)。

A. 110　　B. 3000　　C. 10

二、分析计算题

5.6　功率放大器的功能是什么？它和电压放大器有哪些主要异同点？

5.7　功率放大器中，甲类、乙类、甲乙类 3 种工作状态下静态工作点选取在晶体管伏安特性什么位置，在输入信号一周期内，3 种工作状态下晶体管导通角度有什么差别？

5.8　对于采用甲类功率放大输出级的收音机电路，有人说将音量调得越小越省电，这句话对吗？为什么？

5.9　在图 5.13 所示音频放大电路功率输出级的制作中，说明电路是如何实现消除交越失真的。

5.10　判断图 5.17 所示复合管中哪些复合形式是正确的，哪些是错误的。确定复合正确的复合管的等效类型。

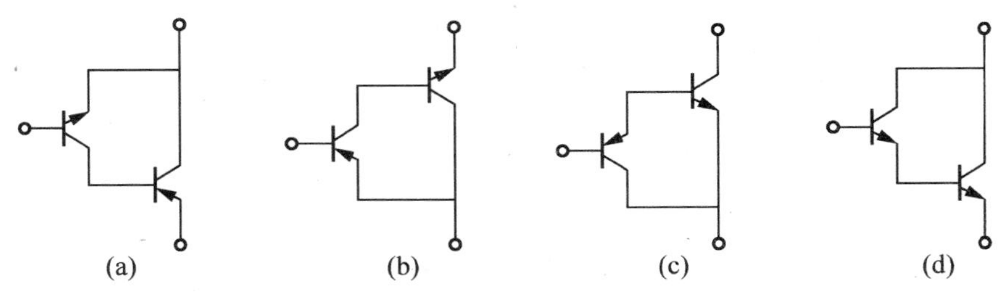

图 5.17　题 5.10 图

5.11　图 5.18 所示为几种功率放大电路中的晶体管集电极电流波形，判断它们各属于甲类、乙类、甲乙类中的哪类功率放大电路？哪一类放大电路的效率最高？为什么？

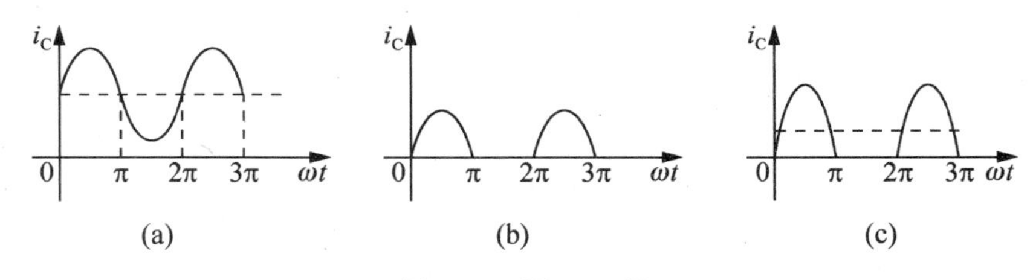

图 5.18　题 5.11 图

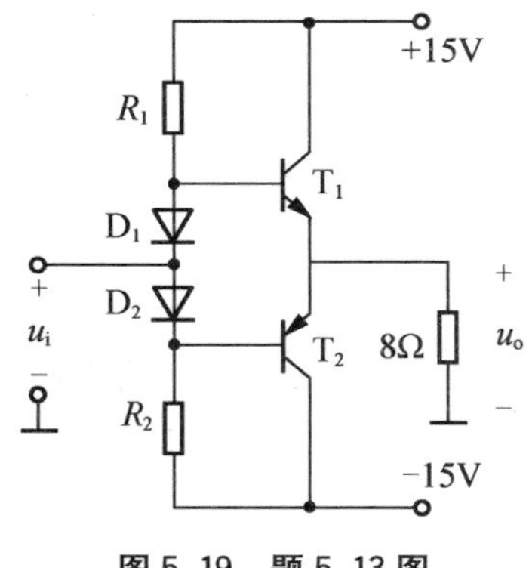

图 5.19　题 5.13 图

5.12　OCL 互补功放电路中，电源电压 $U_{CC}=13V$，负载电阻 $R_L=8\Omega$，功放管的饱和压降 $U_{CES}=1V$，求 R_L 上能获得的最大功率。

5.13　互补对称功率放大电路如图 5.19 所示。晶体管 T_1、T_2的饱和压降 $|U_{CES}|\approx 3V$。

(1) 二极管 D_1、D_2的作用是什么？

(2) 计算电路的最大不失真输出功率 P_{OM}和效率 η。

项目6

信号发生器的认知及应用电路的制作

学习目标

1. 知识目标

(1) 了解正弦波振荡电路的基本知识，了解常见正弦波振荡路的种类及应用场合。

(2) 掌握石英晶体振荡电路的元件的组成及工作原理。

(3) 了解非正弦发生器的电路组成及工作原理。

(4) 了解滤波电路的分类及原理分析。

2. 技能目标

(1) 掌握石英晶体振荡器的识别方法。

(2) 利用可以由晶体管、运放 LM358 等通用器件制作幅值、频率可变的正弦振荡器，学会对电路所出现的故障进行原因分析及排除。

(3) 按工艺要求制作音箱分频器，掌握分频器的调试。

生活提点

在前面音频放大电路各级测试中，都需要在输入端加上一定频率和幅值的低频正弦波信号，在后序各数字应用电路的测试中，还需用到一定频率和幅值的矩形波等数字脉冲信号，这些信号是怎么产生的呢？本章将通过相应振荡器的制作及测试来了解各种波形的产生机理。

项目任务

(1) 利用运放 LM358、石英晶体振荡器等通用器件制作幅值、频率可调的正弦波振荡器。

(2) 利用 LM358 制作占空比可调的矩形波发生器。

(3) 利用 LM358 制作锯齿波发生器。

实验电路分别如图 6.1、图 6.2、图 6.11 所示，可在面包板和万能板上制作。

项目实施

6.1 正弦波振荡器的制作

振荡器又称信号源，在生产实践和科技领域中有着广泛的应用。各种波形曲线均可以用三角函数方程式来表示。振荡器能够产生多种波形，如三角波、锯齿波、矩形波(含方波)、正弦波的电路被称为函数信号发生器。函数信号发生器在电路实验和设备检测中具有十分广泛的用途。例如，在通信、广播、电视系统中，都需要射频(高频)发射，这里的射频波就是载波，把音频(低频)、视频信号或脉冲信号运载出去，就需要能够产生高频的振荡器。在工业、农业、生物医学等领域内，如高频感应加热、熔炼、淬火、超声诊断、核磁共振成像等，都需要功率或大或小、频率或高或低的振荡器。

其中正弦信号主要用于测量电路和系统的频率特性、非线性失真、增益及灵敏度等。按频率覆盖范围分为低频(200～20000Hz)信号发生器、高频信号发生器(100kHz～30MHz)和微波信号发生器；按输出电平可调节范围和稳定度分为简易信号发生器(即信号源)、标准信号发生器(输出功率能准确地衰减到－100dB 以下)和功率信号发生器(输出功率达数十毫瓦以上)等。

6.1.1 振荡器的组成和原理

振荡器能够输出一定频率和幅值的振荡波形是遵循了从无到有、从小到大并最终达到信号稳定输出的产生机理，产生波形如图 6.1 所示。本节先通过“扩音系统啸叫”实例来了解这一过程。

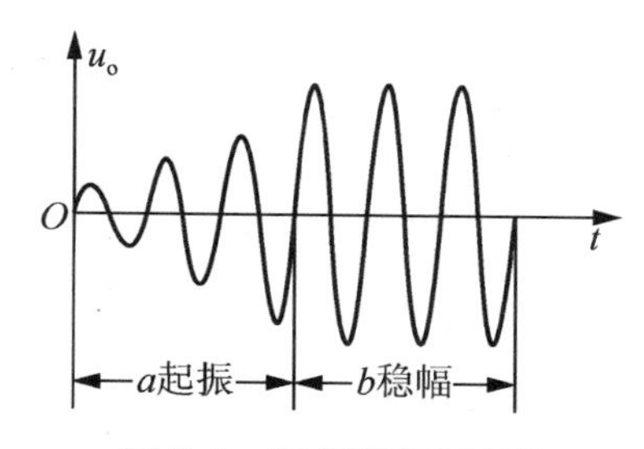

图 6.1 振荡器产生波形

1. 自激振荡现象

扩音系统在使用中有时会发出刺耳的啸叫声，称为自激振荡现象，其形成的过程如图 6.2 所示。

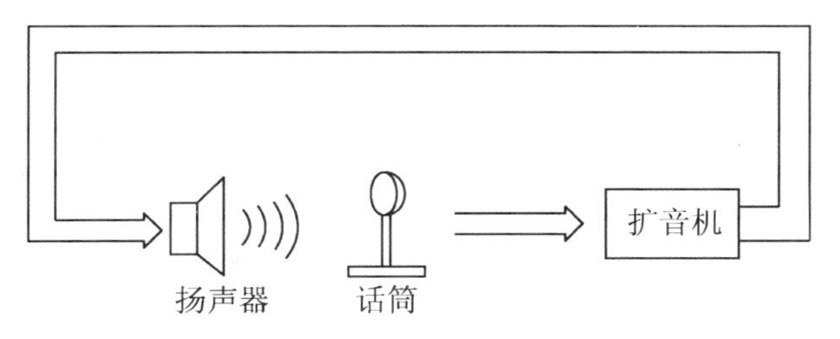

图 6.2　音响系统的自激振荡现象

可以借助图 6.3 所示的振荡电路的框图来分析正弦波振荡形成的条件。

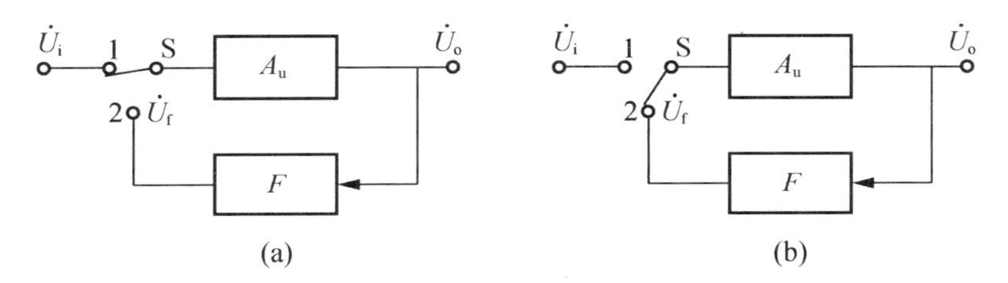

图 6.3　振荡电路的框图

如图 6.3(a)所示，开关合在“1”为无反馈放大电路，即

$$\dot{U}_O=\dot{A}_u\dot{U}_i \tag{6.1}$$

如图 6.3(b)所示，开关合在“2”为有反馈放大电路，且有 $\dot{U}_f=\dot{U}_i$，则

$$\dot{U}_O=\dot{A}_u\dot{U}_f \tag{6.2}$$

开关合在“2”时，去掉 u_i 仍有稳定的输出，反馈信号代替了放大电路的输入信号，即此时电路处于自激振荡状态。

2. 自激振荡的形成条件

根据图 6.3 将 $\dot{U}_f=\dot{F}\dot{U}_O$ 代入式(6.2)，可得

$$\dot{A}_u\dot{F}=1 \tag{6.3}$$

这包含着如下两层含义。

(1) $|A_uF|=1$，称为幅值平衡条件。

(2) $\varphi_A+\varphi_F=2n\pi$（$n$ 为整数），称为相位平衡条件。

相位条件意味着振荡电路必须是正反馈；幅度条件表明反馈放大器要产生自激振荡，还必须有足够的反馈量(可以通过调整放大倍数 A 或反馈系数 F 达到)。

3. 起振及稳幅振荡的过程

设 U_O 是振荡电路输出电压的幅度，B 是要求达到的输出电压幅度。

起振时 $U_O=0$，达到稳定振荡时 $U_O=B$。

起振过程中 $U_O<B$，要求 $A_uF>1$，可使输出电压的幅度不断增大。

稳定振荡时 $U_O=B$，要求 $A_uF=1$，使输出电压的幅度得以稳定。从 $A_uF>1$ 到 $A_uF=1$，就是自激振荡建立的过程。

电路满足平衡条件后，放大电路在接通电源的瞬间，随着电源电压由零开始突然增大，电路受到扰动，在放大电路的输入端产生一个微弱的扰动电压 $\dot{U}_i$，经放大器放大、正反馈，再放大、再反馈，如此反复循环，输出信号的幅度很快增加。这个扰动电压包括从低频到甚高频的各种频率的谐波成分。为了能得到需要频率的正弦波信号，必须增加选频网络，则只有在选频网络中心频率上的信号能通过，其他频率的信号被抑制，在输出端就会得到图 6.1 的所示的起振波形。

4. 振荡器的组成

所以要形成振荡，电路中必须包含以下组成部分。

(1) 放大器：放大部分使电路有足够的电压放大倍数 A，从而满足自激振荡的幅值条件。

(2) 正反馈网络：它将输出信号以正反馈形式引回到输入端，以满足相位条件。

(3) 选频网络：保证输出为单一频率的正弦波，即使电路只在某一特定频率下满足自激振荡条件。

(4) 稳幅环节：一般利用放大电路中晶体管本身的非线性，可将输出波形稳定在某一幅值，但若出现振荡波形失真，可采用一些稳幅措施，通常采用适当的负反馈网络来改善波形。

根据选频网络组成元件的不同，正弦波振荡电路通常分为 RC 振荡电路(工作在低频范围内，它的振荡频率为 20Hz～200kHz，其中图 6.5 就是一典型的 RC 正弦波振荡电路)、LC 振荡电路和石英晶体振荡电路。接下来学习 3 种振荡器的相关知识。

6.1.2 *RC* 振荡电路

1. 选频网络及正反馈网络

传输系数

$$\dot{F}=\frac{\dot{U}}{\dot{U}_f}=\frac{R_2/\!/\dfrac{1}{j\omega C_2}}{R_1+j\omega C_1+R_2/\!/\dfrac{1}{j\omega C_2}}=\frac{1}{3+j\left(\dfrac{\omega}{\omega_0}-\dfrac{\omega_0}{\omega}\right)}$$

当 $\omega_0=\dfrac{1}{\sqrt{R_1R_2C_1C_2}}$，即 $f_0=\dfrac{\omega_0}{2\pi}=\dfrac{1}{2\pi\sqrt{R_1R_2C_1C_2}}$ 时，$F=\dfrac{U_f}{U_O}=\dfrac{1}{3}$ 达到最大，且 u_f与 u_o 同相，即网络具有选频特性，f_o决定于 RC，如图 6.6 所示。

在图 6.4 所示电路中，R_1、R_2、C_1、C_2组成的选频网络同样也构成了电路的正反馈网络。

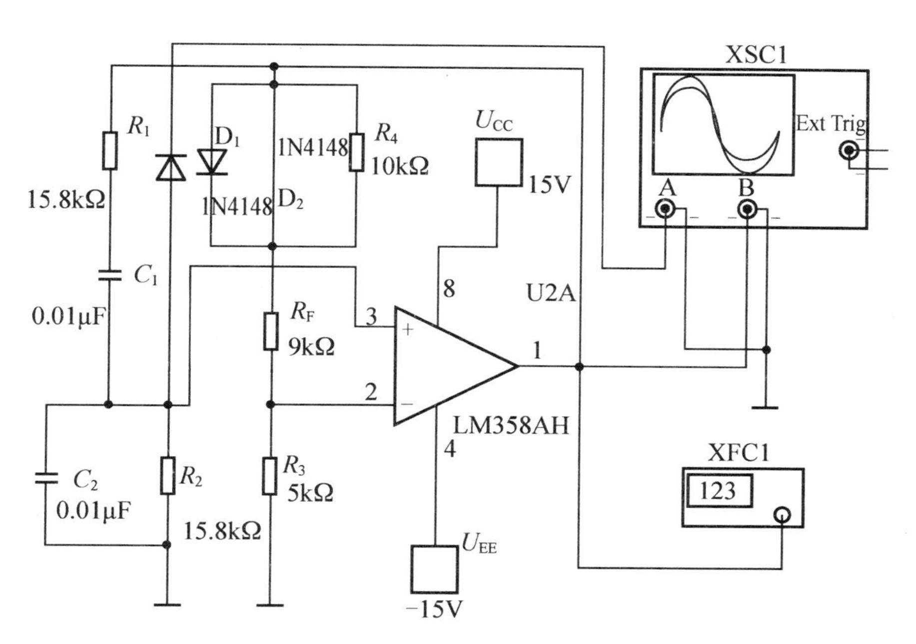

图 6.4　*RC* 振荡电路

2. 稳幅负反馈网络

为得到稳幅的目的，图 6.5 所示电路采用 R_3、R_{F1}、R_4、D_1、D_2组成了同相比例负反馈稳幅网络。两只反向并接的二极管和电阻 R_1并联，它们在输出电压的正负半周内分别导通。

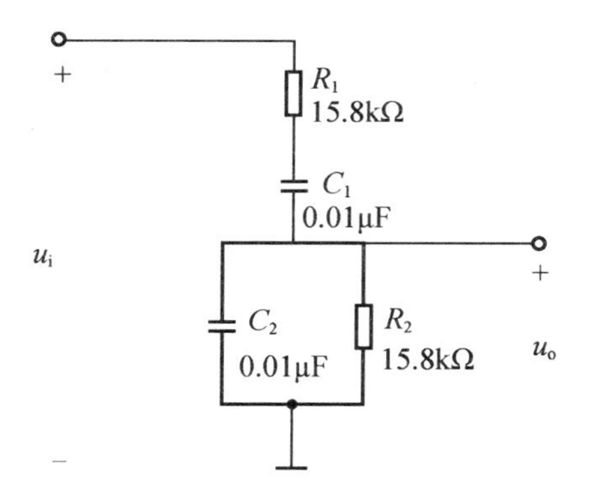

图 6.5　振荡电路的选频网络

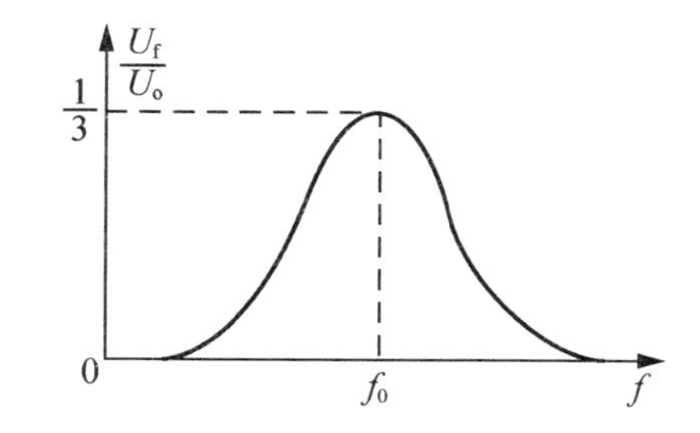

图 6.6　正弦波振荡电路选频网络幅频特性

由于 $|A_uF|=1$，且 $f=f_0$ 时，$F=\frac{1}{3}$，则 $A_u=1+\frac{R_{F1}+R_4/\!/R_D}{R_3}=3$，即 $\frac{R_{F1}+R_4/\!/R_D}{R_3}=2$，其中 R_D为二极管的正向导通电阻。在起振之初，由于输出电压幅度很小，不足以使二极管导通，正向二极管近于开路，此后，随着振荡幅度的增大，正向二极管导通，其正向电阻逐渐减小，直到 $R_{F1}+R_4/\!/R_D=2R_3$时，振荡稳定，则需要 R_{F1}略小

于 $2R_3$。在图 6.5 所示电路中，利用二极管的非线性特性，使振荡电路能根据振荡幅度的变化自动地改变基本放大器的负反馈的强弱，实现稳幅目的。振荡过程中，两只二极管交替导通和截止，若外界因素使振幅增大，二极管的正向导通电阻 R_D减小，使 $R_F = R_{F1} + R_4 // R_D$变小，负反馈系数自动变大，反馈作用加强，从而稳定振幅。输出波形和频率计测试结果如图 6.7 所示。该电路也称文氏桥正弦波振荡电路。其中

$$f_0 = \frac{1}{2\pi\sqrt{R_1 R_2 C_1 C_2}} = \frac{1}{2\pi\sqrt{0.01\times10^{-6}\times0.01\times10^{-6}\times15.8\times10^{3}\times15.8\times10^{3}}} = 1(\text{kHz})$$

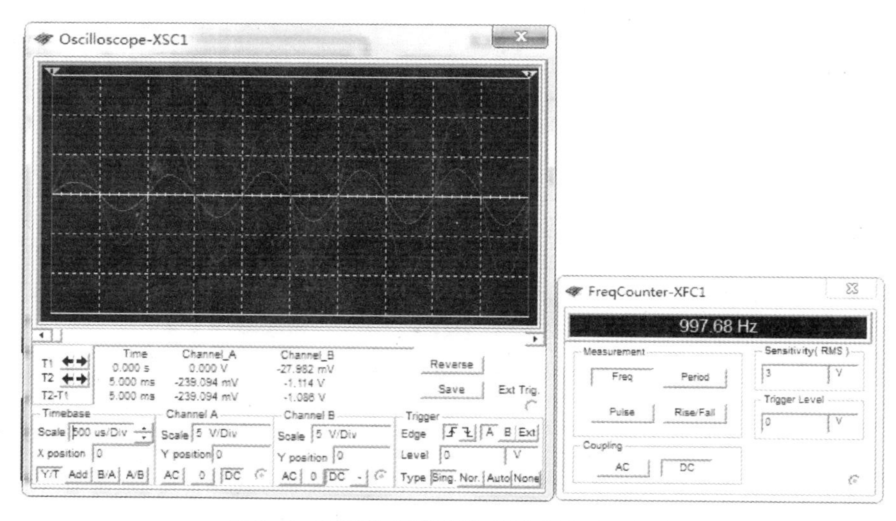

图 6.7　正弦波振荡电路的输出波形和频率

3. 频率、幅值可调的 *RC* 振荡器的制作与仿真

频率、幅值可调的 *RC* 振荡器仿真电路如图 6.8 所示。

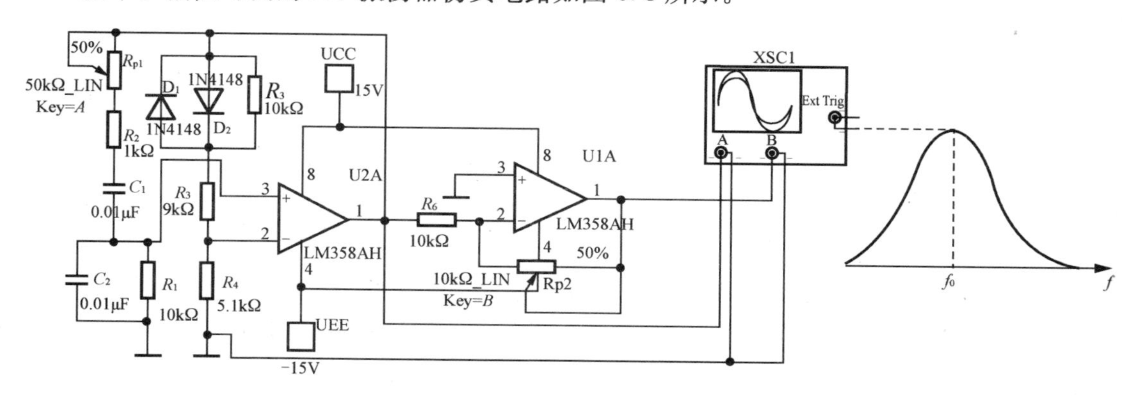

图 6.8　频率、幅值可调的 *RC* 振荡器

1）电路结构及特性分析

器件清单见表 6-1。

表6-1　频率、幅值可调的 RC 振荡器器件清单

序号	名　　称	规　　格	数量	序号	名　　称	规　　格	数量
1	电位器	50kΩ	2	7	电位器	200kΩ	1
2	电阻	9.1kΩ	1	8	电容	0.01 μF/63V	2
3	电阻	10kΩ	3	9	面包板	50mm×120mm	1
4	电阻	5.1kΩ	1	10	双踪示波器	—	1
5	集成运放	LM358	2	11	万用表	—	1
6	二极管	IN4148	2	12	晶体管稳压电源	—	1

电路的前级构成频率可调式振荡电路，利用 $f_0=\frac{\omega_0}{2\pi}=\frac{1}{2\pi\sqrt{R_1(R_2+R_{P1})C_1C_2}}$，可通过调节 R_{P1} 调节信号频率，该电路输出波形的频率范围为0.705～5kHz。

电路后级为一反相比例运算电路，可通过调节 R_{P2} 调节信号幅值，该电路输出波形的幅值范围为0～7V。

2）实施步骤

(1) 在面包板上安装前仔细检查元器件，确保元器件处于良好状态。

(2) 将电阻、电位器、LM358等元件按原理图正确连接在面包板上，将电路输出端连接至双踪示波器，检查无误后将晶体管直流稳压电源接入并通电。

(3) 通过示波器观察电路的输出电压的波形，并记录当前的输出波形的幅值 U_o 及频率 f。

(4) 调节电位器 R_{P2}，观察输出波形的幅值变化以及极限值 U_{omin} 和 U_{omax} 并作记录。

(5) 调节电位器 R_{P1}，观察输出波形的频率变化以及极限值 f_{omin} 和 f_{omax} 并作记录。

(6) 将输出信号的幅值调至3V，频率调至1kHz，记录此时电位器 R_{P1} 和 R_{P2} 的值并与理论计算值进行比较，观察是否吻合。将所有数据记录于表6-2中。

表6-2　正弦波振荡器测试记录表

测试步骤	测试结果	
步骤(3)	$U_o=$	$f=$
步骤(4)	$U_{omin}=$	$U_{omax}=$
步骤(5)	$f_{omin}=$	$f_{omax}=$
步骤(6)	$R_{P1}=$	$R_{P2}=$

通过正弦波振荡电路的制作及测试，可以看到该电路所产生波形的机理，即通过 RC 电路的充放电使波形从无到有并能达到稳定的输出，但从输出波形来看也存在一定的局限性，其一，幅值调节幅度较小；其二，频率范围太窄，仅局限于低频区间。如何产生幅值、频率调节范围更宽的振荡信号？接下来继续学习其他的振荡电路。

6.1.3　*LC* 三点式振荡电路的制作与仿真

1. 电路组成

图 6.9 所示为电容三点式 LC 振荡电路。电容 C_3、C_4 与电感 L 组成选频网络，该网络的端点分别与晶体管的 3 个电极与 3 个电抗性元件相连接，形成 3 个接点，故称三点式振荡电路，同时电路放大环节采用了高频晶体管 2N2222 作为放大之用，同时用瞬时极性法判断振荡的相位条件可判断出电路反馈形式为正反馈，满足相位条件(反馈电压 $u_f = u_2$)，满足振荡器的结构要求。

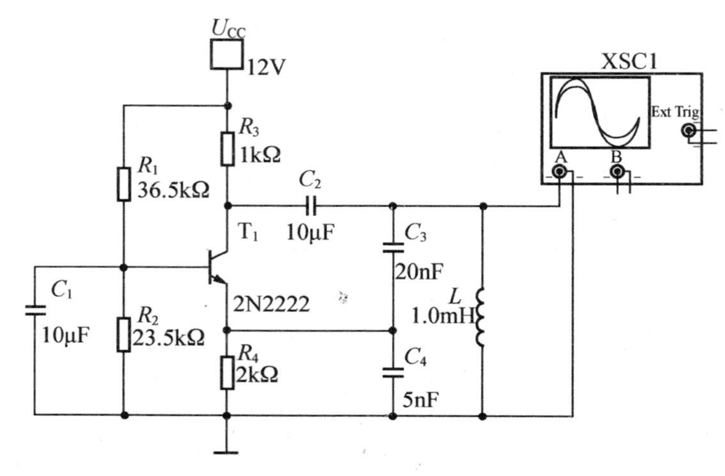

图 6.9　电容三点式 *LC* 振荡器

2. 振荡条件和振荡频率

以幅值条件如前所述，其振荡频率为

$$f_0 = \frac{1}{2\pi\sqrt{LC}}\text{，}T = 2\pi\sqrt{LC}$$

式中，$C = \dfrac{C_3 C_4}{C_3 + C_4}$。按图 6.8 所示电路配置参数可计算得到，其频率

$$f = \frac{1}{2 \times 3.14 \times \sqrt{4 \times 10^{-9} \times 1 \times 10^{-3}}} \approx 80(\text{kHz})$$

通过仿真及测试，可得出电容三点式 LC 振荡器具有如下特点：其优点在于振荡波形好，工作频率可以达到几百兆赫兹；缺点是若要改变电路的频率，则往往通过改变 C_3 和 C_4 实现，但改变频率的同时，也改变了电路的反馈系数，造成振荡器频率稳定度不高。

6.1.4　石英晶体振荡电路的制作与仿真

石英晶体振荡电路及其输出信号如图 6.10 所示。

先来了解一下石英晶体振荡器。

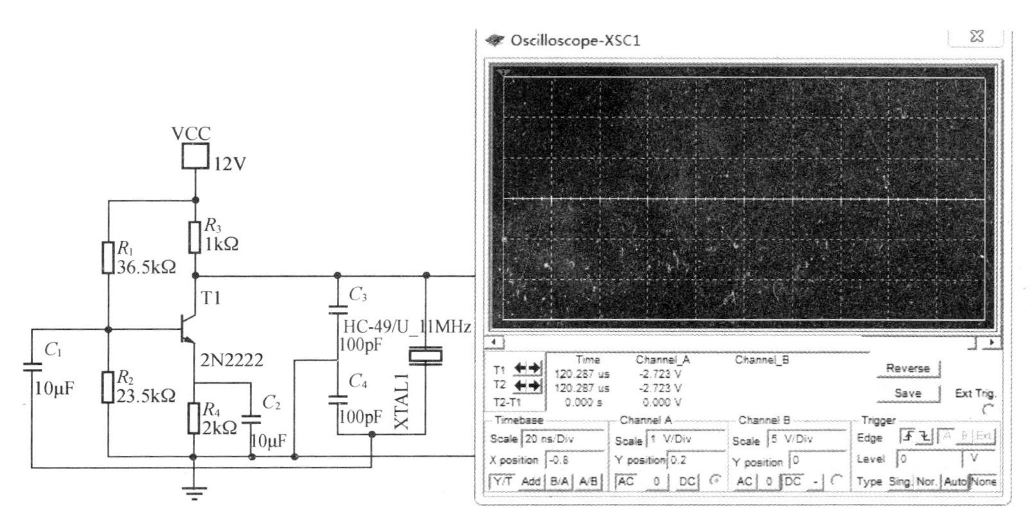

图 6.10 石英晶体振荡电路及输出信号

1. 石英晶体振荡器

石英晶体振荡器的实物如图 6.11 所示。

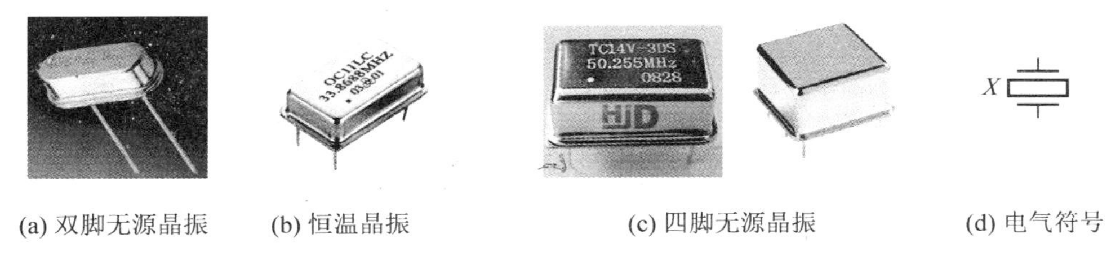

(a) 双脚无源晶振 (b) 恒温晶振 (c) 四脚无源晶振 (d) 电气符号

图 6.11 石英晶体振荡器实物图

有些电路要求振荡频率的稳定性非常高(如无线电通信的发射机频率)，包括现代计算机的 CPU 所需工作频率可达几 GHz，并且要求其 $\Delta f/f_0$ 达 $10^{-10} \sim 10^{-8}$ 数量级，用前面所讨论的电路很难实现这种要求。石英谐振器具有体积小、质量轻、可靠性高、频率稳定度高等优点，故在上述要求频率十分稳定的振荡电路中作为谐振元件，其标称频率为 f_s。

2. 振荡频率

石英晶体振荡器可以归结为两类：一类称为并联型，另一类称为串联型。前者的振荡频率接近于 f_p，后者的振荡频率接近于 f_s。

图 6.10 所示为并联型石英晶体振荡器。当 f_0在 $f_s \sim f_p$的窄小的频率范围内时，晶体在电路中起一个电感作用，它与 C_3、C_4组成电容反馈式振荡电路。

可见，电路的谐振频率 f_0应略高于 f_s，C_3、C_4对 f_0的影响很小，电路的振荡频率由石英晶体决定，改变 C_3、C_4的值可以在很小的范围内微调 f_0。

它有两种频率，一种为串联谐振频率，另一种为并联谐振频率，后者高于前者，但在实际使用中，石英晶体振荡器上标的频率数即为其输出频率，如图 6.10 所示电路中所选石英晶体振荡器频率 f_s为 11MHz，电路输出信号频率 f_0也为 11MHz。

6.2 矩形波发生器的制作

非正弦波发生电路常常用于脉冲和数字系统中作为信号源，而常用的非正弦波发生电路有矩形波发生电路、三角波发生电路和锯齿波发生电路等。其中，矩形波发生电路是三角波发生电路和锯齿波发生电路等的基础。

6.2.1 矩形波发生电路

1. 电路组成

因为矩形波电压只有两种状态，不是高电平，就是低电平，所以电压比较器是它的重要组成部分；因为产生振荡，就是要求输出的两种状态自动地相互转换，所以电路中必须引入反馈；因为输出状态应按一定的时间间隔交替变化，即产生周期性变化，所以电路中要有延迟环节来确定每种状态维持的时间。

电路组成：图 6.12(a)所示为矩形波发生电路，它由反相输入的滞回比较器和 *RC* 电路组成。*RC* 回路既作为延迟环节，又作为反馈网络，通过 *RC* 充、放电实现输出状态的自动转换。其电压传输特性如图 6.12(b)所示。

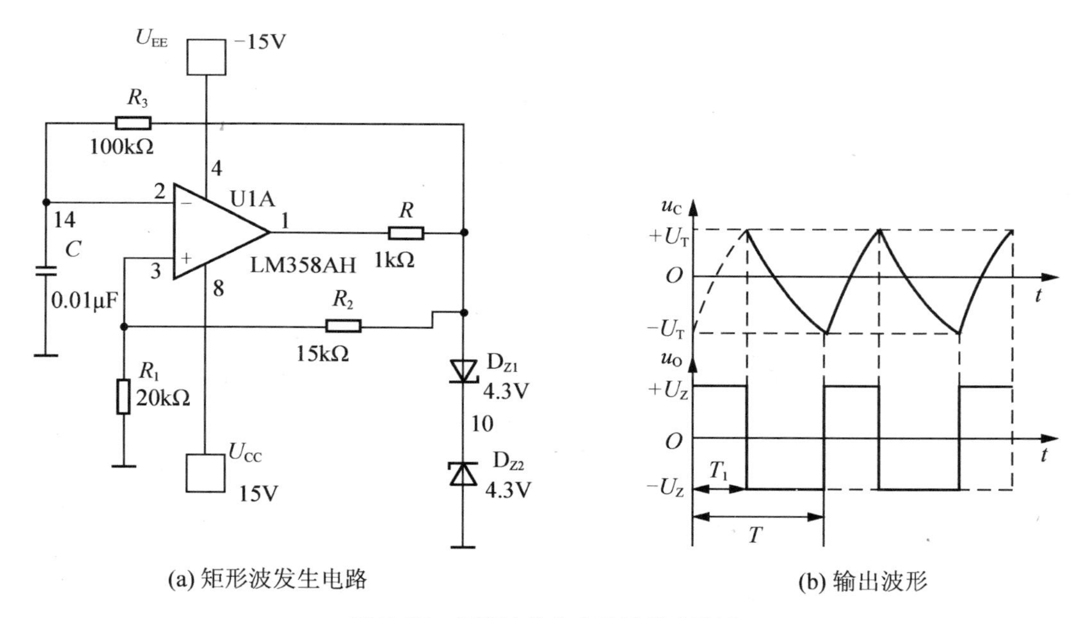

(a) 矩形波发生电路　　(b) 输出波形

图 6.12　矩形波发生电路及输出波形

2. 工作原理

设某一时刻输出电压 $u_O=+U_Z$，则同相输入端电位 $u_P=+U_T$。u_O通过 R_3对电容 C 正向充电。反相输入端电位 u_N随时间 t 增长而逐渐升高，当 t 趋近于无穷时，u_N趋于$+U_Z$。

一旦 $u_N=+U_T$，再稍增大，u_O就从$+U_Z$跃变为$-U_Z$，与此同时 u_P从$+U_T$跃变为$-U_T$。随后，u_O又通过R_3对电容C放电。

反相输入端电位 u_N随时间 t 增长而逐渐降低，当 t 趋近于无穷时，u_N趋于$-U_Z$；一旦 $u_N=-U_T$，再稍减小，u_O就从$-U_Z$跃变为$+U_Z$，与此同时，u_P从$-U_T$跃变为$+U_T$，电容又开始正向充电。

上述过程周而复始，电路中就产生了自激振荡。

3. 波形分析

由于矩形波发生电路中电容正向充电与反向充电的时间常数均为R_3C，而且充电的总幅值也相等，因而在一个周期内 $u_O=+U_Z$的时间与 $u_O=-U_Z$的时间相等，u_O为对称的方波，所以也称该电路为方波发生电路。电容上的电压u_C和电路输出电压 u_O波形如图 6.12(b)所示。矩形波的宽度 T_1与周期 T 之比称为占空比，即 $D=\frac{T_1}{T}$ 。

利用一阶 RC 电路的三要素法可列出方程，求出振荡周期

$$T=2R_3C\ln\left(1+\frac{2R_1}{R_2}\right)$$

振荡频率 $f=1/T$。调整电压比较器的电路参数 R_1、R_2和 U_Z可以改变方波发生电路的振荡幅值，调整电阻 R_1、R_2、R_3和电容 C 的数值可以改变电路的振荡频率。

6.2.2　占空比可调电路

占空比的改变方法是：使电容的正向和反向充电时间常数不同。利用二极管的单向导电性可以引导电流流经不同的通路，占空比 D 可调的矩形波发生电路如图 6.13(a)所示，电容上电压和输出电压波形如图 6.13(b)所示。

当 $u_O=+U_Z$时，通过 R_P、D_2和 R_3对电容 C 正向充电，若忽略二极管导通时的等效电阻，则时间常数

$$\tau_1\approx(R_{P2}+R_3)C$$

当 $u_O=-U_Z$时，通过 R_P、D_1和 R_3对电容 C 反向放电，若忽略二极管导通时的等效电阻，则时间常数

$$\tau_2\approx(R_{P1}+R_3)C$$

其中 $R_P=R_{P1}+R_{P2}$。

利用一阶 RC 电路的三要素法可以解出

$$T_1\approx\tau_1\ln\left(1+\frac{2R_1}{R_2}\right)$$

$$T_2\approx\tau_2\ln\left(1+\frac{2R_1}{R_2}\right)$$

$$T=T_1+T_2\approx(R_P+2R_3)C\ln\left(1+\frac{2R_1}{R_2}\right)$$

由上式可看出，改变电位器的滑动端可改变占空比 D，但不能改变周期。其中占空比

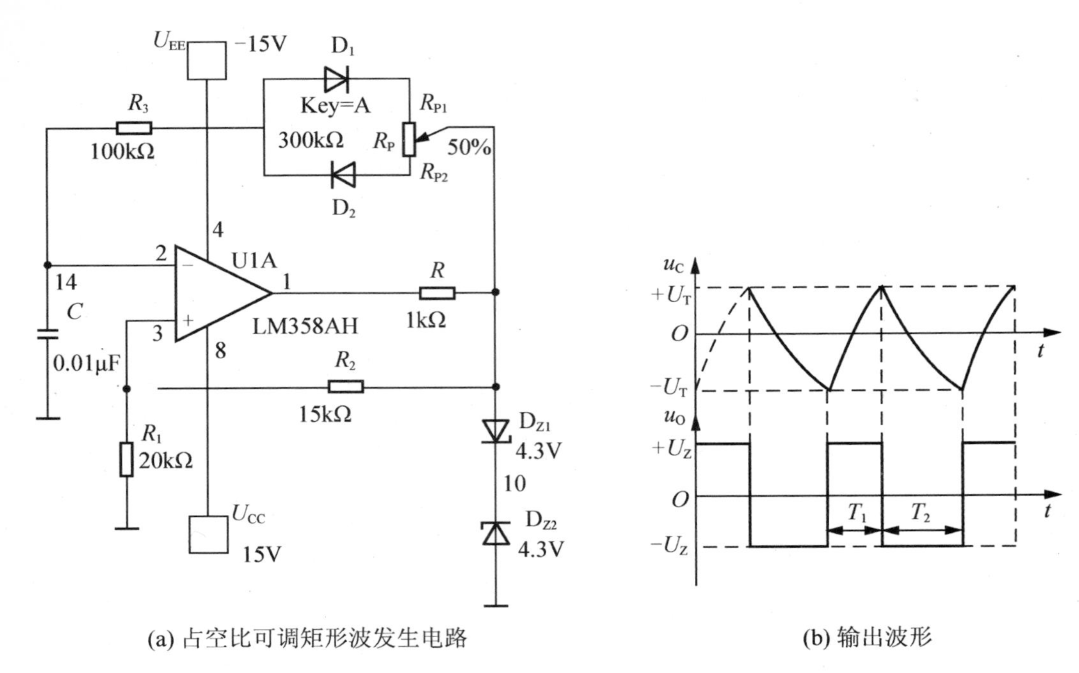

(a) 占空比可调矩形波发生电路　　　　(b) 输出波形

图 6.13　占空比可调矩形波发生电路及输出波形

$D=0.5$ 的矩形波叫方波信号。

6.3　锯齿波发生器的制作

积分电路的正向积分的时间常数与反向积分的时间常数之比可以通过改变滑动变阻器的阻值改变，那么输出电压 u_o上升和下降的斜率就可以任意改变，进而可以得到占空比可调的锯齿波发生电路，电路如图 6.14(a)所示。

在图 6.14(a)中，R_4的左边电路为同相输入滞回电压比较器，右边为积分运算电路。对于由多个集成运放组成的应用电路，一般应首先分析每个集成运放所组成的电路输出与输入的函数关系，然后分析各电路间的相互联系，在此基础上得出电路的功能。图中滞回比较器的输出电压 $u_{o1}=\pm U_Z$，它的输入电压是积分电路的输出电压 u_o，根据叠加定理，集成运放同相输入端的电位为

$$u_{p1}=\frac{R_2}{R_1+R_2}u_o+\frac{R_1}{R_1+R_2}u_{o1}$$

根据图 6.14，则阈值电压为 $\pm U_T=\pm\frac{R_1}{R_2}U_Z$ 。振荡周期为 $T=\frac{2R_1(2R_4+R_P)C}{R_2}$ ，振荡频率为 $f=\frac{R_2}{2R_1(2R_4+R_P)C}$ 。

由于 $R_4 \ll R_P$，可得该矩形波的占空比 $D=\frac{T_1}{T}=\frac{R_{P1}}{2R_4+R_P}$ ，且将 R_P调至 50%，当 $D=0.5$ 时，输出波形为三角波。

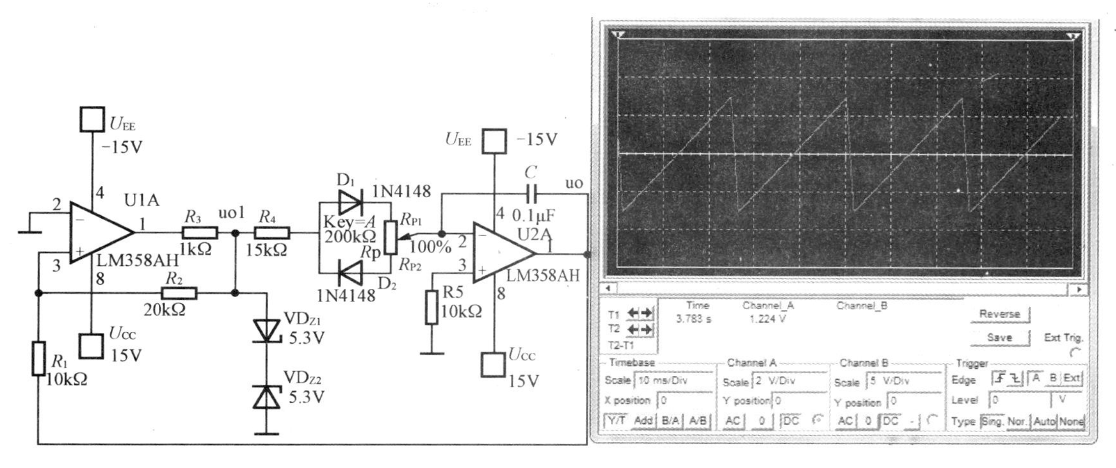

(a) 锯齿波发生电路　　　　　　(b) 输出波形

图 6.14　锯齿波发生电路及输出波形

项 目 小 结

（1）正弦波振荡器是利用自激振荡来输出一定频率和幅值的波形，自激振荡形成的基本条件是反馈信号与输入信号大小相等、相位相同。

（2）石英晶体振荡器简称为晶振，它是利用具有压电效应的石英晶体片制成的，在要求频率十分稳定的振荡电路中作谐振元件。

（3）非正弦波发生电路常常用于脉冲和数字系统中作为信号源，而常用的非正弦波发生电路有矩形波发生电路、三角波发生电路和锯齿波发生电路等。

习　　题

一、选择题

6.1　正弦波振荡器的振荡频率 f_0 取决于（　　）。

A. 正反馈强度　　　　B. 放大器放大倍数

C. 反馈元件参数　　　　D. 选频网络参数

6.2　电路能形成自激振荡的主要原因是在电路中（　　）。

A. 引入了负反馈　　　　B. 引入了正反馈

C. 电感线圈起作用　　　　D. 供电电压正常

6.3　正弦波振荡器由(　　)大部分组成。

A. 2　　B. 3　　C. 4　　D. 5

6.4　石英晶体振荡器在振荡电路中常作为下述哪种元件使用？(　　)

A. 电感元件　　B. 电容元件

C. 电感元件和短路元件　　D. 电阻元件

6.5　文氏桥正弦波振荡电路中，*RC* 串并联网络既作为正反馈网络，又作为(　　)网络。

A. 负反馈　　B. 放大器　　C. 选频

二、简答题

6.6　简述自激振荡的形成条件。正弦波振荡电路由哪些部分组成？

6.7　振荡器为什么要在有了初始信号之后才能起振？为什么接通电源时，振荡器便有了初始信号？如何判断一个电路能否产生初始信号？

6.8　比较 *RC* 和 *LC* 电路的特点及应用范围。

6.9　通常要求振荡电路接成正反馈，为什么电路中又引入负反馈？它起什么作用？负反馈作用太强或太弱有什么问题？

6.10　石英晶体振荡器的特点是什么？

三、分析计算题

6.11　欲使图 6.4 所示的 *RC* 正弦波振荡电路产生振荡频率为 2kHz 的正弦振荡输出，当电容 $C_1=C_2=0.01\mu F$ 时，电阻 R_1 和 R_2 均应选多大？

6.12　当需要频率分别在 100Hz～1kHz 或 10～20MHz 范围内可调的正弦振荡输出时，应分别采用 *RC* 还是 *LC* 正弦波振荡电路？

项目7

电力电子器件的认知及应用电路制作

学习目标

1. 知识目标

(1) 掌握晶闸管的结构、原理、特性及应用场合。

(2) 掌握晶闸管整流电路的结构及工作原理。

2. 技能目标

(1) 学会判别以及使用万用表测试晶闸管的极性。

(2) 利用晶闸管制作调光台灯，学会对电路所出现的故障进行原因分析及排除。

生活提点

台灯是比较常见的照明工具，本项目所要制作的是亮度可调的调光台灯，这种台灯的亮度能在很大范围内调节，对保护视力很有好处。调光台灯里面除了开关、电线外，比普通台灯多了一块装着电子元件的线路板(图 7.1)，它就是用来调节亮度的调光器。

项目任务

利用晶闸管制作一家用调光台灯，要求实现无级调光。该调光台灯控制电路板如图 7.1 所示。

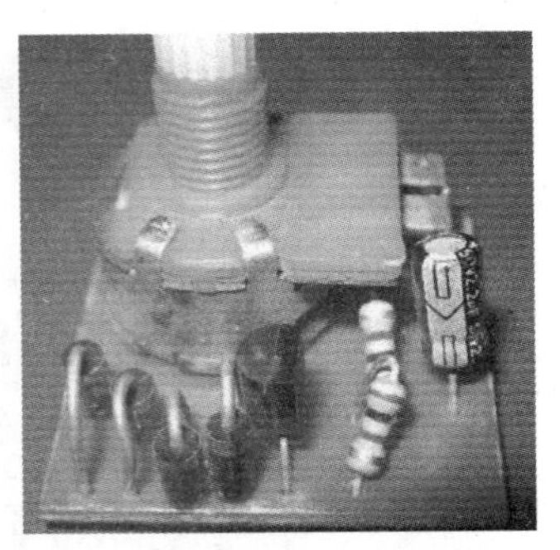

图 7.1　调光器电路板实物图

项目实施

7.1　晶　闸　管

调光台灯的牌号很多，但普遍使用晶闸管元件来进行调节。晶闸管实物如图 7.2 所示。

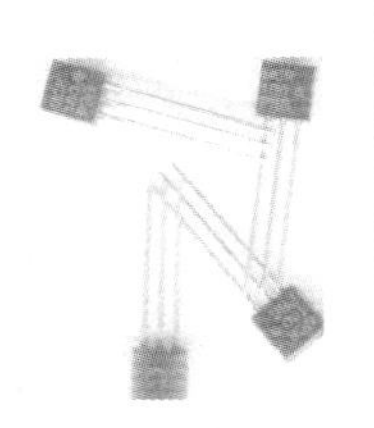

(a) 小功率晶闸管

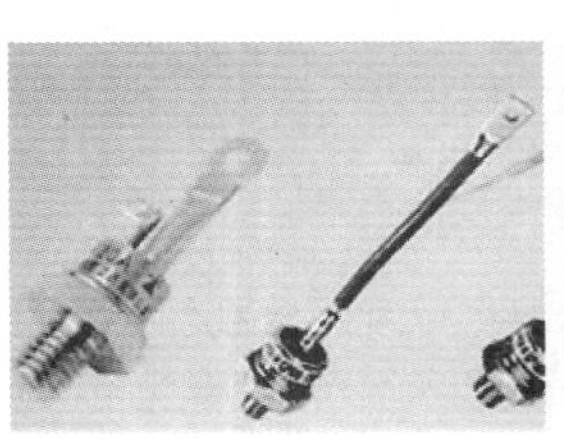

(b) 螺栓型晶闸管

(c) 中功率晶闸管

(d) 平板型晶闸管

(e) 晶闸管模块

图 7.2　晶闸管实物

7.1.1　晶闸管的结构组成

晶闸管(Silicon Controlled Rectifier，SCR)是闸流晶体管的简称，旧称为可控硅。从结构上看，晶闸管不同于由一个 PN 结构成的硅整流二极管(称为硅整流元件)，而是由 3 个 PN 结构成的包括 4 个导电区(P—N—P—N)、3 个电极(阳极 A、阴极 K 和门极 G)的半导体器件，其结构和图形及文字符号如图 7.3 所示。在电路中用文字符号 VT(H)表示。

在性能上看，晶闸管不仅具有单向导电性，而且还具有比硅整流元件更为可贵的可控性，它只有导通和关断两种状态。晶闸管不仅用于整流，而且可以通过门极外加的控制信号控制它的导通和关断，因而可以用作无触点开关，以快速接通或切断电路，实现将直流电变成交流电的逆变。

晶闸管的优点很多，例如：以小功率控制大功率，功率放大倍数高达几十万倍；反应

极快，可在微秒级内开通、关断；无触点运行，无火花、无噪声；效率高、成本低；等等。因此，晶闸管在整流电路、静态旁路开关、无触点输出开关等电路中，特别是在大功率 UPS 供电系统中得到了广泛的应用。

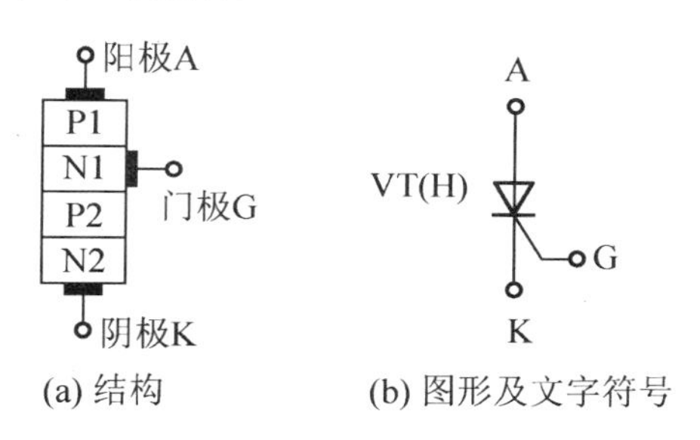

图 7.3　晶闸管的结构和图形及文字符号

晶闸管静态及动态的过载能力较差，容易受干扰而误导通。

从外形上分类，晶闸管主要有螺栓形、平板形和平底形等。

7.1.2　万用表测晶闸管三极间电阻

(1) 鉴别晶闸管的好坏。用万用表 $R\times1$k 的欧姆挡测量两只晶闸管的阳极(A)与阴极(K)之间的正反向电阻，及用 $R\times10$ 或 $R\times100$ 挡测量两只晶闸管的门极(G)与阴极之间的正反向电阻，并将所测数据填入表中以判断被测晶闸管的好坏。

(2) 测量晶闸管门极(又称控制极)与阴极之间正向电阻时，有时会发现表的旋钮放在不同电阻挡的位置，读出的欧姆值 R_{GK} 相差很大。在测试晶闸管各极间的阻值时其旋钮应放在同一挡测量。

(3) 测量晶闸管门极与阴极之间的正反向电阻时，旋钮放在 $R\times10$ 挡时发现有的管正反向电阻很接近，约为几百欧。出现这现象还不能判断被测管已损坏，而要留心观察正反向电阻，两者虽然很接近，只要正向电阻值比反向电阻值小一些，一般来说被测管还是好的。

(4) 测量晶闸管极间电阻时，特别在测量门极与阴极间的电阻时，不要用 $R\times10$k 挡，以防止损坏门极，一般应放在 $R\times10$ 挡测量。

(5) 晶闸管实物的三极排列如图 7.4 所示。

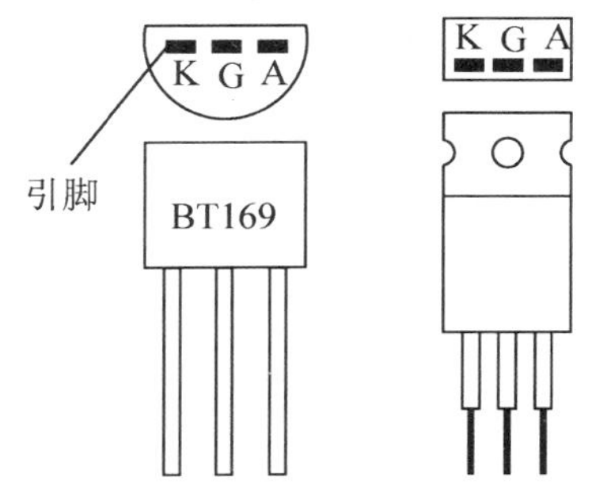

图 7.4　晶闸管三极排列

7.2 晶闸管的特性测试

为了了解晶闸管的导电特性，先利用普通晶闸管 BT189B 做一个简单的实验，如图 7.5 所示。

项目测试器件清单见表 7-1。

表 7-1 晶闸管特性测试器件清单

序号	名称	规格	数量
1	晶体管稳压电源	—	1台
2	面包板	—	1块
3	发光二极管	红色(φ5、高亮)	1个
4	金属膜电阻	510 Ω	1个
5	金属膜电阻	10 Ω	1个
6	晶闸管	BT169 -	1台
7	开关	—	1个
8	导线	—	若干

测试电路如图 7.4 所示。测试步骤如下。

(1) 门极电路中开关 S 断开(不加电压，即 $U_{GK}=0$)，晶闸管阳极接晶体管稳压电源的正端，阴极经发光二极管接电源的负端，此时晶闸管承受正向电压($U_{AK}>0$)。如图 7.5(a)所示，这时发光二极管不亮，说明晶闸管不导通；将电源反接，如图 7.5(b)所示，这时发光二极管仍不亮，说明晶闸管仍不导通。

(2) 晶闸管的阳极和阴极间加正向电压($U_{AK}>0$)，门极相对于阴极也加正向电压($U_{GK}>0$)，如图 7.5(c)所示，这时发光二极管发光，说明晶闸管已导通。

(3) 晶闸管导通后，如果去掉门极上的电压($U_{GK}=0$)，即将图 7.5(d)中的开关 S 断开，发光二极管仍然发光，这表明晶闸管继续导通，即晶闸管一旦导通后，门极就失去了控制作用。

(4) 晶闸管的阳极和阴极间加反向电压($U_{AK}<0$)，如图 7.5(e)所示，无论门极加不加电压，灯都不亮，晶闸管截止。

(5) 如果门极加反向电压($U_{GK}<0$)，晶闸管阳极回路无论加正向电压还是反向电压，晶闸管都不导通。

由此可得出以下结论。

(1) 晶闸管承受反向阳极电压时，不管门极承受何种电压，晶闸管都处于反向阻断状态。

(2) 晶闸管承受正向阳极电压时，仅在门极承受正向电压的情况下晶闸管才导通。这时晶闸管处于正向导通状态，这就是晶闸管的闸流特性，即可控特性。

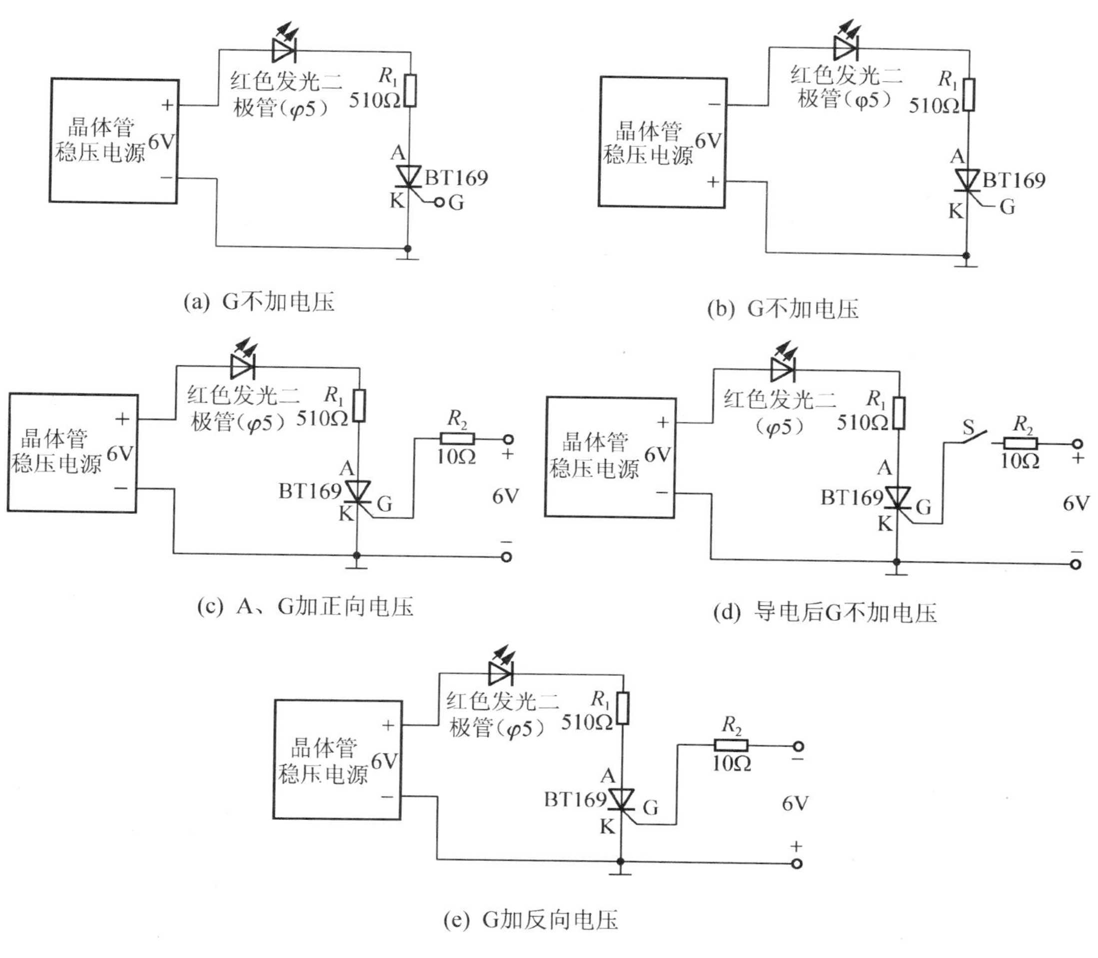

图 7.5　测试电路

(3) 晶闸管在导通情况下，只要有一定的正向阳极电压，不论门极电压如何，晶闸管保持导通，即晶闸管导通后，门极失去作用。门极只起触发作用。

(4) 晶闸管在导通情况下，当主回路电压(或电流)减小到接近于零时，晶闸管关断。

7.3　制作调光台灯控制电路

调光灯控制电路原理图如图 7.6 所示。

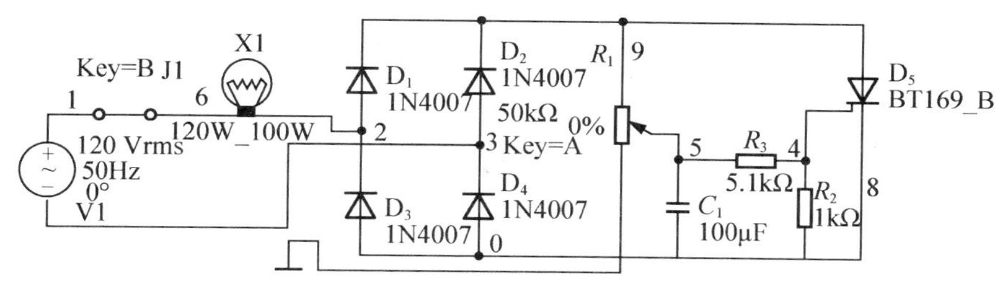

图 7.6　调光器电路原理图

器件清单见表 7-2。

表 7-2　调光灯电路器件清单

序　　号	名　　称	规　　格	数　　量
1	单相交流电源插头	—	1个
2	万能板	—	1块
3	白炽灯泡及灯座	—	1套
4	金属膜电阻	5.7kΩ	1只
5	金属膜电阻	1kΩ	1只
6	电容	100μF	1只
7	晶闸管	BT169	1台
8	开关	—	1个
9	整流二极管	IN4007	4只
10	电位器 Rp	51kΩ	1个
11	导线	—	若干

该电路如何实现调光的作用？可以通过可控整流电路了解其工作原理。

7.3.1　晶闸管可控整流电路

1. 单相半波可控整流电路

把不可控的单相半波整流电路中的二极管用晶闸管代替，就成了单相半波可控整流电路，如图 7.7 所示。下面将分析这种可控整流电路在接电阻性负载时的工作情况。

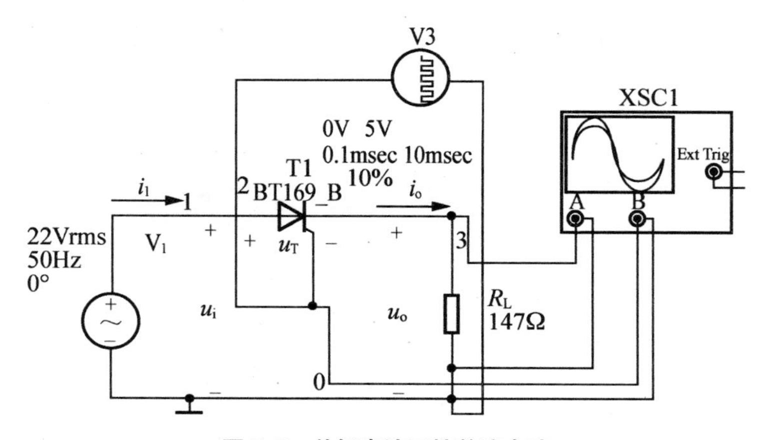

图 7.7　单相半波可控整流电路

图 7.7 所示为接电阻性负载的单相半波可控整流电路，负载电阻为 R_L。从图可见，在输入交流电压 u_i的正半周时，晶闸管 T 承受正向电压，假如在 t_1时刻给门极加上周期性正向触发脉冲，晶闸管导通，负载上得到电压。当交流电压 u_1下降到接近于零值时，

晶闸管正向电流小于维持电流而关断。在电压 u_1 为负半周时，晶闸管承受反向电压，晶闸管关断，负载电压和电流均为零。在第二个正半周内，再在相应的 t_3 时刻加入触发脉冲，晶闸管再导通。这样，在负载 R_L 上就可以得到图 7.8(b)所示的输出电压 u_o 波形。图 7.8(c)所示的波形为晶闸管所承受的正反向电压，图 7.8(d)为输入电流 i_i、晶闸管电流 i_T、输出电流 i_O 的波形。

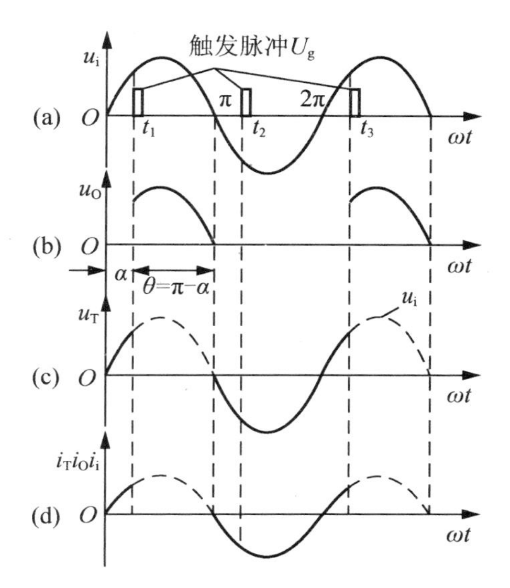

图 7.8　接电阻性负载时单相半波可控整流电路的电压与电流波形

显然，在晶闸管承受正向电压的时间内，改变门极触发脉冲的输入时刻(移相)，负载上得到的电压波形就随着改变，这样就控制了负载上输出电压的大小。

晶闸管在正向电压下不导通的电角度称为解发延迟角(又称控制角、移相角)，用 α 表示，而导通的电角度则称为导通角，用 θ 表示，且 $\theta=\pi-\alpha$，如图 7.8 所示。很显然，导通角 θ 越大，输出电压越高。整流输出电压的平均值可以用控制角表示，即

$$U_O=\frac{1}{\pi}\int_{\alpha}^{\pi}\sqrt{2}U_i\sin\omega t\,d(\omega t)=\frac{2\sqrt{2}U_i}{2\pi}\,\frac{1+\cos\alpha}{2}=0.45U_i\,\frac{1+\cos\alpha}{2} \tag{7.1}$$

从式(7.1)可以看出，当 $\alpha=0°$ ($\theta=180°$)时晶闸管在正半周全导通，$U_O=0.45U$，输出电压最高，相当于不可控二极管单相半波整流电压。若 $\alpha=180°$，$U_O=0$，这时 $\theta=0°$，晶闸管全关断，其中半波可控整流电路控制角 α 移相范围为 180。

根据欧姆定律，电阻负载中整流电流的平均值为

$$I_T=I_O=I_i=\frac{U_O}{R_L}=0.45\,\frac{U_i}{R_L}.\,\frac{1+\cos\alpha}{2} \tag{7.2}$$

此电流即为通过晶闸管的平均电流。

2. 单相桥式全控整流电路

将二极管桥式整流电路的 4 个二极管改成晶闸管，并由脉冲发生器 V_2、V_3 交替给提供触发脉冲(V_2、V_3 触发周期相同，且相位相差 180°)，就组成了单相桥式全控整流电路，

电路如图 7.9 所示。T_2 和 T_3 组成一对桥臂，在 u_i正半周期，$u_i>0$，在 t_1时刻，T_2、T_3得到脉冲发生器 V_3 触发脉冲即导通，当 u_i过零时关断。

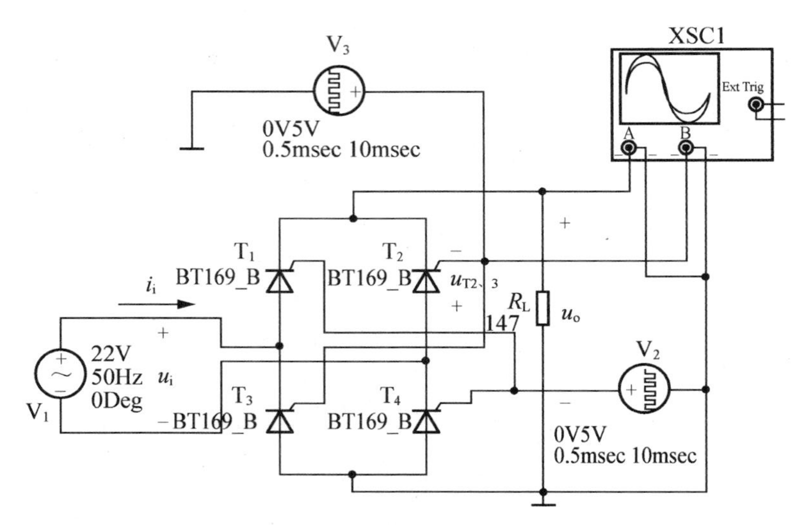

图 7.9 单相桥式全控整流电路

T_1 和 T_4 组成另一对桥臂，在 u_i负半周期，$u_i<0$，在 t_2时刻，T_1、T_4 得到 V_2 触发脉冲导通，当 u_i过零时关断。

工作所形成的波形如图 7.10 所示。

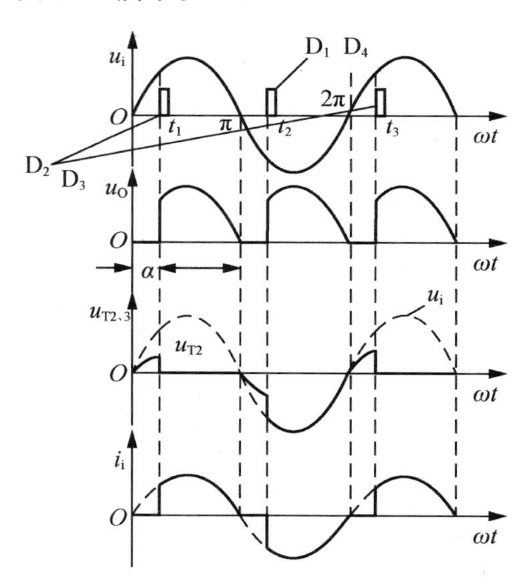

图 7.10 接电阻性负载时单相桥式全控整流电路的电压与电流波形

输出电压的平均值为

$$U_O=\frac{1}{\pi}\int_{\alpha}^{\pi}\sqrt{2}U_i\sin\omega t\,\mathrm{d}(\omega t)=\frac{2\sqrt{2}U_i}{\pi}\,\frac{1+\cos\alpha}{2}=0.9U_i\,\frac{1+\cos\alpha}{2} \tag{7.3}$$

其中移相角 α 的范围为 0～180°。

从式(7.3)看出，当 $\alpha=0°$（$\theta=180°$）时，$U_O=0.9U_i$，输出电压最高，相当于不可控二极

管单相桥式整流电路输出电压。若 $\alpha=180^\circ$，$U_O=0$，这时 $\theta=0^\circ$，晶闸管全关断，$U_O=0$。

根据欧姆定律，电阻负载中整流电流的平均值为

$$I_O=\frac{U_O}{R_L}=\frac{0.9U_i}{R_L}\frac{1+\cos\alpha}{2} \tag{7.4}$$

流过两组晶闸管的平均电流为

$$I_T=\frac{1}{2}I_O=0.45\frac{0.9U_i}{R_L}\frac{1+\cos\alpha}{2} \tag{7.5}$$

7.3.2　调光台灯工作原理

电路中，由电源插头 XP、灯 EL、电源开关 S、整流管 $D_1\sim D_4$、单相晶闸管 T 与电源构成主电路；由电位器 R_P、电容 C、电阻 R_1 与 R_2 构成触发电路。将 XP 插入市电插座，闭合 S，接通 220V 交流电源，$D_1\sim D_4$ 全桥整流得到脉动直流电压加至 R_P，调节 R_P 的阻值，就能改变 C 的充放电时间常数，即改变 VS 的触发延迟角，从而改变 VS 的导通程度，使 EL 获得 0～220V 电压。R_P 的阻值调得越大，则 EL 越暗，反之越亮，达到无级调光的目的。接下来制作调光灯控制电路。

7.3.3　实施步骤

1. 安装

(1) 安装前应认真理解电路原理，弄清面板上元件与电路原理图的对应关系，并对所装元器件预先进行检查，确保元器件处于良好状态。

(2) 参考图示将项目清单中电阻、电容、二极管及晶闸管等元件在万能板上连接并正确焊接，确保无虚焊。

2. 调试

(1) 检查万能板上元器件及导线的连接，应准确无误。

(2) 复审无误后闭合开关通电，调节电位器 R_P 观察电灯的亮暗是否正常。若出现异常，检查电路中相应元器件及电路连接，直至调整正确为止。

项目小结

(1) 晶闸管承受反向阳极电压时，无论门极承受何种电压，晶闸管都处于关断状态。

(2) 晶闸管承受正向阳极电压时，仅在门极承受正向电压的情况下才导通。

(3) 晶闸管在导通情况下，只要有一定的正向阳极电压，无论门极电压如何，晶闸管保持导通，即晶闸管导通后，门极失去作用。

(4) 晶闸管在导通的情况下，当主回路电压(或电流)减小到接近于零时，晶闸管关断。

(5) 可控整流电路中，移相角 α 决定了整流输出电压 U_O 的大小，α 减小，则 U_O 增加；反之，U_O 减少。

习　题

一、选择题

7.1　普通晶闸管管心由(　　)层杂质半导体组成。

A. 1　　B. 2　　C. 3　　D. 4

7.2　晶闸管具有(　　)性。

A. 单向导电　　B. 可控单向导电性

C. 电流放大　　D. 负阻效应

7.3　单相全波可控整流电路，若控制角 α 变大，则输出平均电压(　　)。

A. 不变　　B. 变小　　C. 变大　　D. 为零

7.4　晶闸管触发导通后，其门极对主电路(　　)。

A. 仍有控制作用　　B. 失去控制作用

C. 有时仍有控制作用　　D. 控制能力下降

7.5　单相桥式全控整流电路带电阻性负载，触发脉冲的移相范围应是(　　)。

A. $0°\leqslant\alpha\leqslant 90°$　　B. $0°\leqslant\alpha\leqslant 120°$

C. $0°\leqslant\alpha\leqslant 150°$　　D. $0°\leqslant\alpha\leqslant 180°$

7.6　单相桥式全控整流电路带电阻性负载，电源电压有效值为 U_2，则晶闸管承受的最大正向电压值是(　　)。

A. $\frac{1}{2}U_i$　　B. $\frac{1}{2}\sqrt{2}U_i$　　C. U_i　　D. $\sqrt{2}U_i$

二、简答题

7.7　使晶闸管导通的条件是什么?

7.8　维持晶闸管导通的条件是什么? 怎样才能使晶闸管由导通变为关断?

三、计算题

7.9　在单相半波可控整流电路中，负载电阻 R_L 为 10Ω，需直流电压 60V，现直接由 220V 电网供电，计算晶闸管的导通角、电流的有效值。

7.10　在单相半波可控整流电路中，输入电压为交流 220V，负载电阻为 20Ω。

(1) 求 $\alpha=60^\circ$ 时，输出电压平均值 U_O 和电流平均值 I_O。

(2) 画出电流 i_o 以及晶闸管两端电压 U_T 的波形。

7.11　图 7.11 所示为单相半波可控整流电路，带电阻性负载，已知 $U_i=200V$，$R_L=5\Omega$，$\alpha=60^\circ$。

(1) 绘出 u_G、u_O、i_O、u_T 的波形图。

(2) 求 U_O 及 I_O 值。

7.12　图 7.12 所示为单相桥式全控整流电路带电阻性负载，$R_L=5\Omega$，$U_i=300V$，控制角 $\alpha=30^\circ$。

(1) 计算 U_O、I_O。

(2) 绘出 u_G、u_O、i_O、i_i、u_{T1} 的波形图。

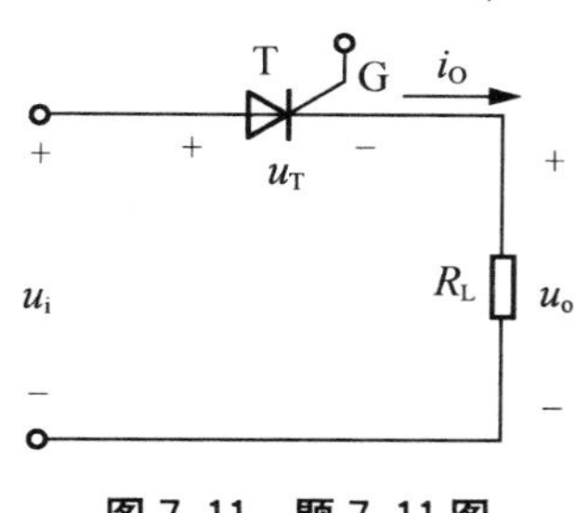

图 7.11　题 7.11 图

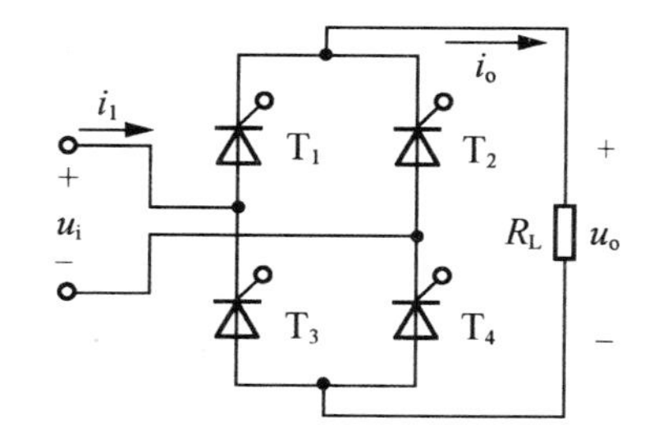

图 7.12　题 7.12 图

项目8

数字电路基础

学习目标

1. 知识目标

(1) 掌握数字信号与模拟信号的特点。

(2) 熟悉数字电路的特点与分类。

(3) 掌握不同数制及转换，掌握一些常用编码的应用。

(4) 掌握基本逻辑关系及集成门电路。

(5) 掌握逻辑函数的表示方法及相互间的转化。

(6) 掌握逻辑函数的公式和卡诺图化简方法。

2. 技能目标

(1) 能识别数字信号与模拟信号。

(2) 能测量调节数字信号的各个参数。

生活提点

由于自然界中的各种信号，例如光、电、声、振动、压力、温度等通常表现为在时间和幅度上都是连续的模拟信号，所以传统上对信号的处理大都采用模拟系统(或电路)来实现。随着人们对信号处理要求的日益提高，以及模拟信号处理中一些不可克服的缺点，对信号的许多处理转而采用数字的方法来进行。近年来由于大规模集成电路和计算机技术的进步，信号的数字处理技术得到了飞速发展。数字信号处理系统在性能、可靠性、体积、耗电量、成本等诸多方面都比模拟信号处理系统优越得多，使许多以往采用模拟信号处理的系统越来越多地被数字处理系统所代替，进一步促进了数字信号处理技术的发展，其应用领域包括通信、计算机网络、雷达、自动控制、地球物理、声学、天文、生物医学、消费类电子产品等国民经济的各个部门，已经成为信息产业的核心技术之一。比如平时用到的手机、MP3、计算机等产品，均是基于数字信号处理基础上的数字化产品，而数显电容计中所用的也均为各种集成数字电路，接下来先来认识一下数字信号。

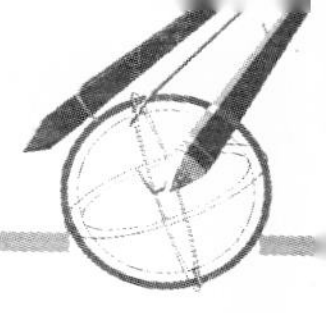

项目任务

使用信号发生器获取数字信号与模拟信号，通过示波器来检测各数字信号的幅度、周期、脉冲宽度及占空比。

图 8.1 所示为信号发生器输出的模拟信号及数字信号的波形的示波器截图。

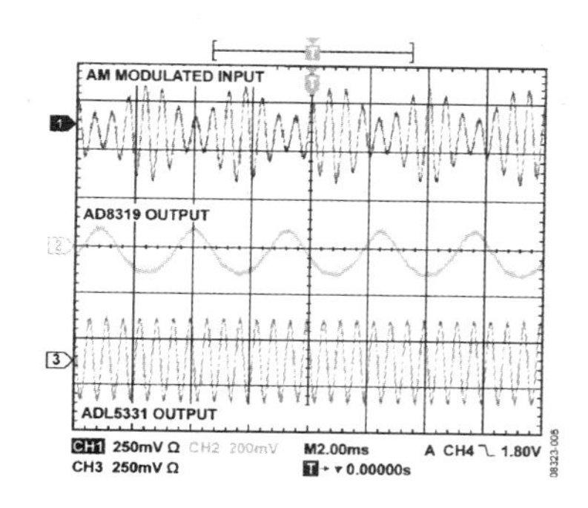

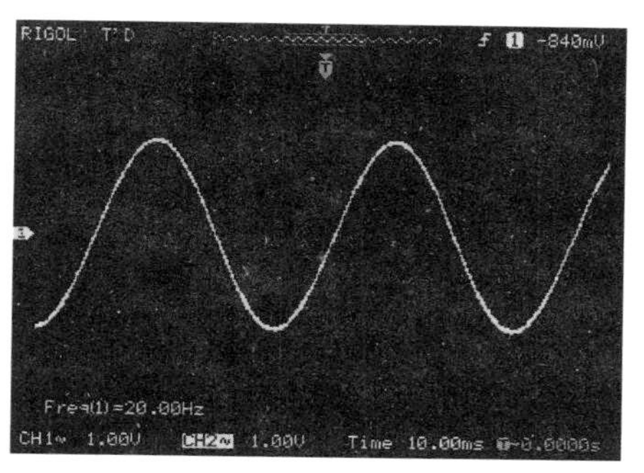

(a) 模拟信号截图

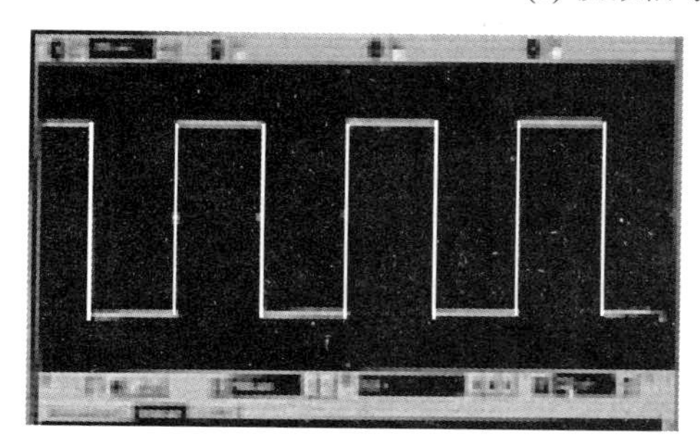

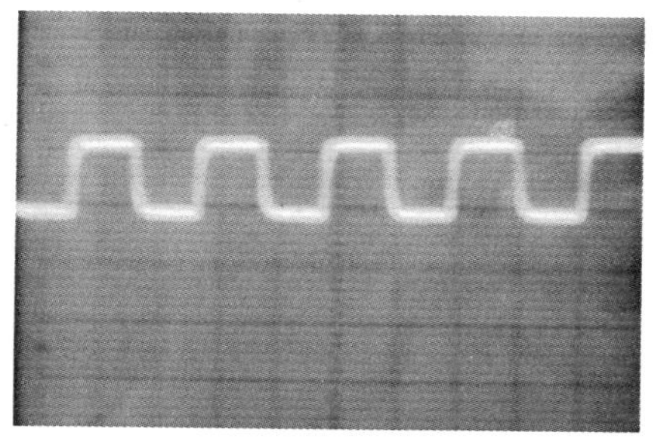

(b) 数字信号截图

图 8.1　数字及模拟信号截图

接下来通过信号发生器和示波器测试数字信号。

测试器件清单见表 8-1。

表 8-1　项目测试器件清单

序　　号	名　　称	规　　格	数　　量
1	信号发生器		1台
2	示波器		1台

测试步骤如下。

(1) 将信号发生器的输出端与示波器的输入正确相连。

(2) 接通信号发生器和示波器的电源，将波形发生器的波形选择开关打在“⊓⊔”挡、衰减开关打在“40dB”挡，将频率选择开关打在“1k”挡，将频率调节旋钮调到最低，将信号输出频率设为1kHz，通过信号发生器显示屏观察并调节电平输出按钮使得幅值输出为100mV，依次将输出电平幅值调至50mV、20mV、10mV、5mV，观察示波器输出并绘制输出波形。

(3) 将信号输出频率依次调节至“100”挡、“10k”挡、“1M”挡，同时调节电平输出，重复步骤(2)。

通过上述测试，初步了解了一下数字信号，接下来进一步了解数字信号的特性及应用。

项目实施

8.1 数字信号的认知

8.1.1 模拟信号与数字信号

1. 模拟(Analog)信号

模拟信号是指在时间、数值上都连续变化的信号，如温度、速度、压力等信号。传输和处理模拟信号的电路称为模拟电路。模拟信号的优点是直观且容易实现，但存在保密性差、抗干扰能力弱、传播距离较短、传递容量小等缺点。

常见模拟信号波形如图 8.2 所示，由图可知，模拟信号存在由高至低全阶段的形成量之区分。

2. 数字(Digital)信号

数字信号是指在时间和数值上都不连续的(离散的)信号，如电子表的秒信号，计算机 CPU 处理的信号等。下面以周期性的矩形波信号为例来介绍数字信号的特性。

1) 数字信号的特点

数字信号在时间上和数值上均是离散的。

数字信号在电路中常表现为突变的电压或电流，图 8.2 为二进制数字信号，信号电平只存在高低之分，由于二进制信号抗干扰能力强，易于编码，故该信号现在广泛应用于当前的数字处理系统，后面内容研究的主要就是该种信号。

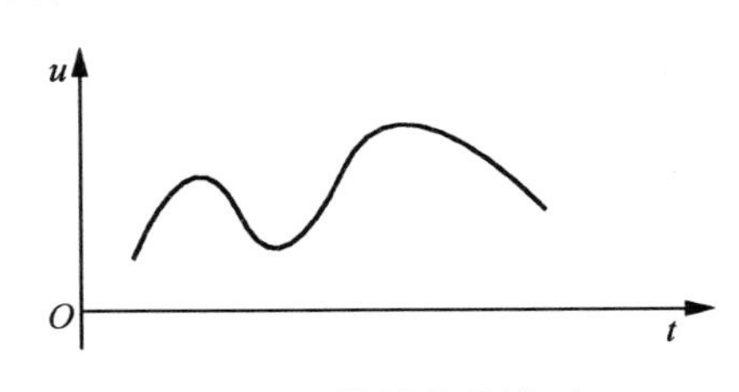

图 8.2 模拟信号波形

2) 二进制数字信号的正逻辑与负逻辑

二进制数字信号是一种二值信号，用两个电平(高电平和低电平)分别来表示两个逻辑值(逻辑 1 和逻辑 0)。描述数字信号有两种逻辑体制。

正逻辑体制规定：高电平为逻辑 1，低电平为逻辑 0。

负逻辑体制规定：低电平为逻辑 1，高电平为逻辑 0。

如果采用正逻辑，图 8.3 所示的数字电压信号就成为图 8.4 所示的逻辑信号，这也是常用的逻辑体制。

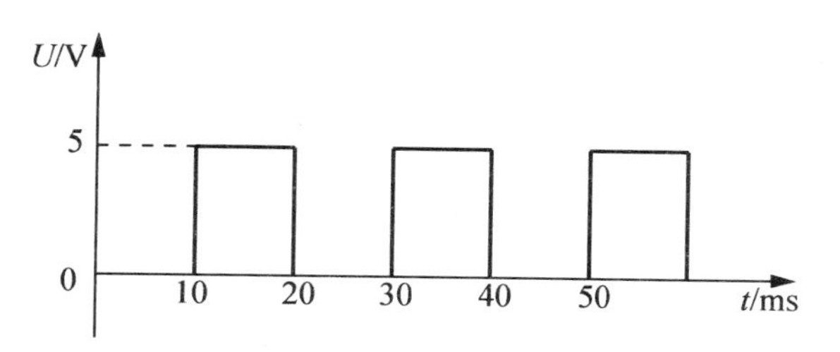

图 8.3　典型的周期性数字信号

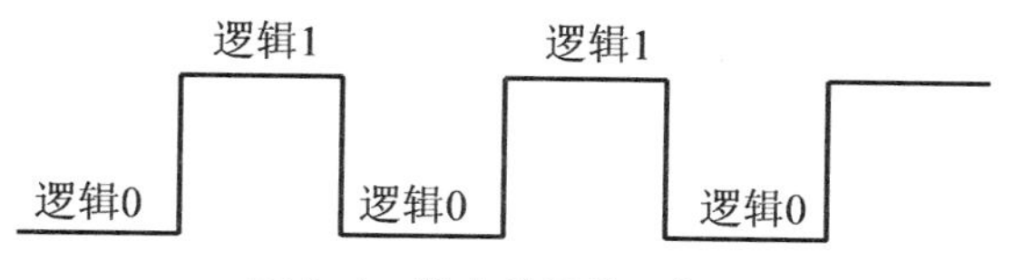

图 8.4　数字信号的逻辑值

3）数字信号的主要参数

图 8.5 所示为数字信号的波形。

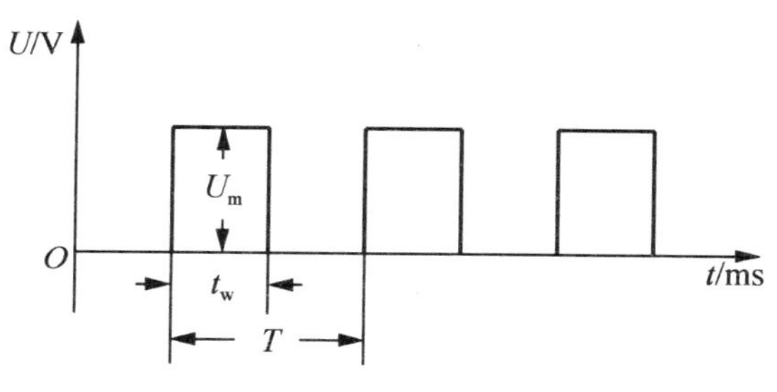

图 8.5　数字信号参数

如图 8.5 所示，一个理想的周期性数字信号可用以下几个参数来描述。

V_m——信号幅度。

T——信号的重复周期。

t_w——脉冲宽度。

D——占空比。其定义为 $D(\%)=\frac{t_w}{T}\times 100\%$。占空比 D 若为 50%，则该矩形波即为方波。

3. 模拟信号与数字信号之间的相互转换

在合适的条件下，实现模拟信号和数字信号的相互转换，将要用到 A/D 转换器、D/A 转换器，其中 A 代表模拟量，D 代表数字量，其转换原理及应用电路将在项目 13 中作详细介绍。

8.1.2　集成数字电路

对模拟信号进行传输、处理的电子线路称为模拟电路。

对数字信号进行传输、处理的电子线路称为数字电路。

1. 数字集成电路的发展

20 世纪 70 年代为分立元件集成时代(集成度为数千晶体管)，20 世纪 80 年代为功能电路及模块集成时代(集成度达到数十万晶体管)，20 世纪 90 年代进入以片上系统 SOC (System-On-Chip)为代表的包括软件、硬件许多功能全部集成在一个芯片内的系统芯片时代(单片集成度达数百万晶体管以上)。而蓬勃兴起的纳米技术进一步扩大了集成电路的规模，其单位平方厘米的面积上可以集成几亿个晶体管，集成规模的提高不仅缩小了系统的体积，降低了系统的功耗与成本，而且大大地提高了数字系统的可靠性。

2. 集成数字电路的特点

(1) 工作信号是二进制的数字信号，在时间上和数值上是离散的(不连续)，反映在电路上就是低电平和高电平两种状态(即 0 和 1 两个逻辑值)。

(2) 在数字电路中，研究的主要问题是电路的逻辑功能，即输入信号的状态和输出信号的状态之间的关系。

(3) 对组成数字电路的元器件的精度要求不高，只要在工作时能够可靠地区分 0 和 1 两种状态即可。

3. 集成数字电路的分类

(1) 按集成度分类：数字电路可分为小规模(SSI，每片数十器件)、中规模(MSI，每片数百器件)、大规模(LSI，每片数千器件)和超大规模(VLSI，每片器件数目大于 1 万)数字集成电路。

(2) 从应用的角度又可分为通用型和专用型两大类型。

(3) 按所用器件制作工艺的不同：数字电路可分为双极型(TTL 型)和单极型(MOS 型)两类。

(4) 按照电路的结构和工作原理的不同：数字电路可分为组合逻辑电路和时序逻辑电路两类。组合逻辑电路没有记忆功能，其输出信号只与当时的输入信号有关，而与电路以前的状态无关。时序逻辑电路具有记忆功能，其输出信号不仅和当时的输入信号有关，而且与电路以前的状态有关。

8.1.3 数制转换

1. 几种常用的计数体制

日常生活中最常使用的是十进制数(如 563)，但在数字系统中特别是计算机中，多采用二进制、十六进制，有时也采用八进制的计数方式。无论何种计数体制，任何一个数都是由整数和小数两部分组成的。

1) 十进制数(Decimal)

(1) 当所表示的数据是十进制时，可以无须加下标区分，即十进制数 576 可以表示为

$$(576)_{10}=576$$

(2) 十进制数的特点如下。

① 由10个不同的数码0、1、2、…、9和一个小数点组成。

② 采用“逢十进一”的运算规则。

例如 $(213.71)_{10}=2\times10^2+1\times10^1+3\times10^0+7\times10^{-1}+1\times10^{-2}$ 10^2、10^1、10^0、10^{-1}、10^{-2}称为权或位权，10为其计数基数。

在实际的数字电路中采用十进制十分不便，因为十进制有10个数码，要想严格地将它们区分开，必须有10个不同的电路状态与之相对应，这在技术上实现起来比较困难。因此在实际的数字电路中一般是不直接采用十进制的。

2) 二进制数(Binary)

(1) 表示：$(101.01)_2$。

(2) 二进制数的特点如下。

① 由两个不同的数码0、1和一个小数点组成。

② 采用“逢二进一、借一当二”的运算规则。

3) 八进制数(Octal)

(1) 表示：$(107.4)_8$。

(2) 八进制数的特点如下。

① 由8个不同的数码0、1、2、3、4、5、6、7和一个小数点组成。

② 采用“逢八进一、借一当八”的运算规则。

4) 十六进制(Hexadecimal)

(1) 表示：$(2A5)_{16}$。

(2) 十六进制数的特点如下。

① 由16个不同的数码0、1、2、…、9、A、B、C、D、E、F和一个小数点组成，其中A～F分别代表十进制数10～15。

② 采用“逢十六进一、借一当十六”的运算规则。

2. 数制转换

十进制数符合人们的计数习惯且表示数字的位数也较少；二进制适合计算机和数字系统表示和处理信号；八进制、十六进制表示较简单且容易与二进制转换。因此在实际工作中，经常会遇到各种计数体制之间的转换问题。

1) 各进制转换为十进制

法则：各位乘权求和。

(1) 二进制转换为十进制。

二进制转换为十进制时只要写出二进制的按权展开式，然后将各项数值按十进制相加，就可得到等值的十进制数。

例8.1 将二进制数$(1011.01)_2$转换为十进制数。

$$(101.01)_2=1\times2^2+0\times2^1+1\times2^0+0\times2^{-1}+1\times2^{-2}=(5.25)_{10}$$

其中2^2、2^1、2^0、2^{-1}、2^{-2}为权，2为其计数基数。

尽管一个数用二进制表示要比用十进制表示位数多得多，但因二进制数只有0、1两个数码，适合数字电路状态的表示，例如用二极管的开和关表示 0 和 1、用晶体管的截止和饱和表示 0 和 1，电路实现起来比较容易。

（2）八进制转换为十进制。

八进制转换为十进制时只要写出八进制的按权展开式，然后将各项数值按十进制相加，就可得到等值的十进制数。

例 8.2 $(107.4)_8=1\times8^2+0\times8^1+7\times8^0+4\times8^{-1}=(71.5)_{10}$

其中 8^2、8^1、8^0、8^{-1} 为权，每位的权是 8 的幂次方，8 为其计数基数。

八进制较之二进制表示简单，且容易与二进制进行转换。

（3）十六进制转换为十进制。

十六进制转换为十进制时只要写出二进制的按权展开式，然后将各项数值按十进制相加，就可得到等值的十进制数。

例 8.3
$$
\begin{aligned}
(BA3.C)_{16}&=B\times16^2+A\times16^1+3\times16^0+C\times16^{-1}\\
&=11\times16^2+10\times16^1+3\times16^0+12\times16^{-1}\\
&=(2979.75)^{10}
\end{aligned}
$$

其中 16^2、16^1、16^0、16^{-1} 为权，每位的权是 16 的幂次方，16 为其计数基数。

十六进制较之二进制表示简单，且容易与二进制进行转换。

2）十进制转换为各进制

法则：整数部分：除基逆序取余。

小数部分：乘基顺序取整。

以十进制转换为二进制为例，其他各进制转换方式相同。

十进制转换为二进制分为整数部分转换和小数部分转换，转换后再合并。

以十进制数 $(35.325)_{10}$ 转换成二进制数为例，转换过程如下。

（1）小数部分转换——乘 2 取整法。

基本思想：将小数部分不断地乘 2 取整数，直到达到一定的精确度。

将十进制的小数 0.325 转换为二进制的小数可表示如下。

$$0.325\times2=0.65$$
$$0.65\times2=1.30$$
$$0.3\times2=0.6$$
$$0.6\times2=1.2$$

可见小数部分乘 2 取整的过程不一定使最后的乘积为 0，这时可以按一定的精度要求求近似值。本题中精确到小数点后 4 位，则 $(0.325)_{10}=(0.0101)_2$。

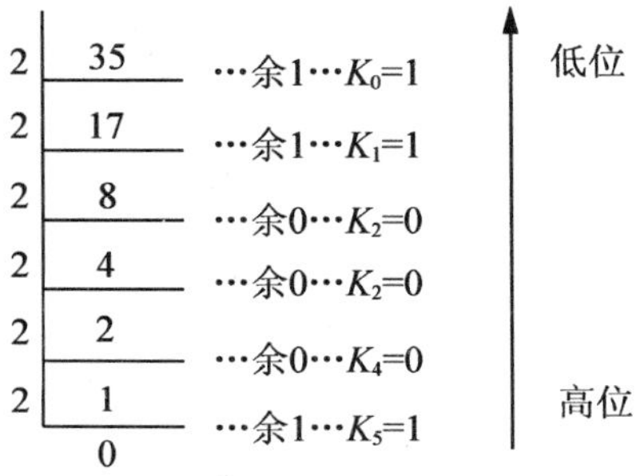

除数	被除数	余数	
2	35	…余1…K_0=1	低位
2	17	…余1…K_1=1	
2	8	…余0…K_2=0	
2	4	…余0…K_2=0	
2	2	…余0…K_4=0	
2	1	…余1…K_5=1	高位
	0		

(2) 整数部分转换——除 2 取余法。

基本思想：将整数部分不断地除 2 取余数，直到商为 0。

将十进制整数 35 转换为二进制整数可表示为

$$(35)_{10}=(100011)_2$$

最后结果为

$$(47.325)_{10}=(100011.0101)_2$$

3) 二进制与八进制、十六进制之间的转换

(1) 二进制与八进制互换。

二进制转换成八进制数的方法是从小数点开始，分别向左、向右将二进制数按每 3 位一组分组(不足 3 位的补 0)，然后写出每一组等值的八进制数。

例 8.4 将$(11001.110101)_2$转换为八进制数。

解：$(011\quad 001\quad 110\quad 101)_2=(31.65)_8$

(2) 二进制与十六进制互换。

二进制转换成十六进制数的方法是从小数点开始，分别向左、向右将二进制数按每 4 位一组分组(不足 4 位的补 0)，然后写出每一组等值的十六进制数。

例 8.5 将$(11001.110101)_2$转换为十六进制数。

解：$(0001\quad 1001\quad 1101\quad 0100)_2=(19.D4)_{16}$

八进制与十六进制之间的转换可以通过二进制作中介。上述几种进制数之间的关系见表 8-2。

表 8-2　几种进制数之间的对应关系

十进制数	二进制数	八进制数	十六进制数
0	0000	0	0
1	0001	1	1
2	0010	2	2
3	0011	3	3
4	0100	4	4
5	0101	5	5
6	0110	6	6
7	0111	7	7
8	1000	10	8
9	1001	11	9
10	1010	12	A
11	1011	13	B
12	1100	14	C
13	1101	15	D
14	1110	16	E
15	1111	17	F

8.1.4 常用编码

数字系统只能识别 0 和 1 两种不同的状态，只能识别二进制数。实际传递和处理的信息很复杂，因此为了能使二进制数码表示更多、更复杂的信息，把 0、1 按一定的规律编制在一起表示信息，这个过程称为编码。

最常见的编码为二-十进制编码。所谓二-十进制编码是用 4 位二进制数表示 0～9 的 10 个十进制数，也称 BCD 码。

常见的 BCD 码有 8421 码、格雷(Gray)码、余 3 码、5421 码、2421 码等编码。

1. 8421BCD 码

8421BCD 码是最常用的 BCD 码，为有权码，各位的权从左到右为 8、4、2、1。在 8421BCD 码中利用 4 位二进制数的 16 种组合 0000～1111 中的前 10 种组合 0000～1001 代表十进制数的 0～9，后 6 种组合 1010～1111 为无效码。

例 8.6 把十进制数 78 表示为 8421BCD 码的形式。

解： $(78)_{10}=(0111\ 1000)_{8421}$

$(78)_{10}=(1010\ 1011)_{5421}$

$(78)_{10}=(1101\ 1110)_{2421}$

2. 格雷码(Gray)

格雷码最基本的特性是任何相邻的代码间仅有一位数码不同。在信息传输过程中，若计数电路按格雷码计数，每次状态更新仅有一位发生变化，因此减少了出错的可能性。格雷码为无权码。该种编码方式也是逻辑函数卡诺图化简的依据，见表 8-3。

表 8-3 格雷码

两位格雷码	三位格雷码	四位格雷码
0 0	0 0 0	0 0 0 0
0 1	0 0 1	0 0 0 1
1 1	0 1 1	0 0 1 1
1 0	0 1 0	0 0 1 0
	1 1 0	0 1 1 0
	1 1 1	0 1 1 1
	1 0 1	0 1 0 1
	1 0 0	0 1 0 0
		1 1 0 0
		1 1 0 1
		1 1 1 1
		1 1 1 0
		1 0 1 0
		1 0 1 1
		1 0 0 1
		1 0 0 0

3. 余3码

因余3码是将8421BCD码的每组加上0011(即十进制数3)，即比它所代表的十进制数多3，因此称为余3码。余3码的另一特性是0与9、1和8等互为反码。

4. ASCⅡ码(美国标准信息交换码)

通常，人们可以通过键盘上的字母、符号和数值向计算机发送数据和指令，每个键符可以用一个二进制码表示，这种码就是ASCⅡ码。它是用7位二进制码表示的。

比如，键盘上的A～Z：41H～5AH，a～z：61H～7AH，0～9：30H～39H，一般在计算机编程语言中都是转换成十六进制进行描述的。

8.2　逻辑函数的认知

在数学中，一个函数用来描述每个输入值对应唯一输出值的这种对应关系。函数的表达式为$y=f(x)$，其中x为自变量，y为因变量。包含某个函数所有的输入值的集合被称作这个函数的定义域，包含所有的输出值的集合被称作值域。

而逻辑函数是按一定逻辑规律进行运算的代数，用表达式$Y=F(A, B, C)$表示。

其中，A，B，C，…为输入逻辑变量，取值是0或1；F为输出逻辑变量，取值是0或1。

而构成逻辑函数的最基本逻辑关系为：与、或、非。下面学习一下逻辑关系。

8.2.1　逻辑关系

1. 与逻辑及集成与门电路

与逻辑——只有当决定一件事情的条件全部具备之后，这件事情才会发生，把这种因果关系称为与逻辑，其逻辑电路及逻辑符号如图8.6所示。通过图8.6(a)的电路仿真，其逻辑关系可用表8-4所示的真值表表示。

表8-4　与逻辑真值表

A	B	Y
0	0	0
0	1	0
1	0	0
1	1	1

若用逻辑表达式来描述，则可写为：$Y=A\cdot B$。

74LS08为典型集成四二输入与门电路，引脚功能如图8.7所示。

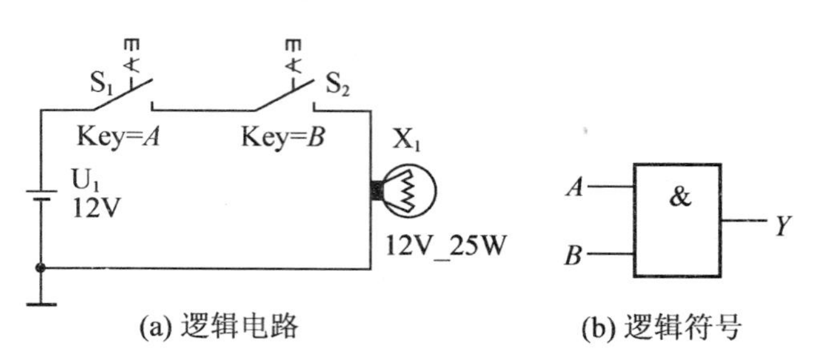

(a) 逻辑电路　　(b) 逻辑符号

图 8.6　与门逻辑关系及逻辑符号

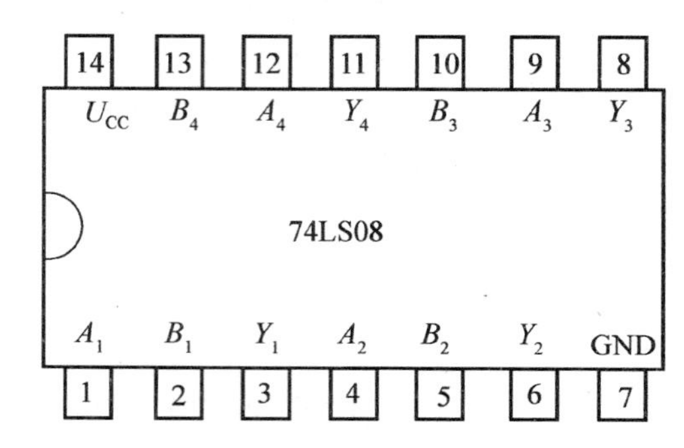

图 8.7　74LS08 的引脚分布

2. 或逻辑及或门电路

或逻辑——当决定一件事情的几个条件中，只要有一个或一个以上条件具备，这件事情就发生，把这种因果关系称为或逻辑，其逻辑电路及逻辑符号如图 8.8 所示。通过图 8.8(a)仿真，其逻辑关系可用表 8-5 所示的真值表表示。

表 8-5　或逻辑真值表

A	*B*	*Y*
0	0	0
0	1	1
1	0	1
1	1	1

若用逻辑表达式来描述，则可写为：$Y=A+B$。

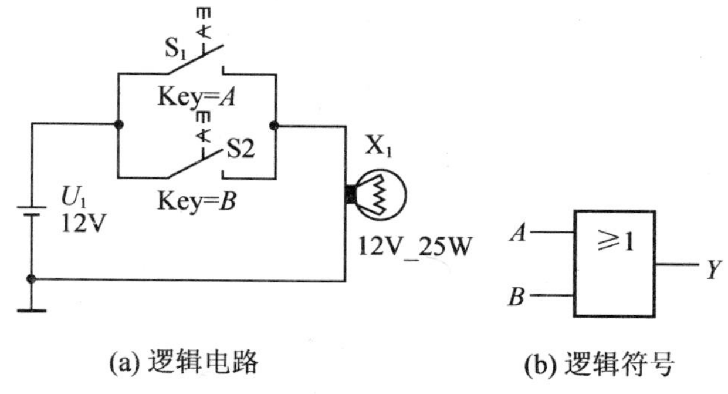

(a) 逻辑电路　　(b) 逻辑符号

图 8.8　或门逻辑关系及逻辑符号

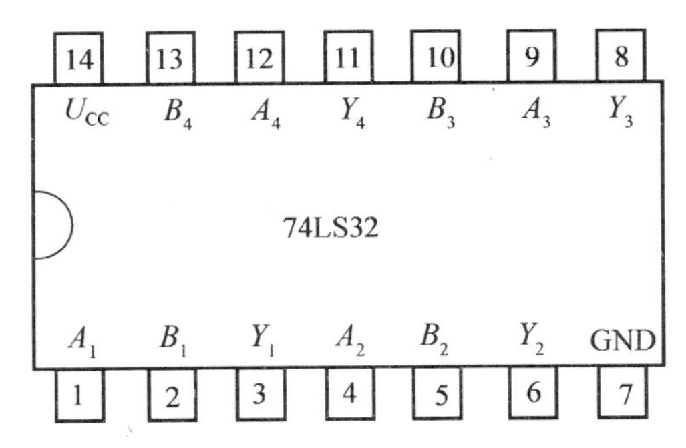

图 8.9 74LS32 的引脚分布

74LS32 为典型集成四二输入或门电路，引脚功能如图 8.9 所示。

3. 非逻辑及非门电路

非逻辑——某事情发生与否，仅取决于一个条件，而且是对该条件的否定，即条件具备时事情不发生；条件不具备时事情才发生，通过图 8.10(a)的电路仿真，其逻辑关系可用表 8-6 所示的真值表表示。

表 8-6 非运算列表

A	Y	A	Y
0	1	1	0

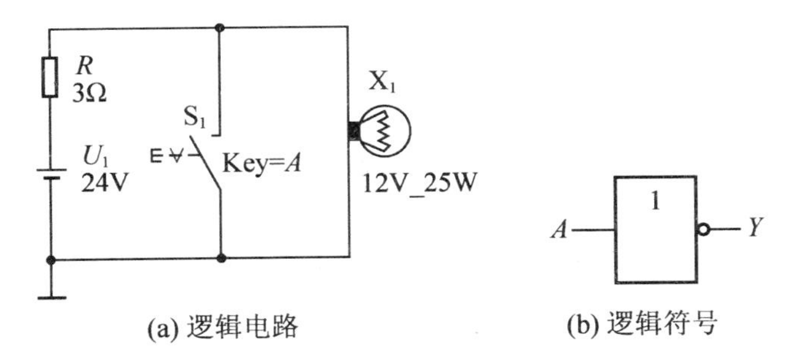

(a) 逻辑电路　　(b) 逻辑符号

图 8.10 非门逻辑关系及逻辑符号

若用逻辑表达式来描述，则可写为：$Y=\overline{A}$。

常用的集成逻辑非门有 74LS04(六非门)(图 8.11)、74LS06、CD4069 等。

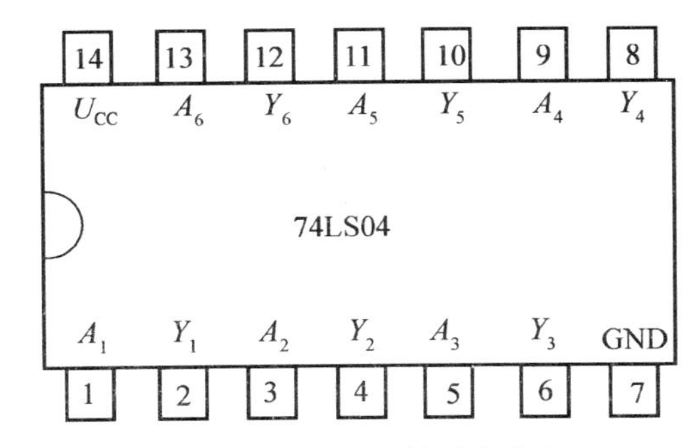

图 8.11 74LS04 的引脚分布

在实际应用中，可利用与门、或门和非门之间的不同组合构成复合门电路，完成复合逻辑运算。常见的复合门电路有与非门、或非门、与或非门、异或门和同或门电路。

8.2.2 逻辑代数基本定律

根据上述逻辑变量和逻辑运算的基本定义，可得出逻辑代数的基本定律，见表8-7。

表8-7 逻辑代数基本定律

0-1律	重叠律	互补律	交换律	结合律	分配律	否定律
$0+A=A$ $0\cdot A=0$ $1+A=1$ $1\cdot A=A$	$A+A=A$ $A\cdot A=A$	$A+\overline{A}=1$ $A\cdot\overline{A}=0$	$A+B=B+A$ $A\cdot B=B\cdot A$	$A+(B+C)=(A+B)+C$ $A\cdot(B\cdot C)=(A\cdot B)\cdot C$	$A\cdot(B+C)=A\cdot B+A\cdot C$ $A+B\cdot C=(A+B)\cdot(A+C)$	$\overline{\overline{A}}=A$

摩根定律：

$$\overline{A+B+C}=\overline{A}\cdot\overline{B}\cdot\overline{C} \tag{8.1}$$

$$\overline{A\cdot B\cdot C}=\overline{A}+\overline{B}+\overline{C} \tag{8.2}$$

8.3 逻辑函数的化简

在传统的设计方法中，通常以与或表达式定义最简表达式，其标准是表达式中的项数最少，每项含的变量也最少。这样用逻辑电路去实现时，用的逻辑门最少，每个逻辑门的输入端也最少。另外还可提高逻辑电路的可靠性和速度。

逻辑函数的化简方法有多种，最常用的方法是逻辑代数化简法和卡诺图化简法。

8.3.1 逻辑函数的公式化简法

公式化简法就是利用逻辑函数的基本公式和规则对给定的逻辑函数表达式进行化简。常用的逻辑代数化简法有吸收法、消去法、并项法、配项法。

(1) 利用公式 $A+AB=A$，吸收多余的与项进行化简。

例8.7

$$F=\overline{A}+\overline{A}BC+\overline{A}BD+\overline{A}E=\overline{A}\cdot(1+BC+BD+E)=\overline{A}$$

(2) 利用公式 $A+\overline{A}B=A+B$，消去与项中多余的因子进行化简。

例8.8

$$F=A+\overline{A}B+\overline{B}C+\overline{C}D=A+B+\overline{B}C+\overline{C}D$$
$$=A+B+C+\overline{C}D=A+B+C+D$$

(3) 利用公式 $A+\overline{A}=1$，把两项并成一项进行化简。

例 8.9

$$F = A\overline{BC} + AB + A \cdot (\overline{\overline{BC} + B})$$
$$= A \cdot (\overline{BC} + B + \overline{\overline{BC} + B}) = A$$

(4) 有时对逻辑函数表达式进行化简，可以几种方法并用，综合考虑。

例 8.10

$$F = \bar{A}BC + AB\bar{C} + A\bar{B}C + ABC$$
$$= \bar{A}BC + ABC + AB\bar{C} + ABC + A\bar{B}C + ABC$$
$$= AB \cdot (C + \bar{C}) + AC \cdot (B + \bar{B}) + BC \cdot (A + \bar{A})$$
$$= AB + AC + BC$$

8.3.2　逻辑函数的卡诺图化简法

1. 最小项和最小项表达式

1) 最小项

如果一个具有 n 个变量的逻辑函数的“与项”包含全部 n 个变量，每个变量以原变量或反变量的形式出现，且仅出现一次，则这种“与项”被称为最小项。

对两个变量 A、B 来说，可以构成 4 个最小项：$\bar{A}\bar{B}$、$\bar{A}B$、$A\bar{B}$、AB；对 3 个变量 A、B、C 来说，可构成 8 个最小项：$\bar{A}\bar{B}\bar{C}$、$\bar{A}\bar{B}C$、$\bar{A}B\bar{C}$、$\bar{A}BC$、$A\bar{B}\bar{C}$、$A\bar{B}C$、$AB\bar{C}$、ABC；同理，对 n 个变量来说，可以构成 2^n 个最小项。

最小项通常用符号 m_i 表示，i 是最小项的编号，是一个十进制数。确定 i 的方法是：首先将最小项中的变量按顺序 A、B、C、D、… 排列好，然后将最小项中的原变量用 1 表示，反变量用 0 表示，这时最小项表示的二进制数对应的十进制数就是该最小项的编号。例如，对三变量的最小项来说，ABC 的编号是 7 符号，用 m_7 表示，$A\bar{B}C$ 的编号是 5 符号，用 m_5 表示。

2) 最小项表达式

如果一个逻辑函数表达式是由最小项构成的与或式，则这种表达式称为逻辑函数的最小项表达式，也叫标准与或式。例如：$F? = \bar{A}BC\bar{D} + ABC\bar{D} + ABCD$ 是一个四变量的最小项表达式。对一个最小项表达式可以采用简写的方式，例如

$$F(A, B, C) = \bar{A}B\bar{C} + A\bar{B}C + ABC = m_2 + m_5 + m_7 = \sum m(2, 5, 7)$$

要写出一个逻辑函数的最小项表达式，可以有多种方法，但最简单的方法是先给出逻辑函数的真值表，将真值表中能使逻辑函数取值为 1 的各个最小项相或就可以了。

例 8.11　已知三变量逻辑函数：$F = AB + BC + AC$，写出 F 的最小项表达式。

解： 首先画出 F 的真值表，见表 8-8，将表中能使 F 为 1 的最小项相或可得下式

$$F = \bar{A}BC + A\bar{B}C + AB\bar{C} + ABC$$
$$= \sum m(3, 5, 6, 7)$$

表 8-8　$F=AB+BC+AC$ 真值表

A	B	C	$F=AB+BC+AC$
0	0	0	0
0	0	1	0
0	1	0	0
0	1	1	1
1	0	0	0
1	0	1	1
1	1	0	1
1	1	1	1

2. 卡诺图

卡诺图是按相邻性原则排列起来的最小项方格图。变量的个数不同，卡诺图中方格数目也不同，若函数有 n 个变量，卡诺图中就有 2^n 个小方格，每个小方格表示一个最小项；相邻性原则是：卡诺图中相邻的两个小方格代表的最小项只有一个因子互反，其余都相同，即相邻变量取值符合格雷码排列。按照上述原则，下面介绍二变量至四变量卡诺图的画法。

(1) 二变量卡诺图。设变量为 A、B，因为有两个变量，对应有 4 个最小项，卡诺图应有 4 个小方格，图 8.12 为二变量卡诺图，由图 8.12(a)可以看出小方格代表的最小项由方格外面行变量和列变量的取值形式决定，若原变量用 1 表示，反变量用 0 表示，则行、列变量取值对应的十进制数为该最小项的编号，图 8.12(a)也可表示为图 8.12(b)的形式。

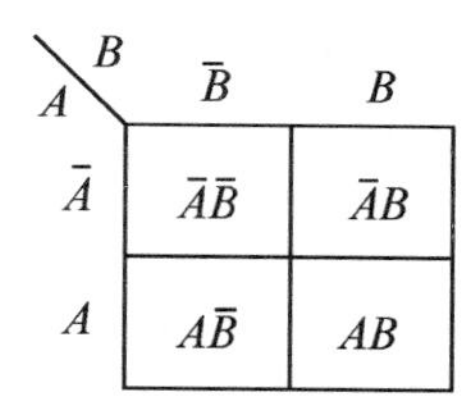

(a) 变量以原变量反变量形式表示

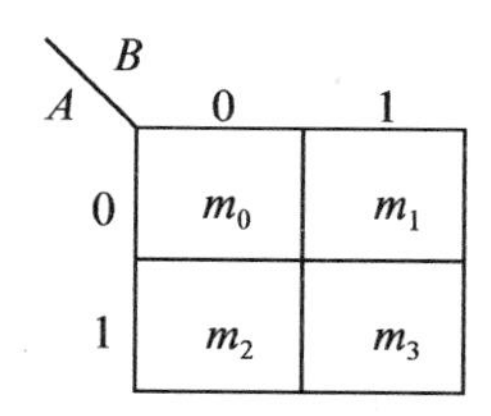

(b) 变量以0、1形式表示

图 8.12　二变量卡诺图

(2) 三变量卡诺图。设 3 个变量为 A、B、C，共有 $2^3=8$ 个最小项，按照卡诺图的构成原则，可得图 8.13 所示的三变量卡诺图。

(3) 四变量卡诺图。设 4 个变量为 A、B、C、D，共有 $2^4=16$ 个最小项，同理可得图 8.14 所示的四变量卡诺图。

3. 用卡诺图表示逻辑函数

既然任何一个逻辑函数都可以写成最小项表达式，而卡诺图中的每一个小方格代表逻

$A \backslash BC$	$\bar{B}\bar{C}$	$\bar{B}C$	BC	$B\bar{C}$
$\bar{A}$	$\bar{A}\bar{B}\bar{C}$	$\bar{A}\bar{B}C$	$\bar{A}BC$	$\bar{A}B\bar{C}$
A	$A\bar{B}\bar{C}$	$A\bar{B}C$	ABC	$AB\bar{C}$

(a) 变量以原变量、反变量形式表示

$A \backslash BC$	00	01	11	10
0	m_0	m_1	m_3	m_2
1	m_4	m_5	m_7	m_6

(b) 变量以0、1形式表示

图 8.13　三变量卡诺图

$AB \backslash CD$	$\bar{C}\bar{D}$	$\bar{C}D$	CD	$C\bar{D}$
$\bar{A}\bar{B}$	$\bar{A}\bar{B}\bar{C}\bar{D}$	$\bar{A}\bar{B}\bar{C}D$	$\bar{A}\bar{B}CD$	$\bar{A}\bar{B}C\bar{D}$
$\bar{A}B$	$\bar{A}B\bar{C}\bar{D}$	$\bar{A}B\bar{C}D$	$\bar{A}BCD$	$\bar{A}BC\bar{D}$
AB	$AB\bar{C}\bar{D}$	$AB\bar{C}D$	$ABCD$	$ABC\bar{D}$
$A\bar{B}$	$A\bar{B}\bar{C}\bar{D}$	$A\bar{B}\bar{C}D$	$A\bar{B}CD$	$A\bar{B}C\bar{D}$

(a) 变量以原变量、反变量形式表示

$AB \backslash CD$	00	01	11	10
00	m_0	m_1	m_3	m_2
01	m_4	m_5	m_7	m_6
11	m_{12}	m_{13}	m_{15}	m_{14}
10	m_8	m_9	m_{11}	m_{10}

(b) 变量以0、1形式表示

图 8.14　四变量卡诺图

辑函数的一个最小项，因此可以用卡诺图表示逻辑函数。具体的做法如下。

步骤 1：根据逻辑函数变量的个数，画出相应变量的卡诺图。

步骤 2：将逻辑函数写成最小项表达式。

步骤 3：在逻辑函数包含的最小项对应的方格中填入 1，其余的填入 0 或空着即可。

这种用卡诺图表示逻辑函数的过程，也称将逻辑函数“写入”卡诺图中。

例 8.12　用卡诺图表示逻辑函数 $L = AB + A\bar{C}$ 。

解：函数 L 有 3 个变量，画出三变量卡诺图。

将 L 写成最小项表达式

$$\begin{aligned} L &= AB + A\bar{C} = AB(C + \bar{C}) + A(B + \bar{B})\bar{C} \\ &= ABC + AB\bar{C} + AB\bar{C} + A\bar{B}\bar{C} \\ &= ABC + AB\bar{C} + A\bar{B}\bar{C} \\ &= m_7 + m_6 + m_4 \end{aligned}$$

在逻辑函数包含的三个最小项 m_4、m_6、m_7 对应的方格中填入 1，其余的空着，如图 8.15 所示。

4. 化简

化简的依据：卡诺图中的小方格是按相邻性原则排列的，可以利用公式 $AB + A\bar{B} = A$ 消去互反因子，保留相同的变量，达到化简的目的。两个相邻的最小项合并可以消去一个变量，4 个相邻的最小项合并可以消去两个变量，8 个相邻的最小项合并可以消去 3 个变

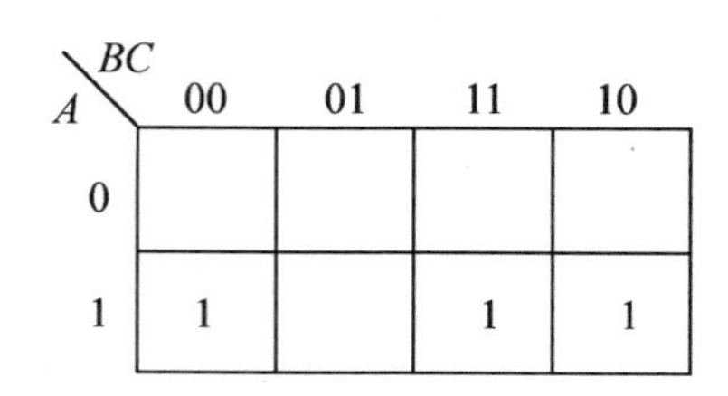

图 8.15　卡诺图

量，2^n个相邻的最小项合并可以消去n个变量。

利用卡诺图化简逻辑函数，关键是确定能合并哪些最小项，即将可以合并的最小项用一个圈圈起来，这个圈称为卡诺圈，画卡诺圈时应注意以下几点。

① 卡诺圈中包含的"1"格越多越好，但个数必须为$2^n(n=0，1，2，\cdots)$个。

② 卡诺圈的个数越少越好。

③ 一个"1"格可以被多个卡诺圈公用，但每个卡诺圈中至少要有一个"1"格没有被其他卡诺圈用过。

④ 不能漏掉任何一个"1"格。

用卡诺图化简逻辑函数的方法如下。

① 用卡诺图表示逻辑函数。

② 将相邻的"1"格用卡诺圈圈起来，合并相邻的最小项。

③ 从卡诺图"读出"最简式。

下面举例说明化简的过程。

例 8.13　用卡诺图化简逻辑函数$L(A，B，C)=\sum_m(0，1，2，5)$

解：(1) 画出三变量卡诺图，并用卡诺图表示逻辑函数L。

(2) 将相邻的"1"格用卡诺圈圈起来，如图 8.16 所示，合并相邻的最小项。

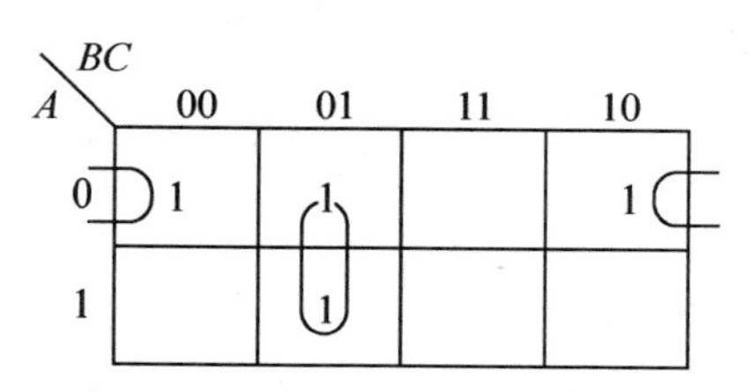

图 8.16　合并相邻的最小项

$$m_1+m_5=\overline{A}\overline{B}C+A\overline{B}C=\overline{B}C$$

$$m_0+m_2=\overline{A}\overline{B}\overline{C}+\overline{A}B\overline{C}=\overline{A}\overline{C}$$

(3) 从卡诺圈"读出"最简式，即将每个卡诺圈的合并结果逻辑加，得到逻辑函数的最简与—或表达式。

$$L(A，B，C)=\overline{A}\overline{C}+\overline{B}C$$

在熟练掌握卡诺图的化简方法之后，第(2)步可直接写出合并结果，即每个卡诺图行变量和列变量取值相同的，为合并的结果。

5. 具有无关项的逻辑函数的化简

在前面讨论的逻辑函数中，变量的每一组取值都有一个确定的函数值与之相对应，而在某些情况下，有些变量的取值是不允许出现或不会出现的，或某些变量的取值不影响电路的逻辑功能，上述这些变量组合对应的最小项称为约束项或任意项，约束项与任意项统称为无关项，具有无关项的逻辑函数称为有约束条件的逻辑函数。如十字路口的信号，A、B、C 分别表示红灯、绿灯和黄灯，1 表示灯亮，0 表示灯灭，正常工作时只能有一个灯亮，所以变量的取值只能为

A	B	C
0	0	1
0	1	0
1	0	0

其余几种变量组合 000，011，101，110，111 是不允许出现的，对应的最小项 $\overline{A}\overline{B}\overline{C}$，$\overline{A}BC$，$A\overline{B}C$，$AB\overline{C}$，$ABC$ 则为无关项。约束条件的表示形式为

$$\overline{A}\overline{B}\overline{C}+\overline{A}BC+A\overline{B}C+AB\overline{C}+ABC=0$$

即

$$m_0+m_3+m_5+m_6+m_7=0$$

具有约束条件的逻辑函数的表示形式有两种，一种为

$$L(A,B,C,D)=\sum{}_m(0,1,5,9,13)+\sum{}_d(2,7,10,15)$$

其中 $\sum_m$ 部分为使函数取值为 1 的最小项，$\sum_d$ 为无关项。

另一种形式为

$$L(A,B,C,D)=\sum{}_m(0,1,5,9,13)$$

$$\sum{}_d(2,7,10,15)=0$$

具有无关项的逻辑函数的化简：因为无关项不会出现或对函数值没有影响，所以其取值可以为 0，也可以为 1，在化简时可以充分利用这一特点，使化简的结果更为简单。在卡诺图中无关项对应的小方格用“×”或“ϕ”表示。

例 8.14 用卡诺图化简逻辑函数

$$L(A,B,C,D)=\sum{}_m(0,1,2,5,9)+\sum{}_d(3,6,8,11,13)$$

解：(1) 画出四变量卡诺图，将函数写入卡诺图中。

(2) 合并相邻的最小项。考虑约束条件时，用两个卡诺圈将相邻的“1”格圈起来，无关项作“1”格使用，如图 8.17(a)所示，化简结果为

$$L=\overline{A}\overline{B}+\overline{C}D$$

若不考虑约束条件，则需要 3 个卡诺圈，如图 8.17(b)所示，化简结果为

$$L=\overline{A}\overline{B}\overline{D}+\overline{A}\overline{C}D+\overline{B}\overline{C}D$$

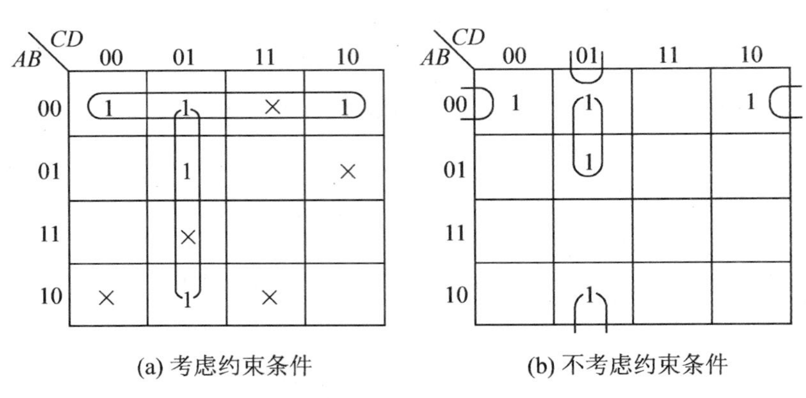

图 8.17 用卡诺图化简逻辑函数

利用无关项化简逻辑函数时应注意，需要的无关项当作“1”格处理，不需要的应丢掉。

项 目 小 结

(1) 数字信号的参数为信号幅度、周期、脉冲宽度及占空比。

(2) 各进制与十进制的转换原则：各位乘权求和。

(3) 十进制与各进制的转换原则：整数部分除基逆序取余；小数部分乘基顺序取整。

(4) 二进制、八进制与十六进制间的互相转换。

(5) 逻辑代数是一种描述事物逻辑关系的数学方法，逻辑变量的取值只有 0、1 两种可能，且它们只表示两种不同的逻辑状态，而不表示具体的大小。最基本的逻辑关系有 3 种：“与”“或”“非”，将其分别组合可得到“与非”“或非”“与或非”“异或”等复合逻辑关系。逻辑函数的表示方法有逻辑函数表达式、真值表、逻辑图、波形图等，每种表示方法各有特点，且可以相互转换。

(6) 逻辑函数的化简有代数法和卡诺图法，代数法是利用逻辑代数的基本定律和规则对逻辑函数进行化简，这种方法不受任何条件的限制，适用于各种复杂的逻辑函数，但没有固定的步骤可循，需要熟练地运用基本定律、规则并具有一定的运算技巧。卡诺图的方法简单、直观、容易掌握，有一定的规律可循，但当变量个数太多时卡诺图较复杂，将失去简单、直观的优点，所以卡诺图的方法不适合化简变量个数太多的逻辑函数。

习　　题

8.1　数制转换。

$(1100101)_2=(\quad)_{10}$，$(1001.0011)_2=(\quad)_{10}$，$(537)_8=(\quad)_{10}$

$(3A1)_{16}=(\quad)_{10}$，$(0101\ 0110.1000\ 0101)_{8421BCD}=(\quad)_{10}$

$(326)_{10}=(\quad)_2=(\quad)_8=(\quad)_{16}=(\quad)_{8421BCD}$

$(1726)_{10}=(\quad)_2=(\quad)_8=(\quad)_{16}=(\quad)_{8421BCD}$

8.2　列出下列各两表达式的真值表。

$Y_1=A\overline{B}+\overline{A}B$，$Y_2=\overline{A}B+C$

8.3　已知逻辑函数的真值表见表8-9，写出逻辑表达式。

表8-9　逻辑函数的真值表

A	B	C	Y
0	0	0	0
0	0	1	1
0	1	0	1
0	1	1	0
1	0	0	1
1	0	1	0
1	1	0	0
1	1	1	1

8.4　用公式法化简下列等式。

(1) $A\overline{B}+D+DCE+D\overline{A}$

(2) $ABC+A\overline{B}C+AB\overline{C}$

(3) $A+\overline{A}B$

(4) $\overline{A}\overline{C}+\overline{A}\overline{B}+BC+\overline{A}\overline{C}\overline{D}$

(5) $AB+BCD+\overline{A}C+\overline{B}C$

(6) $\overline{A}+\overline{B}+\overline{C}+\overline{D}+ABCD$

8.5　将下列函数展开成最小项表达式。

(1) $F(A, B, C)=\overline{A}+BC$

(2) $F(A, B, C, D)=A\overline{C}+\overline{B}CD+\overline{A}\overline{B}D$

8.6　用卡诺图法将下列函数化简为最简与或式。

(1) $Y=F(A, B, C)=\sum_m(2, 3, 4, 6)$

(2) $Y=F(A, B, C)=\sum_m(3, 5, 6, 7)$

(3) $Y=F(A, B, C, D)=\sum_m(2, 4, 5, 6, 10, 12, 13, 14, 15)$

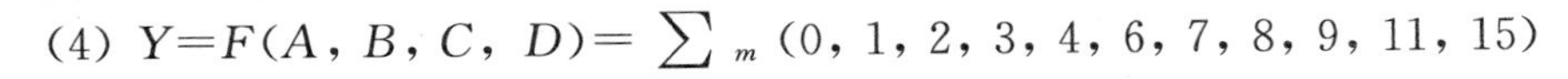

(4) $Y=F(A, B, C, D)=\sum_m(0, 1, 2, 3, 4, 6, 7, 8, 9, 11, 15)$

(5) $Y=F(A, B, C, D)=\sum_m(0, 1, 4, 7, 10, 13, 14, 15)$

(6) $Y=F(A, B, C, D)=\sum_m(0, 1, 5, 7, 8, 11, 14)+\sum_d(3, 9, 15)$

(7) $Y=F(A, B, C, D)=\sum_m(1, 2, 12, 14)+\sum_d(5, 6, 7, 8, 9, 10)$

(8) $Y=F(A, B, C, D)=\sum_m(0, 2, 7, 8, 13, 15)+\sum_d(1, 5, 6, 9, 10, 11, 12)$

项目9

集成门电路的认知及应用电路的制作

学习目标

1. 知识目标

(1) 掌握常见的几种组合逻辑运算的表示与法则。

(2) 掌握集成 TTL 电路的特点及应用。

(3) 掌握集成 CMOS 电路的特点及应用。

2. 技能目标

(1) 掌握几种常见的复合门电路的功能的测试方法。

(2) 掌握基本 TTL 门电路、CMOS 门电路逻辑功能测试方法。

(3) 掌握 TTL 器件、CMOS 器件的使用规则。

(4) 实现数显电容计超量程指示部分的电路的制作与调试。

项目任务

认识常见的集成门电路，制作数显电容计超量程指示部分的电路。超量程在整个电路过程中的作用是当计数器计数的脉冲超过999时，产生一个指示信号，即当所测量的电容的容量超过999nF时，显示器显示的信号代表超量程而非真正的电容的容量大小。

数显电容计超量程指示电路如图9.1所示。

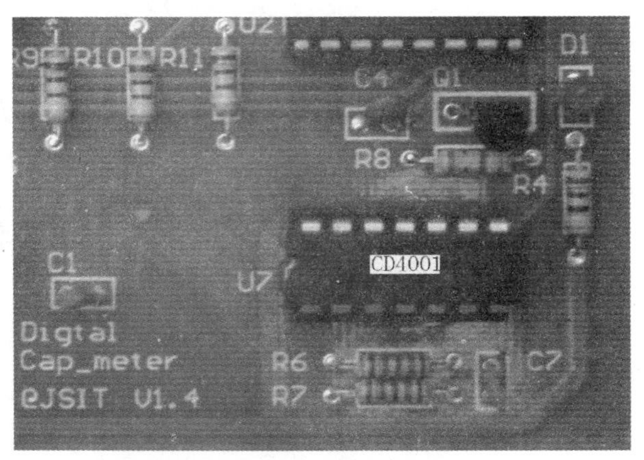

图9.1 数显电容计超量程指示电路实物

项目实施

9.1 集成复合门电路的认知及测试

集成复合门电路的实物如图9.2所示。

(a) 74LS154

(b) 74LS00

(c) 74LS164

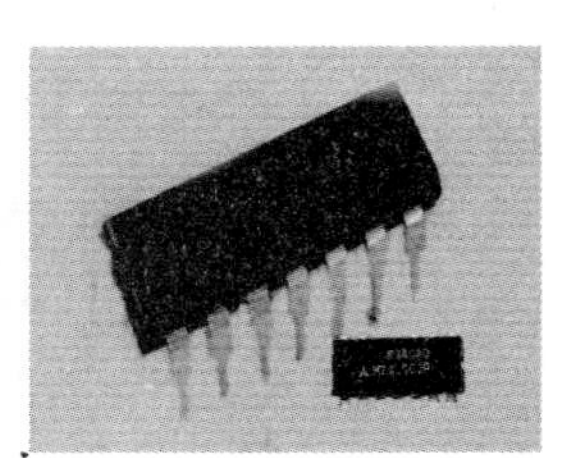

(d) 74LS02

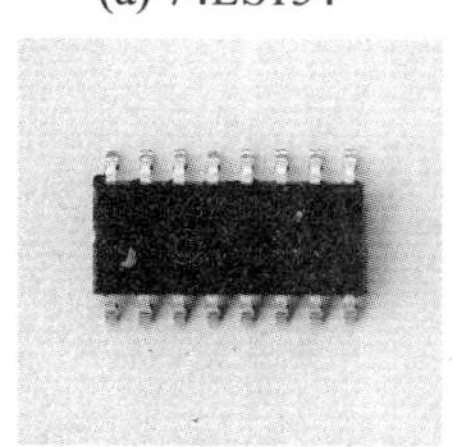

(e) CG2260

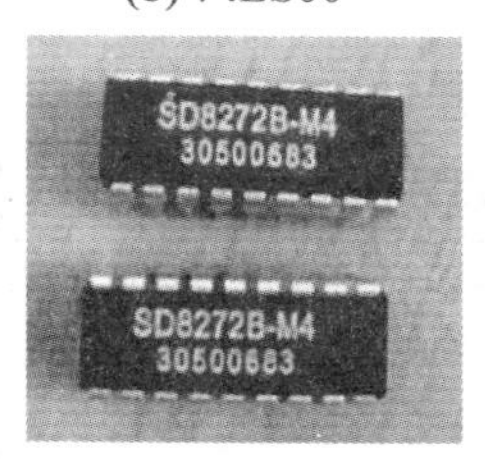

(f) SD8272

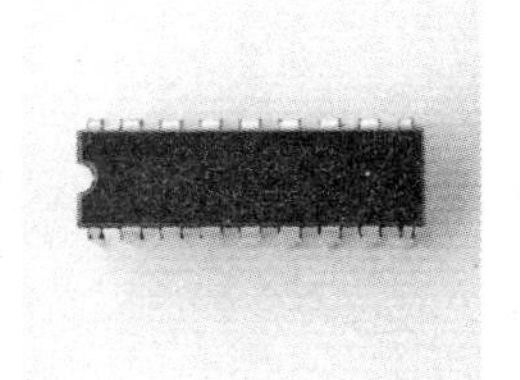

(g) CG2272

(h))LX4A01

图9.2 集成门电路实物

9.1.1　集成与非门、或非门电路认知及测试

先来测试一下集成复合门电路74LS00及CD4001，测试电路如图9.3所示。

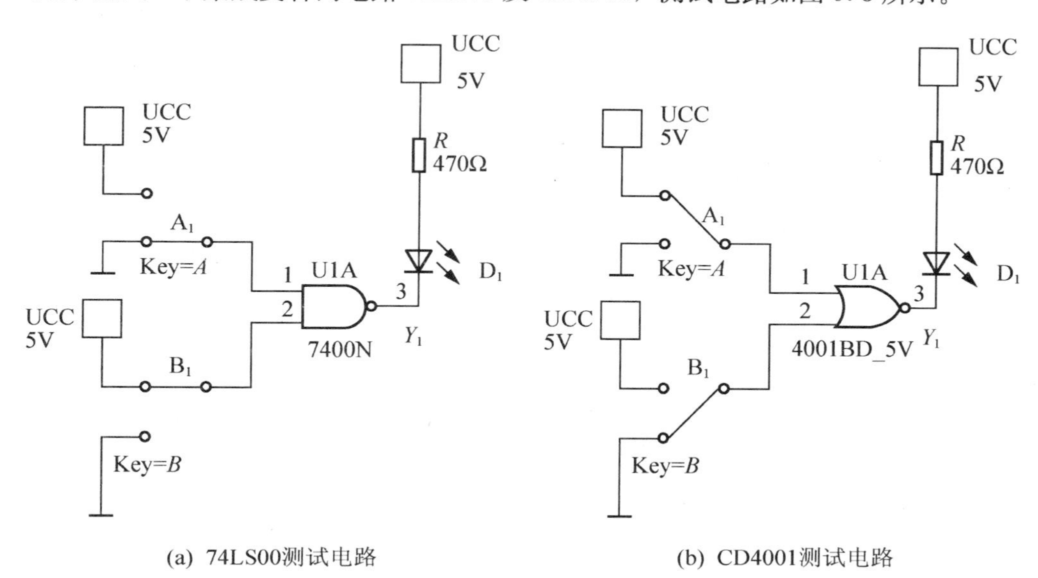

(a) 74LS00测试电路　　(b) CD4001测试电路

图9.3　集成组合门电路测试电路

测试器件见表9-1。

表9-1　器材列表

序号	名　称	规　格	数量
1	SN74LS00	DIP14	1
2	CD4001	DIP14	1
3	金属膜电阻	470 Ω	1
4	晶体管稳压电源		1
5	发光二极管	红色(ϕ 3)	1
6	开关	单刀双掷	2
7	面包板		1块
8	导线		若干

测试步骤如下。

1. 74LS00及CD4001的逻辑功能测试

查得74LS00及CD4001的外部引脚分布图，选择A_1、B_1、Y_1引脚，分别按图9.3(a)和(b)在面包板上正确接线，并按不同输入测试步骤进行测试。

2. 测试结果分析

(1) 74LS00 的测试结果表明，只有当两输入端均为高电平时，Y 输出为低电平，其他 3 种情况均为高电平，其逻辑功能见表 9-2。

表 9-2　74LS00 测试记录表

A	B	Y
0	0	1
0	1	1
1	0	1
1	1	0

(2) CD4001 的测试结果表明，其逻辑功能是输入端全为低电平时，输出才为高电平，其他 3 种情况输出均为低电平，其逻辑功能见表 9-3。

表 9-3　CD4001 测试记录表

A	B	Y
0	0	1
0	1	0
1	0	0
1	1	0

由测试结果可知 74LS00 为四二输入与非门，其特性表达式为：$Y=\overline{AB}$。其逻辑符号及外部引脚如图 9.4 所示。

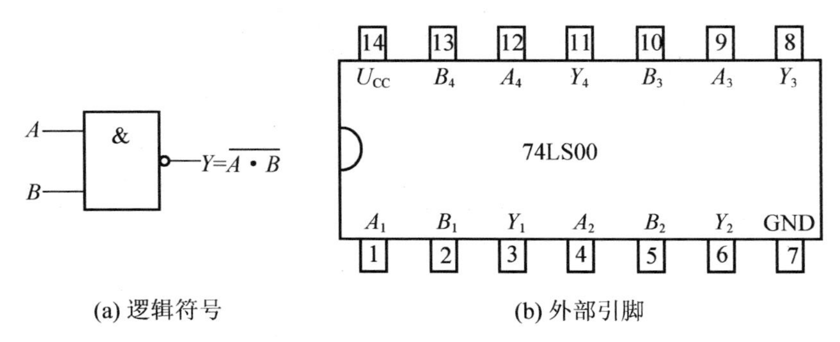

(a) 逻辑符号　　(b) 外部引脚

图 9.4　与非门 74LS00 逻辑符号及外部引脚

CD4001 为四二输入或非门，其特性表达式为：$Y=\overline{A+B}$。其逻辑符号及外部引脚如图 9.5 所示。

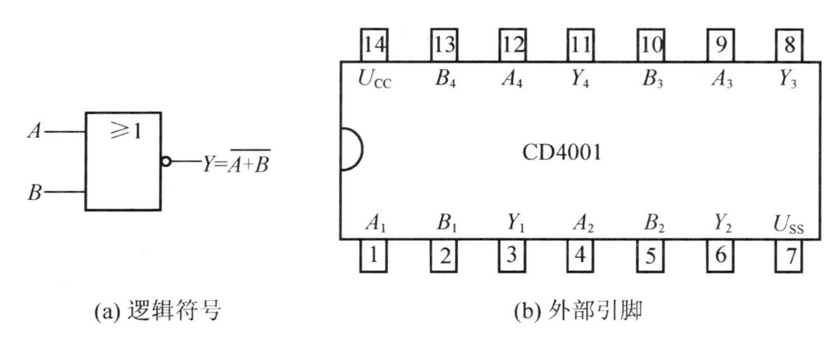

(a) 逻辑符号 (b) 外部引脚

图 9.5 或非门 CD4001 逻辑符号及外部引脚

9.1.2 集成异或门电路认知及测试

再来测试一下集成复合门电路 74LS86，测试电路如图 9.6 所示。

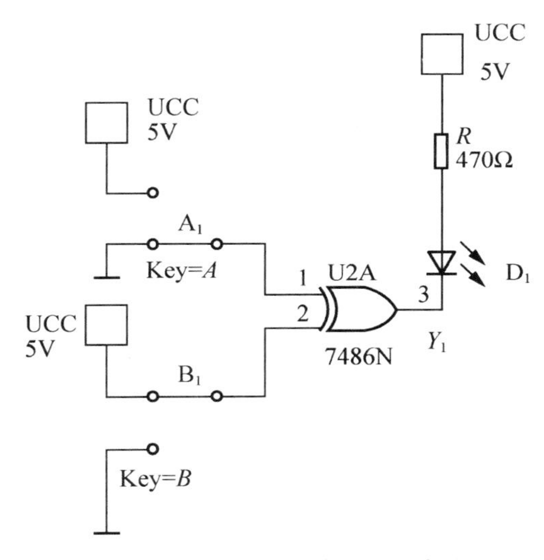

图 9.6 集成组合门电路测试电路

测试器件见表 9－4。

表 9－4 器材列表

序号	名　称	规　格	数量
1	74LS86	DIP14	1
2	金属膜电阻	470 Ω	1
3	晶体管稳压电源		1
4	发光二极管	红色（ϕ 3）	1
5	开关	单刀双掷	2
6	面包板		1 块
7	导线		若干

测试步骤如下。

1. 74LS86逻辑功能测试

查得74LS86的外部引脚分布图，选择A_1、B_1、Y_1引脚，分别按图9.6在面包板上正确接线，并按不同输入测试步骤进行测试。

2. 测试结果分析

(1) 74LS86的测试结果表明，只有当两输入端相同时，Y输出为高电平，发光二极管灭；两输入不同，Y输出为低电平，发光二极管亮，其逻辑功能见表9-5。

表9-5 74LS86测试记录表

A	B	$Y=A\oplus B$
0	0	0
0	1	1
1	0	1
1	1	0

由此可知74LS86"相同为0，相异为1"，为四二输入异或门，其特性表达式为：$Y=A\overline{B}+\overline{A}B=A\oplus B$。

其逻辑符号及外部引脚如图9.4所示。其他集成异或门还包括CD4030。

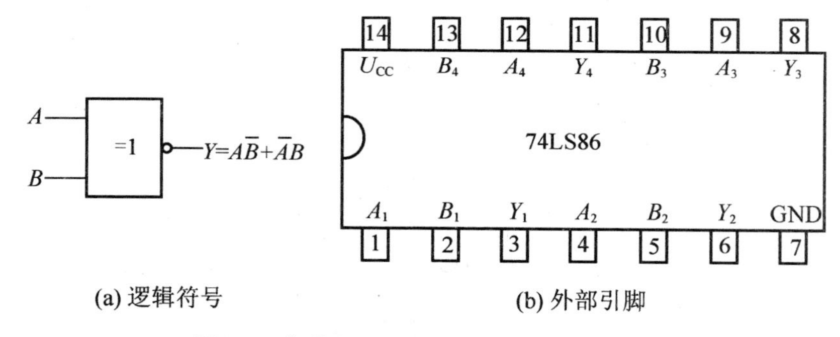

(a) 逻辑符号　(b) 外部引脚

图9.7 与非门74LS86逻辑符号及外部引脚

其他同或门、与或非门可由前面所用集成门电路自己搭建。

在上述所用的集成电路中，可观察到有两个类别，一个是74系列，另一个为CD系列，这个到底有何差别，接下来了解一下TTL和CMOS电路的特性。

9.2 常用集成TTL及CMOS门电路的认知

数字电路中，目前广泛使用的门电路有TTL门电路和CMOS门电路，其中上述测试中所用的74LS00、74LS04、74LS08等均为TTL集成电路，而CD4001以及后续项目中

所用的 CD4511、MC14553 等均为 CMOS 电路。

9.2.1　TTL 与 CMOS 集成逻辑门电路的组成及特性

1. TTL 与 CMOS 集成逻辑门电路的组成

TTL 集成电路使用 TTL 管，也就是 PN 结，即 TTL 电路是电流控制器件。

CMOS 集成电路使用 MOS 管，即 CMOS 电路是电压控制器件。

2. TTL 与 CMOS 电平

1）TTL 电平

输出高电平 $U_{OH} \geqslant 2.4V$，输出低电平 $U_{OL} \leqslant 0.4V$。在室温下，一般输出高电平是 $U_{OH}=3.5V$，输出低电平是 $U_{OL}=0.2V$。最小输入高电平和低电平：输入高电平 $U_{IH} \geqslant 2.0V$，输入低电平 $U_{IL} \leqslant 0.8V$。

2）CMOS 电平

逻辑电平电压接近于电源电压 0 逻辑电平接近于 0V。若 $V_{DD}=5V$，则 $U_{OH} \geqslant 4.45V$，$U_{OL} \leqslant 0.5V$；$U_{IH} \geqslant 3.5V$，$U_{IL} \leqslant 1.5V$。

3）RS232、RS422、RS485 电平

计算机 9 针标准串口 RS232 的电平采用负逻辑，其中 −15V～−3V 代表 1，+3V～+15V 代表 0。

而同样为计算机标准接口的 RS485 和 RS422 接口，其电平采用正逻辑，即 −6V～−2V 代表 0，+2V～+6V 代表 1。

3. CMOS 电路与 TTL 电路比较结果

（1）CMOS 电路的工作速度比 TTL 电路的低。

（2）CMOS 带负载的能力比 TTL 电路强。

（3）CMOS 电路的电源电压允许范围较大，约在 3～18V，抗干扰能力比 TTL 电路强。

（4）CMOS 电路的功耗比 TTL 电路小得多，但会随着信号频率的增加而增加。门电路的功耗只有几微瓦，中规模集成电路的功耗也不会超过 100μW。

9.2.2　TTL 与 CMOS 集成逻辑门电路的分类及特点

1. TTL 系列集成电路

集成 TTL 电路一般以 74 系列作为典型代表，见表 9 - 6。

表 9 - 6　74 系列集成 TTL 电路类型

系列分类	特性及应用现状
74 系列	早期的产品，现仍在使用，但正逐渐被淘汰

续表

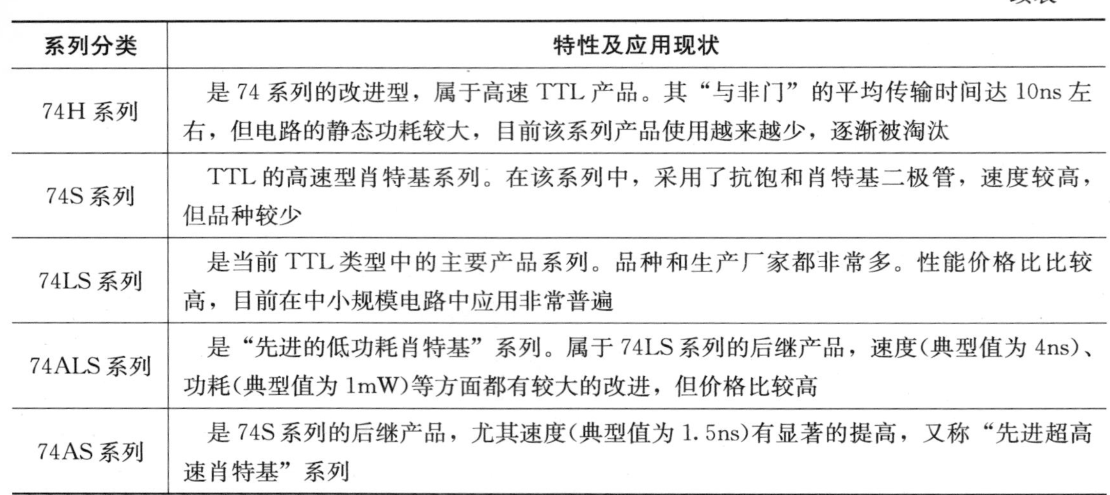

系列分类	特性及应用现状
74H 系列	是74系列的改进型，属于高速TTL产品。其“与非门”的平均传输时间达10ns左右，但电路的静态功耗较大，目前该系列产品使用越来越少，逐渐被淘汰
74S 系列	TTL的高速型肖特基系列。在该系列中，采用了抗饱和肖特基二极管，速度较高，但品种较少
74LS 系列	是当前TTL类型中的主要产品系列。品种和生产厂家都非常多。性能价格比比较高，目前在中小规模电路中应用非常普遍
74ALS 系列	是“先进的低功耗肖特基”系列。属于74LS系列的后继产品，速度(典型值为4ns)、功耗(典型值为1mW)等方面都有较大的改进，但价格比较高
74AS 系列	是74S系列的后继产品，尤其速度(典型值为1.5ns)有显著的提高，又称“先进超高速肖特基”系列

2. CMOS 系列集成电路

集成CMOS电路一般以CD、MC、CG、74HC等系列作为典型代表，CD系列集成CMOS电路的类型见表9-7。

表9-7　集成CMOS电路类型

系列分类	特性及应用现状
基本CMOS 4000系列	是早期的CMOS集成逻辑门产品，工作电源电压范围为3～18V，由于具有功耗低、噪声容限大、扇出系数大等优点，已得到普遍使用。缺点是工作速度较低，平均传输延迟时间为几十纳秒，最高工作频率小于5MHz
高速CMOSHC (HCT)系列	该系列电路在制造工艺上作了改进，使工作速度大大提高，平均传输延迟时间小于10ns，最高工作频率可达50MHz。HC系列的电源电压范围为2～6V。HCT系列的主要特点是与TTL器件电压兼容，它的电源电压范围为4.5～5.5V。它的输入电压参数为$U_{IH(min)}=2.0V$，$V_{IL(max)}=0.8V$，与TTL完全相同。另外，74HC/HCT系列与74LS系列的产品，只要最后3位数字相同，则两种器件的逻辑功能、外形尺寸、引脚排列顺序也完全相同，这样就为以CMOS产品代替TTL产品提供了方便
先进CMOS AC(ACT)系列	该系列的工作频率得到了进一步的提高，同时保持了CMOS超低功耗的特点。其中ACT系列与TTL器件电压兼容，电源电压范围为4.5～5.5V。AC系列的电源电压范围为1.5～5.5V。AC(ACT)系列的逻辑功能、引脚排列顺序等都与同型号的HC(HCT)系列完全相同
74HC 系列	54/74HC系列是高速CMOS标准逻辑电路系列，具有与74LS系列同等的工作度和CMOS集成电路固有的低功耗及电源电压范围宽等特点。74HC×××是74LS×××同序号的翻版，型号最后几位数字相同，表示电路的逻辑功能、引脚排列完全兼容，为用74HC替代74LS提供了方便

9.2.3　TTL与CMOS集成逻辑门电路多余输入端的处理及保护

1. TTL电路多余输入端的处理及保护措施(图9.8～图9.10)

(1) 将多余输入端接高电平，即通过限流电阻与电源相连接。

(2) 根据TTL门电路的输入特性可知，当外接电阻为大电阻时，其输入电压为高电平。这样可以把多余的输入端悬空，此时，输入端相当于外接高电平“1”。

(3) 通过大电阻接地，这也相当于输入端外接高电平“1”。

(4) 当TTL门电路的工作速度不高，信号源驱动能力较强时，多余输入端也可与使用的输入端并联使用。

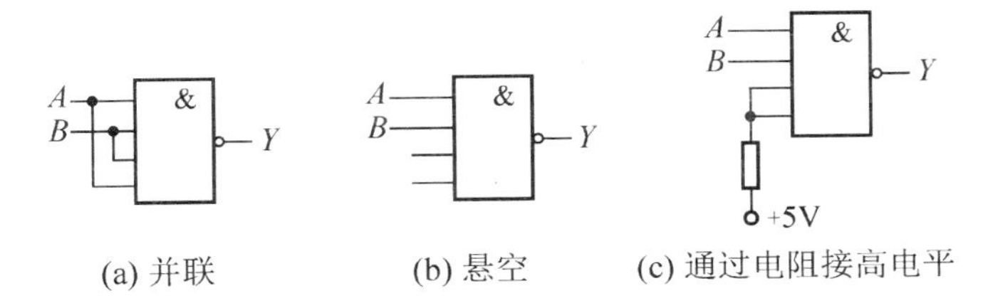

(a) 并联　(b) 悬空　(c) 通过电阻接高电平

图9.8　TTL与门、与非门多余输入端的处理

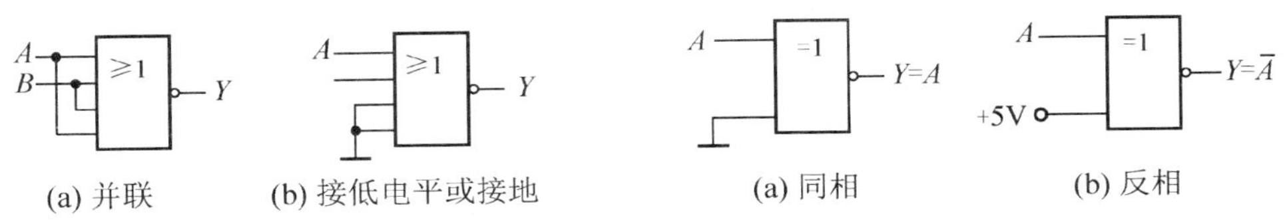

(a) 并联　(b) 接低电平或接地　(a) 同相　(b) 反相

图9.9　TTL或门、或非门多余输入端的处理　　图9.10　异或门的输入端处理

2. CMOS电路多余输入端的处理及保护措施(图9.11、图9.12)

(1) CMOS电路的输入端不允许悬空，因为悬空会使电位不定，破坏正常的逻辑关系。另外，悬空时输入阻抗高，易受外界噪声干扰，使电路产生误动作，而且也极易造成栅极感应静电而击穿。所以“与”门、“与非”门的多余输入端要接高电平，“或”门和“或非”门的多余输入端要接低电平。在电路的工作速度不高，功耗也不需特别考虑时，则可以将多余输入端与使用端并联。

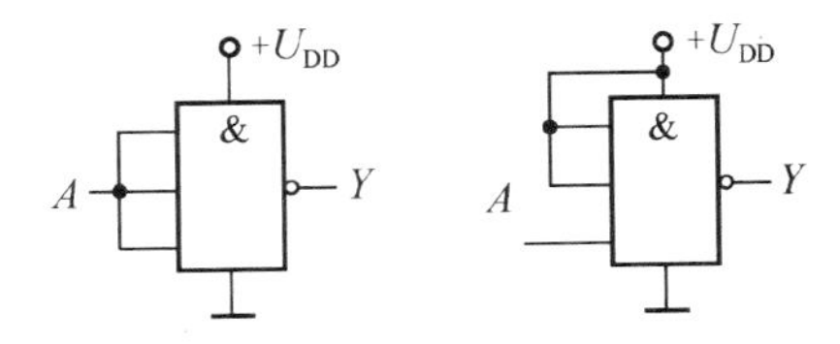

图9.11　CMOS与非门多余输入端的处理

(2) 输入端接长导线时的保护。在应用中有时输入端需要接长的导线，而长输入线必然有较大的分布电容和分布电感，易形成LC振荡，特别当输入端一旦发生负电压，极易

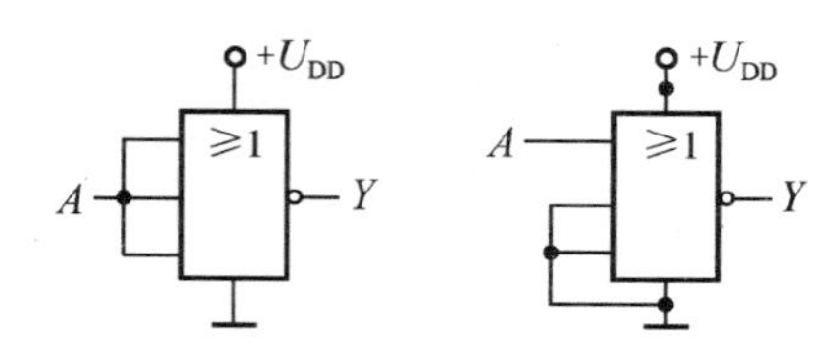

图 9.12　CMOS 或非门多余输入端的处理

破坏 CMOS 中的保护二极管。其保护办法为在输入端处接一个电阻。

(3) 输入端的静电防护。虽然各种 CMOS 输入端有抗静电的保护措施，但仍需小心对待，在存储和运输中最好用金属容器或者导电材料包装，不要放在易产生静电高压的化工材料或化纤织物中。组装、调试时，工具、仪表、工作台等均应良好接地。要防止操作人员的静电干扰造成的损坏，如不宜穿尼龙、化纤衣服，手或工具在接触集成块前最好先接一下地。对器件引线矫直弯曲或人工焊接时，使用的设备必须良好接地。

(4) 输入信号的上升和下降时间不宜过长，否则一方面容易造成虚假触发而导致器件失去正常功能，另一方面还会造成大的损耗。

(5) CMOS 电路具有很高的输入阻抗，致使器件易受外界干扰、冲击和静电击穿，所以为了保护 CMOS 管的氧化层不被击穿，一般在其内部输入端接有二极管保护电路。

9.2.4　特殊 TTL 与 CMOS 集成逻辑门电路及应用

1. 集成 TTL 三态门 74LS125 认知及应用

1) 三态门特性

三态门的输出有 0、1 和高阻这 3 种状态，图 9.13 所示为三态与非门的逻辑符号，其中 74LS125 为四一输入三态门。

当使能端 $\overline{EN}=0$ 时，三态门相当于一个正常的传输门，输出 $Y=A$，有 0、1 两种状态，称为正常工作状态。当 $\overline{EN}=1$ 时，这时从输出端看进去，对地和对电源都相当于开路，呈现高阻，所以称这种状态为高阻态，也称禁止态。其输出逻辑函数式为：$Y=A$ ($\overline{EN}=0$)，$Y=$高阻($\overline{EN}=1$)。三态门仿真电路如图 9.14 所示。

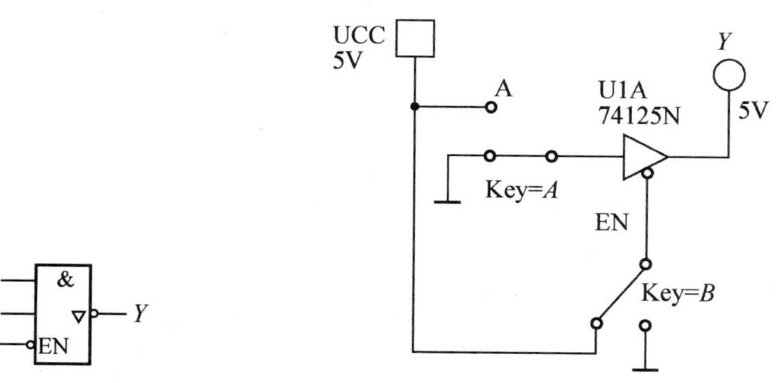

图 9.13　三态门逻辑符号

图 9.14　三态门仿真电路

2）三态门的应用

三态门在计算机总线结构中有着广泛的应用。

图 9.15(a)所示为三态与非门组成的单向总线，可实现信号的分时传送。

图 9.15(b)所示为三态非门组成的双向总线。当 $EN=1$ 时，G_1 正常工作，G_2 为高阻态，输入数据 D_1 经 G_1 反相后送到总线上；当 $EN=0$ 时，G_2 正常工作，G_1 为高阻态，总线上的数据 D_0 经 G_2 反相后输出 $\overline{D_0}$，这样就实现了信号的分时双向传送。

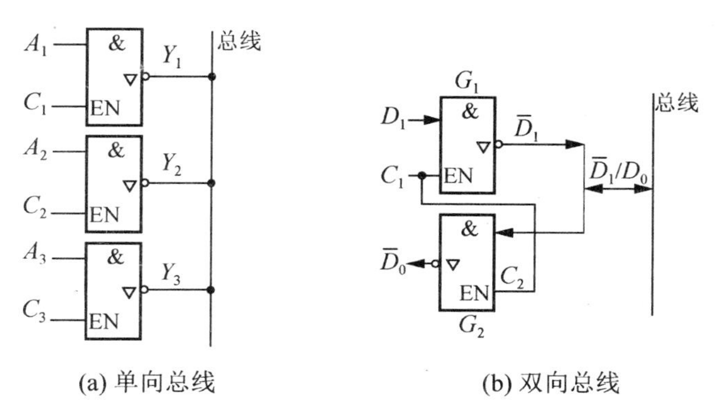

图 9.15　三态门组成的总线

2. 集电极开路与非门(OC 门)或(OD 门)

在工程设计及应用中，有时需要将几个门的输出端直接并联使用，以实现与逻辑，称为“线与”。但是普通 TTL 门电路的输出结构决定了它不能进行线与，而集电极开路与非门可实现该功能，其逻辑符号如图 9.16 所示。

1）集电极开路与非门实现线与

以集成 OC 与非门 74LS01 为例，两个 OC 与非门实现线与时的电路如图 9.17 所示。

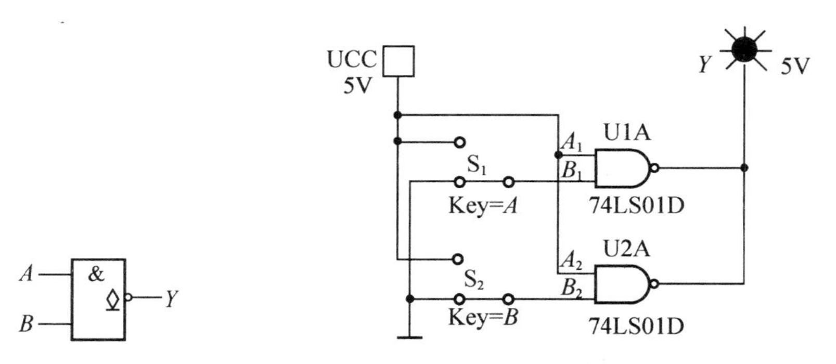

图 9.16　集电极开路与非门逻辑符号　　图 9.17　OC 与非门实现线与

此时的逻辑关系为

$$Y=Y_1Y_2=\overline{A_1B_1}\cdot\overline{A_2B_2}$$

即 OC 与非门通过线与实现了与或非逻辑功能。

2）电平转换

在数字系统的接口部分(与外部设备相连接的地方)需要有电平转换时，常用 OC 门来

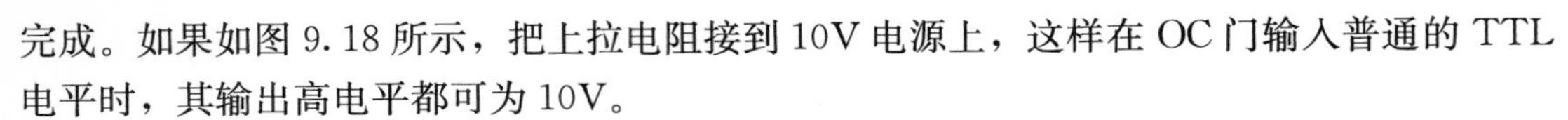

完成。如果如图 9.18 所示，把上拉电阻接到 10V 电源上，这样在 OC 门输入普通的 TTL 电平时，其输出高电平都可为 10V。

3）驱动器

可用 OC 门驱动发光二极管、指示灯、继电器和脉冲变压器等。图 9.19 是用 OC 门驱动发光二极管的电路。

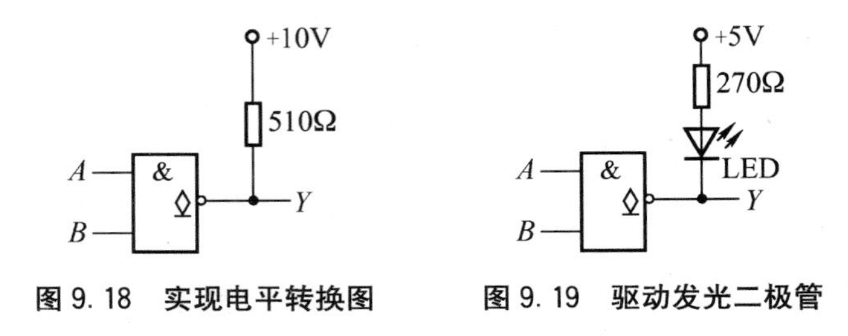

图 9.18　实现电平转换图　　图 9.19　驱动发光二极管

9.3　数显电容计超量程指示电路的制作

数显电容计超量程仿真电路如图 9.20 所示。

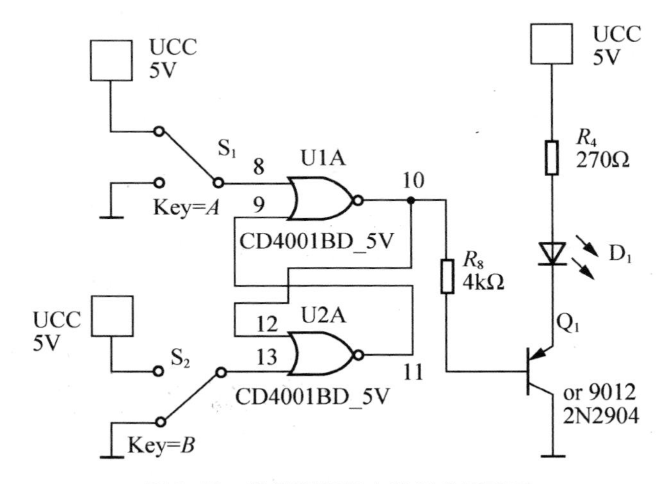

图 9.20　超量程指示电路部分原理图

器件清单见表 9－8。

表 9－8　数显电容计超量程指示电路器件清单

序　　号	名　　称	规　　格	数　　量
1	集成或非门	CD4001	1
2	晶体管稳压电源		1
3	发光二极管	红色(ϕ 3)	1
4	开关	单刀双掷	1
5	金属膜电阻	270 Ω	1

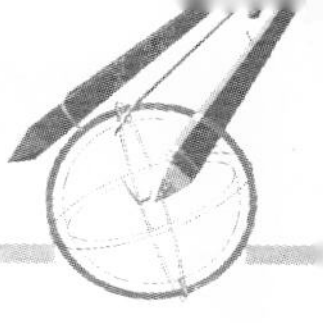

续表

序　号	名　称	规　格	数　量
6	金属膜电阻	3kΩ	1
7	晶体管	9012	1
8	信号发生器		1
9	面包板		1
10	数显电容计 PCB 板		1
11	导线		若干

制作步骤如下。

(1) 按图 9.20 在面包板上正确接线，并将开关 S_1、S_2 均拨至接地端，确认无误后通电并观察 LED 的工作情况。

(2) 将单刀双掷开关 S_2 扳至电源端持续几秒后接地，使 CD4001 的 8 脚输入正脉冲，再次观察 LED 的工作情况。

(3) 将复位开关 S_2 拨至电源端可靠复位，重复步骤(1)和步骤(2)的过程。

测试结果分析如下。

(1) 当 CD4001 的 8 脚输入为低电平时，10 脚($\overline{Q}$)输出为低电平，故发光二极管熄灭，代表所测电容大小未超过最大值。

(2) 当 CD4001 的 8 脚输入高电平时，则 10 脚($\overline{Q}$)必输出 0，发光二极管亮，表明所测电容超出最大值。

(3) 当复位信号为高电平时，则 $\overline{Q}$ 端被置 1，LED 熄灭，等待下一次测量。

测试完毕后，将面包板上所有元件安装于数显电容计 PCB 板上。

特别提示

电路结构及原理分析

超量程指示电路是由 CD4001 电阻、晶体管及 LED 组成的，其中 CD4001 的 8 脚输入连接至项目 11 中用到的 3 位集成 BCD 计数器 MC14553 的 OF 端。

由 CD4001 所构成的超量程指示电路其实为 1RS 触发器，将在项目 13 中作详细介绍。由图可知，若 MC14553 计数到第 1000 个脉冲，其 OF 端将会输出一个正脉冲，使 CD4001 的 10 脚($\overline{Q}$)输出 0，使 9012 饱和，并使 LED 点亮，表示被测电容容量已超过 999nF，此时显示器读数已不再是被测电容的容量。同时在复位信号的作用下，CD4001 的 10 脚($\overline{Q}$)恢复为 1，LED 熄灭，等待下一次测量。

项目小结

(1) 最基本的逻辑运算有与、或、非运算，由这3种最基本的运算可以组成与非、或非、与或非、同或、异或等运算，各种运算有其所对应的运算法则。

(2) 目前普遍使用的数字集成电路主要有两大类，即TTL集成电路和CMOS集成电路。

(3) TTL集成逻辑门电路的输入级采用多发射极晶体管，输出级采用达林顿结构，这不仅提高了门电路的开关速度，也使电路有较强的带负载能力。

(4) 在TTL系列中，除了有实现各种基本逻辑功能的门电路以外，还有集电极开路门(OC门)和三态门。OC门能够实现线与，还可用来驱动需要一定功率的负载。三态门可用来实现总线结构。

(5) CMOS集成电路与TTL门电路相比，优点是功耗低、扇出数大(指带同类门负载)、噪声容限大、开关速度与TTL接近，已成为数字集成电路的发展方向。

(6) 为了更好地使用数字集成芯片，应熟悉TTL和CMOS各个系列产品的外部电气特性及主要参数，还应能正确处理多余输入端，能正确解决不同类型电路间的接口问题及抗干扰问题。

(7) 在逻辑体制中有正、负逻辑两种规定，一般情况下，人们习惯于采用正逻辑。同样一个逻辑门电路，利用正、负逻辑等效变换原则，可以使逻辑关系更明确。

习　　题

一、选择题

9.1　对TTL与非门多余输入端的处理，不能将它们(　　)。

A. 与有用输入端并联　　B. 接地

C. 接高电平　　D. 悬空

9.2　输出端可直接连在一起实现“线与”逻辑功能的门电路是(　　)。

A. 与非门　　B. 或非门　　C. 三态门　　D. OC门

9.3　为实现数据传输的总线结构，要选用(　　)门电路。

A. 或非　　B. OC　　C. 三态　　D. 与或非

9.4　图9.21所示电路中为TTL逻辑门，其输出F为(　　)。

A. $\overline{AB\overline{C}+BC}$　　B. $AB\overline{C}+\overline{B}C$

C. $\overline{AB}\,\overline{C}+\overline{B}C$　　　　D. $\overline{ABC}+B\overline{C}$

9.5　图 9.22 中为 TTL 逻辑门，其输出 Y 为(　　)。

A. $\overline{AB}\cdot\overline{AC}$　　　　B. $\overline{AB}+\overline{AC}$

C. $\overline{AB+BC}$　　　　D. $\overline{AB+AC}$

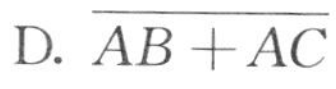

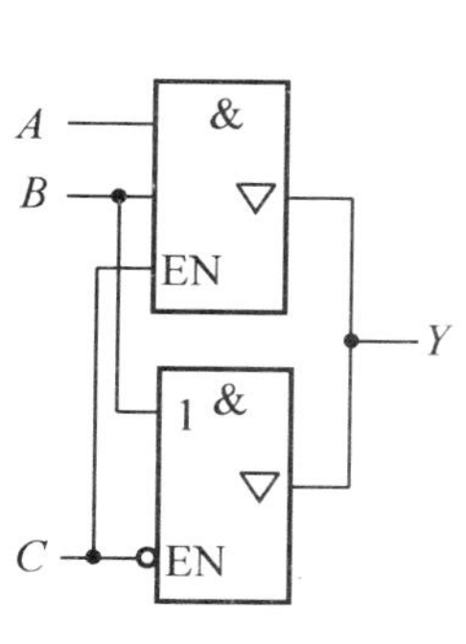

图 9.21　题 9.4 图

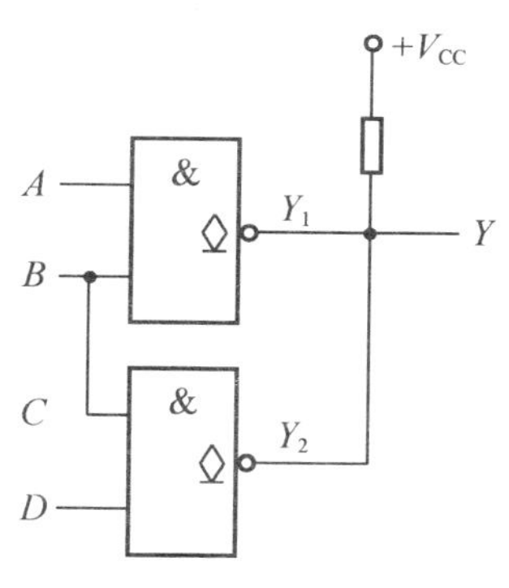

图 9.22　题 9.5 图

9.6　图 9.23 为 TTL 逻辑门，其输出 Y 为(　　)。

A. $\overline{A}\,\overline{B}$　　　　B. AB　　　　C. $\overline{A}\,\overline{B}+AB$　　　　D. $\overline{A}B+A\overline{B}$

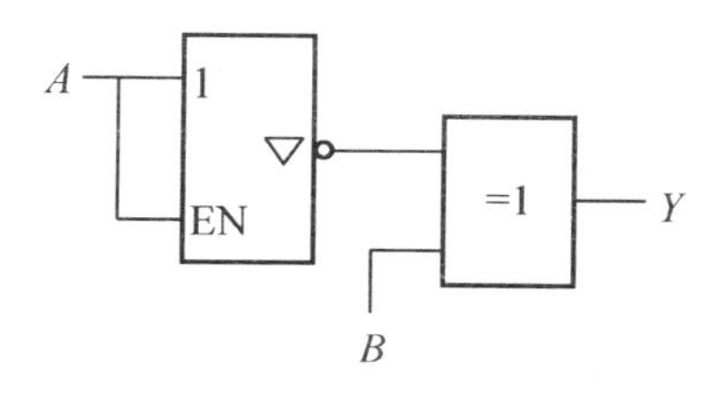

图 9.23　题 9.6 图

二、判断题

9.7　TTL 与非门的多余输入端可以接固定高电平。　　(　　)

9.8　当 TTL 与非门的输入端悬空时相当于输入为逻辑“1”。　　(　　)

9.9　两输入端四与非门器件 74LS00 与 7400 的逻辑功能完全相同。　　(　　)

9.10　CMOS 或非门与 TTL 或非门的逻辑功能完全相同。　　(　　)

9.11　三态门的 3 种状态分别为：高电平、低电平、不高不低的电压。　　(　　)

9.12　一般 TTL 门电路的输出端可以直接相连，实现线与。　　(　　)

9.13　CMOS OD 门(漏极开路门)的输出端可以直接相连，实现线与。　　(　　)

9.14　TTL OC 门(集电极开路门)的输出端可以直接相连，实现线与。　　(　　)

三、填空题

9.15　一般 TTL 集成门电路的平均传输延迟时间比 CMOS 集成门电路________，功耗比 CMOS 门电路________。

9.16　对 CMOS 逻辑门，未使用的输入端应当按逻辑要求接________或接________，而不允许________。

9.17　CMOS门电路的功耗随着输入信号频率的增加而________。

9.18　可用作多路数据分时传输的逻辑门是________门。

9.19　三态门的输出可以出现________、________、________三种状态。

9.20　在TTL门电路中，输入端悬空在逻辑上等效于输入________电平。

9.21　标准TTL门输出高电平典型值是________伏，低电平典型值是________伏。

9.22　正逻辑系统规定，高电平表示逻辑________态；低电平表示逻辑________态。

9.23　TTL、CMOS电路的抗干扰能力是________强于________。

四、作图题

9.24　TTL电路如图9.24(a)所示，加在输入端的波形如图9.24(b)所示，画出输出Y的波形。

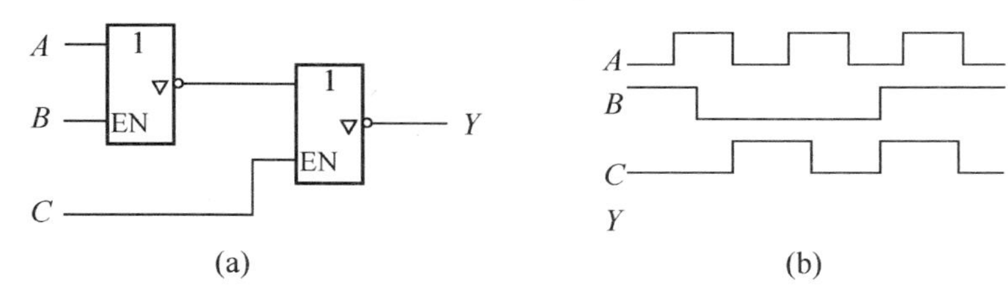

图9.24　题9.24图

9.25　已知输入端A、B、C的输入波形如图9.25所示，试画出经过与门、或门、与非门、或非门后的输出波形。

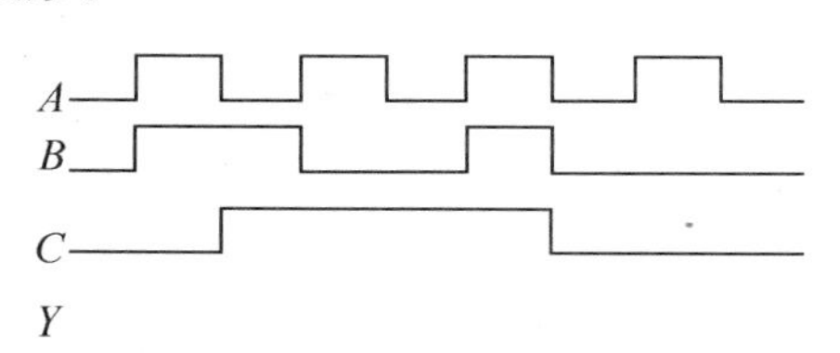

图9.25　题9.25图

项目10

组合逻辑电路的认知及数显电容计显示电路的制作

学习目标

1. 知识目标

(1) 掌握组合逻辑电路的分析和设计方法。

(2) 掌握常用组合集成电路的使用方法。

2. 技能目标

(1) 利用简单的元器件实现表决器的制作。

(2) 实现对常用集成组合逻辑电路(74LS138)等的测试。

(3) 制作数显电容计显示电路。

生活提点

生活中经常用到数码产品，包括MP3、手机、计算器等，电路必须按一定的数字逻辑进行工作，但又不具备时效性，即无记忆功能，这样的一类电路被称为组合逻辑电路，而本项目中将运用集成组合逻辑电路完成数显电容计显示译码电路的制作。

项目任务

制作数显电容计显示电路，采用译码器实现所测电容大小的显示。

数显电容计显示译码电路如图 10.1 所示。

图 10.1 显示译码部分实物图

项目实施

10.1 三人表决电路的制作

利用集成与非门电路 74LS00 设计三输入表决电路，当输入端有两个或者两个以上高电平时，输出端二极管亮，表明表决通过。

测试电路如图 10.2 所示。

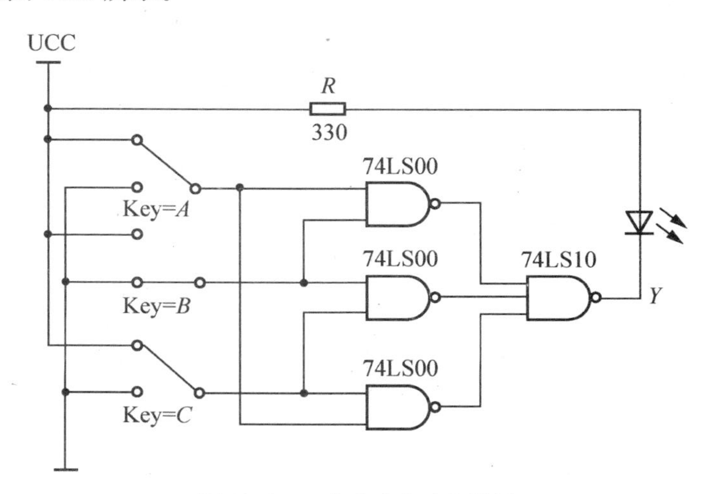

图 10.2 三人表决电路接线图

测试器件见表 10－1。

表 10-1 三人表决电路器件清单

序　号	名　称	规　格	数　量
1	面包板		1
2	电阻	330 Ω	1
3	发光二极管	红色(ϕ 3)	1
4	74LS00	两输入与非门	1
5	74LS10	三输入与非门	1
6	晶体管稳压电源		1
7	指针式万用表		1台

测试步骤如下。

(1) 按照图 10.2 在面包板上进行连线。

(2) 当输入端 A、B、C 输入表 10-2 中的信号时，观察二极管是否亮，并记录在表中。

表 10-2 记录表

A	B	C	Y(填亮或灭)
0	0	0	
0	0	1	
0	1	0	
0	1	1	
1	0	0	
1	0	1	
1	1	0	
1	1	1	

测试结果分析如下。

结果表明：当 3 个输入端有两个或者两个以上高电平时，二极管亮(由接线图可知，当 Y 输出为高电平时 LED 亮)，表明表决通过。

上述测试中，通过 74LS00 的组合实现了三人表决，同时也可观察到，上述测试电路在测试时，其输出状态是“0”还是“1”关键取决于当前输入的状态，这是将要学习的数字电路的一种组态——组合逻辑电路。

数字电路根据逻辑功能的不同可分为组合逻辑电路(简称组合电路)和时序逻辑电路(简称时序电路)两大类。任一时刻电路的输出仅仅取决于该时刻的输入信号，而与电路原来的状态无关，这种电路称为组合逻辑电路。组合逻辑电路是由门电路组合而成的，可以有一个或多个输入端，也可以有一个或多个输出端。组合电路的示意图如图 10.3 所示。

图 10.3　组合逻辑电路框图

10.1.1　组合逻辑电路的分析方法

所谓组合逻辑电路的分析，就是根据给定的逻辑电路图，确定其逻辑功能。分析组合逻辑电路的目的是确定已知电路的逻辑功能或者检查电路设计是否合理。

组合逻辑电路通常采用的分析步骤如下。

(1) 根据给定逻辑电路图，写出逻辑函数表达式。

(2) 化简逻辑函数表达式。

(3) 根据最简逻辑表达式列真值表。

(4) 观察真值表中输出与输入的关系，描述电路逻辑功能。

例 10.1　分析图 10.4 所示组合逻辑电路的逻辑功能。

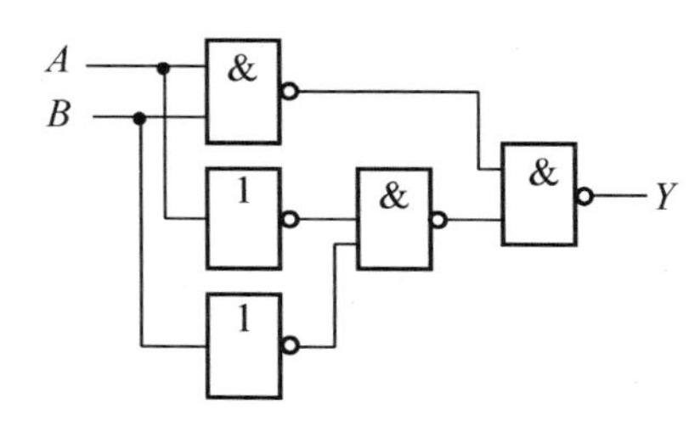

图 10.4　组合逻辑电路框图

(1) 写出逻辑式并化简。

$$Y=\overline{\overline{AB}\cdot\overline{\overline{A}\cdot\overline{B}}}=\overline{\overline{AB}}+\overline{\overline{\overline{A}\cdot\overline{B}}}=AB+\overline{A}\cdot\overline{B}$$

(2) 列逻辑状态表，见表 10 - 3。

表 10 - 3　图 10.4 电路的逻辑真值表

A	B	Y
0	0	1
0	1	0
1	0	0
1	1	1

(3) 分析逻辑功能。

输入相同则输出为“1”，输入相异则输出为“0”，称为“判一致电路”(“同或门”)，可用于判断各输入端的状态是否相同。

10.1.2　组合逻辑电路的设计方法

与分析过程相反，组合逻辑电路的设计是根据给定的实际逻辑问题，求出实现其逻辑功能的最简逻辑电路。

同时，工程上的最佳设计通常需要用多个指标去衡量，主要考虑的问题有以下几个方面。

（1）所用的逻辑器件数目最少，器件的种类最少，且器件之间的连线最简单。这样的电路称“最小化”电路。

（2）满足速度要求，应使级数尽量少，以减少门电路的延迟。

（3）功耗小，工作稳定可靠。

组合逻辑电路的设计步骤如下。

（1）分析设计要求，设置输入变量和输出变量并逻辑赋值。

（2）列真值表，根据上述分析和赋值情况，将输入变量的所有取值组合和与之相对应的输出函数值列表，即得真值表。

（3）写出逻辑表达式并化简。

（4）画逻辑电路图。

例 10.2　试设计三人表决电路。

解：(1) 根据题意，设输入为 A，B，C，输出为 Y，同意用“1”表示，反对用“0”表示，决议通过用“1”表示，不通过用“0”表示，可列出真值表 10-4。

表 10-4　逻辑真值表

A　B　C	Y	A　B　C	Y
0　0　0	0	1　0　0	0
0　0　1	0	1　0　1	1
0　1　0	0	1　1　0	1
0　1　1	1	1　1　1	1

(2) 写出输出端的逻辑函数表达式。

$$Y=\overline{A}BC+A\overline{B}C+AB\overline{C}+ABC$$

(3) 利用卡诺图化简逻辑函数并转换成最简与非表达式。

$$Y=AB+BC+AC=\overline{\overline{AB}\;\overline{BC}\;\overline{AC}}$$

(4) 绘制逻辑电路，如图 10.5 所示。

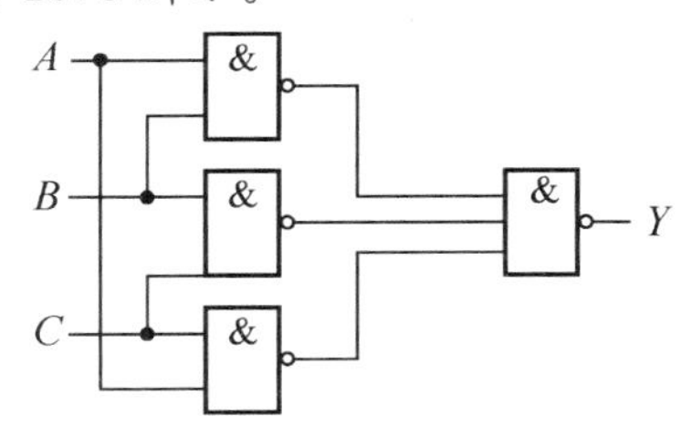

图 10.5　三人表决组合逻辑电路

例 10.2 利用分立门电路搭接了具有一定逻辑功能的组合逻辑电路，需要的组合逻辑电路固然能通过刚才的方法利用门电路进行搭接，但缺点是该种电路所需的硬件多、连线多、电路复杂，从而造成功耗、重量及体积增大，同时特性较差，所以可利用现成的集成数字组合逻辑电路来搭接相应的功能电路，接下来介绍常见的集成组合逻辑电路。

10.2　常见集成组合逻辑电路的认知及测试

常见集成组合逻辑电路的实物如图 10.6 所示。

(a) 集成译码器74LS138

(b) 集成编码器74LS148

(c) 集成多路电子开关CD4067

图 10.6　常见集成组合逻辑电路实物

10.2.1　编码器

在数字系统中，把二进制码按一定的规律编排，使每组代码具有特定的含义，称为编码。具有编码功能的逻辑电路称为编码器。编码器是一个多输入多输出的组合逻辑电路。

1. 编码器分类

1）普通编码器

普通编码器分二进制编码器和非二进制编码器。若输入信号的个数 N 与输出变量的位数 n 满足 $N=2^n$，此电路称为二进制编码器；若输入信号的个数 N 与输出变量的位数 n 不满足 $N=2^n$，此电路称为非二进制编码器。普通编码器任何时刻只能对其中一个输入信息进行编码，即输入的 N 个信号是互相排斥的。如编码器输入为 4 个信号，输出为两位代码，则称为 4 线—2 线编码器(或 4/2 线编码器)。

2）优先编码器

优先编码器是当多个输入端同时有信号时，电路只对其中优先级别最高的信号进行编码的编码器。

3）集成编码器

10 线—4 线集成优先编码器常见型号为 54/74147、54/74LS147，8 线—3 线常见型号为 54/74148、54/74LS148。

2. 编码器应用举例

1）集成二进制优先编码器 74LS148

74LS148 是一种常用的 8 线—3 线优先编码器。其外形和引脚如图 10.7 所示。

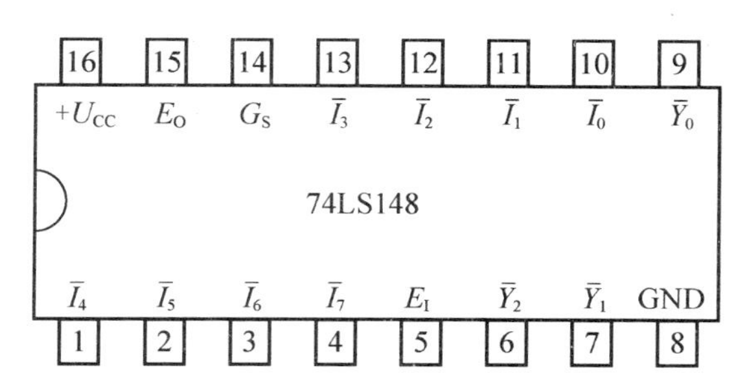

图 10.7　集成编码器 74LS148

测试电路如图 10.8 所示。

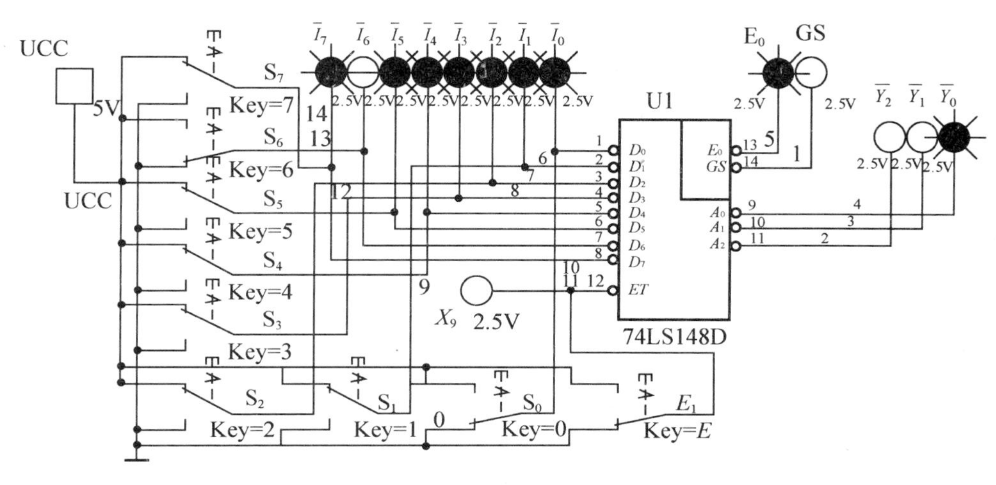

图 10.8　集成编码器 74LS148 测试电路

其逻辑功能见表 10-5，其中 $\overline{I}_0 \sim \overline{I}_7$ 为编码输入端，有效编码输入为 0。$\overline{Y}_2$ 、$\overline{Y}_1$ 、$\overline{Y}_0$ 为编码输出端。通过图 10.8 测试电路的测试，可得到如下功能。

表 10-5　74LS148 优先编码器逻辑功能表

输入端									输出端				
$\overline{EI}$	$\overline{I}_0$	$\overline{I}_1$	$\overline{I}_2$	$\overline{I}_3$	$\overline{I}_4$	$\overline{I}_5$	$\overline{I}_6$	$\overline{I}_7$	$\overline{Y}_2$	$\overline{Y}_1$	$\overline{Y}_0$	GS	EO
1	×	×	×	×	×	×	×	×	1	1	1	1	1
0	1	1	1	1	1	1	1	1	1	1	1	1	0
0	×	×	×	×	×	×	×	0	0	0	0	0	1
0	×	×	×	×	×	×	0	1	0	0	1	0	1
0	×	×	×	×	×	0	1	1	0	1	0	0	1
0	×	×	×	×	0	1	1	1	0	1	1	0	1
0	×	×	×	0	1	1	1	1	1	0	0	0	1
0	×	×	0	1	1	1	1	1	1	0	1	0	1
0	×	0	1	1	1	1	1	1	1	1	0	0	1
0	0	1	1	1	1	1	1	1	1	1	1	0	1

其功能如下。

(1) $\overline{EI}$ 为使能输入端，低电平有效，若为高电平，则禁止编码。

(2) 优先顺序为 $\overline{I}_7 \rightarrow \overline{I}_0$，即 $\overline{I}_7$ 的优先级最高，然后是 $\overline{I}_6$、$\overline{I}_5$、…、$\overline{I}_0$。

(3) EO 为使能输出端，它只在允许编码(即 $\overline{EI}=0$)但又无编码输入信号时为 0，其他均输出为 1。

(4) GS 为片优先编码输出端，它在允许编码(即 $\overline{EI}=0$)，且有编码输入信号时为 0。若允许编码但无编码输入为 1。在不允许编码(即 $\overline{EI}=1$)时输出也为 1。

2) 集成 BCD8421 优先编码器 74LS147

74LS147 的引脚图如图 10.9 所示，其中第 15 脚 NC 为空。74LS147 优先编码器有 9 个输入端 $\overline{I}_1 \sim \overline{I}_9$ 和 4 个输出端 $\overline{Y}_0 \sim \overline{Y}_3$。某个输入端为 0，代表输入某一个十进制数。当 9 个输入端全为 1 时，输出 $\overline{Y}_3\overline{Y}_2\overline{Y}_1\overline{Y}_0=1111$，与 $\overline{I}_0=0$ 的输出编码相同，故不需单设管脚 $\overline{I}_0$。4 个输出端反映输入十进制数的 BCD 码编码输出。其测试电路如图 10.10 所示。

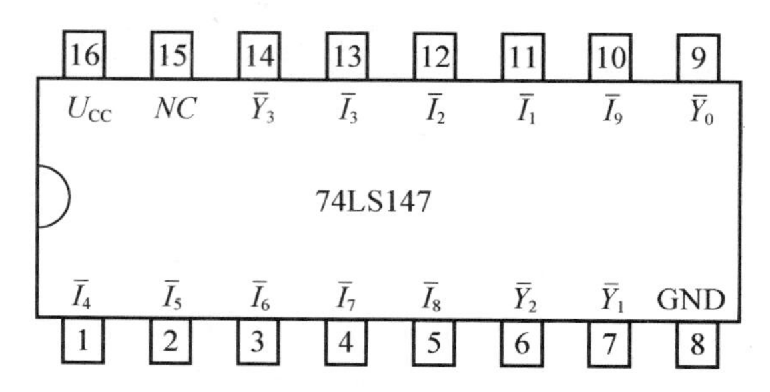

图 10.9　集成编码器 74LS147

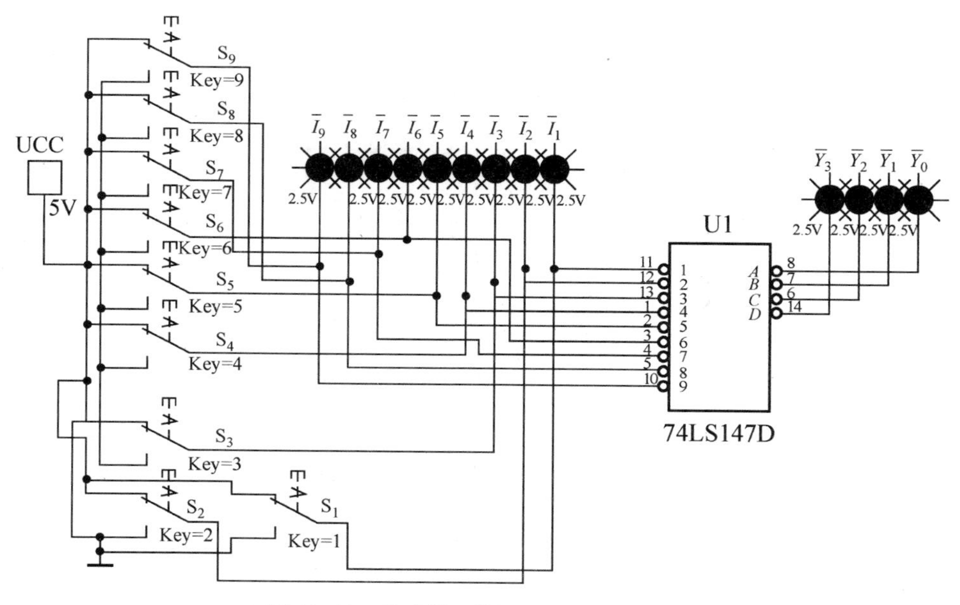

图 10.10　集成编码器 74LS147 测试电路

74LS147 优先编码器其功能表见表 10－6。

表 10-6　74LS147 优先编码器逻辑功能表

输入端									输出端			
$\overline{I_1}$	$\overline{I_2}$	$\overline{I_3}$	$\overline{I_4}$	$\overline{I_5}$	$\overline{I_6}$	$\overline{I_7}$	$\overline{I_8}$	$\overline{I_9}$	$\overline{Y_3}$	$\overline{Y_2}$	$\overline{Y_1}$	$\overline{Y_0}$
×	×	×	×	×	×	×	×	0	0	1	1	0
×	×	×	×	×	×	×	0	1	0	1	1	1
×	×	×	×	×	×	0	1	1	1	0	0	0
×	×	×	×	×	0	1	1	1	1	0	0	1
×	×	×	×	0	1	1	1	1	1	0	1	0
×	×	×	0	1	1	1	1	1	1	0	1	1
×	×	0	1	1	11	1	1	1	1	0	0	
×	0	1	1	1	1	1	1	1	1	1	0	1
0	1	1	1	1	1	1	1	1	1	1	1	0
1	1	1	1	1	1	1	1	1	1	1	1	1

10.2.2　译码器

译码是编码的逆过程，即将每一组输入的二进制代码“翻译”成为一个特定的输出信号。实现译码功能的数字电路称为译码器。集成译码器分为二进制译码器、二-十进制译码器和显示译码器 3 种。

1. 译码器分类

1）二进制译码器

集成二进制译码器由于其输入、输出端的数目满足 $2^N=M$，属完全译码器，故分为双 2-4 线译码器、3-8 线译码器、4-16 线译码器等。如 74LS138 为 3-8 线译码器，其引脚排列如图 10.11 所示。

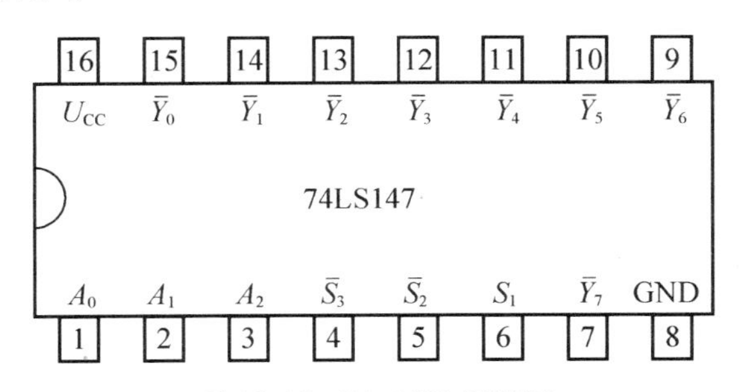

图 10.11　74LS138 引脚图

2）非二进制译码器

非二进制译码器种类很多，其中二-十进制译码器应用较广泛。二-十进制译码器又称 4-10 线译码器，属不完全译码器。二-十进制译码器常用的型号有 TTL 系列的 54/7442、

54/74LS42 和 CMOS 系列中的 54/74HC42、54/74HCT42 等。

2. 译码器应用举例

译码器是组合逻辑电路的一种典型电路，下面通过对 3－8 译码器 74LS138 的测试来了解集成组合逻辑电路的逻辑功能及特性，测试电路如图 10.12 所示。

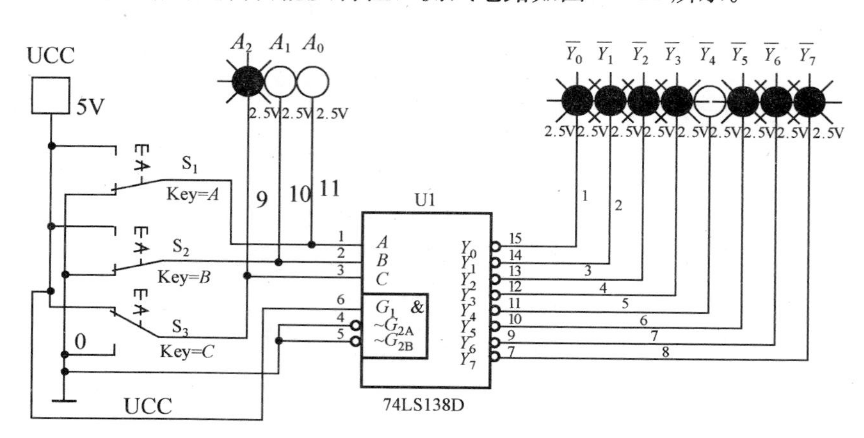

图 10.12　74LS138 测试电路图

器件清单见表 10－7。

表 10－7　74LS138 测试项目器件清单

序　号	名　称	规　格	数　量
1	晶体管稳压电源		1 台
2	面包板		1 块
3	发光二极管	红色(ϕ 3)	11
4	集成译码器	74LS138	1
5	导线		若干

测试步骤如下。

(1) 按图 10.12 测试电路将器件装在面包板上，并正确连线。

(2) 将晶体管稳压电源电压调至＋5V，将 74LS138 的 8 个输出 $\overline{Y}_0 \sim \overline{Y}_7$，通过限流电阻 $R_0 \sim R_7$ 和发光二极管 $D_0 \sim D_7$ 的负极相连，正极接电源电压＋5V；74LS138 的输入 A_0、A_1、A_2 接双联开关 S_1、S_2、S_3，可分别接地和通过限流电阻接电源，即每个输入端可分别接高低电平，通过拨动开关改变输入状态，同时观察 74LS138 的输出状态。按下述测试顺序观察 LED 是否发光并记录，依据发光二极管的单向导电性特征，若发光二极管点亮，则相应端口输出为低电平，反之为高电平(仿真电路用高电平有效点亮的二极管代替 LED 和限流电阻)。

测试结果分析如下。

(1) 将 3 个开关 S_1、S_2、S_3 同时拨至下方接地，即 3 个输入端输入状态为 000，则可

观察到 D_0 发光，输出端 $\overline{Y}_0$ 输出低电平，而其他发光二极管 $\overline{Y}_0 \sim \overline{Y}_7$ 均点亮，即其他输出均为高电平。

(2) 将开关接 S_1 高电平，S_2、S_3 均接低电平，即 3 个输入端输入状态为 001，可观察到 $\overline{Y}_1$ 熄灭，输出端 $\overline{Y}_1$ 输出低电平，而其他发光二极管均点亮，即其他输出均为高电平。

(3) 将输入状态依次从 010 调至 111，重复测试过程，可分别观察到 $\overline{Y}_2 \sim \overline{Y}_7$ 依次熄灭，即相应输出端依次输出低电平，由此测试可通过表 10－8 总结其逻辑功能。

表 10－8　74LS138 逻辑功能表

输入			输出								使能端		
A_2	A_1	A_0	$\overline{Y}_7$	$\overline{Y}_6$	$\overline{Y}_5$	$\overline{Y}_4$	$\overline{Y}_3$	$\overline{Y}_2$	$\overline{Y}_1$	$\overline{Y}_0$	$\overline{S}_3$	$\overline{S}_2$	S_1
×	×	×	1	1	1	1	1	1	1	1	×	×	0
0	0	0	1	1	1	1	1	1	1	0	0	0	1
0	0	1	1	1	1	1	1	1	0	1	0	0	1
0	1	0	1	1	1	1	1	0	1	1	0	0	1
0	1	1	1	1	1	1	0	1	1	1	0	0	1
1	0	0	1	1	1	0	1	1	1	1	0	0	1
1	0	1	1	1	0	1	1	1	1	1	0	0	1
1	1	0	1	0	1	1	1	1	1	1	0	0	1
1	1	1	0	1	1	1	1	1	1	1	0	0	1

由表 10－8 可得出如下结论。

(1) 当 $S_1=1$、$\overline{S}_2+\overline{S}_3=0$(即 $S_1=1$，$\overline{S}_2=\overline{S}_3=0$)时，译码器处于工作状态进行译码。否则，译码器禁止工作，所有输出封锁为高电平。

(2) 译码器处于工作状态时，每输入一个二进制代码，在对应的一个输出端为低电平(即输出为低电平有效)，也就是有一个对应的输出端被“译中”。

74LS138 是应用广泛的译码集成电路，在微型单片机计算机系统为扩展 RAM、I/O、定时器/计算器、串行接口芯片电路的提供片选信号，3 根输入线可提供 8 个片选控制信号，可以有效节省片内资源。其接口电路如图 10.13 所示。

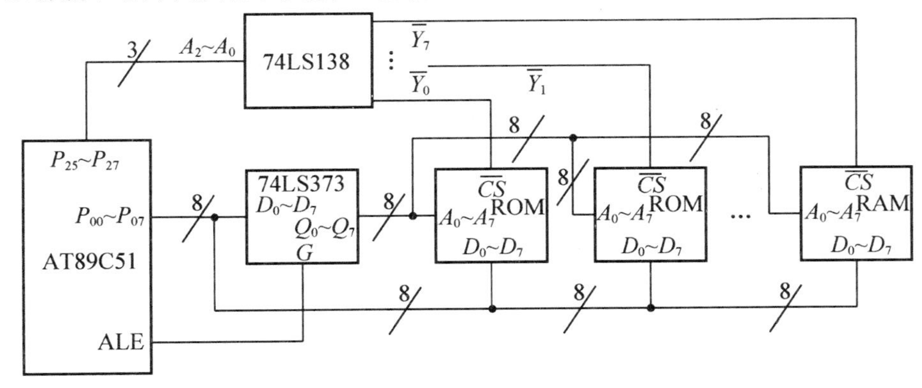

图 10.13　单片机存储器扩展电路

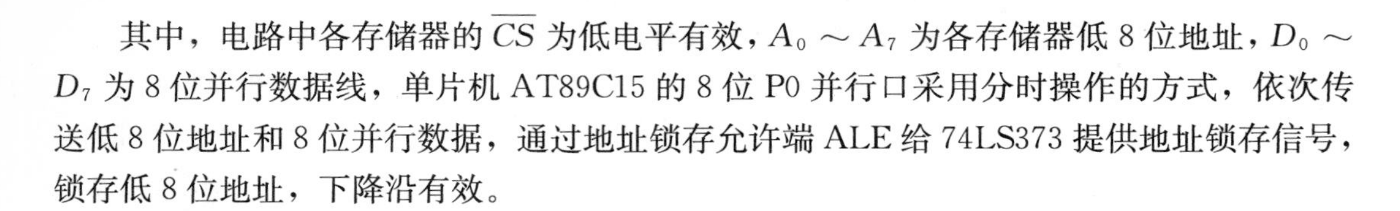

其中，电路中各存储器的$\overline{CS}$为低电平有效，$A_0 \sim A_7$为各存储器低8位地址，$D_0 \sim D_7$为8位并行数据线，单片机AT89C15的8位P0并行口采用分时操作的方式，依次传送低8位地址和8位并行数据，通过地址锁存允许端ALE给74LS373提供地址锁存信号，锁存低8位地址，下降沿有效。

10.2.3　数据选择器和数据分配器

假如有多路信息需要通过一条线路传输或多路信息需要逐个处理，这时就要有一个电路，它能选择某个信息而排斥其他信息，称作数据选择。反之，把一路信息逐个安排到各输出端去，称为数据分配。

1. 数据选择器

在多路数据传送过程中，能够根据需要将其中任意一路挑选出来的电路，称为数据选择器，也称为多路选择器。常见数据选择器有4选1、8选1等电路。

图10.14是8选1数据选择器74LS151的引脚图和逻辑符号。它有3个地址输入端A_2、A_1、A_0，8个数据输入端$D_0 \sim D_7$，2个互补的输出端Y和$\overline{Y}$，1个使能输入端$\overline{S}$，$\overline{S}$为低电平有效。当$\overline{S}=1$时，无论输入端A_2、A_1、A_0的状态如何，电路不工作，输出端Y为0；当$\overline{S}=0$时，电路根据地址分配端A_2、A_1、A_0的状态，在数据D_0、D_1、D_2、D_3、D_4、D_5、D_6、D_7中选出对应的信号，并从输出端Y输出。74LS151测试电路如图10.15所示，其功能见表10-9。

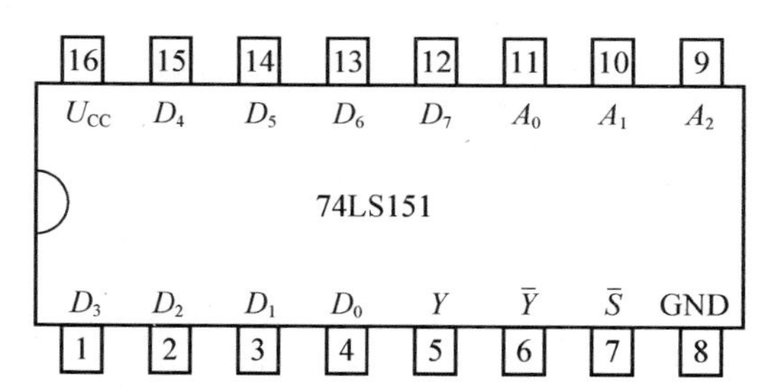

图10.14　8选1数据选择器74LS151引脚图

表10-9　8选1数据选择器74LS151功能表

使　能	地址输入			输　出	
$\overline{S}$	A_2	A_1	A_0	Y	$\overline{Y}$
1	×	×	×	0	1
0	0	0	0	D_0	$\overline{D_0}$
0	0	0	1	D_1	$\overline{D_1}$
0	0	1	0	D_2	$\overline{D_2}$
0	0	1	1	D_3	$\overline{D_3}$

续表

使　　能	地址输入			输　　出	
$\overline{S}$	A_2	A_1	A_0	Y	$\overline{Y}$
0	1	0	0	D_4	$\overline{D_4}$
0	1	0	1	D_5	$\overline{D_5}$
0	1	1	0	D_6	$\overline{D_6}$
0	1	1	1	D_7	$\overline{D_7}$

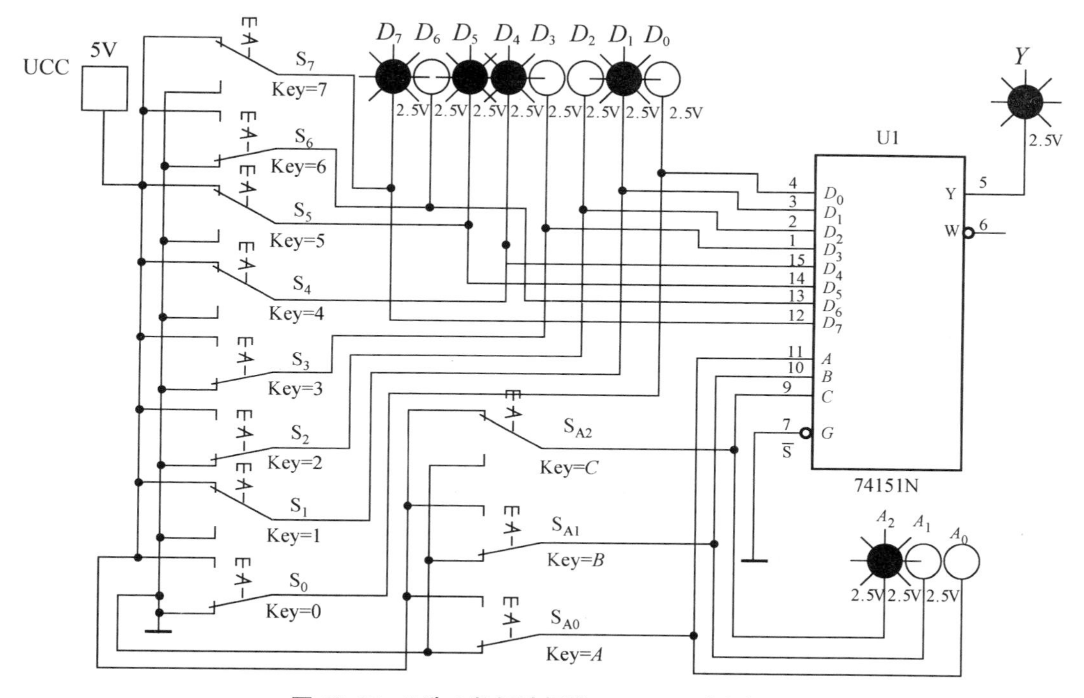

图 10.15　8 选 1 数据选择器 74LS151 测试电路

2. 数据分配器

在数据传输过程中，有时需要将某一路数据分配到多路装置中去，能够完成这种功能的电路称为数据分配器。根据输出的个数不同，数据分配器可分为 4 路分配器、8 路分配器等。数据分配器实际上是译码器的特殊应用。带有使能端的译码器都具有数据分配器的功能，一般 2－4 线译码器可作为 4 路分配器，3－8 线译码器作为 8 路分配器，4－16 线译码器作为 16 路分配器。以 74LS138 为例，选择低电平有效的两个使能端之一 $\overline{S}_2$（即 G_{2B}）做数据输入端，其他使能端 $\overline{S}_3=0$、$S_1=1$ 置于有效电平，同时 A_2、A_1、A_0 作为地址分配端，即可实现 8 路数据分配器的功能，其测试电路如图 10.16 所示。

10.2.4　加法器

前面数字系统中都是采用二进制数，而两个二进制数之间的加减乘除运算都是化为若

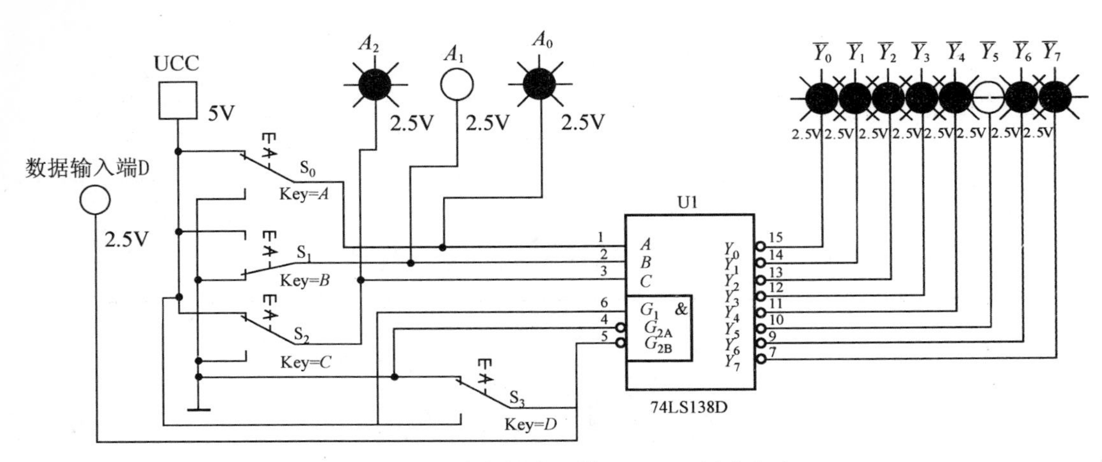

图 10.16　8 路数据分配器 74LS138 测试电路

干步加法运算进行的。因此，加法器是构成算术运算器的基本单元。

1. 半加器

不考虑来自低位的进位数，只将两个 1 位二进制数 A 和 B 相加，称为二进制算术半加。实现半加运算的电路称为半加器，其测试电路如图 10.17 所示。

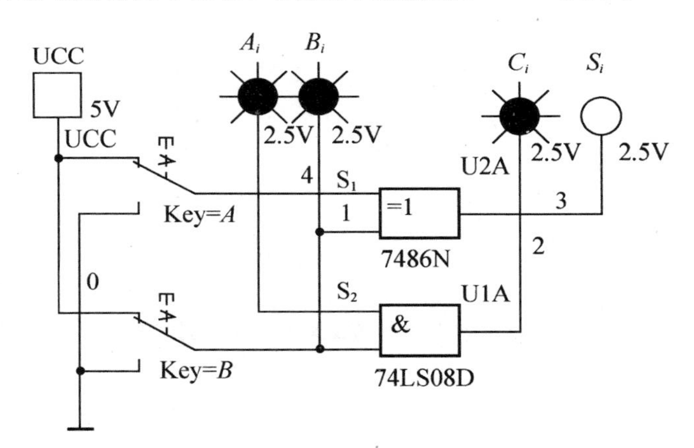

图 10.17　半加器 74LS86 测试电路

其逻辑功能见表 10-10。

表 10-10　半加器 74LS86 功能表

输　入		输　出	
A_i	B_i	S_i	C_i
0	0	0	0
0	1	1	0
1	0	1	0
1	1	0	1

2. 全加器

考虑低位来的进位的二进制算术加法称为全加，完成全加功能的电路称为全加器。以74LS183为例，了解一下其逻辑功能。其测试电路如图10.18所示。

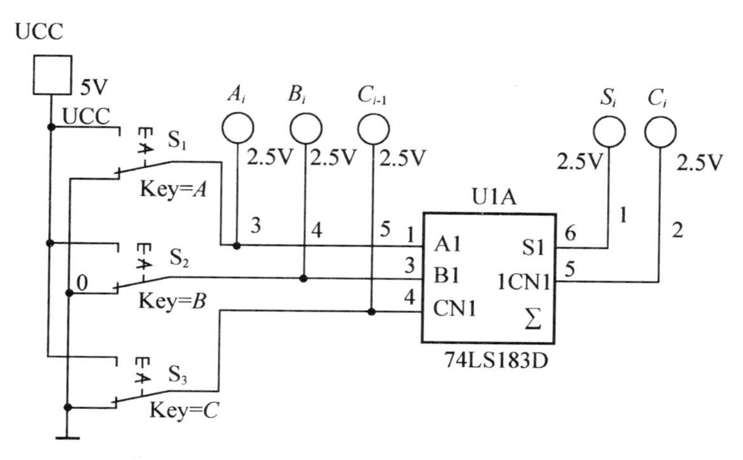

图 10.18　全加器 74LS183 测试电路

其逻辑功能见表10-11。

表 10-11　全加器功能表

输入			输出	
A_i	B_i	C_{i-1}	S_i	C_i
0	0	0	0	0
0	0	1	1	0
0	1	0	1	0
0	1	1	0	1
1	0	0	1	0
1	0	1	0	1
1	1	0	0	1
1	1	1	1	1

3. 集成多位超前进位加法器74LS283

多位数相加时，要考虑进位，进位的方式有串行进位和超前进位两种。中规模集成加法器常做成4位，由4个全加器构成。常用集成多位加法器有74LS283等，其外形和引脚如图10.19所示，测试电路如图10.20所示。

若要进行两个8位二进制数的加法运算，可用两块74LS283构成电路，如图10.21所示。电路连接时，将低4位集成芯片的C_I接地，低4位的C_O进位接到高4位的C_I端。两个二进制数A、B分别从低位到高位依次接到相应的输入端，最后的运算结果为$C_7S_7S_6S_5S_4S_3S_2S_1S_0$。

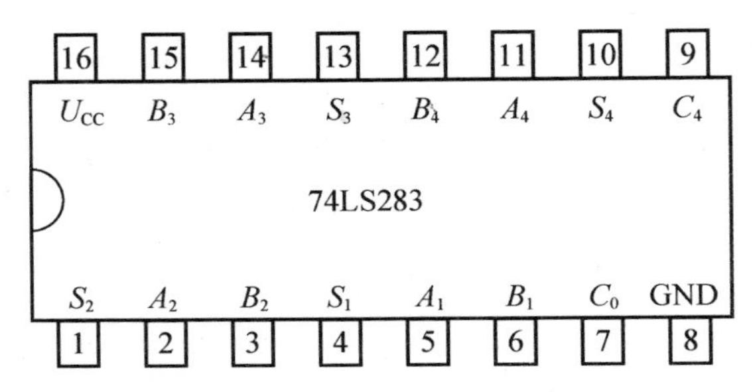

图 10.19　4 位二进制加法器 74LS283

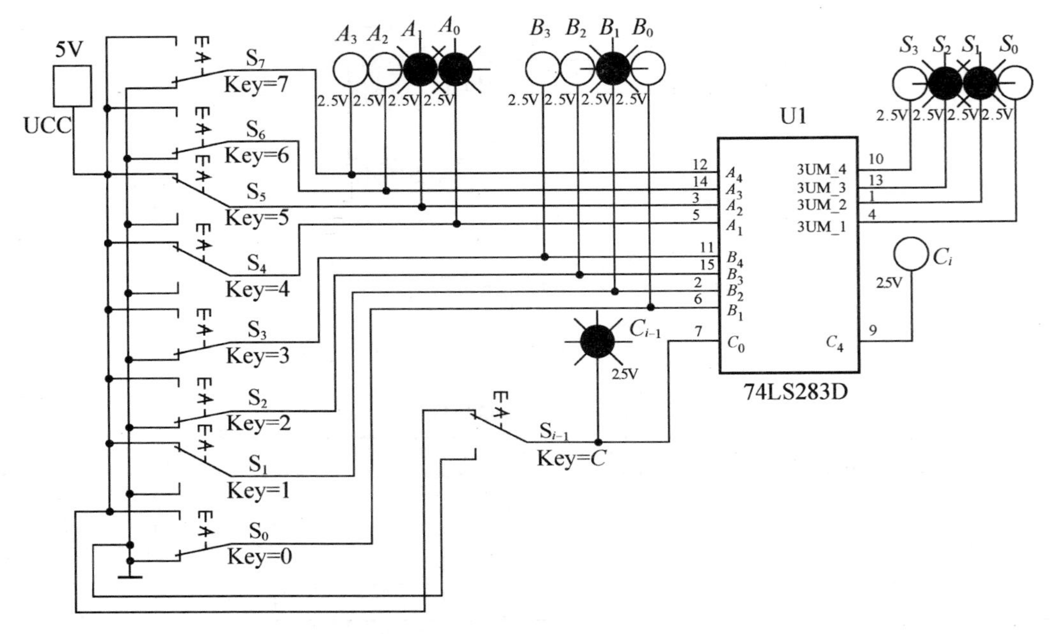

图 10.20　74LS283 测试电路

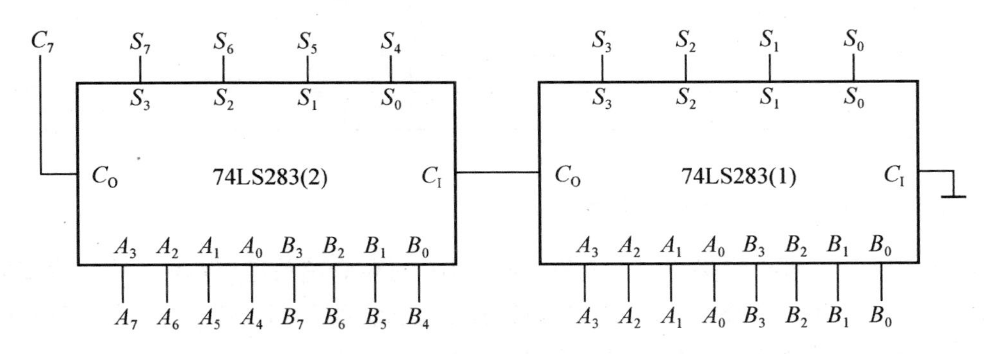

图 10.21　两片 742LS83 组成的 8 位二进制数加法电路图

10.2.5　数值比较器

在一些数字系统中，经常要求比较两个数的大小。能对两个位数相同的二进制数进行

比较，并判断其大小关系的逻辑电路称为数值比较器。

数值比较器对两个位数相同的二进制数 A、B 进行比较，其结果有 $A>B$、$A<B$ 和 $A=B$ 三种可能性。典型的数值比较器有 74LS85，其外形和引脚如图 10.22 所示。

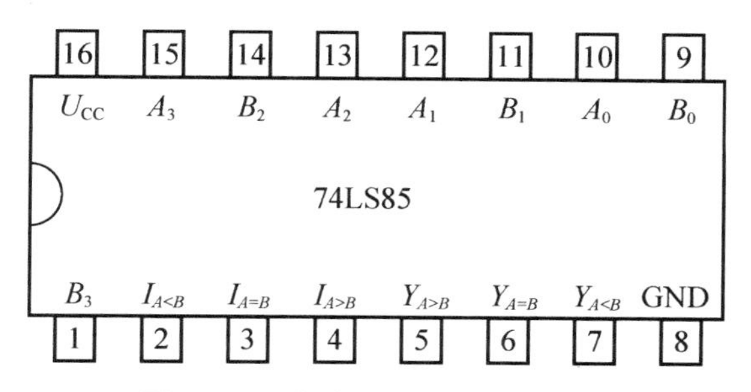

图 10.22　集成数值比较器 74LS85

这种四位大小比较器能进行二进制码和 BCD8421 码大小的比较。它可以对两个四位字($A_3A_2A_1A_0$、$B_3B_2B_1B_0$)进行译码后而做出 3 种比较判断，并将结果在 3 个输出端输出 $Y_{A>B}$、$Y_{A=B}$、$Y_{A<B}$，输出有效值为 1。

其测试电路如图 10.23 所示。

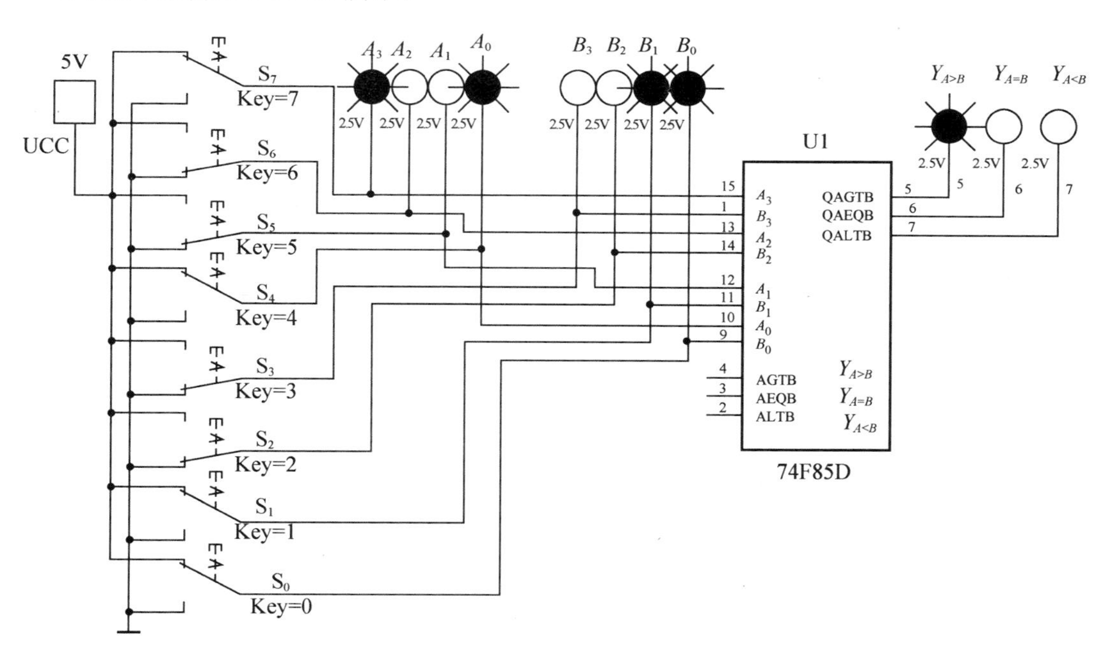

图 10.23　集成数值比较器 74LS85 测试电路

而 $I_{A>B}$、$I_{A=B}$、$I_{A<B}$是连接来自低位的比较结果，故不需外加门，就完全可扩展到任何位。对较长字的比较可以把比较器级联起来进行，如用两片 74LS85 组成的 8 位数值比较器，连接示意图如图 10.24 所示。

前面学习了集成组合逻辑电路类型、常用型号及特性，后面将利用七段显示译码器 CD4511 和数码管制作数显电容计显示电路。

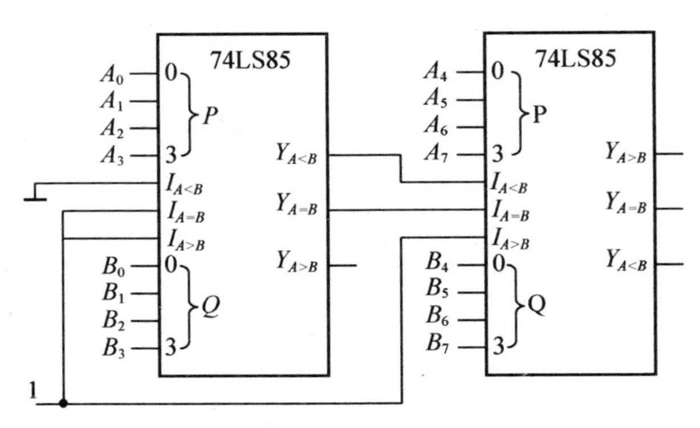

图 10.24　两片 742LS85 组成的 8 位二进制数加法电路图

10.3　数显电容计显示电路的制作

数显电容计显示电路如图 10.25 所示。

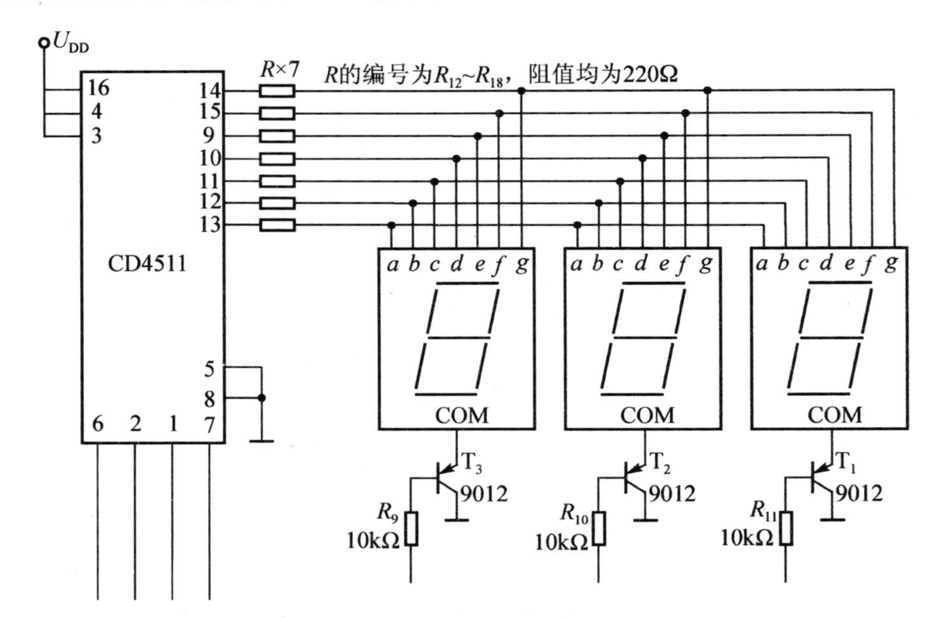

图 10.25　数显电容计显示电路原理图

器件清单见表 10－12。

表 10－12　数显电容计译码显示电路的器件清单

序　号	名　称	规　格	数　量
1	CD4511		1
2	晶体管	9012	3
3	电阻		10

续表

序　　号	名　　称	规　　格	数　　量
4	电容		1
5	面包板		1
6	导线		若干
7	直流稳压电源		1
8	共阴极 LED 数码管		3

在器件清单中，用到了一种集成器件 CD4511，它是译码器的一种，称为七段显示译码器。

10.3.1　显示译码器

在数字系统中，经常需要将数字、文字和符号的二进制代码翻译成人们习惯的形式直观地显示出来，以便查看或读取，这就需要显示电路来完成。显示电路通常由译码器、驱动器和显示器等部分组成。

1. 七段数字显示器

七段数字显示器就是将 7 个发光二极管(加小数点为 8 个)按一定的方式排列起来，a、b、c、d、e、f、g(小数点 DP)各对应一个发光二极管，利用不同发光段的组合，显示不同的阿拉伯数字，如图 10.26 所示。

(a) 数码管外形　　　　(b) 段组合图

图 10.26　七段数字显示器及发光段组合图

按内部连接方式不同，七段数字显示器分为共阴极和共阳极两种，如图 10.27 所示。

半导体显示器的优点是工作电压较低(1.5～3V)、体积小、寿命长、亮度高、响应速度快、工作可靠性高，缺点是工作电流大，每个字段的工作电流为 10mA 左右，故一般需要加晶体管进行驱动。

2. 集成七段显示译码器 CD4511

集成七段显示译码器 CD4511 为双列直插 16 脚封装，它将 BCD 标准代码变换成驱动

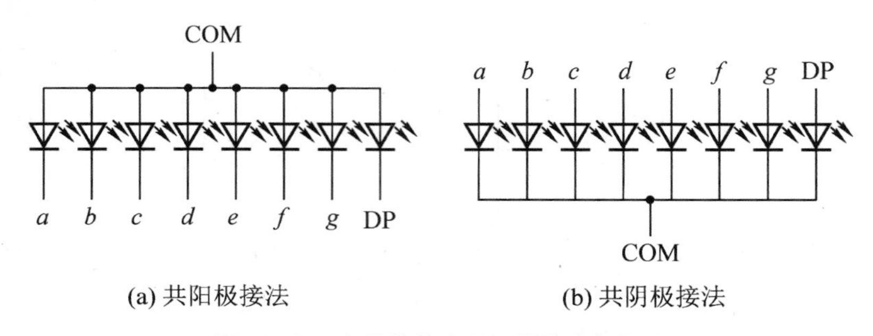

图 10.27　半导体数字显示器的内部接法

七段数码管所需的信号。CD4511 的引脚分布如图 10.28 所示，测试电路如图 10.29 所示。

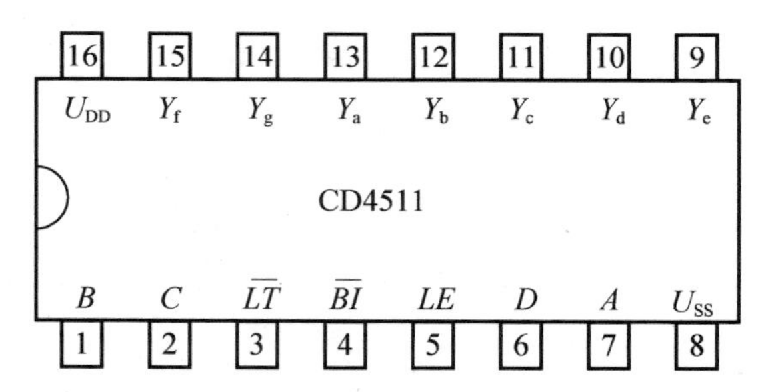

图 10.28　集成七段显示译码器 CD4511 引脚图

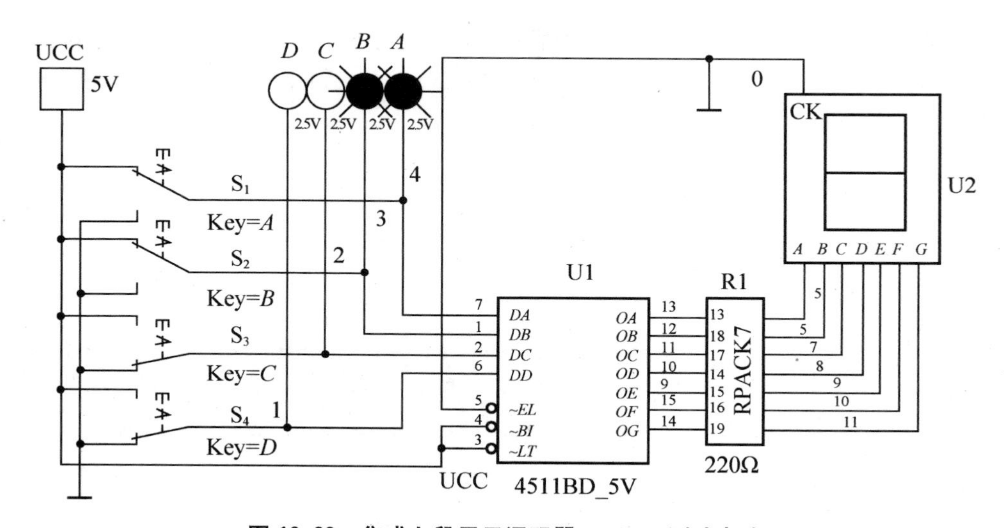

图 10.29　集成七段显示译码器 CD4511 测试电路

其中四线 A～D 为 BCD 码输入端，A 为低位输入端，D 为高位端。七段 a～g 输出高电平以驱动共阴极数码管发光并显示特定的符号，如阿拉伯数字 0～9，集成七段显示译码器的输出，由表 10－13 可知，也是一种多位二进制代码，但该种代码除了用于显示之外，与显示字符的数值大小、特性等无任何关联，也称之为字段码。其他管脚功能如下。

BI：4 脚是消隐输入控制端，高电平有效。当 $BI=0$ 时，不管其他输入端状态怎样，七段数码管都会处于消隐也就是不显示的状态。

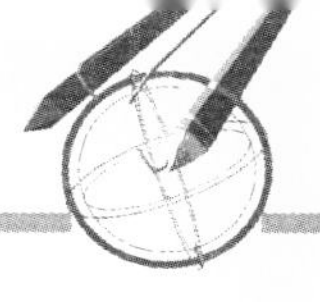

LE：5 脚是锁定控制端，当 *LE*＝0 时，允许译码输出。*LE*＝1 时译码器是锁定保持状态，译码器输出被保持在 *LE*＝0 时的数值。

LT：3 脚是测试信号的输入端，高电平有效。当 *BI*＝1，*LT*＝0 时，译码输出全为 1，不管输入 *DCBA* 状态如何，7 段均发亮全部显示，它主要用来检测数 7 段码管是否有物理损坏。

通过测试，其逻辑功能见表 10－13。

表 10－13　七段显示译码器 CD4511 功能表

			输　入				输　出							字形
BI	*LT*	*LE*	*D*	*C*	*B*	*A*	*a*	*b*	*c*	*d*	*e*	*f*	*g*	
1	1	0	0	0	0	0	1	1	1	1	1	1	0	0
1	1	0	0	0	0	1	0	1	1	0	0	0	0	1
1	1	0	0	0	1	0	1	1	0	1	1	0	1	2
1	1	0	0	0	1	1	1	1	1	1	0	0	1	3
1	1	0	0	1	0	0	0	1	1	0	0	1	1	4
1	1	0	0	1	0	1	1	0	1	1	0	1	1	5
1	1	0	0	1	1	0	0	0	1	1	1	1	1	6
1	1	0	0	1	1	1	1	1	1	0	0	0	0	7
1	×	0	1	0	0	0	1	1	1	1	1	1	1	8
1	1	0	1	0	0	1	1	1	1	0	0	1	1	9
1	1	0	1	0	1	0	0	0	0	1	1	0	1	⊏
1	1	0	1	0	1	1	0	0	1	1	0	0	1	⊐
1	1	0	1	1	0	0	0	1	0	0	0	1	1	⊔
1	1	0	1	1	0	1	1	0	0	1	0	1	1	⊆
1	1	0	1	1	1	0	0	0	0	1	1	1	1	⊑
1	1	0	1	1	1	1	0	0	0	0	0	0	0	暗
0	×	×	×	×	×	×	0	0	0	0	0	0	0	暗

10.3.2　数显电容计显示电路工作原理

数显电容计显示部分的显示器件采用了 3 位共阴极数码管，可以显示从 000～999 的数值。

数显电容计显示部分的七段显示译码器选用 CD4511，其具有内部抑制非 BCD 码输入的电路，当输入为非 BCD 码时，译码器的 7 个输出均为低电平，使数码管显示器变暗。CD4511 每段输出驱动电流可达 25mA，因此在驱动 LED 数码管时要加限流电阻 R_{12}～R_{18}。

若要使数码管显示，除了 CD4511 输出相应电平之外，数码管的共阴极点必须接低电平。

测试完成后，再在面包板上制作显示电路。

10.3.3 实施步骤

(1) 按照图10.23将CD4511、电阻R_9～R_{18}、数码管、晶体管9012安装在面包板上，并正确接线，在确认无误后，将晶体管稳压电源输出电压调至5V并通电。

(2) 在CD4511的6、2、1、7脚依次输入0000～1001这10个BCD码数据，同时晶体管T_1～T_3基极通过限流电阻全部接地，使所有数码管均能显示，并显示相同数值，依次观察数码管的显示数据。

(3) 测试结果分析：在依次输入0000～1001的情况下，3位数码管依次显示数字0～9，说明CD4511可实现译码功能。

(4) 在测试完毕后，将元件从面包板上拆除，按工艺要求安装在数显电容计PCB板上。

项 目 小 结

(1) 组合逻辑电路的特点是，电路的输出状态只取决于该时刻各输入状态，而与原状态无关。

(2) 门电路是组合逻辑电路的单元电路，在门电路组合成组合逻辑电路时，电路中无记忆单元，没有反馈通路。

(3) 组合逻辑电路的分析步骤为：写出各输出端的逻辑表达式→化简和变换逻辑表达式→列出真值表→确定功能。

(4) 组合逻辑电路的设计步骤为：根据设计要求列出真值表→写出逻辑表达式(或填写卡诺图)→逻辑化简和变换→画出逻辑图。

(5) 本项目介绍了常用的中规模组合逻辑器件，包括编码器、译码器等，在集成组合逻辑器件中除了输入和输出之外，还增加了使能端，既可控制器件的工作状态，又便于构成较复杂的逻辑系统。

习　　题

一、选择题

10.1 十进制数46用8421BCD码表示为(　　)。

A. 1000110　　B. 01000110　　C. 100110　　D. 1111001

10.2　若在编码器中有50个编码对象，则要求输出二进制代码位数为(　　)位。

A. 5　　B. 6　　C. 10　　D. 50

10.3　八路数据选择器应有(　　)个选择控制端。

A. 2　　B. 3　　C. 6　　D. 8

10.4　译码器属于一种(　　)。

A. 记忆性数字电路　　B. 逻辑组合电路

C. 运算电路

10.5　组合逻辑电路的输出状态决定于(　　)。

A. 当时的输入变量的组合

B. 当时的输入变量和原来的输出状态的组合

C. 当时的输入变量和原来的输出状态的与

D. 当时的输入变量和原来的输出状态的或

二、填空题

10.6　组合逻辑电路的输出仅与________有关。组合逻辑电路没有________功能，在其电路中没有________回路。

10.7　组合逻辑电路设计过程中最重要的一步是________，它是目前计算机辅助设计工具无法实现的。

10.8　8个输入的编码器，按二进制编码，其输出的编码有________位。

10.9　3个输入的译码器，最多可译码出________路的输出。

10.10　4选1多路选择器输出的函数表达式是：________。

10.11　全加器有________、________和________ 3个输入信号，以及________和________两个输出信号。

三、分析设计题

10.12　根据图10.30，分析逻辑图的功能。

(1) 写出函数Y的逻辑表达式。

(2) 将函数Y化为最简与或式。

(3) 列出真值表。

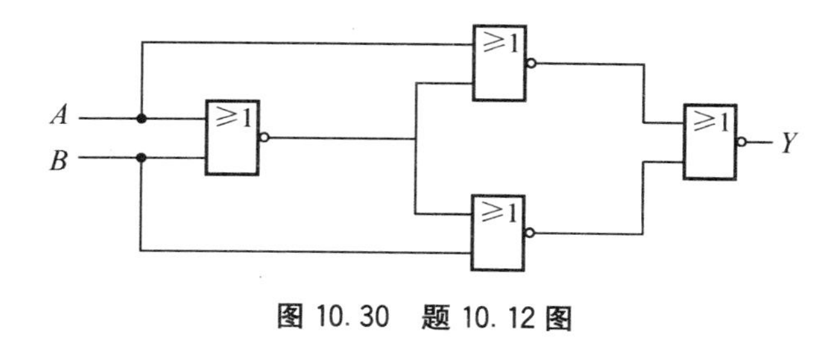

图10.30　题10.12图

10.13　分析题图10.31所示电路的逻辑功能。

(1) 写出与电路对应的输出函数的表达式，并变换成与或式。

(2) 列出真值表。

10.14　分析题图10.32所示逻辑图的功能。

(1) 写出电路输出Y的逻辑表达式并将函数Y化为最简式。

(2) 列出真值表。

(3) 其实现有的逻辑关系能否用一个门来代替，如果能请写出这个门的逻辑符号。

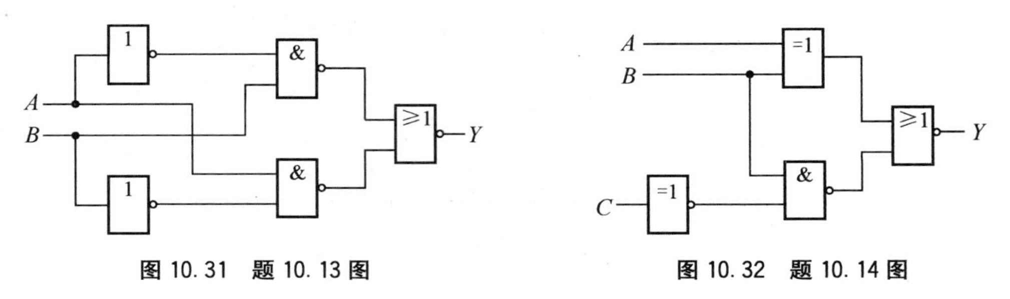

图10.31　题10.13图　　　图10.32　题10.14图

10.15　分析题图10.33所示逻辑电路的逻辑功能。图中74LS138为集成3-8线译码器。要求写出输出逻辑式、列写真值表、说明其逻辑功能。

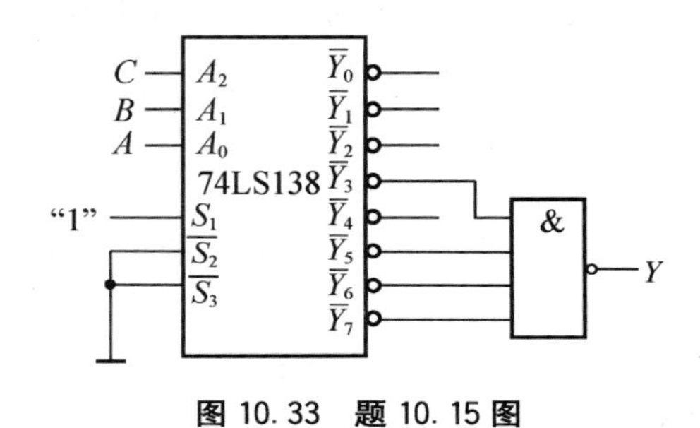

图10.33　题10.15图

10.16　设计一多数表决电路，要求A、B、C三人中只要有半数以上同意，表决就能通过。但A还具有否决权，即只要A不同意，即使多数人同意也不能通过(要求用最少的与非门实现)。

10.17　用与非门设计一个举重裁判表决电路。设举重比赛有3个裁判，一名主裁判和两个副裁判。杠铃完全举上的裁决由每一名裁判按下自己面前的按钮来确定。只有当两名或两名以上裁判判定成功，并且其中有一名为主裁判时，表明成功的灯才亮。

10.18　某医院有一、二、三、四号病室4间，每室设有呼叫按钮，同时在护士值班室内对应地装有一号、二号、三号、四号4个指示灯。现要求当一号病室的按钮按下时，无论其他病室内的按钮是否按下，只有一号灯亮。当一号病室的按钮没有按下，而二号病室的按钮按下时，无论三、四号病室的按钮是否按下，只有二号灯亮。当一、二号病室的按钮都未按下而三号病室的按钮按下时，无论四号病室的按钮是否按下，只有三号灯亮。只有在一、二、三号病室的按钮均未按下，而四号病室的按钮按下时，四号灯才亮。试分别用门电路和优先编码器74LS148及门电路设计满足上述控制要求的逻辑电路，给出控制4个指示灯状态的高、低电平信号。

10.19　某工厂有A、B、C 3个车间和一个自备电站，站内有两台发电机G_1和G_2。

G_1的容量是G_2的两倍。如果一个车间开工，只需G_2运行即可满足要求；如果两个车间开工，只需G_1运行，如果3个车间同时开工，则G_1和G_2均需运行。试画出控制G_1和G_2运行的逻辑图。

10.20　某组合逻辑电路的真值表见表10-14，试用与非门实现该逻辑电路。

(1) 写出Y的最简与非与非式。

(2) 画逻辑图。

表10-14　题10.20真值表

A	B	C	Y	A	B	C	Y
0	0	0	1	1	0	0	×
0	0	1	0	1	0	1	1
0	1	0	0	1	1	0	1
0	1	1	×	1	1	1	0

10.21　在显示电路的制作中，当给图10.23所示的3个数码管共阴极点全部加低电平时，数码管显示内容相同，试分析原因。若只要右侧第一个数码管显示"4"，该怎么做?

项目11

时序逻辑电路的认知及应用电路的制作

学习目标

1. 知识目标

(1) 掌握触发器及时序逻辑电路的特性。

(2) 掌握常用集成触发器、寄存器及计数器的引脚分配及逻辑功能。

(3) 掌握数显电容计计数电路的组成、工作原理。

2. 技能目标

(1) 掌握常用集成触发器、寄存器、计数器的测试方法。

(2) 制作数显电容计计数电路，学会对电路所出现故障进行原因分析及排除。

生活提点

早期(微处理器芯片问世前)，交通信号灯、闪烁的霓虹灯、发光二极管点阵列等这些需要延时控制的产品都需要时序电路来进行控制，包括微处理器的时钟信号、读写信号电路实际上也是一种时序电路，而触发器是构成时序逻辑电路的单元电路，具备时序逻辑电路的基本特性。在本项目中，通过常用集成触发器、寄存器、计数器以及数显电容计计数电路的制作，来了解该类型电路的相关特性及逻辑功能。

项目任务

制作数显电容计计数电路，要求该电路选用 3 位 BCD 码集成计数器 MC14553，计数范围为 0～999。该电路在 PCB 板上如图 11.1 所示。

图 11.1　数显电容计计数电路

项目实施

11.1　常见集成触发器的认知及测试

集成触发器的实物如图 11.2 所示。

(a) 集成双D触发器74LS74

(b) 集成JK触发器74LS112

(c) 四D触发器74LS175

图 11.2　集成触发器实物

先运用四二输入与非门 74LS00 在面包板上搭接图 11.3 所示的电路来测试其逻辑功能特性。

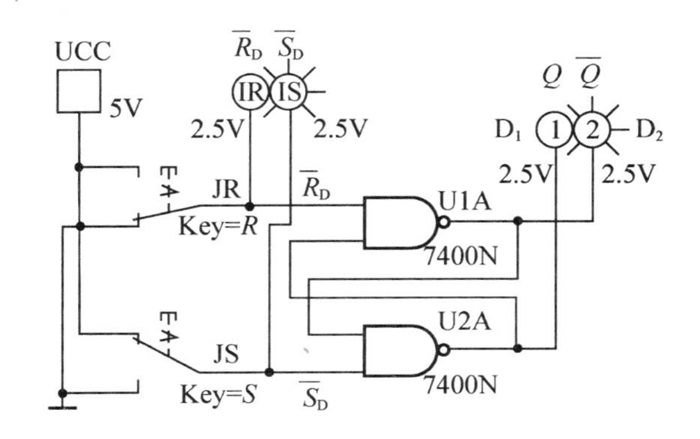

图 11.3　74LS00 实验电路

测试步骤如下。

将晶体管稳压电源电压调至＋5V，四二输入与非门 74LS00 的两个输出 Y_1 和 Y_2 赋予端口名称为 Q 和 $\overline{Q}$，将两输入端分别接高电平和低电平，按下述测试顺序观察 LED 是否发光并记录，依据发光二极管单向导电性的特征，若发光二极管点亮，则相应端口输出为高电平，反之为低电平。

(1) 第一种情况：将 $\overline{R}_D$ 端加 5V 高电平，$\overline{S}_D$ 端接地，可观察到 D_1 点亮，D_2 熄灭，即两输出端 Q 输出高电平，$\overline{Q}$ 输出低电平。

(2) 第二种情况：将 $\overline{R}_D$ 和 $\overline{S}_D$ 端均加 5V 高电平，可观察到 D_1 仍发光，D_2 仍保持熄灭状态，即两输出端 Q 仍输出高电平，$\overline{Q}$ 仍输出低电平。

(3) 第三种情况：将 $\overline{R}_D$ 端接地，$\overline{S}_D$ 端加 5V 高电平，可观察到 D_1 熄灭，D_2 发光，即两输出端 Q 输出低电平，$\overline{Q}$ 输出高电平。

重复第二种测试，即 $\overline{R}_D$ 和 $\overline{S}_D$ 端均再加上 5V 高电平，可观察到 D_1 熄灭，D_2 发光，即两输出端 Q 输出低电平，$\overline{Q}$ 输出高电平，通过前面几个测试步骤，当 $\overline{R}_D$ 和 $\overline{S}_D$ 端均加高电平时，该电路的输出保持原来的状态不变。

(4) 第四种情况：将 $\overline{R}_D$ 和 $\overline{S}_D$ 端均接地，可观察到 D_1 和 D_2 均点亮，即两输出端 Q 和 $\overline{Q}$ 均输出高电平。

将上述 4 种情况下的输出电平用数字 0 和 1 表示，可列出反映该电路输入输出特性的真值表，见表 11-1。

表 11-1 74LS00 测试特性表

$\overline{S}_D$	$\overline{R}_D$	Q	$\overline{Q}$
0	0	1	1
0	1	1	0
1	0	0	1
1	1	保持状态	

前面所学的门电路和组合逻辑电路的输出只与当前的输入有关，但在图 11.3 所示电路的测试中，可观察到，该电路的输出不仅与当前的输入 $\overline{R}_D$ 和 $\overline{S}_D$ 有关，在第(3)和第(4)种情况中，电路的输出也与电路原来的状态有关，即电路具有记忆功能，满足该种特性的电路也称为时序逻辑电路，其输出为 Q 与 $\overline{Q}$，是时序逻辑电路的两个互补输出端。

而图 11.3 所示的实验电路等效电路除满足时序逻辑电路的相关特性之外，只能存储 1 位二进制信息，也称之为触发器，它是时序逻辑电路的一个单元电路，为了实现记忆 1 位二进制信息，触发器必须具备如下两个基本条件。

(1) 具有两个能自行保持的稳定状态，用来表示逻辑状态的 0($Q=0$ 时，$\overline{Q}=1$，称复位状态)和 1(即 $Q=1$ 时，$\overline{Q}=0$，称置位状态)。

(2) 根据不同的输入信号可以置成 1 或 0 状态。

同时，按照时间进度，电路的状态分为现态和次态两种。

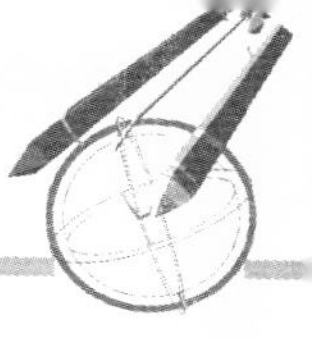

现态：触发器接收输入信号之前的状态，称为现态，用 Q^n 表示 。

次态：触发器接收输入信号之后的状态，称为次态，用 Q^{n+1} 表示。

触发器次态输出 Q^{n+1} 与现态 Q^n 和输入信号之间的逻辑关系，是贯穿本项目始终的基本问题；如何获得、描述和理解这种逻辑关系，是本项目学习的中心任务。

图 11.3 所示电路称为基本 RS 触发器，电气符号如图 11.4 所示。项目 9 的超量程指示电路，其实质也是一个由或非门组成的基本 RS 触发器，其两个输入分别为 R 和 S，高电平有效，与图 11.3 的有效输入电平刚好相反。

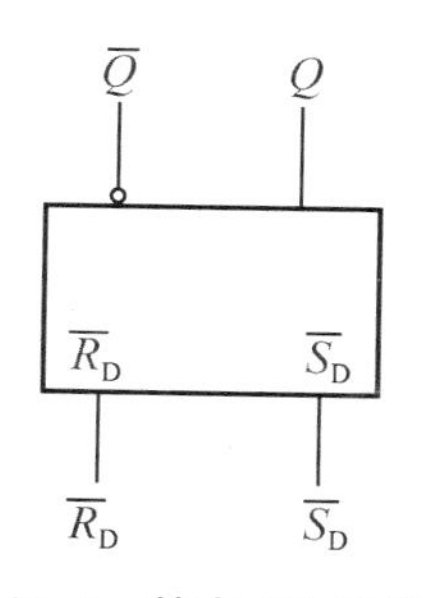

图 11.4　基本 RS 触发器

其特性表见表 11－2。

表 11－2　CD4001 组成的 RS 触发器特性表

S	R	Q	$\overline{Q}$
0	0	1	1
0	1	1	0
1	0	0	1
1	1	保持状态	

如果要用表达式描述该电路的功能，则可用描述触发器次态和现态的特性方程来描述。基本 RS 触发器的特性方程为：$Q^{n+1}=S+\overline{R}Q^n$（约束条件：$RS=0$）

11.1.1　同步 RS 触发器

在基本 RS 触发器 G_1、G_2 的基础上增加 G_3、G_4 两个作导引门，就构成了同步 RS 触发器，如图 11.5 所示。R、S 端为信号(数据)输入端，CP 端称时钟信号端。

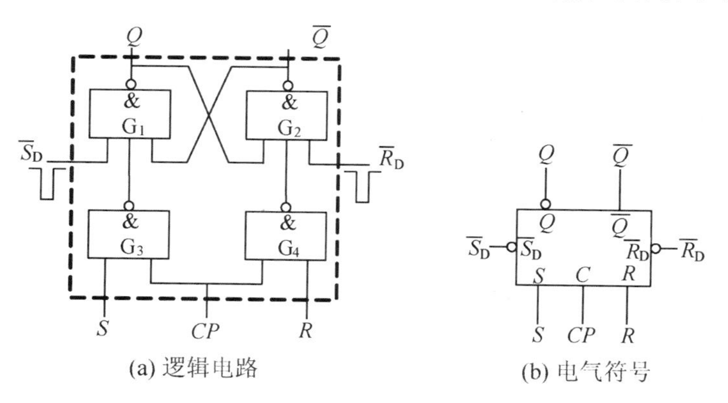

图 11.5　同步 RS 触发器

在时钟信号 $CP=0$ 时，G_3、G_4 门被关闭，输入信号 R、S 被封锁。基本 RS 触发器 $\overline{S}_D=\overline{R}_D=1$，触发器状态保持不变。时钟信号 $CP=1$ 时，G_3、G_4 门被打开，输入信号 R、S 经反相后被引导到基本 RS 触发器的输入端。由 R、S 信号控制触发器的状态。

表 11－3 是同步 RS 触发器的逻辑功能表，表中 Q^n 表示 CP 作用前触发器的状态，称初态；Q^{n+1} 表示 CP 作用后触发器的新状态，称次态，CP 脉冲从 0 上跳到 1(上升沿)的时刻是初、次态的时间分界。

表 11－3　同步 RS 触发器逻辑功能表

输　入		输　出	功能说明
R	S	Q^{n+1}	
0	1	1	置 1
1	0	0	置 0
0	0	Q^n	保持
1	1	×	禁止

由表 11－3 可见，R、S 全是 1 的输入组合是应当禁止的，因为当 $CP=1$ 时，若 $R=S=1$，则导引门 G_3、G_4 均输出 0 态，致使 $Q=\overline{Q}=1$，当时钟脉冲过去之后，触发器恢复成何种稳态是随机的，出现不确定的状态。

同步 RS 触发器图形符号如图 11.4(b)所示。通常电路中仍设有直接置 0 端 $\overline{R}_D$ 和直接置 1 端 $\overline{S}_D$，它们只允许在时钟脉冲 $CP=0$ 的间歇内使用，使用时采用低电平置“1”或置“0”，以实现清零或置数，使之具有指定的初始状态。不用时“悬空”，即高电平。R、S 端称同步输入端，触发器的次态在 $CP=1$ 时，由 R、S 端的状态和触发器初态来决定。其特性方程与基本 RS 触发器相同，但触发条件不一样。

图 11.6 是同步 RS 触发器的工作波形。由图可见，同步 RS 触发器结构简单，但存在两个严重缺点。一是会出现不确定状态，二是触发器在 CP 持续期间，当 R、S 的输入状态变化时，会造成触发器翻转，造成误动作，导致触发器的最后状态无法确定。

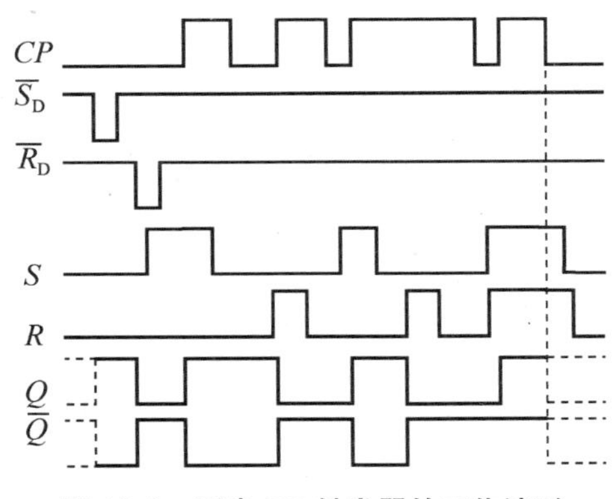

图 11.6　同步 RS 触发器的工作波形

为克服上述缺点，后续触发器常采用边沿触发的主从型、维持阻塞型等的 JK、D、T 触发器。

11.1.2　集成主从型 JK 触发器 74LS112 的逻辑功能测试

1. 常见集成 JK 触发器及电气符号

常见集成 JK 触发器的种类有以下两种。

TTL 型：上升沿触发的 JK 触发器有 74LS73、74LS76，下降沿触发的 74LS112、74LS109 等，其中 74LS112 是双 JK 触发器。

CMOS 型：有 CD4027 等。

JK 触发器的电气符号如图 11.7 所示。

2. 74LS112 的引脚配置

JK 触发器 74LS112 的引脚配置如图 11.8 所示，触发条件为下降沿触发。

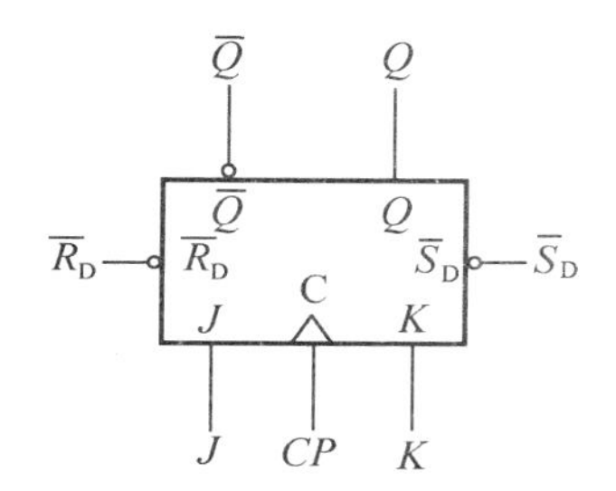

图 11.7　JK 触发器的电气符号

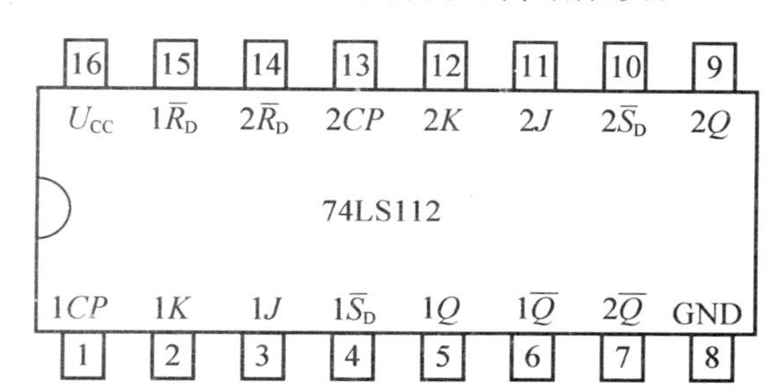

图 11.8　74LS112 的引脚配置

3. 74LS112 的逻辑功能测试

其逻辑功能测试电路如图 11.9 所示。

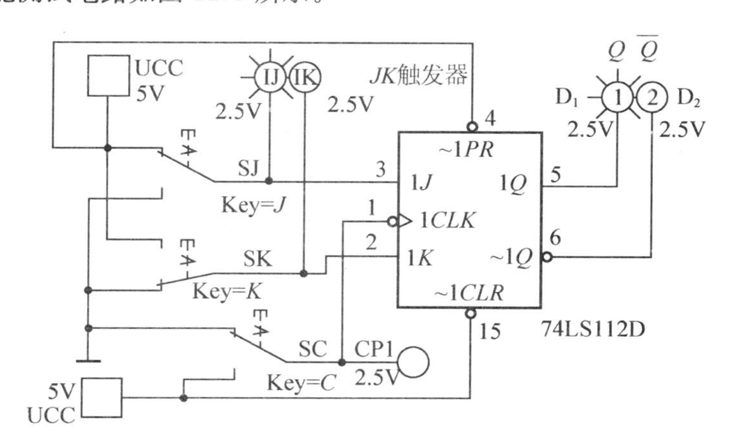

图 11.9　74LS112 仿真测试图

将 74LS112 中的一组触发器的 $\overline{R}_D$ 和 $\overline{S}_D$ 通过限流电阻接电源，即 $\overline{R}_D=\overline{S}_D=1$ 无效，通过开关 CP 端输入单次脉冲，通过开关 $\overline{S}_C$ 控制其高低电平输入，触发器的输入端 J、K

接入逻辑电平控制开关$\overline{S}_J$和$\overline{S}_K$，Q输出端接LED显示器(发光二极管)，按图11.8的要求测试输出端Q^{n+1}的逻辑电平，注意观察触发器Q^{n+1}的状态在脉冲的什么沿翻转，将测试结果填入表11-4中。

表11-4　*JK*触发器逻辑功能测试表

<table>
<tr><td>J</td><td colspan="2">0</td><td colspan="2">0</td><td colspan="2">0</td><td colspan="2">0</td><td colspan="2">1</td><td colspan="2">1</td><td colspan="2">1</td><td colspan="2">1</td></tr>
<tr><td>K</td><td colspan="2">0</td><td colspan="2">0</td><td colspan="2">1</td><td colspan="2">1</td><td colspan="2">0</td><td colspan="2">0</td><td colspan="2">1</td><td colspan="2">1</td></tr>
<tr><td>Q^n</td><td colspan="2">0</td><td colspan="2">1</td><td colspan="2">0</td><td colspan="2">1</td><td colspan="2">0</td><td colspan="2">1</td><td colspan="2">0</td><td colspan="2">1</td></tr>
<tr><td>CP</td><td>0→1</td><td>1→0</td><td>0→1</td><td>1→0</td><td>0→1</td><td>1→0</td><td>0→1</td><td>1→0</td><td>0→1</td><td>1→0</td><td>0→1</td><td>1→0</td><td>0→1</td><td>1→0</td><td>0→1</td><td>1→0</td></tr>
<tr><td>Q^{n+1}</td><td colspan="2"></td><td colspan="2"></td><td colspan="2"></td><td colspan="2"></td><td colspan="2"></td><td colspan="2"></td><td colspan="2"></td><td colspan="2"></td></tr>
</table>

4. 动态测试

测试电路如图11.10所示，使触发器端的$\overline{R}_D=\overline{S}_D=1$，$J=K=1$，*CP*端接频率为50Hz的矩形波，用示波器观察74LS112的输出*Q*与*CP*的波形，通过测试波形可看出输出波形为周期性的方波信号，也就是输出始终处在状态不断翻转的过程中，且周期为*CP*脉冲周期的两倍，也说明电路具有分频作用。

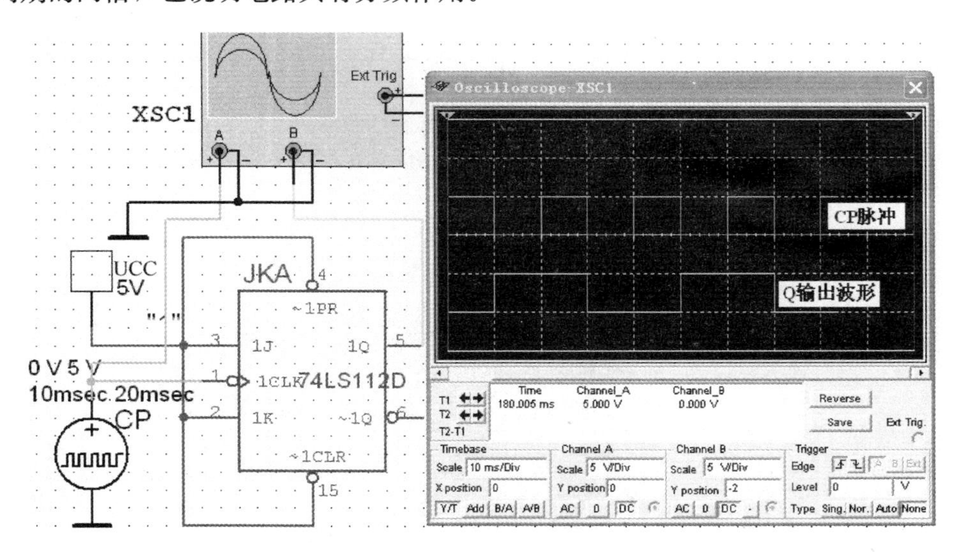

图11.10　74LS112动态仿真测试电路及输出波形

通过对74LS112的测试，可得到*JK*触发器的逻辑功能，见表11-5。

也可得到反映触发器输入输出关系的特性方程：$Q^{n+1}=J\overline{Q}^n+\overline{K}Q^n$，在特性方程中，若将*J*和*K*端全部接高电平1，则可得到另一种触发器T'，其特性方程为$Q^{n+1}=\overline{Q}^n$，该种触发器是构成时序逻辑电路的应用电路——计数器的单元电路的一部分。

表 11－5　*JK* 触发器逻辑功能表

输　入		输　出	功能说明
J	K	Q^{n+1}	
0	1	0	置 0
1	0	1	置 1
0	0	Q^n	保持
1	1	$\overline{Q}^n$	翻转

11.1.3　集成 *D* 触发器 74LS74 的认知及测试

1. 常见集成 *D* 触发器类型及电气符号

常见集成 *JK* 触发器的种类有 TTL 型(74LS74、74LS90 等)和 CMOS 型(CD4013、C043 等)，*D* 触发器的电气符号如图 11.11 所示。

2. 集成 *D* 触发器 74LS74 引脚分配

74LS74 引脚分配如图 11.12 所示，该触发器是双 *D* 型触发器，采用＋5V 电源供电，触发条件为上升沿触发。

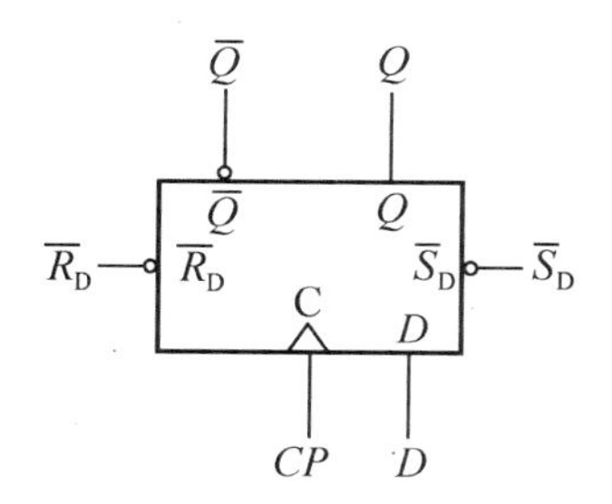

图 11.11　*D* 触发器的电气符号

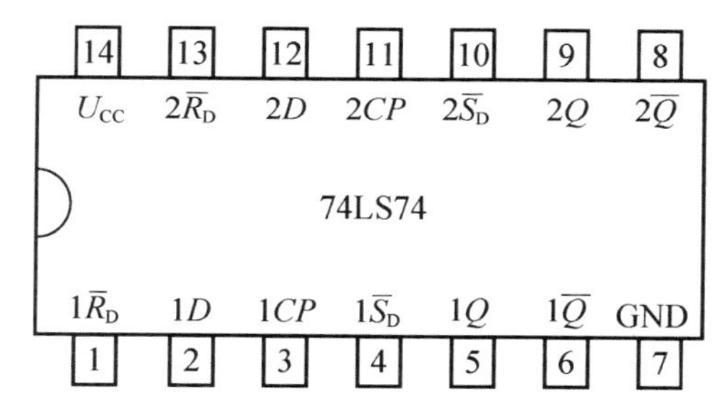

图 11.12　*D* 触发器 74LS74

接下来通过对 TTL 电路 74LS74 的功能测试，来了解 *D* 触发器的逻辑功能。

3. 74LS74 的逻辑功能测试

74LS74 逻辑功能测试电路如图 11.13 所示。

将 74LS74 其中一组 *D* 触发器的异步复位端 $\overline{R}_D$ 、置位端 $\overline{S}_D$ 和触发器输入端 *D* 分别接逻辑高电平控制开关，*CP* 端接 50Hz 方波脉冲信号，当切换开关 *D*，使输入在 0 和 1 变化时，输出在 *CP* 上升沿时刻随输入同步变化，测试输出端 Q^{n+1} 的逻辑状态值，见表 11－6。

通过对 74LS74 的测试，可得到 *D* 触发器的逻辑功能表，见表 11－7。

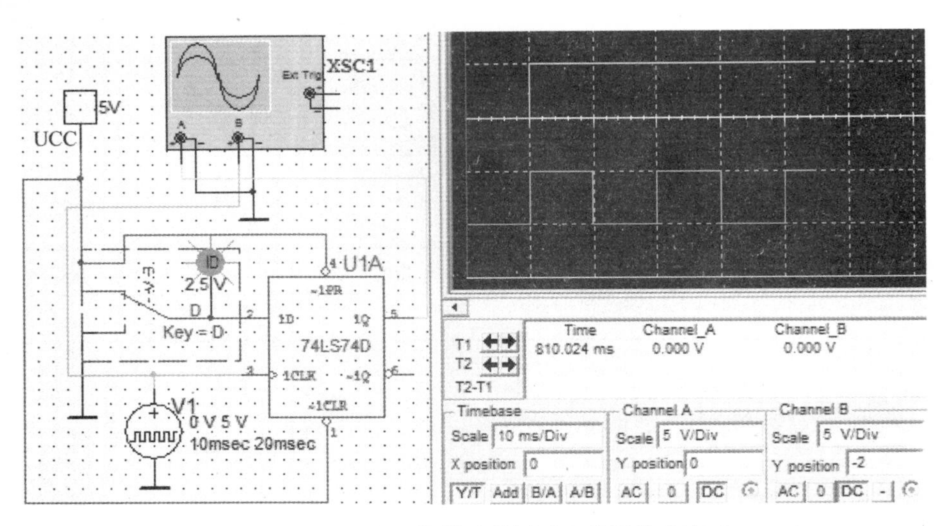

图 11.13　74LS74 逻辑功能测试电路及输出波形

表 11－6　集成 D 触发器 74LS74 功能测试表

$\overline{R}_D$	$\overline{S}_D$	D	Q^n	CP	Q^{n+1}
0	1	×	×	×	
1	0	×	×	×	
1	1	0	0	0→1	
				1→0	
			1	0→1	
				1→0	
1	1	1	0	0→1	
				1→0	
			1	0→1	
				1→0	

注：×表示任意状态。

表 11－7　D 触发器逻辑功能表

输　入	输　出	功能说明
D	Q^{n+1}	
0	0	保持
1	1	保持

由此归纳出 D 触发器的特性方程：$Q^{n+1}=D$。通过刚才的测试可看出，D 触发器并不改变输入输出信号的特性，仅仅起到传递数据的功能，故在数字电路和计算机电路中进行数据传送和存储时得到应用，也是后续时序逻辑电路——寄存器的单元电路。

11.2　集成计数器的认知及数显电容计计数电路的制作

数显电容计计数电路原理图如图 11.14 所示。

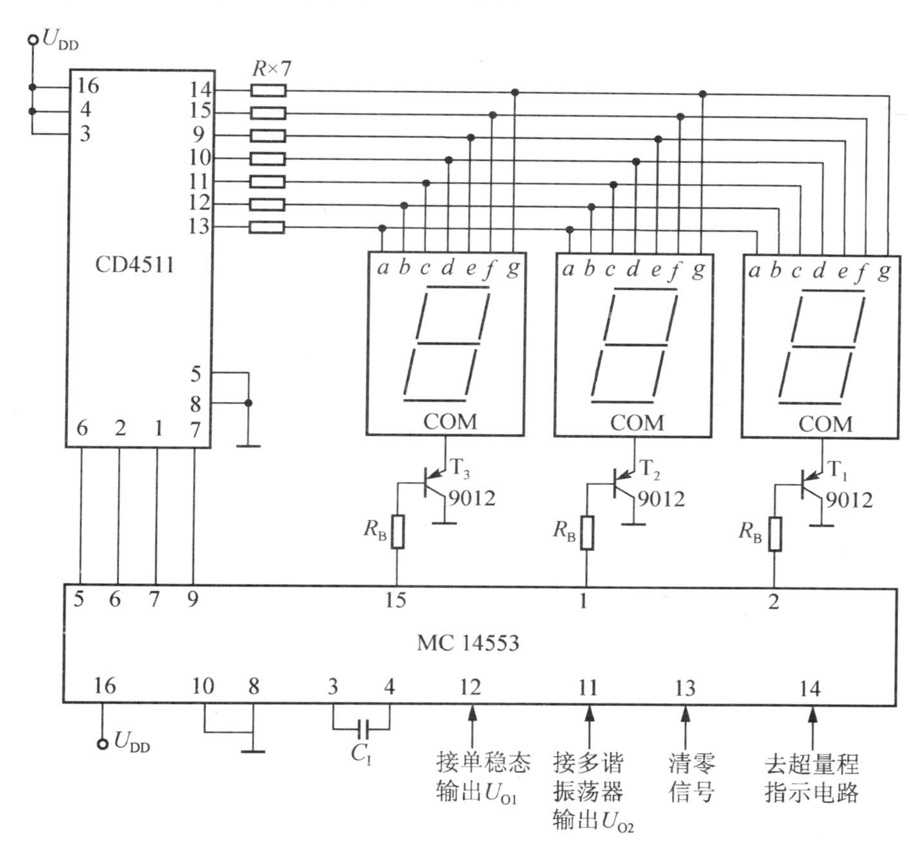

图 11.14　数显电容计计数电路原理图

器材清单见表 11－8。

表 11－8　计数电路元件清单

序　　号	名　　称	规　　格	数　　量
1	晶体管稳压电源	—	1 台
2	面包板	—	1 块
3	电容	10^3 pF	1
4	电容	5900pF	1
5	电容	0.047μF	1
6	电容	0.22μF	1
7	电容	1μF	1

续表

序　号	名　称	规　格	数　量
8	集成计数器	MC14553	1
9	导线	—	若干
10	信号发生器	—	1
11	示波器	—	1

电路中用到了集成时序逻辑电路——集成计数器 MC14553 下面，先来了解一下计数器的相关知识。

11.2.1　计数器的功能及应用

在电子计算机和数字逻辑系统中，计数器是重要的基本部件，它能累计和寄存输入脉冲的数目。计数器应用十分广泛，它不仅可用来计数，还可用作数字系统中的定时电路和执行数字运算等。因此，各种数字设备中几乎都要用到计数器。集成计数器的实物如图 11.15 所示。

图 11.15　集成计数器 MC14553

11.2.2　计数器类型及逻辑功能

计数器的种类很多，按运算方法分为加法计数器、减法计数器和可逆计数器；按进位制分为二进制计数器、二-十进制计数器、N 进制计数器等；按构成计数器的触发器时钟脉冲信号的先后顺序可分为同步和异步计数器。

利用触发器和门电路可以构成 N 为任意进制计数器。目前，无论是 TTL 还是 CMOS 集成电路，市场都有品种较齐全的中规模集成计数器。在实际使用中，主要利用中规模集成计数器来构成 N 进制计数器。

(1) 二进制计数器：采用 N 个 T'触发器构成，计数个数为 2^N 个。

(2) 二-十进制计数器：计数个数为 10 个，也称为 BCD 计数器。

(3) N 进制计数器：计数个数为 N 个。

常用的二进制计数器有 4 位二进制计数器 74HC161A、74HC163A，4 位二进制同步计数器 74HC169A、74HC191、74HC193 等 TTL 集成二进制计数器和 CC4016、CC4520、CC40161、CC40193、MC14553 等 CMOS 集成二进制计数器，接下来通过项目中用到的 MC14553 的学习来了解一下集成计数器的功能。

11.2.3　集成二进制同步加法计数器 74LS161 及其应用

1. 74LS161 引脚功能

74LS161 外形及引脚如图 11.16 所示。

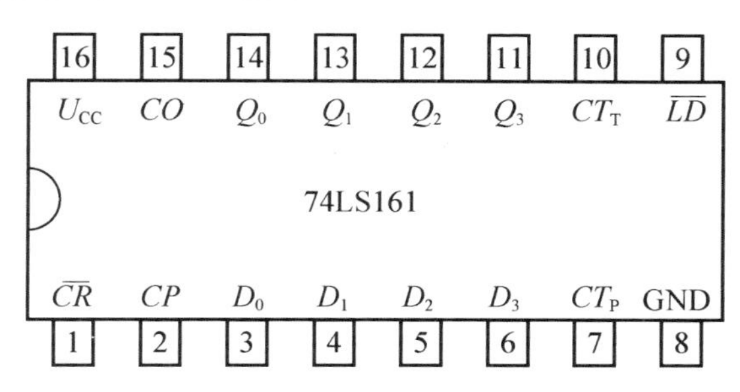

图 11.16　74LS161 引脚图

图中 CO 是向高位进位的输出端；$\overline{CR}$ 是异步清零端；$\overline{LD}$ 是同步置数端；CT_P、CT_T 为使能端；CP 为上升沿触发时钟脉冲端；$D_0 \sim D_3$ 为预置数输入端。其测试电路如图 11.17 所示。

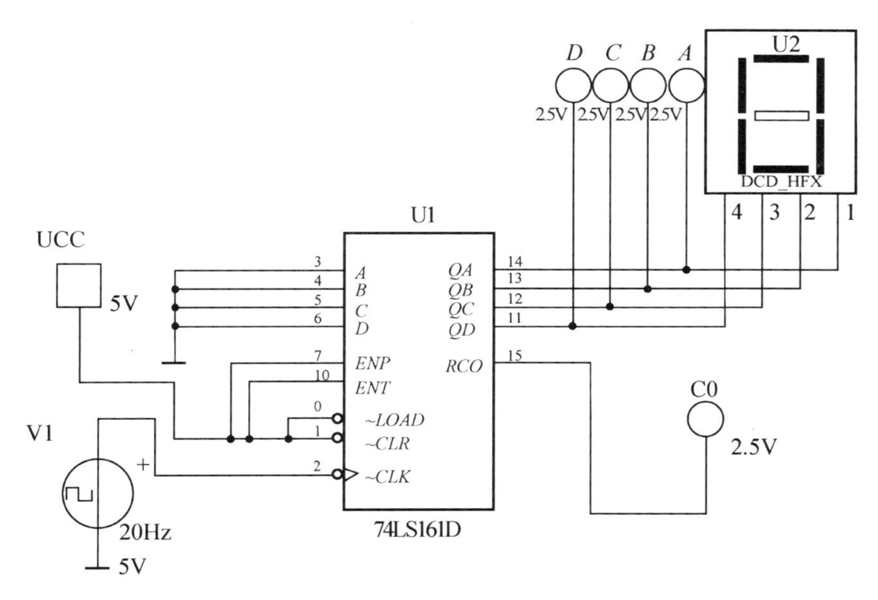

图 11.17　74LS161 测试电路图

74LS161 的逻辑功能见表 11－9。

表 11－9　74LS161 功能表

序号	输　入									输　出				功能说明
	$\overline{CR}$	$\overline{LD}$	CT_P	CT_T	CP	D_3	D_2	D_1	D_0	Q_3^{n+1}	Q_2^{n+1}	Q_1^{n+1}	Q_0^{n+1}	
1	0	×	×	×	×	×	×	×	×	0	0	0	0	异步清零

续表

序号	输入									输出				功能说明
	$\overline{CR}$	$\overline{LD}$	CT_P	CT_T	CP	D_3	D_2	D_1	D_0	Q_3^{n+1}	Q_2^{n+1}	Q_1^{n+1}	Q_0^{n+1}	
2	1	0	×	×	↑	D_3	D_2	D_1	D_0	D_3	D_2	D_1	D_0	同步置数
3	1	1	0	1	×	×	×	×	×	Q_3	Q_2	Q_1	Q_0^n	保持
4	1	1	×	0	×	×	×	×	×	Q_3	Q_2	Q_1	Q_0^n	保持
5	1	1	1	1	↑	×	×	×	×	加1计数				加1计数

2. 74LS161的逻辑功能

从功能表可以看出该计数器有如下功能。

1）异步清零

当$\overline{CR}=0$时，不论有无时钟脉冲CP和其他信号输入，计数器被清零。

2）同步置数

当$\overline{CR}=1$、$\overline{LD}=0$时，在输入脉冲CP上升沿的作用下，并行输入的数据$D_3D_2D_1D_0$被置入计数器。

3）保持

当$\overline{CR}=\overline{LD}=1$时，只要$CT_P$、$CT_T$中有一个为“0”电平，各触发器的输出状态均保持不变。而$CT_T=0$时，CO为0。

4）计数

当$\overline{CR}=\overline{LD}=CT_T=CT_P=1$时，在时钟脉冲$CP$上升沿到来时，作十进制加法计数，从0000计数到1111。当计数器累加到1111时，进位输出端CO送出高电平。

3. 将74LS161改成N进制计数器

置数法是利用计数器的置数端在计数器计数到某一状态后产生一个置数信号，使计数的状态回到输入数据所代表的状态。

例11.1 用置数法将74LS161构成十六进制计数器(0000→0001→0010→0011→0100→0101)。

解：计数器从0000开始计数，当计至5(0101)时，与非门输出低电平，使置数端$\overline{LD}=0$。由于74LS161的同步置数功能，当下一个脉冲到来后使各触发器置零，完成一个六进制计数循环。仿真电路如图11.18所示，其中74LS20为四输入与非门。

11.2.4 集成十进制同步加法计数器74LS160及其应用

1. 74LS160引脚功能

74LS160外形及引脚如图11.19所示。

图中CO是向高位进位的输出端；$\overline{CR}$是异步清零端；$\overline{LD}$是同步置数端；CT_P、CT_T

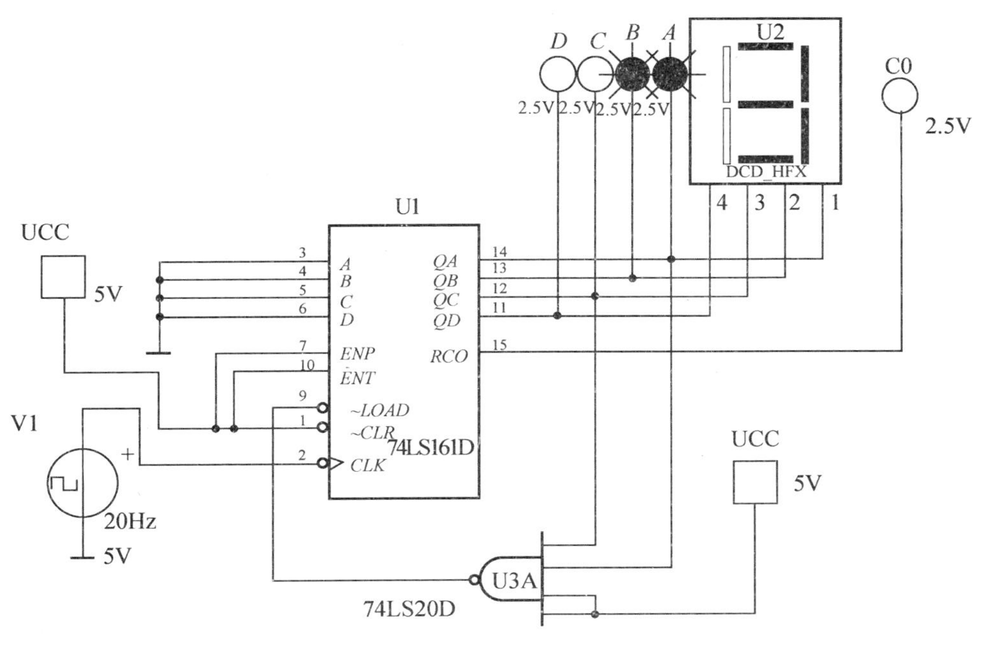

图 11.18　用 74LS161 构成 6 进制计数器

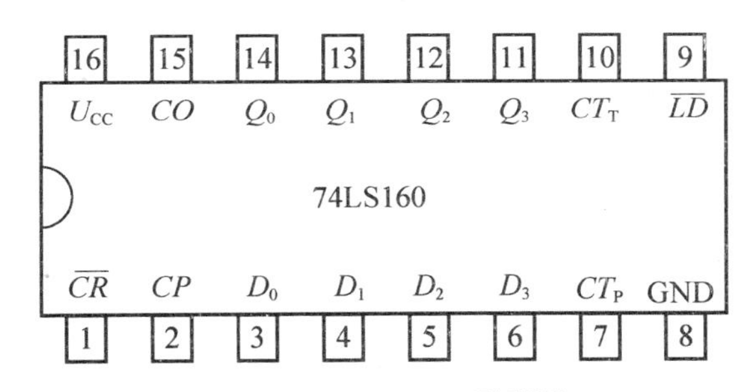

图 11.19　74LS160 引脚图

为使能端；CP 为上升沿触发时钟脉冲端；$D_0 \sim D_3$为预置数输入端。测试电路如图 11.20 所示。

74LS160 的逻辑功能见表 11－10。

表 11－10　74LS160 功能表

序号	输　入									输　出				功能说明
	$\overline{CR}$	$\overline{LD}$	CT_P	CT_T	CP	D_3	D_2	D_1	D_0	Q_3^{n+1}	Q_2^{n+1}	Q_1^{n+1}	Q_0^{n+1}	
1	0	×	×	×	×	×	×	×	×	0	0	0	0	异步清零
2	1	0	×	×	↑	D_3	D_2	D_1	D_0	D_3	D_2	D_1	D_0	同步置数
3	1	1	0	1	×	×	×	×	×	Q_3	Q_2	Q_1	Q_0^n	保持
4	1	1	×	0	×	×	×	×	×	Q_3	Q_2	Q_1	Q_0^n	保持
5	1	1	1	1	↑	×	×	×	×	加 1 计数				加 1 计数

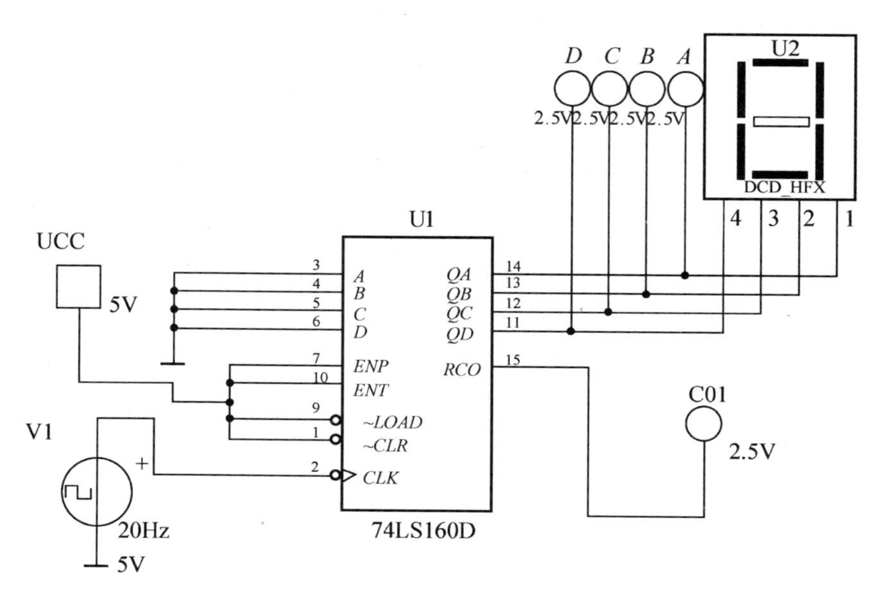

图 11.20 74LS161 测试电路图

2. 74LS160 逻辑功能

从功能表可以看出该计数器有如下功能。

1）异步清零

当 $\overline{CR}=0$ 时，不论有无时钟脉冲 CP 和其他信号输入，计数器被清零。

2）同步置数

当 $\overline{CR}=1$、$\overline{LD}=0$ 时，在输入脉冲 CP 上升沿的作用下，并行输入的数据 $D_3D_2D_1D_0$ 被置入计数器。

3）保持

当 $\overline{CR}=\overline{LD}=1$ 时，只要 CT_P、CT_T 中有一个为“0”电平，各触发器的输出状态均保持不变。而 $CT_T=0$ 时，CO 为 0。

4）计数

当 $\overline{CR}=\overline{LD}=CT_T=CT_P=1$ 时，在时钟脉冲 CP 上升沿到来时，作二进制加法计数，从 0000 计数到 1111。当计数器累加到 1111 时，进位输出端 CO 送出高电平。

3. 将 74LS160 改成 N 进制计数器

复位法是利用计数器的置数端在计数器计数到某一状态后产生一个复位信号 0，使计数的状态回到输入数据所代表的状态。

例 11.2 用复位法将 74LS160 构成六进制计数器(0000→0001→0010→0011→0100→0101→0000)。

解：如图 11.21 所示。计数器从 0000 开始计数，当计至 6(0110)时，与非门输出低电平，使清零端 $\overline{CR}=0$。由于 74LS161 的异步清零功能，计数器立即清零(它不需要等到下

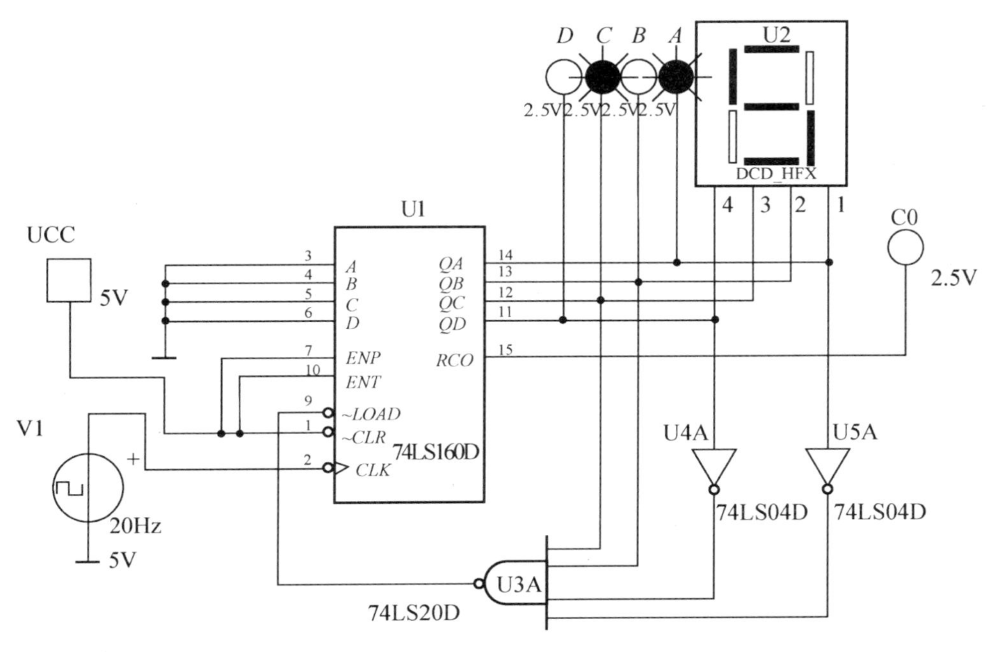

图 11.21　74LS160 改成 6 进制计数器

一个脉冲到来)，以致没看到 6 就已经返回至 0，即 6 是一个极短暂的过渡状态。电路中 74LS20 为四输入与非门，74LS04 为非门。

4. 构成大容量计数器

(1) 先用级联法。

计数器的级联是将多个集成计数器(如 M_1 进制、M_2 进制)串接起来，以获得计数容量更大的 $N(=M_1\times M_2)$进制计数器。级联的基本方法有异步级联和同步级联两种，异步级联就是用低位计数器的进位信号控制高位计数器的计数脉冲输入端；同步级联就是用低位计数器的进位信号控制高位计数器的使能端。

(2) 再用整体复位法或整体预置数法。

例 11.3　试用 74LS160 构成三十进制计数器($N=30$)。

解：先将两片十进制计数器 74LS160 采用同步级联组成 $10\times10=100$ 进制加法计数器。再将 $N(29)$对应的 8421BCD 码“00101001”通过与非门输出至异步清零端 $\overline{CR}$，从而实现三十进制的计数，如图 11.22 所示。

接下来用 MC14553 制作数显电容计计数电路。

11.2.5　集成计数器 MC14553

集成计数器 MC14553 的外形及引脚分布如图 11.23 所示。

引脚功能如下。

1、2、15 脚的 $\overline{DS_2}$、$\overline{DS_1}$、$\overline{DS_3}$ 用于控制三位数码管显示的数据选择输出，低电平有效。

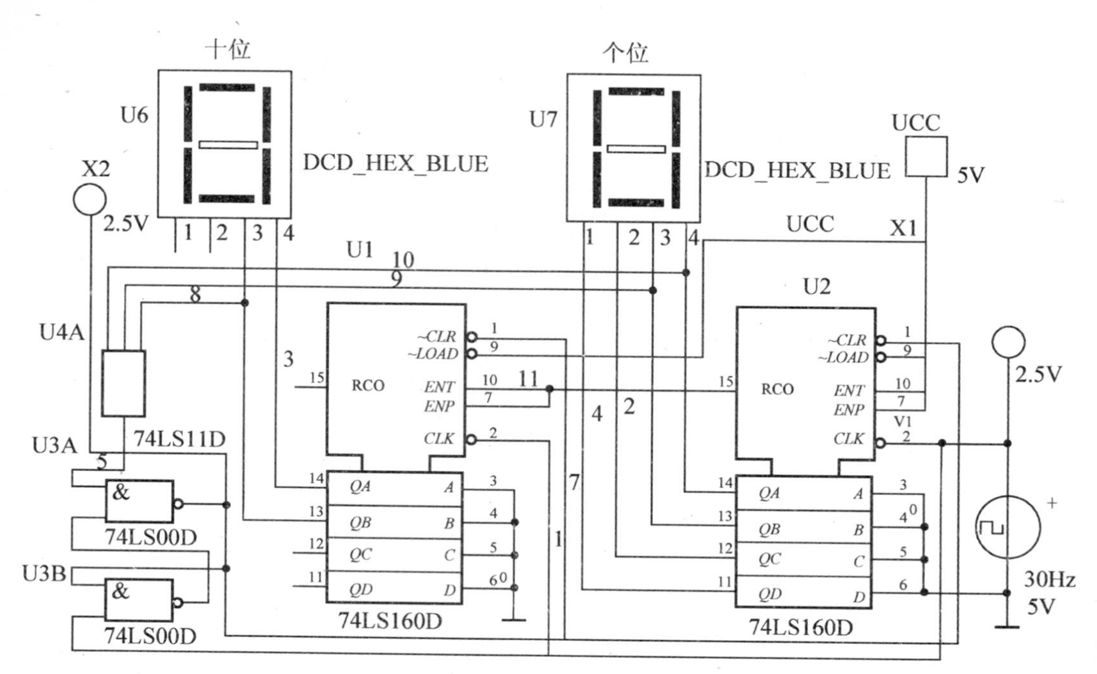

图 11.22 用两片 74LS160 级联成三十进制同步加法计数器

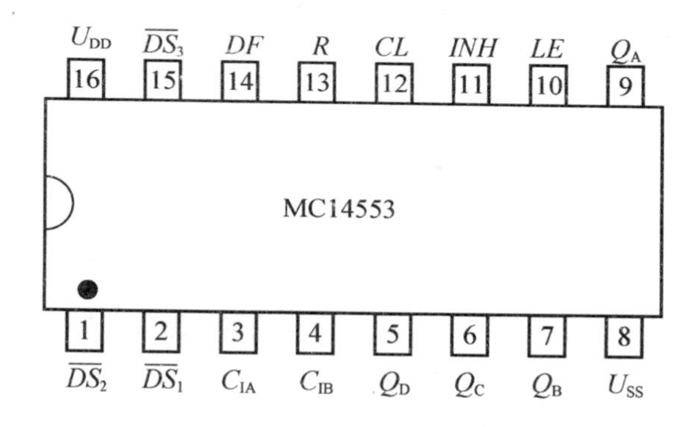

图 11.23 MC14553 引脚图

9、7、6、5 脚的 Q_A、Q_B、Q_C、Q_D输出用于数码管显示的 4 位 BCD 码。

12 脚的 CL 为与 C-T 转换电路的输出相连。

13 脚的 R 为计数器清零端。

11 脚的 INH 为计数器计数脉冲输入端。

10 脚的 LE 为计数器选通端，当 LE 值为 0 时允许 BCD 码输入，值为 1 时锁存 BCD 码值。

14 脚的 OF 端为计数器溢出端，当 MC14553 计数到 999 后，将在该端发出正脉冲信号。

11.2.6 数显电容计计数电路工作原理

计数电路用于提供待测电容容量的4位BCD码，并通过和前面所做项目——数显电容计译码电路相连，将待测电容容量在3位数码管上显示出来。其中的显示译码电路为扫描显示电路。扫描显示的基本原理是人眼的视觉残留效应和发光二极管的余辉效应，实现多位数码管的同时显示。

在MC14553输出个位BCD码时，$\overline{DS_1}=0$，$\overline{DS_2}=\overline{DS_3}=1$，个位数码管在$T_1$的驱动下，显示个位数字，而十位和百位数码管没有显示。

在MC14553输出十位BCD码时，$\overline{DS_2}=0$，$\overline{DS_1}=\overline{DS_3}=1$，显示十位数字；当$\overline{DS_3}=0$，$\overline{DS_1}=\overline{DS_2}=1$时，则显示百位数。在完成一轮显示之后，执行循环，让3个数码管进行周期性的扫描显示，但每个瞬间只有一个数码管显示，如果扫描显示频率比较慢，则可以很清楚地看到每一时刻只有一个数码管在显示，但是当提高扫描显示频率并达到一定值时，利用人的视觉残留效应，可以看到3位稳定的显示数字。在该电路中，由连接于3脚(C_{1A})和4脚(C_{1B})之间的电容C_4来决定显示扫描频率，C_4越小，扫描频率越高，显示画面越稳定；反之，扫描频率较低时，数码管的显示会出现闪烁现象，故C_4不能取得太大，在本项目中，其容量选择为10^3pF。

11.2.7 实施步骤

1. 安装

(1) 安装前应认真理解电路原理，并对所装元器件预先进行检查，确保元器件处于良好状态。

(2) 将电容(1μF)、MC14553等元件参考原理图11.14正确连接在面包板上，同时确保MC14553的5、6、7、9脚与已安装在PCB上的显示译码电路正确连接。

(3) 将计数器MC14553的11(INH)端(计数器计数脉冲输入端)与信号发生器输出正确连接。

2. 调试

(1) 复审无误后通电，调节信号发生器输出方波信号至3V/1Hz，观察数码管的显示数字的变化情况，仔细观察3位数码管的显示顺序。

(2) 将电容依次从1调至0.22μF→0.047μF→5900pF→10^3pF，可观察到数码管的扫描显示频率逐渐加快，最后达到3位同时稳定显示。

拓展阅读

集成寄存器的认知

集成寄存器的实物如图11.24所示。

1. 寄存器的应用

寄存器是数字电路中的一个重要部件，具有存储二进制数码或信息的功能。寄存器是

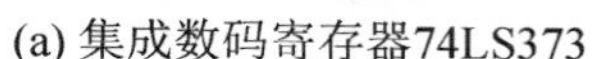
(a) 集成数码寄存器74LS373

(b) 集成双向移位寄存器74LS194

图 11.24 集成寄存器实物

由具有存储功能的触发器组合起来构成的，一个触发器可以存储 1 位二进制代码，存放 n 位二进制代码的寄存器需用 n 个触发器来构成。寄存器同样也应用于计算机、单片机等系统重要的信息存储电路。在这些系统中，寄存器是中央处理器内的组成部分。寄存器是有限存储容量的高速存储部件，可用来暂存指令、数据和位址。在中央处理器的控制部件中包含的寄存器有指令寄存器(IR)和程序计数器(PC)。在中央处理器的算术及逻辑部件中包含的寄存器有累加器(ACC)，在后续的单片机课程中将涉及此类器件。

2. 常用集成寄存器及其功能

1) 集成数码寄存器 74LS373

数码寄存器具有接收、存放、输出和清除数码的功能。在接收指令(在计算机中称为写指令)的控制下，将数据送入寄存器存放；需要时可在输出指令(读出指令)的控制下，将数据由寄存器输出。它的输入与输出均采用并行方式。

图 11.25 为集成 8 位数码锁存器 74LS373 的引脚图。此芯片中集成了 8 个独立且完全相同的主从型 D 触发器(下降沿触发)，且 8 个 D 触发器的 CP 时钟控制端连接于一起，形成锁存允许端 G 使得输入数据在同一个时钟脉冲控制下，可并行输出。

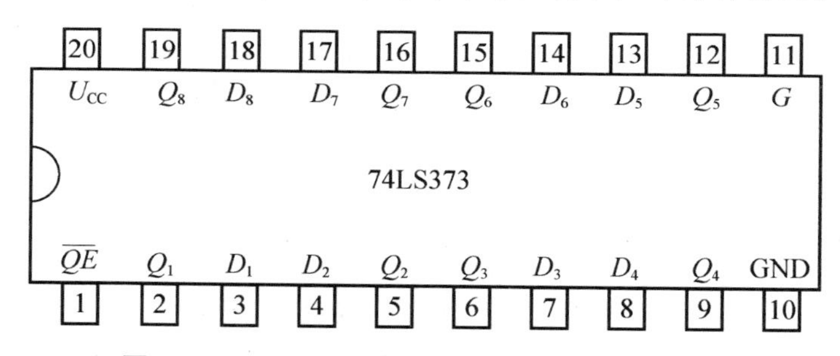

图 11.25 8 位集成数码寄存器 74LS373 引脚分布

另外 74LS373 的 $D_0 \sim D_7$ 是数码并行输入端，$Q_0 \sim Q_7$ 是并行输出端，可直接与单片机的总线相连。

$\overline{OE}$ 是三态允许控制端(低电平有效)，其工作原理如下。

当三态允许控制端 $\overline{OE}$ 为低电平时，$Q_0 \sim Q_7$ 为正常逻辑状态，可用来驱动负载或总线。当 $\overline{OE}$ 为高电平时，$Q_0 \sim Q_7$ 呈高阻态，既不驱动总线，也不为总线的负载，但锁存器内部的逻辑操作不受影响。

当锁存允许端 G 输入一下降沿触发信号时，将 8 位并行输入数据 $D_0 \sim D_7$ 传送至输出

端，同时当 G 变为低电平时，并行数据被锁存于输出端 $Q_0 \sim Q_7$。

2）集成双向移位寄存器 74LS194

移位寄存器不仅能存储数据，还具有移位的功能。所谓移位功能，就是寄存器中所存的数据能在移位脉冲作用下依次左移或右移。因此，移位寄存器采用串行输入数据，可用于存储数据、数据的串入—并出转换、数据的运用及处理等。

根据数据在寄存器中移动情况的不同，可把移位寄存器分为单向移位（左移、右移）寄存器和双向移位寄存器。

图 11.26 是集成双向移位寄存器 74LS194 的引脚图和逻辑图。其中 S_1、S_0 为工作方式控制端；S_L/S_R 为左移/右移数据输入端；D_0、D_1、D_2、D_3 为并行数据输入端；$Q_0 \sim Q_3$ 依次为由低位到高位的 4 位输出端。

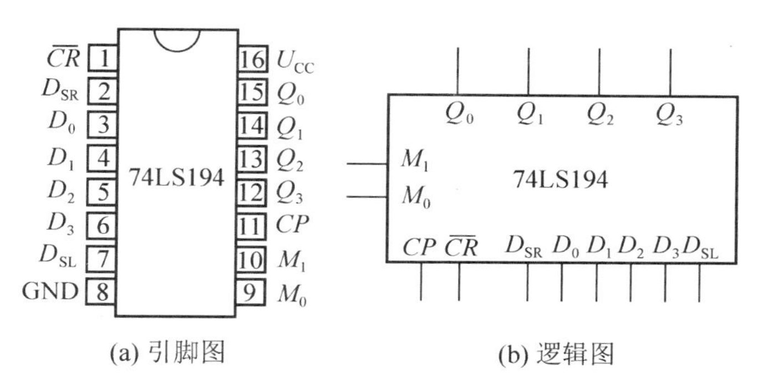

(a) 引脚图　　(b) 逻辑图

图 11.26　74LS194 的引脚图和逻辑图

测试电路如图 11.27 所示。

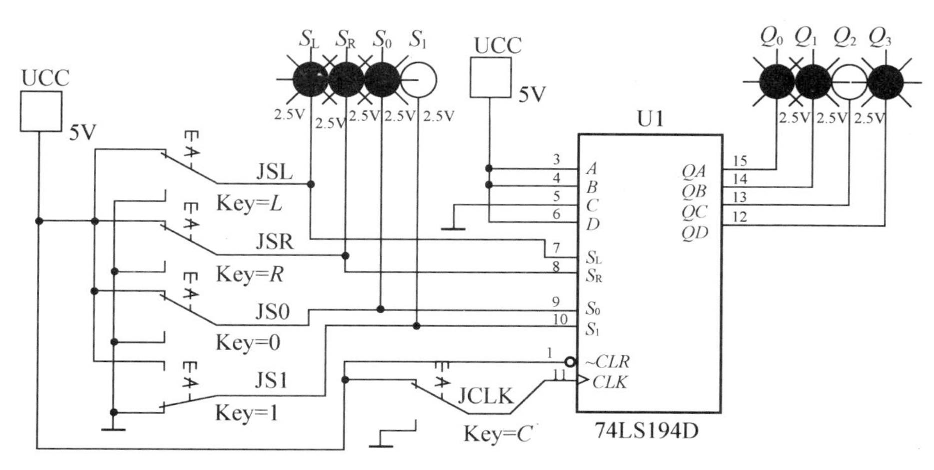

图 11.27　74LS194 测试电路

74LS194 的逻辑功能见表 11－11。由功能表可见 74LS194 具有如下功能。

（1）清零：当 $\overline{CR}=0$ 时，不论其他输入如何，寄存器清零。

（2）当 $\overline{CR}=1$ 时，有 4 种工作方式。

① $S_1=S_0=0$ 或 CP 为低电平，保持功能。$Q_0 \sim Q_3$ 保持不变，且与 CP、S_R、S_L 信号无关。

② $S_1=0$，$S_0=1(CP\uparrow)$，右移功能。从 S_R 端先串入数据给 Q_0，然后按 $Q_0 \to Q_1 \to Q_2 \to Q_3$ 依次右移。

③ $S_1=1$，$S_0=0(CP\uparrow)$，左移功能。从 S_L 端先串入数据给 Q_3，然后按 $Q_3 \to Q_2 \to Q_1 \to Q_0$ 依次左移。

④ $S_1=S_0=1(CP\uparrow)$，并行输入功能。

表 11－11　74LS194 的逻辑功能表

输　入										输　出				说　明
$\overline{CR}$	S_1	S_0	CP	S_L	S_R	D_0	D_1	D_2	D_3	Q_0	Q_1	Q_2	Q_3	
0	×	×	×	×	×	×	×	×	×	0	0	0	0	清零
1	×	×	0	×	×	×	×	×	×	保　持				
1	1	1	↑	×	×	d_0	d_1	d_2	d_3	d_0	d_1	d_2	d_3	并行置数
1	0	1	↑	×	1	×	×	×	×	1	Q_1	Q_2	Q_3	右移输入 1
1	0	1	↑	×	0	×	×	×	×	0	Q_1	Q_2	Q_3	右移输入 0
1	1	0	↑	1	×	×	×	×	×	Q_0	Q_1	Q_2	1	左移输入 1
1	1	0	↑	0	×	×	×	×	×	Q_0	Q_1	Q_2	0	左移输入 0
1	0	0	×	×	×	×	×	×	×	保　持				

项 目 小 结

(1) 时序逻辑电路由触发器和组合逻辑电路组成，其中触发器是必不可少的。时序逻辑电路的输出状态不仅与输入状态有关，而且还与电路的原来状态有关。

(2) 计数器和寄存器是时序逻辑电路中最常用的部件。计数器是快速记录输入脉冲个数的部件。按计数进制分为：二进制计数器、十进制计数器和任意进制计数器。按计数增减分为：加法计数器、减法计数器和加/减计数器。按触发翻转是否同步分为：同步计数器和异步计数器。

(3) 寄存器是用来暂时存放数码的部件。从功能上分有数码寄存器和移位寄存器。移位寄存器又有单向(左移或右移)移位寄存器和双向移位寄存器之分。

(4) 集成计数器可很方便地构成 N 进制(任意进制)计数器。方法主要有置数法和置 0 法，但要注意的是：①同步置 0 或置数法用第 $N-1$ 个状态产生置零信号；②异步置 0 或置数法用第 N 个状态产生置零信号。当需要扩大计数器的容量时，可将多片集成计数器进行级联。

习　　题

一、填空题

11.1　常见触发器的种类有________、________、________和________4种。

11.2　基本 RS 触发器的 $\overline{S}_d$ 称为置________端或________端。$\overline{R}_d$ 称为置________端或________端。

11.3　时序逻辑电路的显著特点是具有________，其输出信号不仅与________有关，而且还与________有关。

11.4　寄存器由触发器组成，是一个具有暂时________数据或代码功能的部件。

11.5　多位数据同时进入寄存器的各触发器，又同时从各触发器输出端输出，这种数据输入输出方式称为________，相应的数据称为________。

11.6　数据逐位输入和输出寄存器的输入/输出方式称为________和________，相应的数据称为________。

11.7　计数器是用来对________的电路，它是利用________来实现计数的。

11.8　按触发器有无统一的时钟脉冲控制，计数器分________和________。

11.9　触发器具有两个稳定状态，是________态和________态。

11.10　如图 11.28 所示电路，已知 $Q^n=0$，若要使 $Q^{n+1}=1$，则输入 $J=$________，$K=$________，触发条件 CP 为________。

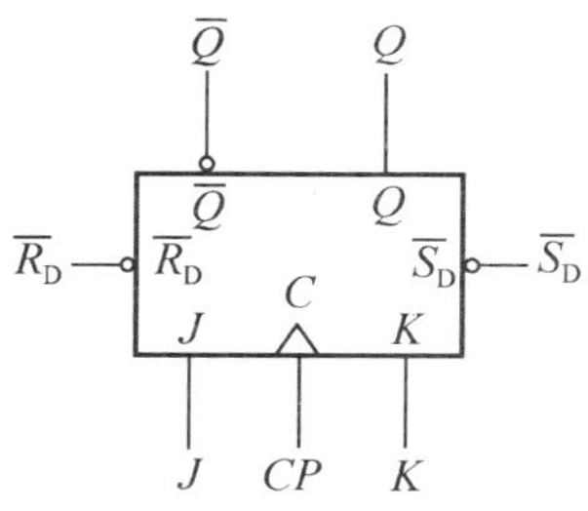

图 11.28　题 11.10 图

二、选择题

11.11　具有记忆功能的逻辑电路称为(　　)。

A. 组合逻辑电路　　　　B. 时序逻辑电路

C. 基本门电路

11.12　下列说法哪个是完全错误的？(　　)

A. 触发器是构成其他时序逻辑电路的最基本的单元电路

B. 组合逻辑电路无记忆功能

C. 4 位数码寄存器可由 2 个触发器组成

11.13　3位串入—并出的移位寄存器，要用(　　)个CP脉冲信号，才能完成存储工作。

A. 2　　B. 3　　C. 6

11.14　具有置0、置1、保持和翻转功能，被称为全功能触发器的是(　　)。

A. JK 触发器　　B. 基本 RS 触发器

C. 触发器　　D. T 触发器

11.15　能实现串联数据变换成并行数据的电路是(　　)。

A. 编码器　　B. 译码器　　C. 移位寄存器

11.16　由4个 D 触发器组成的代码寄存器可以寄存(　　)。

A. 4位十进制数　　B. 4位二进制代码

C. 2位十进制代码

11.17　同步计数器和异步计数器的区别在于(　　)。

A. 前者为加法计数器，后者为减法计数器

B. 前者为二进制计数器，后者为十进制计数器

C. 前者各触发器是由相同脉冲控制，后者各触发器不是由相同脉冲控制

D. 后者各触发器是由相同脉冲控制，前者各触发器不是由相同脉冲控制

11.18　JK 触发器要求状态由0→1，其输入信号应为(　　)。

A. $JK=0\times$　　B. $JK=1\times$　　C. $JK=\times0$　　D. $JK=\times1$

11.19　对于由3位 D 触发器组成的单向移位寄存器，3位串行输入数码全部输入寄存器并全部串行输出，则所需要的移位脉冲的数量为(　　)。

A. 三　　B. 四　　C. 八　　D. 十六

11.20　计数器具有分频功能，所以八进制计数器就是一个(　　)分频器。

A. 三　　B. 八　　C. 十六

三、分析题

11.21　同步 RS 触发器的逻辑符号和输入波形如图11.29所示。设初始 $Q=0$，画出 Q，$\overline{Q}$ 端的波形。

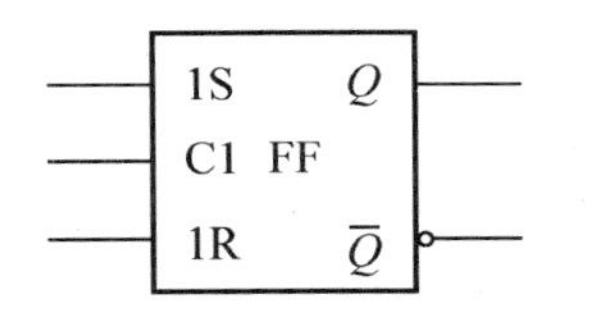

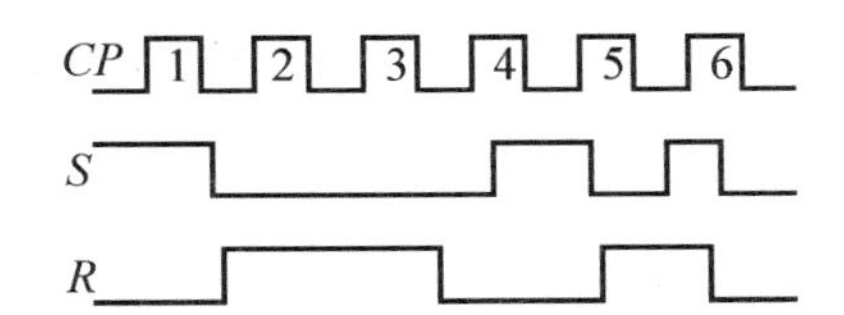

图11.29　题11.21图

11.22　上升沿触发的 D 触发器的逻辑图及 CP、D 波形如图11.30所示，试画出 Q 的波形，设触发器初态为0。

11.23　负沿触发的 JK 触发器的逻辑图及 CP、J、K 波形如图11.31所示，试画出 Q 的波形，设触发器初态为0。

11.24　图11.32中，CP 及 A、B 的波形已给出，试画出 Q 端的波形。

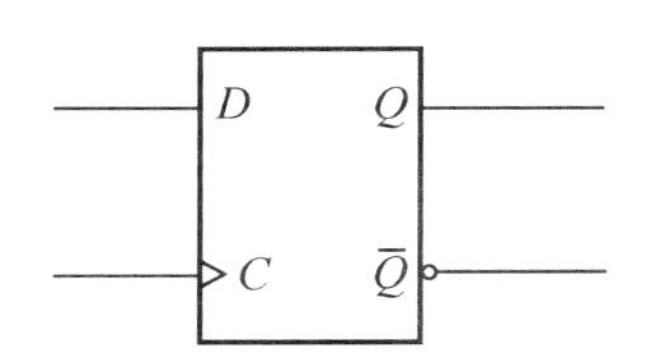

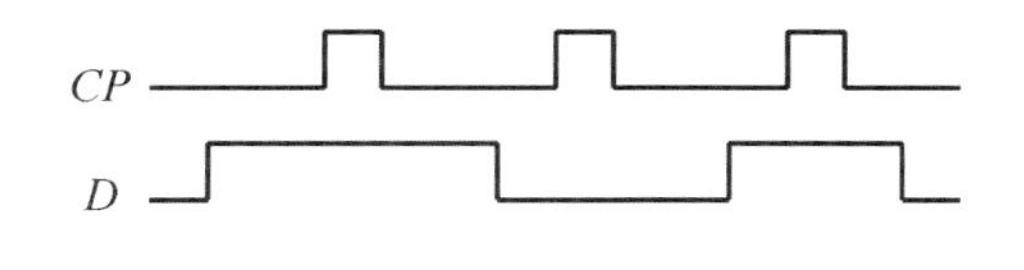

图 11.30　题 11.22 图

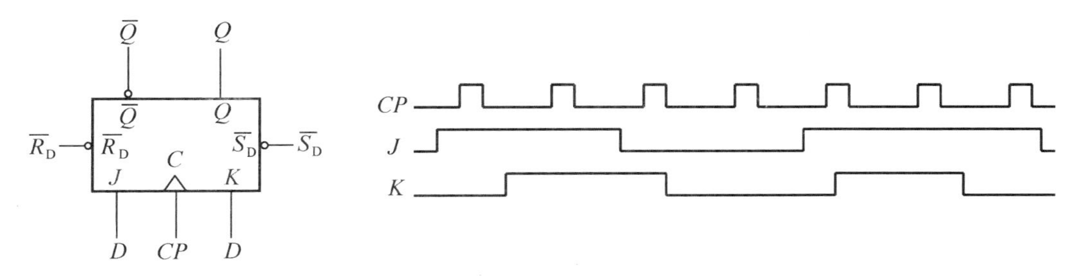

图 11.31　题 11.23 图

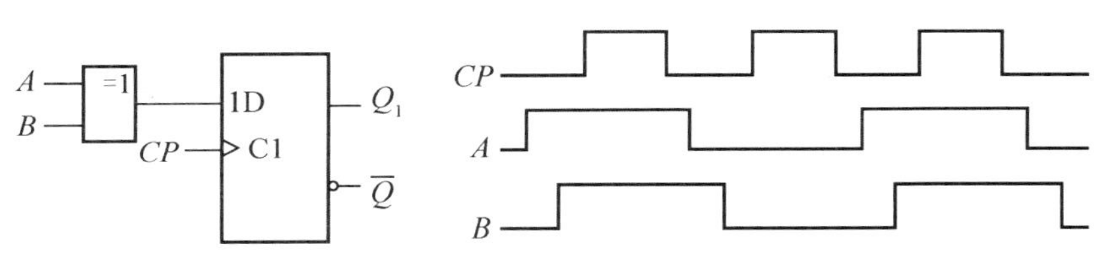

图 11.32　题 11.24 图

11.25　JK 触发器的逻辑图及 CP、J、K、$\overline{S}_D$、$\overline{R}_D$ 波形如图 11.33 所示，试画出 Q 的波形，设触发器初态为 0。

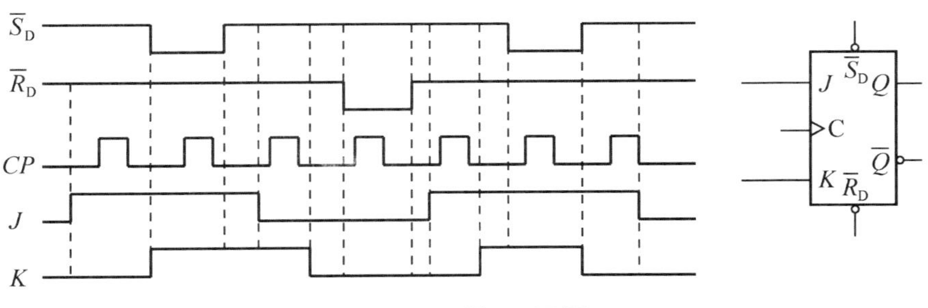

图 11.33　题 11.25 图

项目12

集成555定时器的认知及应用电路的制作

学习目标

1. 知识目标

(1) 熟悉555定时器的电路组成、功能、封装及引脚排列。

(2) 掌握集成555定时器的工作原理。

(3) 掌握由555定时器构成的单稳态触发器及多谐振荡器的组成及工作原理。

2. 技能目标

(1) 学会判别555定时器的引脚及其功能。

(2) 测试NE555定时器引脚及功能。

(3) 利用NE555制作单稳态触发器电路，完成电路功能检测。

(4) 制作救护车变音警笛电路，完成电路功能检测和故障排除。

(5) 制作数显电容计的C-T转换电路及多谐振荡电路部分，完成数显电容计电路功能检测和故障排除。

生活提点

学过电工技术的读者都知道，在低压电气控制电路以及在一些家用电器中，为了实现定时控制，往往都采用机械式定时器，但传统机械式定时器存在使用寿命短、故障较多、定时精度低且价格较高的缺点。集成555定时器具有体积小、定时精度高、价格低廉等优点，所以现已运用于工业控制及家用电气等领域，下面通过对集成555定时器的测试及项目制作，学习555定时器的功能及应用。

项目任务

制作数显电容计的C-T转换电路及多谐振荡电路部分，完成数显电容计的整体调试，要求其在测量范围内电容测试误差低于10%。

数显电容计C-T转换电路及多谐振荡电路如图12.1所示。

图12.1　数显电容计的数显电容计C-T转换电路及多谐振荡电路

项目实施

12.1　集成555定时器的认知及测试

各种集成555定时器的实物如图12.2所示。

(a) 单555定时器NE555　　(b) 双555定时器NE556

图12.2　集成555定时器实物

先来测试一下集成NE555定时器功能，测试电路如图12.3所示。

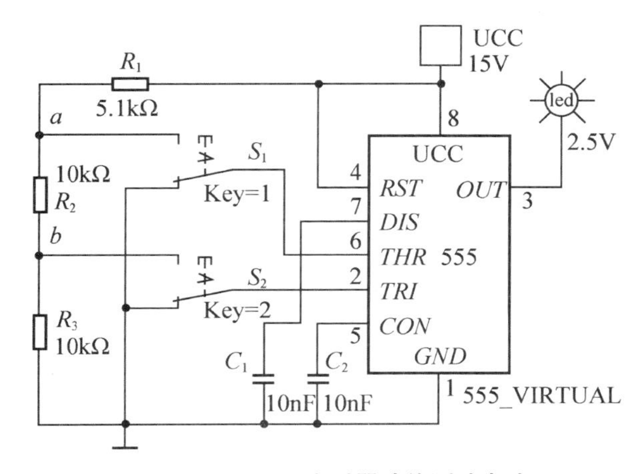

图12.3　NE555定时器功能测试电路

测试器件见表 12-1。

表 12-1　NE555 定时器功能测试器件清单

序　号	名　称	规　格	数　量
1	晶体管稳压电源		1 台
2	面包板		1 块
3	电容	0.01 μF	2
4	金属膜电阻	5.1kΩ	1
5	金属膜电阻	10kΩ	2
6	集成 555 定时器	NE555	1
7	发光二极管	ϕ3	1
8	开关	单刀双掷	2
9	导线		若干

测试步骤如下。

(1) 按图 12.3 所示的测试电路将器件装在面包板上，并正确连线。

(2) 将晶体管稳压电源电压调至+5V，分别接在 NE555 的 4 脚和 8 脚，按下述测试顺序观察 LED 是否发光并记录，若发光二极管点亮，则相应端口输出为高电平，反之为低电平。

测试结果分析如下。

(1) 第一种情况：将单刀双掷开关 S_1、S_2 分别接至 a 和 b 端，由于集成 555 定时器的 2 和 6 脚的对地等效电阻接近于无穷大，利用分压公式，则 a、b 两点的电压分别大于 $2U_{CC}/3$ 和 $U_{CC}/3$，可观察到 LED 熄灭，即 3 脚输出低电平。

(2) 第二种情况：在第一种情况下 3 脚输出为低电平，此时将开关 S_1 接地，可观察到 LED 仍然保持熄灭状态，即输出端 3 脚仍输出低电平。

(3) 第三种情况：将开关 S_2 接至 b 端(接地)，可观察到不管开关 S_1 接至哪端，即 6 脚不管接什么电压，LED 均发光，即 3 脚均输出高电平。

(4) 第四种情况：在第三种情况下 3 脚输出为高电平，此时将开关 S_1 接地，S_2 接至 b 端，可观察到 LED 仍然保持发光状态，即输出端 3 脚仍输出高电平。

将上述 4 种情况下的输出电平用数字 0 和 1 表示，可列出反映该集成 555 定时器的特性表，见表 12-2。

表 12-2　NE555 测试特性表

输　入		输　出	
U_{TH}	U_{TL}	OUT	LED
×	×	0	导通
$>2U_{CC}/3$	$>U_{CC}/3$	0	截止
$<2U_{CC}/3$	$>U_{CC}/3$	不变	不变
×	$<U_{CC}/3$	1	导通

从上述测试中，可看出集成定时器 NE555 一方面具有与触发器类似的特征，另一方

面这种输入输出特性又与 2 和 6 脚的输入电压的大小有关。

12.1.1　555 定时器介绍

集成 555 定时器是美国 Signetics 公司 1972 年研制的用于取代机械式定时器的中规模集成电路，因输入端设计有 3 个 5kΩ 的电阻而得名。目前，流行的产品主要有 4 个：BJT 两个，555 和 556(即含有两个 555)；CMOS 两个，7555 和 7556(含有两个 7555)。555 定时器是一种模拟和数字功能相结合的中规模集成器件。一般用双极性工艺制作的称为 555，用 CMOS 工艺制作的称为 7555，除单定时器外，还有对应的双定时器 556/7556。555 定时器的电源电压范围较宽，可在 4.5～16V 工作，7555 可在 3～18V 工作，输出驱动电流约为 200mA，因而其输出可与 TTL、CMOS 或者模拟电路电平兼容。555 定时器成本低、性能可靠，只需要外接几个电阻、电容就可以实现多谐振荡器、单稳态触发器及施密特触发器等脉冲产生与变换电路。它也常作为定时器广泛应用于仪器仪表、家用电器、电子测量及自动控制等方面。

555 定时器的产品有双极型 TTL 和单极型 CMOS 两种类型。它们的区别见表 12－3，虽然工作电压和输出电流不同，但各公司生产的 555 定时器的逻辑功能与外引线排列都完全相同。

表 12－3　双极型产品与 CMOS 产品比较

	双极型产品	CMOS 产品
单 555 型号的最后几位数码	555	7555
双 555 型号的最后几位数码	556	7556
优点	驱动能力较大	低功耗、高输入阻抗
电源电压工作范围	5～16V	3～18V
负载电流	可达 200mA	可达 4mA

12.1.2　555 定时器的结构和工作原理

555 定时器是把模拟电路和数字电路结合在一起的器件。555 定时器的内部结构如图 12.4 所示。它由两个电压比较器 A_1和 A_2、一个由与非门组成的基本 RS 触发器 F、一个集电极开路的放电晶体管 V 以及 3 个 5kΩ 电阻串联组成的分压器构成。比较器 A_1的参考电压为 $2U_{CC}/3$，加在同相端；A_2引的参考电压为 $U_{CC}/3$，加在反相输入端，两者均由分压器取得。

555 定时器的功能主要由两个比较器决定。通过刚才的测试可知两个比较器的输出电压控制 RS 触发器和放电管的状态。在电源与地之间加上电压，当 5 脚悬空时，则电压比较器 A_1的同相输入端的电压为 $2U_{CC}/3$，A_2的反相输入端的电压为 $U_{CC}/3$。若触发输入端 $\overline{TR}$ 的电压小于 $U_{CC}/3$，则比较器 A_2的输出为 0，可使 RS 触发器置 1，使输出端 3 脚输出为 1。如果阈值输入端 TH 的电压大于 $2U_{CC}/3$，同时 $\overline{TR}$ 端的电压大于 $U_{CC}/3$，则 A_1的输

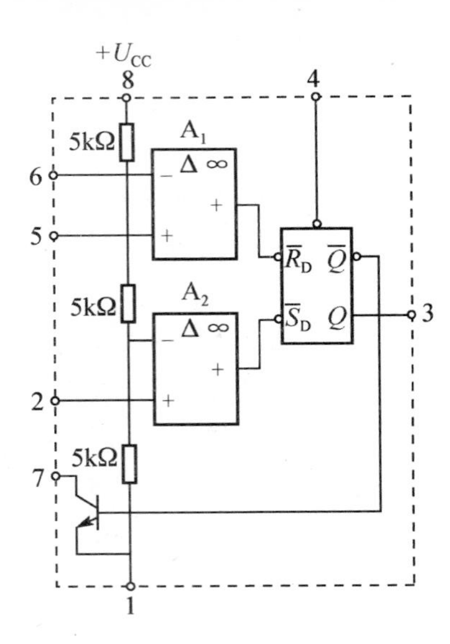

图 12.4　555 定时器的内部结构

出为 0，A_2的输出为 1，可将 RS 触发器置 0，使输出为 0 电平。

集成 555 定时器 NE555 和 NE556 的引脚排列如图 12.5 所示。

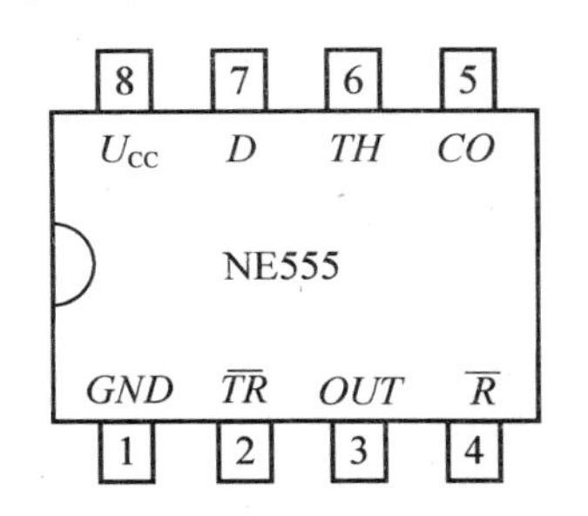

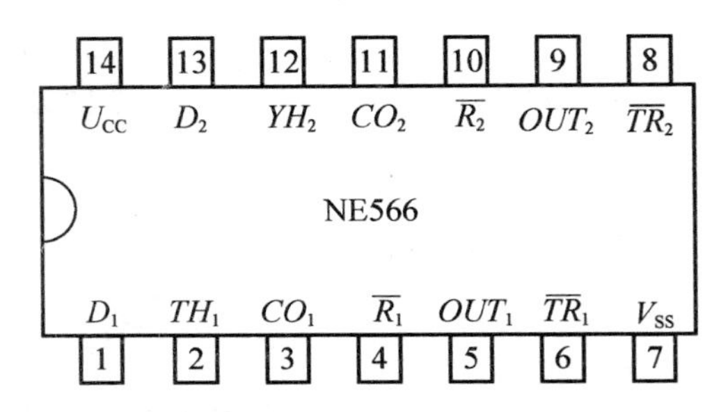

图 12.5　集成 555 定时器的引脚排列

555 定时器 NE555 各引脚的功能如下。

1 脚 GND 为接地端。

2 脚 $\overline{TR}$（即 TRI）为低电平触发端，也称为触发输入端，由此输入触发脉冲。

3 脚 OUT 为输出端，输出电流可达 200mA，因此可直接驱动继电器、发光二极管、扬声器、指示灯等。输出高电压约低于电源电压 1～3V。

4 脚 $\overline{R}$（即 RST）为复位端，当 $\overline{R}$ 为 0 时，基本 RS 触发器直接置 0，使 $Q=0$，$\overline{Q}=1$。

5 脚 CO(即 CON)为电压控制端，如果在 CO 端另加控制电压，则可改变 A_1和 A_2的参考电压。工作中不使用 CO 端时，一般都通过一个 0.01μF 的电容接地，以旁路高频干扰。在控制电压输入端 5 脚悬空，外接 0.01μF 电容到 1 脚时，高触发端的参考电压为 $U_{TH}=2U_{CC}/3$，低触发端的参考电压为 $U_{TL}=U_{CC}/3$，回差电压 $\Delta U=U_{TH}-U_{TL}=2U_{CC}/3-U_{CC}/3=U_{CC}/3$。如果控制电压输入端 5 脚外接固定电压 U_{CO}，则 $U_{TH}=U_{CO}$，$U_{TL}=U_{CO}/2$，回差电压 $\Delta U=U_{TH}-U_{TL}=U_{CO}-U_{CO}/2=U_{CO}/2$。

6 脚 TH(即 THR)为高电平触发端，又称为阈值输入端，由此输入触发脉冲。当 6 脚电压高于U_{TH}，2 脚电压高于U_{TL}时，电压比较器A_1的输出低电平 0、电压比较器A_2的输出高电平 1，基本 RS 触发器 F 被置 0，Q 输出为 0，于是 3 脚输出为 0；当 6 脚电压低于U_{TH}时，电压比较器 C_1的输出为 1，2 脚电压低于U_{TL}时，电压比较器 A_2的输出为 0，基本 RS 触发器 F 置 1，3 脚输出为 1；当 6 脚电压低于U_{TH}时，电压比较器 A_1的输出为 1，2 脚电压高于U_{TL}时，电压比较器 C_2的输出为 1，基本 RS 触发器保持原状态，3 脚输出不变。

7 脚 D(即 DIS)为放电端。基本 RS 触发器 $Q=1$ 时，放电晶体管导通，外接电容元件通过 VT 放电。555 定时器在使用中大多与电容的充放电有关，为了使充放电能够反复进行，电路特别设计了一个放电端 D。

8 脚$+U_{CC}$为电源端，可以在 4.5～16V 范围内使用，若为 CMOS 电路，则 U_{DD} 为 3～18V。

利用集成 555 定时器可以组成各种实用的电子电路，如施密特触发器、单稳态触发器、多谐振荡器等，接下来一一介绍。

12.2　利用 555 型集成定时器制作应用电路

12.2.1　施密特触发器的应用与测试

1. 施密特触发器应用

一般施密特触发器可用于如下场合。

(1) 波形变换：可将三角波、正弦波、周期性波等变成矩形波。

(2) 脉冲波的整形：数字系统中，矩形脉冲在传输中经常发生波形畸变，出现上升沿和下降沿不理想的情况，可用施密特触发器整形后，获得较理想的矩形脉冲。

(3) 脉冲鉴幅：幅度不同、不规则的脉冲信号施加到施密特触发器的输入端时，能选择幅度大于预设值的脉冲信号进行输出。

2. 电路组成及工作原理

将 555 定时器的 TH 端 2、端 6 连接起来作为信号输入端 u_i，便构成了施密特触发器，如图 12.6(a)所示。其工作原理分析如下。

当输入双极性正弦波 $u_i=\sin\omega t$ 时，则有以下规律。

(1) 当 $u_i=0$ 时，由于比较器 A_1输出 1、A_2输出 0，触发器置 1，即 $Q=1$、$\bar{Q}=0$，$u_{o1}=u_o=1$。u_i升高时，在未到达 $2U_{CC}/3$ 以前，$u_{o1}=u_o=1$ 的状态不会改变。

(2) u_i升高到 $2U_{CC}/3$ 时，比较器 A_1输出为 0、A_2输出为 1，触发器置 0，即 $Q=0$、$\bar{Q}=1$，$u_{o1}=u_o=0$。此后，u_i上升到 U_{CC}，然后再降低，但在未到达 $U_{CC}/3$ 以前，$u_{o1}=u_o=0$ 的状态不会改变。

(3) u_i下降到 $2V_{CC}/3$ 时，比较器 A_1输出为 1、A_2输出为 0，触发器置 1，即 $Q=1$、$\bar{Q}=0$，$u_{o1}=u_o=1$。此后，u_i继续下降到 0，但 $u_{o1}=u_o=1$ 的状态不会改变。

其输出如图 12.6(b)所示。

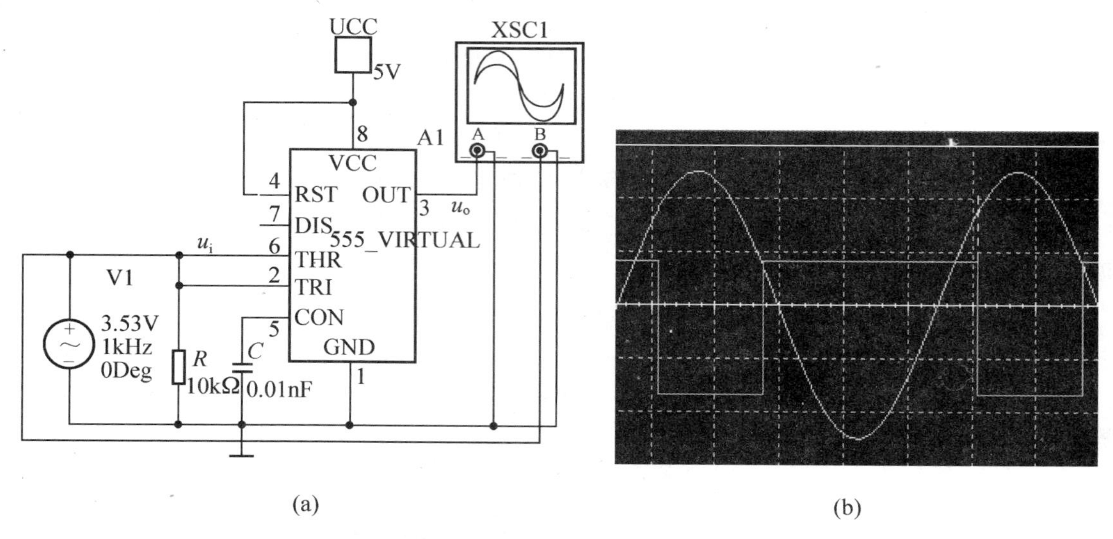

(a) (b)

图 12.6 NE555 定时器组成的施密特触发器电路及输出波形

12.2.2 单稳态触发器的应用及测试

1. 单稳态触发器应用

单稳态触发器在数字电路中一般用于定时(产生一定宽度的矩形波)、整形(把不规则的波形转换为宽度、幅度都相等的波形)以及延时(把输入信号延迟一定时间后输出)等。

单稳态触发器具有下列特点。

(1) 电路有一个稳态和一个暂稳态。

(2) 在外来触发脉冲作用下，电路由稳态翻转到暂稳态。

(3) 暂稳态是一个不能长久保持的状态，经过一段时间后，电路会自动返回到稳态。暂稳态的持续时间与触发脉冲无关，仅取决于电路本身的参数。

2. 电路组成及工作原理

测试电路如图 12.7 所示。它将 6、7 脚相连后，一路通过外接电阻 R_1接电源，另一路通过电容 C_1接地。2 脚作为低于 $U_{CC}/3$ 的信号输入端，这样就组成了单稳态触发器。

当电压控制端 5 脚悬空时，接上电源后，由于电容 C 无电压，6 脚的触发电压低于 $2U_{CC}/3$，电压比较器 A_1输出高电平 1；无触发脉冲输入时，2 脚电压高于 $U_{CC}/3$，电压比较器 A_2输出高电平 1。此时基本 RS 触发器保持原状态，但输出端究竟为 1 还是 0，无法确定。当输出端为 0 时，放电管 T 导通，电容 C_1被短接，输出端保持 0；当输出端为 1 时，放电管 T 截止，电源经 R 对电容 C_1充电，电容电压上升，到升到稍大于 $2U_{CC}/3$ 时，

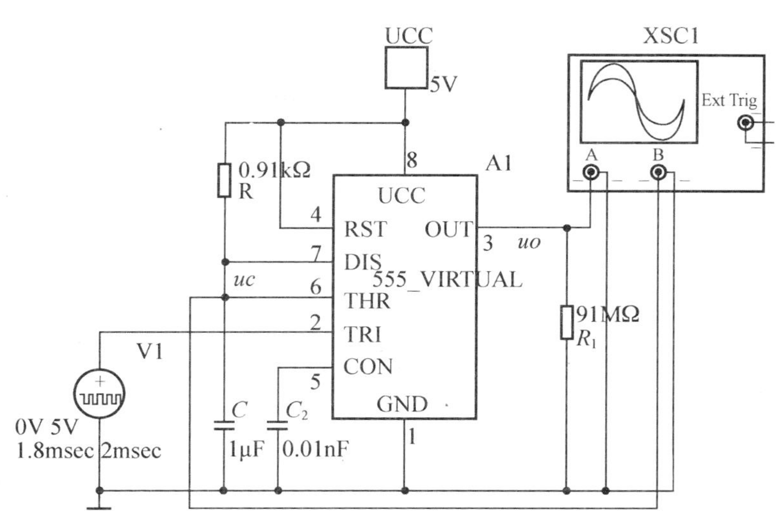

图 12.7　NE555 定时器组成的单稳态触发器电路

电压比较器 A_1 输出低电平 0，使 555 电路输出端输出低电平 0，放电管 T 导通，电容通过放电管迅速放电，又使 A_1 输出高电平 1，触发器输出保持原状态 0。因此在未输入触发信号时，3 脚输出为低电平 $Q=0$ 的稳态。

当 2 脚外加小于 $U_{CC}/3$ 负跳变触发脉冲 u_i 时，RS 触发器 F 翻转为 $Q=1$，同时放电管 T 截止。电源 U_{CC} 通过 R 向电容 C_1 充电，当 u_c 电压上升到高电平触发电压 $2U_{CC}/3$ 时，触发器复位，$Q=0$，放电管导通，同时电容 C_1 通过放电管 T 迅速放电。由于比较器 A_2 的低电平触发端 2 脚未接在电容 C_1 上，因此电容 C_1 的放电不影响 RS 触发器 Q 的状态，输出端保持为低电平，即 $Q=0$，可见在输入触发脉冲后，555 电路输出端为 1 的状态为一个暂态。

当低电平触发端 2 脚再加一负跳变的触发脉冲时，又重复上述过程，波形如图 12.8 所示。

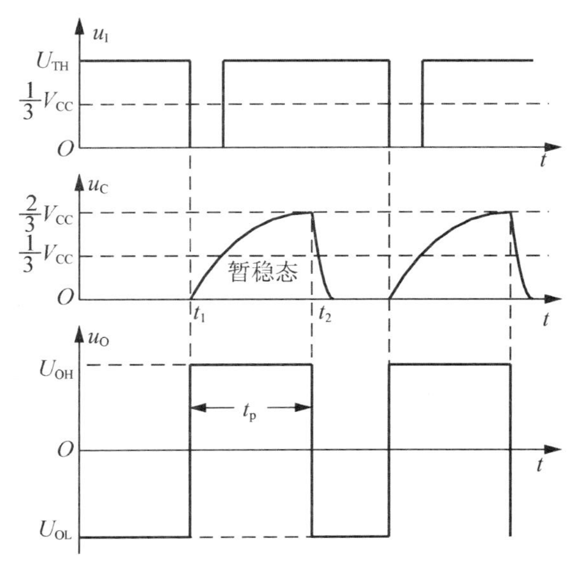

图 12.8　555 定时器构成的单稳态触发器

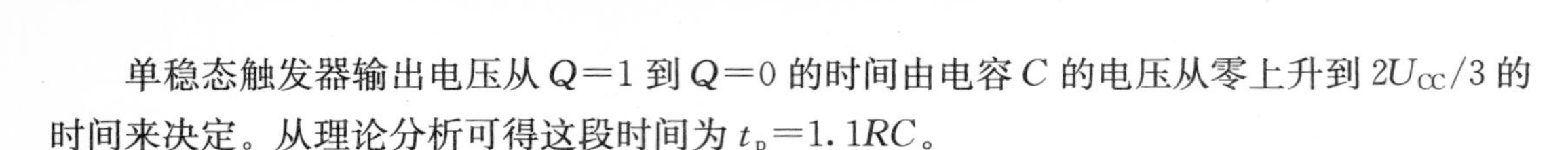

单稳态触发器输出电压从 $Q=1$ 到 $Q=0$ 的时间由电容 C 的电压从零上升到 $2U_{CC}/3$ 的时间来决定。从理论分析可得这段时间为 $t_p=1.1RC$。

12.2.3 多谐振荡器的应用及测试

1. 多谐振荡器触发器应用

多谐振荡器是一种无稳态触发器，接通电源后，不需外加触发信号，就能产生矩形波输出。由于矩形波中含有丰富的谐波，故称为多谐振荡器。

多谐振荡器是一种常用的脉冲波形发生器，触发器和时序电路中的时钟脉冲一般是由多谐振荡器产生的。

2. 电路组成及工作原理

用 555 定时组成的多谐振荡器电路如图 12.9(a)所示。电路中把 6 脚与 2 脚相连后，一路通过电容 C 接地，另一路经 R_1、R_2串联后接电源 U_{CC}，7 脚接到 R_1和 R_2的分压处，4 脚与 8 脚接电源 U_{CC}。

当电源接通时，两个电压比较器的基准电压 $U_{REF1}=2U_{CC}/3$，$U_{REF2}=U_{CC}/3$，此时电容器 C 两端的电压 $u_C=0V$，555 定时器 2 脚、6 脚为 0V，即 $U_{TR}=U_{TH}=0V$，定时器输出 u_o为高电平 1，放电管 T 截止。由于放电管 T 截止，7 脚相当于断开，电容器 C 通过 R_1和 R_2充电，随着电容电压 u_C的升高，当 $u_C<2U_{CC}/3$ 时，两个电压比较器的输出 A_1、A_2均为高电平 1，即 $\overline{R}_D=\overline{S}_D=1$，所以触发器状态保持不变，555 定时器输出高电平 1 不变。

电容 C 继续充电，当 $u_C>2U_{CC}/3$ 后，电压比较器 A_1输出为低电平 0，电压比较器 A_2输出为高电平 1，即 $\overline{R}_D=0$，$\overline{S}_D=1$，则触发器的输出状态变成 $Q=0$，555 定时器输出低电平 0，放电管 T 饱和导通。

由于放电管 T 饱和导通，电容器 C 通过 R_2和放电管放电，使电容电压 u_C下降，当 $U_{CC}/3<u_C<2U_{CC}/3$ 时，触发器状态保持不变，555 定时器输出保持原状态，输出仍为低电平 0。

当电容电压 u_C继续下降到 $u_C<U_{CC}/3$ 时，电压比较器 A_1为 1，电压比较器 A_2为 0，即 $\overline{R}_D=1$、$\overline{S}_D=0$，触发器再次变成 $Q=1$，555 定时器输出又变为高电平 1，放电管 T 截止，于是电容 C 再次充电，然后不断重复上述过程，在 555 定时器的输出端得到如图 12.9(b)所示的矩形脉冲。

该电路输出波形的周期取决于电容器的充电、放电的时间常数，其充电时间常数为 $t_{p1}=(R_1+R_2)C$，放电时间常数为 $t_{p2}=R_2C$，输出的矩形波振荡周期工程上常用下式计算：

$$T=t_{p1}+t_{p2}=0.7(R_1+2R_2)C$$

振荡频率为

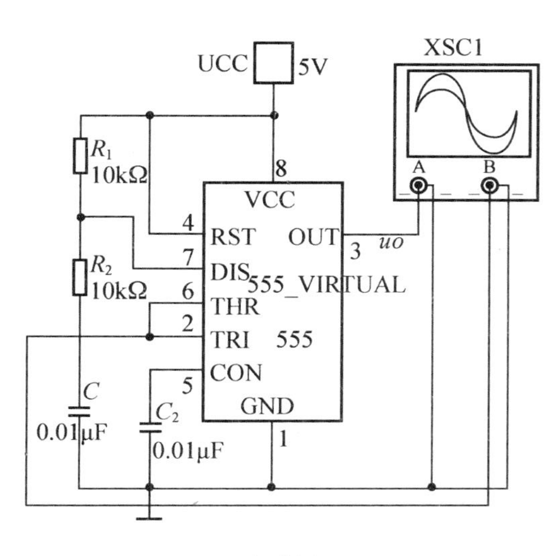

(a) 电路图

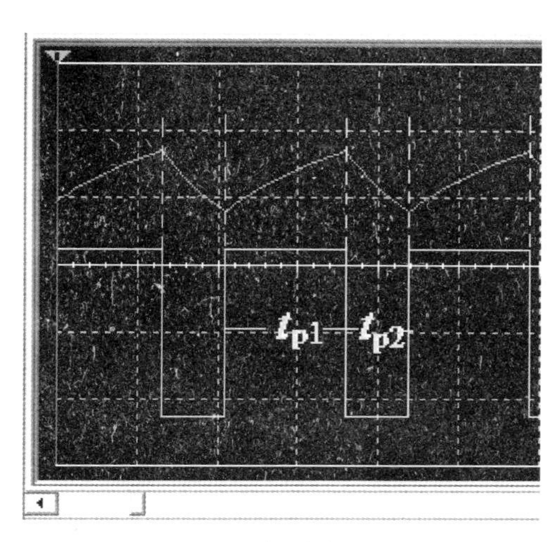

(b) 波形图

图 12.9 555 定时器构成的多谐振荡器

$$f = \frac{1.43}{(R_1 + 2R_2)C}$$

图 12.9(a)所示电路的振荡周期为 $T = T_1 + T_2 = 0.7(R_1 + 2R_2)C = 0.21\text{ms}$；频率为 $f \approx 5\text{kHz}$。

由 555 定时器组成的振荡器，最高工作频率可达 300kHz。

可见，改变充放电的时间常数可以改变矩形波的周期 T 和脉冲宽度 t_p。

例 12.1 多谐振荡器构成水位监控报警电路。电路如图 12.10 所示。

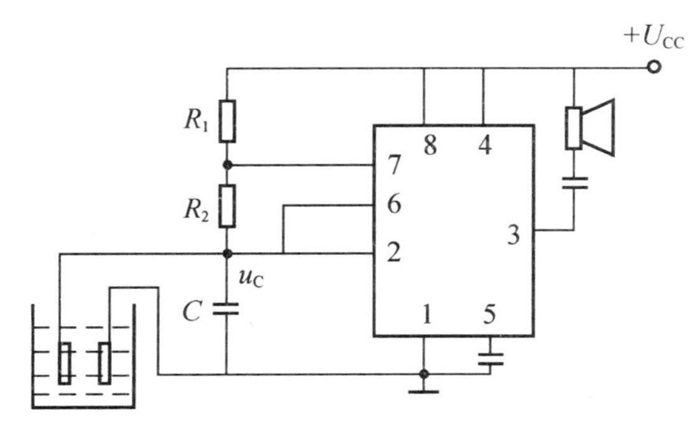

图 12.10 水位监控报警电路

水位正常情况下，电容 C 被短接，扬声器不发音；水位下降到探测器以下时，多谐振荡器开始工作，扬声器发出报警。

12.3 数显电容计 C-T 转换电路的制作

数显电容计 C-T 转换电路如图 12.11 和图 12.12 所示。

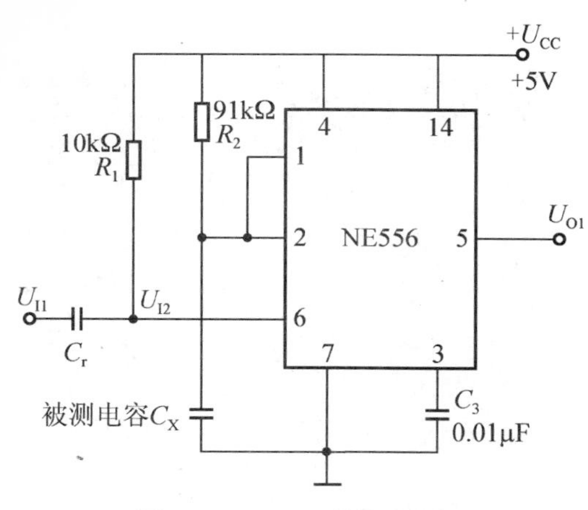

图 12.11 C-T转换电路图

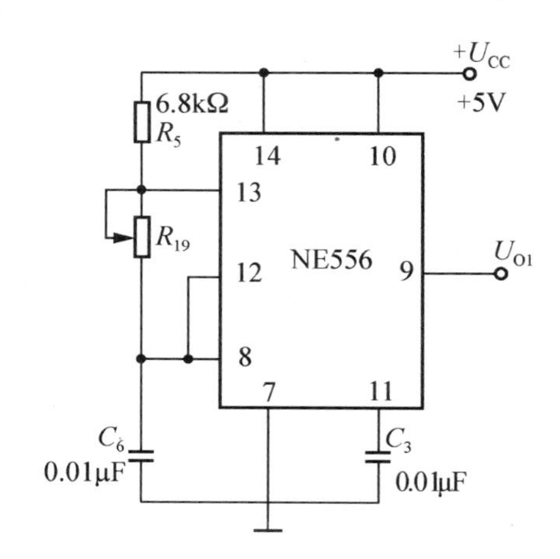

图 12.12 多谐振荡器

数显电容计 C-T 转换电路及多谐振荡电路的元件清单见表 12-4。

表 12-4 数显电容计 C-T 转换电路和多谐振荡电路的元件清单

序 号	名 称	规 格	数 量
1	金属膜电阻	10kΩ	3
2	金属膜电阻	91kΩ	1
3	金属膜电阻	6.8kΩ	1
4	电位器	4.7kΩ	1
5	电容	0.01μF	4
6	集成 555 定时器	NE556	1
7	晶体管稳压电源	—	1
8	导线	—	若干
9	数显电容计 PCB 板	—	1

接下来分析所用器件及这两种电路的电路组成及工作原理。

12.3.1 C-T 转换电路

C-T 转换电路的作用是把被测电容的电容量 C_X转换成脉冲信号，使脉冲信号的宽度 t_X正比于 C_X。单稳态触发器有定时时间正比于定时电容 C 的关系，即 $t_X=1.1R_2C_X$，因此可以用单稳态触发器实现此功能。

在图 12.11 所示的电路中，由 555 定时器构成了单稳态触发器，其中 R_2和 C_X为定时电阻、电容。C-T 转换电路波形如图 12.13 所示，图中 $t_X=1.1R_2C_X$。这样单稳态电路只靠输入 U_{I1}的下降沿触发，定时时间与 U_{I1}的低电平宽度无关。考虑到定时精度和测量速度，由于电路能测量的电容的范围为 1～999nF，则设定测量范围内 t_X的时间为 0.1ms～0.1s，即每 1nF 对应的高电平控制时间为 0.1ms，则可通过计算取 R_2= 91kΩ。

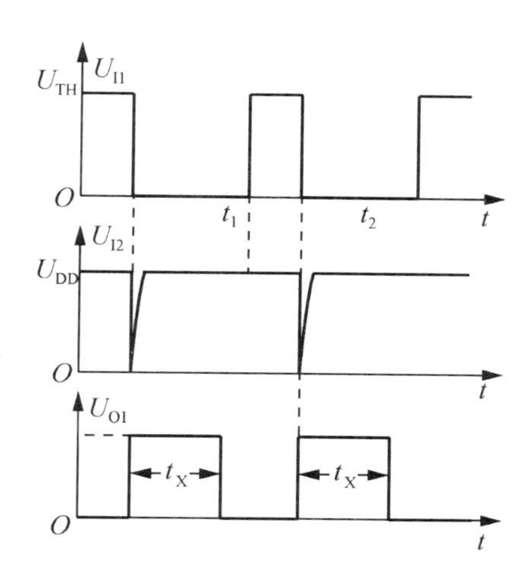

图 12.13　C-T转换电路波形图

12.3.2　多谐振荡器

多谐振荡器用 NE556 的另一 555 定时器构成，电路如图 12.12 所示。多谐振荡器的振荡周期为 $T=0.7(R_5+R_{19})C$，在 T_X 内计数器计到的脉冲数 $N=t_X/T$，即有 $N=1.1RC_X/T$。根据设计要求，N 就是被测电容 C_X 的电容量(nF)数，且 C-T 转换电路每 1nF 对应的高电平控制时间为 0.1ms，故多谐振荡器的振荡周期为 0.1ms，即振荡频率为 10kHz。

根据振荡器周期的计算公式 $T=t_{p1}+t_{p2}=0.7(R_5+2R_{19})C_6=0.1\text{ms}$，先取 $C_6=0.01\mu\text{F}$，那么 $R_5+2R_{19}=14.3\text{k}\Omega$，先取 $R_5=6.8\text{k}\Omega$，则 R_{19} 应为 3.75kΩ。可以用 4.7kΩ 的电位器作为 R_{19} 来调整电容计的测量精度。

12.3.3　实施步骤

1. 安装

(1) 安装前应认真理解电路原理，弄清印制板上元件与电原理图的对应关系，并对所装元器件预先进行检查，确保元器件处于良好状态。

(2) 将电阻、电容、集成 555 定时器、三端稳压器等元件参考原理图 12.11 和图 12.12 在实验板上焊好。

2. 调试

(1) 检查印制板元器件的安装、焊接，应准确无误。调至 5V 输出，给数显电容计供电。

(2) 复审无误后如下测试。

① 在 C_X 处接入 nF(如 100nF)级校准电容，调节电位器 R_{19}，使数码管显示的读数与校准电容的容量一致。

② 接上若干标称值在量程范围内的电容进行测量，并将测量结果记录于表 12-5 中。

③ 再接入若干标称值不在量程范围内的大电容和小电容，注意观察超量程指示电路的工作状态。

表 12-5　数显电容计测试记录表

标称容量	100pF	1nF	10nF	22nF	100nF	470nF	10μF
测试值							
超量程电路 LED 亮否							

项目小结

(1) 555 定时器集成电路是应用较多的电子器件，它只要外接少量的电阻、电容元件，有时还需要少量的二极管和晶体管，就可以组成施密特触发器、单稳态触发器和多谐振荡器等单元电路。

(2) 555 定时器可以构成单稳态触发器，可用作整形、定时和延时。当输入信号低于 U_{REF1} 电压时，输出为 1 进入暂态，暂态时间为 $t_p=1.1RC$，过后电路返回到稳态。

(3) 555 定时器可以构成无稳态振荡器(多谐振荡器)，可以产生矩形脉冲。其振荡频率为 $f=0.7(R_1+2R_2)C$。

(4) 555 定时器可以构成施密特触发器，可用作波形变换、整形和鉴幅。当输入电压大于 U_{REF2} 时，输出为低电平；当输入电压低于 U_{REF1} 时，输出为高电平。

习　　题

一、填空题

12.1　用 555 定时器构成的单稳态触发器，R、C 为外接定时元件，控制端通过旁路电容接地，则输出脉冲宽度 t_p=________。

12.2　若施密特触发器的电源电压 $U_{CC}=6V$，则回差电压 ΔU=________V。

12.3　用 555 定时器构成的多谐振荡器，电源电压为 12V，控制端电压为 10V，则定时电容 C 上的最高电压为________V。

二、选择题

12.4　用555定时器构成的多谐振荡器，当定时电容 C 减小时，输出信号的变化是(　　)。

A. 输出信号幅度增大　　B. 输出信号幅度减小

C. 输出信号频率增大　　D. 输出信号频率减小

12.5　关于用555定时器构成的施密特触发器，下列说法错误的是(　　)。

A. 有两个稳定状态　　B. 可产生一定宽度的定时脉冲

C. 电压传输特性具有回差特性　　D. 可用于波形的整形

12.6　不需外加输入信号而能产生周期矩形波的电路为(　　)。

A. 多谐振荡器　　B. 单稳态触发器

C. 施密特触发器　　D. 顺序脉冲发生器

三、分析计算题

12.7　图12.14所示为555定时器构成的无稳态振荡器。已知 $R_1=R_2=4.7\text{k}\Omega$，$C=0.1\mu\text{F}$，试估算该电路的振荡频率。

12.8　图12.15所示为用555定时器组成的施密特触发器电路，当 $U_{CC}=9\text{V}$，控制电压端5脚的电压为5V时，试问：高触发端6脚电压和低触发端2脚的电压各为多少？

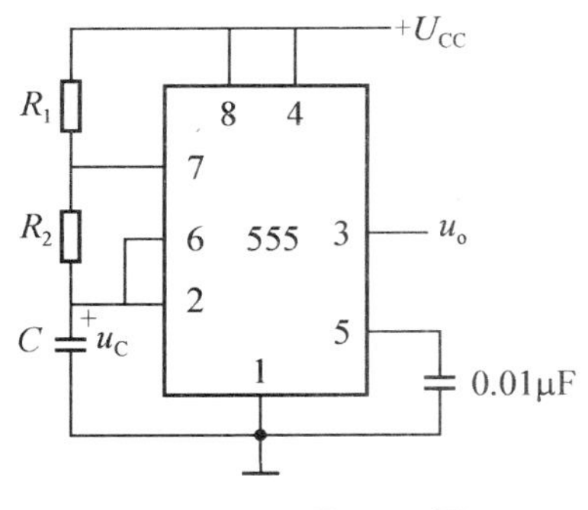

图12.14　题12.7图

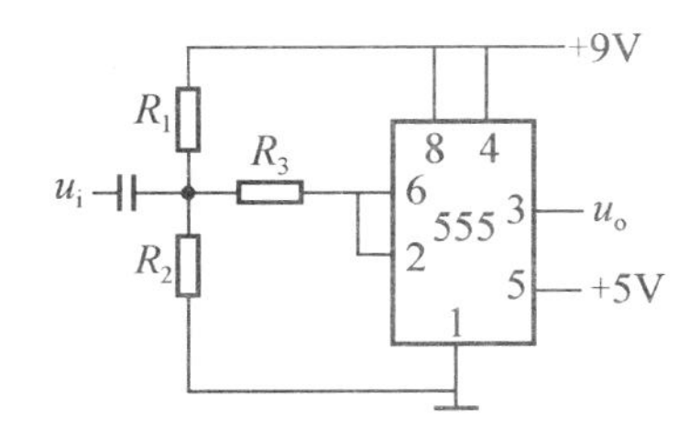

图12.15　题12.8图

12.9　图12.16所示为一个防盗报警电路，a、b 两端被一细铜丝接通，此铜丝置于认为盗窃者必经之处。当盗窃者闯入室内将铜丝碰断后，扬声器即发出报警声。试问555定时器应接成何种电路？并说明本报警器的工作原理。

12.10　图12.17所示为一简易触摸开关电路，当手摸金属片时，发光二极管亮，经过一定时间，发光二极管熄灭。试说明其工作原理，并估算发光二极管能亮多长时间。

12.11　图12.18所示为由两块555定时器构成的一门铃电路，已知 $C_1=100\mu\text{F}$，$C_2=0.1\mu\text{F}$，$R_1=47\text{k}\Omega$，$R_2=R_3=4.7\text{k}\Omega$，$R_P=47\text{k}\Omega$。试问：

(1) IC_1、IC_2 两个定时器分别构成什么电路？

(2) 按一下SB扬声器能持续鸣叫一段时间，试说明其工作原理。

(3) 调节 R_P 可改变鸣叫的持续时间，求该电路鸣叫时间调节范围。

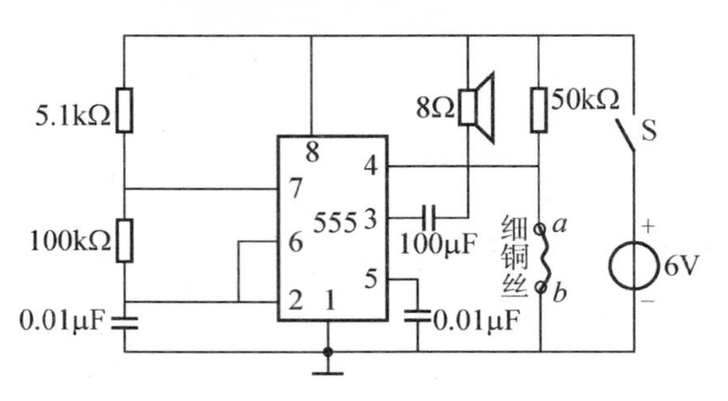

图 12.16　题 12.9 图

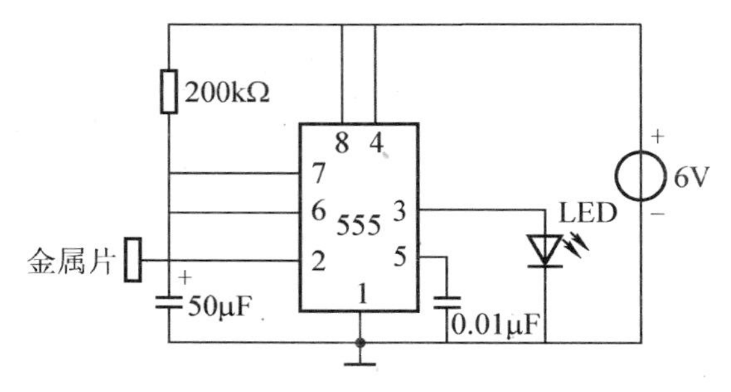

图 12.17　题 12.10 图

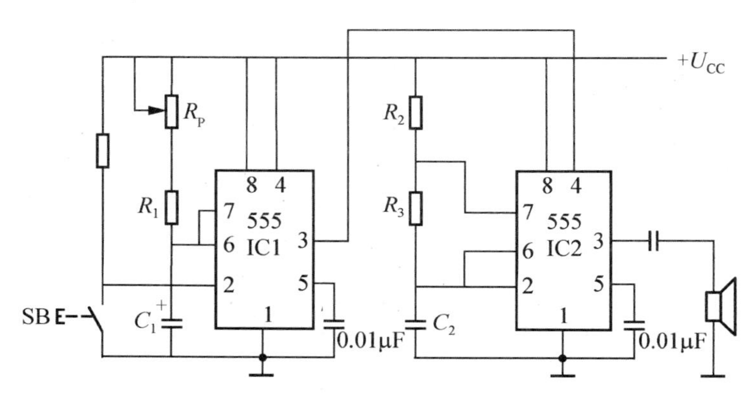

图 12.18　题 12.11 图

项目13

集成 A/D 及 D/A 转换器的认知及应用电路的制作

学习目标

1. 知识目标

(1) 了解 A/D 转换的工作原理，熟悉常见集成 A/D 转换器的电路组成、功能、封装及引脚排列。

(2) 了解 D/A 转换的工作原理，熟悉常见集成 D/A 转换器的电路组成、功能、封装及引脚排列。

(3) 掌握运用集成 A/D 转换器 ADC0809 应用电路的结构及工作原理。

2. 技能目标

(1) 学会判别集成 A/D 转换器 ADC0809 及集成 D/A 转换器 DAC0832 的引脚及其功能。

(2) 运用 ADC0809 制作简易型数字电压表，掌握该电路的制作，完成电路功能检测和故障排除。

生活提点

在生活中，人们从外界获取信息必须借助于感觉器官，而这些感官信息在研究自然现象和规律以及生产活动中它们的功能时就远远不够了。为适应这种情况，就需要使用传感器。传感器是一种物理装置或生物器官，能够探测、感受外界的信号、物理条件(如光、热、湿度)或化学组成(如烟雾)，并将探知的信息传递给其他装置或器官。但是传感器所测出的信号均为随时间作连续变化的模拟量，而经常要用数字型器件(包括单片机、PLC、计算机等)去处理这些模拟信号，同时处理完后还须将数字信号转换成模拟信号输出，以控制包括像电动机、电磁阀等执行机构，这就需要用相应的器件来实现模拟量和数字量的转换，这就是接下来所要学习的 A/D 转换器和 D/A 转换器。

典型数字控制系统框图如图 13.1 所示。

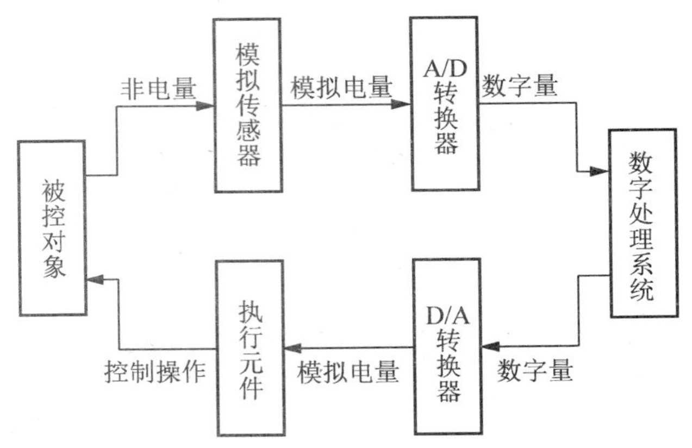

图 13.1 典型数字控制系统框图

项目任务

测试 8 位 A/D 转换器 ADC0809、8 位 D/A 转换器 DAC0832 的特性，利用 ADC0809 和 DAC0832 制作简易型数字电压表及波形发生器，简易型数字电压表测量范围为 0～5V，4 位数码管显示，测量精度约为 0.02V；波形发生器可产生三角波、方波、正弦波及锯齿波。在该项目中将测试常用 8 位 A/D 和 D/A 转换器 ADC0809 和 DAC08832。

项目实施

13.1 集成 A/D 转换器的认知及测试

各种集成 A/D 转换器的实物如图 13.2 所示。

图 13.2 集成 A/D 转换器实物

上述 A/D 转换器用于工业控制系统、多媒体的音视频信息的数字化等场合，其中 8 位 A/D 转换器 AD570、ADC0809 是控制系统中常用的 A/D 转换器。在学习集成 A/D 转换器的相关知识之前，先通过一个小实验来测试一下，测试电路如图 13.3 所示。

在电路中，先将电位器 R_P的每一步调整幅度改为 0.392%，然后将 R_P先调整到 0%，不断增加 R_P的值，一直输出到 100%，电位器输出的是一个连续变化的物理量，输出用 8 位 LED 进行状态显示，并用两位数码管同步显示当前数字量输出状态，注意两位数码管分别连接高 4 位和低 4 位，显示的是十六进制数，而非十进制数，记录每一步所对应的输出，并将 LED 的状态记录在表 13－1 中。可观察到对照表 13－1 对应的值。

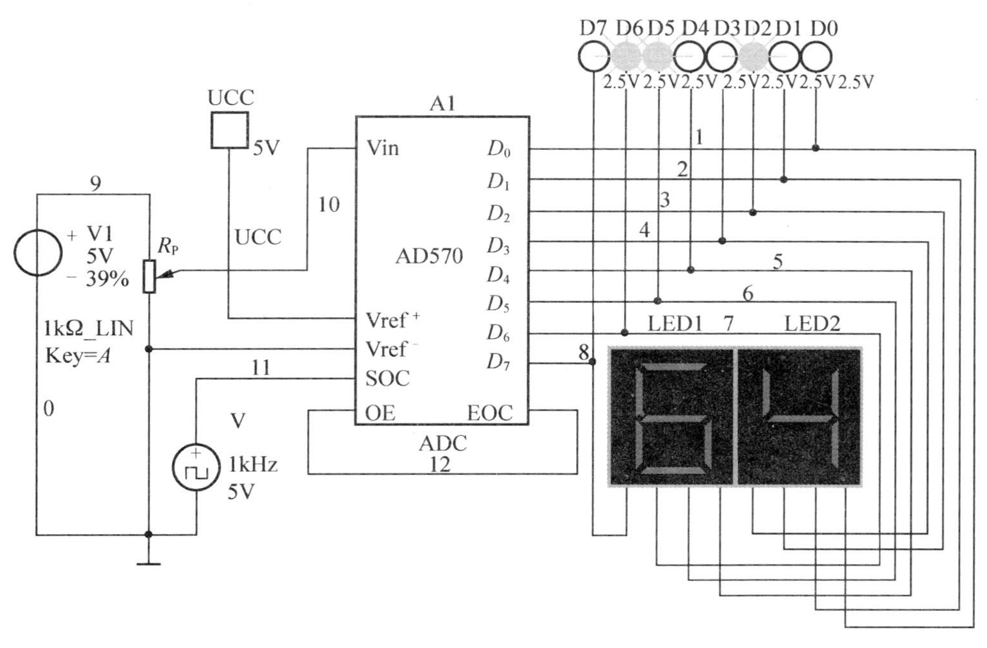

图 13.3　AD 转换器测试电路

表 13-1　AD 转换器测试结果对照表

调节电压值占比(%)	LED 输出状态								对应十进制数
	D_7	D_6	D_5	D_4	D_3	D_2	D_1	D_0	
0	0	0	0	0	0	0	0	0	0
0.392	0	0	0	0	0	0	0	1	1
0.784	0	0	0	0	0	0	1	0	2
1.176	0	0	0	0	0	0	1	1	3
1.568	0	0	0	0	0	1	0	0	4
1.96	0	0	0	0	0	1	0	1	5
2.352	0	0	0	0	0	1	1	0	6
2.744	0	0	0	0	0	1	1	1	7
3.17	0	0	0	0	1	0	0	0	8
3.53	0	0	0	0	1	0	0	1	9
3.92	0	0	0	0	1	0	1	0	10
⋮	⋮								⋮
39.2(如上图)	0	1	1	0	0	1	0	0	100
⋮	⋮								⋮
99.6	1	1	1	1	1	1	1	0	254
100	1	1	1	1	1	1	1	1	255

从表13-1可看出，当输入模拟量每变化0.392%时，输出数字量变化1，即该电路模拟量与数字量存在一一对应关系，实现了两者之间的转换。但其中为什么要将电位器步幅调整为0.392%？接下来学习一下A/D转换器的相关知识。

13.1.1 A/D转换的基本知识

A/D转换器的功能是将输入的模拟电压转换为输出的数字信号，即将模拟量转换成与其成比例的数字量。一个完整的A/D转换过程必须包括采样、保持、量化、编码4部分。

1. 采样与保持

所谓采样，就是采集模拟信号的样本。

采样是将时间上、幅值上都连续的模拟信号，在采样脉冲的作用下，转换成时间上离散(时间上有固定间隔)、幅值上仍连续的离散模拟信号。所以采样又称为波形的离散化过程。如图13.4是某一输入模拟信号经采样后得出的波形。为了保证能从采样信号中将原信号恢复，必须满足条件：$f_s \geq 2f_{i(max)}$。其中f_s为采样频率，$f_{i(max)}$为信号u_i中最高次谐波分量的频率。这一关系称为采样定理。

由于A/D转换需要一定的时间，在每次采样以后，需要把采样电压保持一段时间。

2. 量化与编码

数字量最小单位所对应的最小量值称为量化单位Δ。将采样—保持电路的输出电压归化为量化单位Δ的整数倍的过程称为量化。

用n位二进制代码来表示各个量化电平的过程，称为编码。

一个n位二进制数只能表示2^n个量化电平，量化过程中不可避免会产生误差，这种误差称为量化误差。量化级分得越多(n越大)，量化误差越小。

量化后的值再按数制要求进行编码以作为转换完成后输出的数字代码。量化和编码是所有A/D转换器不可缺少的核心部分之一。

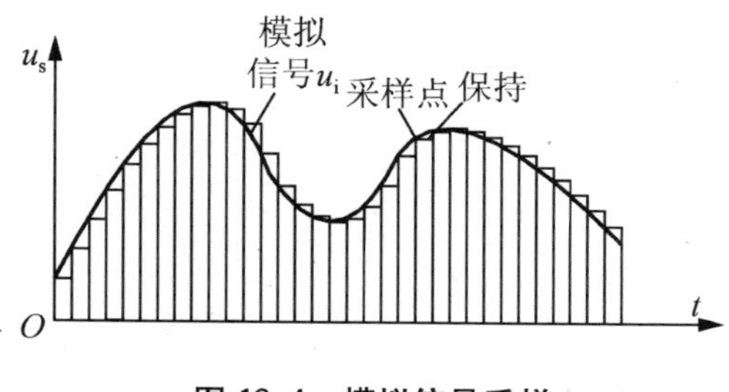

图13.4 模拟信号采样

13.1.2 A/D转换的技术指标

1. 分辨率

分辨率(Resolution)指数字量变化一个最小量时模拟信号的变化量，定义为满刻度与

2^n的比值。分辨率又称精度，通常以数字信号的位数来表示。

A/D转换器的分辨率实际上反映了它对输入模拟量微小变化的分辨能力。显然，它与输出的二进制数的位数有关，输出二进制数的位数越多，分辨率越小，分辨能力越高。

如何计算分辨率？先看一下下面的例子。

例 13.1 在总长度为5m的范围里，平均分布6棵树(或说6个元素)，试算出每棵树(或说每个元素)的间隔。

解：每棵树(或说每个元素)应该这样分布：在开头0米处种第1棵(记为0号树)，一直到第5m(即终点)处种第6棵(记为5号树)。所以，每棵树的间隔(或分辨率)的算法是：总长度/(长度内总元素—1)。

而A/D转换器分辨率计算方式与其完全相同，若某A/D转换器的位数为n位，参考电压为U_{CC}(单极性)，则分辨率用n位表示或用$\frac{1}{2^n-1}\times 100\%$表示。若$n$较大($n>8$)，则也可$\approx\frac{1}{2^n}\times 100\%$表示。最小量化单位

$$\Delta=\frac{1}{2^n-1}\times 100\%\times U_{CC}\approx\frac{U_{CC}}{2^n}\ (\mathrm{V})$$

例 13.2 ADC0809为8位的AD转换器，供电电压U_{CC}为单极性+5V，模拟量最大可实现满偏输出，求分辨率和最小量化单位Δ。

解：

$$分辨率\approx\frac{1}{2^n}\times 100\%=\frac{1}{2^8}\approx 0.04$$

$$\Delta=\frac{1}{2^n-1}\times 100\%\times U_{CC}\approx\frac{5}{2^8}\approx 0.02(\mathrm{V})$$

2. 转换速率

转换速率(Conversion Rate)是指完成一次从模拟转换到数字的A/D转换所需的时间的倒数。该指标也是A/D转换器分类的指标，A/D转换器按转换速率主要可分为以下几种。

(1) 积分型A/D转换器：转换速率极低，转换时间是毫秒级，属低速A/D，如TLC7135。

(2) 逐次比较型A/D转换器：电路规模属于中等，其优点是速度较高、功耗低，在低分辨率(<12位)时价格便宜，但高精度(>12位)时价格很高。转换时间是微秒级，属中速A/D，如AD570、ADC0809等。

(3) 全并行/串并行型A/D转换器：并行比较型A/D采用多个比较器，仅作一次比较而实行转换，又称FLash(快速)型。由于转换速率极高，电路规模也极大，价格也高，只适用于视频A/D转换器等速度特别高的领域。串并行比较型A/D结构上介于并行型和逐次比较型之间，所以称为Half flash(半快速)型，这类A/D转换器速度比逐次比较型高，电路规模比并行型小。这一类转换器转换时间可达到纳秒级，如TLC5510。

采样时间则是另外一个概念，是指两次转换的间隔。为了保证转换的正确完成，采样

速率必须小于或等于转换速率。因此习惯上将转换速率在数值上等同于采样速率也是可以接受的。常用单位是 ksps 和 Msps，表示每秒采样千/百万次。

3. 量化误差 ε

量化误差 (Quantizing Error) 是指由于 A/D 的有限分辨率而引起的误差，即有限分辨率 A/D 的阶梯状转移特性曲线与无限分辨率 A/D(理想 A/D)的转移特性曲线(直线)之间的最大偏差，通常是 1 个或半个最小数字量的模拟变化量，表示为 1Δ、Δ/2。

A/D 转换器的量化误差反映了实际输出的数字量与理想输出的数字量之间的差别。

4. 偏移误差

输入信号为零时输出信号不为零的值为偏移误差(Offset Error)。

5. 满刻度误差

满度输出时对应的输入信号与理想输入信号值之差为满刻度误差(Full Scale Error)。

6. 线性度

实际转换器的转移函数与理想直线的最大偏移为线性度(Linearity)，它不包括以上 3 种误差。

其他指标还有：绝对精度，相对精度，微分非线性，单调性和无错码，总谐波失真和积分非线性。

13.1.3 常用集成 A/D 转换器的型号及特性

目前生产 A/D 和 D/A 转换器的主要厂家有 ADI、TI、BB、PHILIP、MOTOROLA 等，接下来介绍 ADI 公司和美国德州仪器生产的几种典型 A/D 转换器的型号及特性，见表 13－2。

表 13－2 常见 A/D 转换器的型号及特性

厂家	型号	特 性	特点及应用场合
ADI 公司	AD7705	＋3V 电源供电，带信号调理、1mW 功耗、双通道 16 位 A/D 转换器	适用于低频测量仪器、微处理器(MCU)、数字信号处理(DSP)系统，手持式仪器，分布式数据采集系统
ADI 公司	AD7714	＋3V 电源供电，低功耗、5 通道 24 位 A/D 转换器	用于低频测量应用场合的模拟前端、高灵敏度微控制器或 DSP 系统
ADI 公司	ADuC824	24 位高精度智能 A/D 转换器	适用于工业、仪器仪表和智能传感器接口中，要求选择高精度数据转换的场合

续表

厂家	型号	特　　性	特点及应用场合
德州仪器公司 TI	TLC548/549	8位 CMOS A/D 转换器	用微处理器或外围设备串行接口的输入/输出时钟和芯片选择输入作数据控制
德州仪器公司 TI	TLV5580	8位低功耗高速 A/D 转换器	适用于超声波检测多媒体等高速数据采集

13.1.4 ADC0809 的特性

ADC0809 是采样频率为 8 位的、以逐次逼近原理进行模数转换的器件。其内部有一个 8 通道多路开关，它可以根据地址码锁存译码后的信号，只选通 8 路模拟输入信号中的一个进行 A/D 转换。

1. 主要特性

（1）8 路 8 位 A/D 转换器，即分辨率 8 位。
（2）具有转换起停控制端。
（3）转换时间为 100μs。
（4）单个＋5V 电源供电。
（5）模拟输入电压范围 0～＋5V，不需零点和满刻度校准。
（6）工作温度范围为－40～＋85℃。
（7）低功耗，约 15mW。

2. 外部特性(引脚功能)及工作原理

ADC0809 芯片有 28 条引脚，采用双列直插式封装，如图 13.5 所示。下面说明各引脚功能。

U_{CC}：电源端，＋5V。

GND：地。

IN_0～IN_7：8 路模拟量输入端。

D_0～D_7：8 位数字量输出端。

A_0、A_1、A_2：3 位地址输入线，用于选通 8 路模拟输入 IN_0～IN_7中的一路。

ALE：地址锁存允许信号，输入高电平有效。

$START$：A/D 转换启动脉冲输入端，输入一个正脉冲(至少 100ns 宽)使其启动(脉冲上升沿使 0809 复位，下降沿启动 A/D 转换)。

EOC：A/D 转换结束信号，当 A/D 转换结束时，此端输出一个高电平(转换期间一直为低电平)。

OE：数据输出允许信号，输入高电平有效。当 A/D 转换结束时，此端输入一个高电平才能打开输出三态门，输出数字量。

CLK：时钟脉冲输入端。要求时钟频率不高于640kHz。

$U_{REF(+)}$、$U_{REF(-)}$：基准电压，一般直接接供电电源。

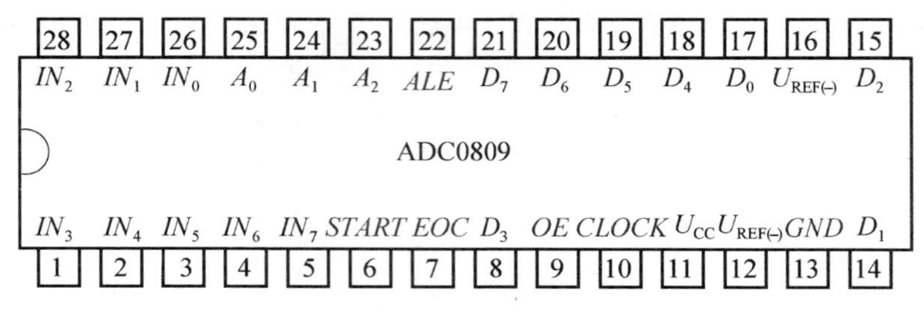

图 13.5　ADC0809 引脚分布

3. ADC0809 的工作原理

首先，输入3位地址并使$ALE=1$，将地址存入地址锁存器中。此地址经译码选通8路模拟输入之一到比较器。*START* 上升沿将逐次逼近寄存器复位。下降沿启动A/D转换之后，*EOC* 输出信号变低，指示转换正在进行。直到A/D转换完成，*EOC* 变为高电平，指示A/D转换结束，结果数据已存入锁存器，这个信号可用作中断申请。当 *OE* 输入高电平时，输出三态门打开，转换结果的数字量输出到数据总线上。

上述内容介绍了ADC0809的特性以及ADC0809的特性，接下来利用ADC0809搭建简易型数字电压表。

13.2　简易型数字电压表的制作

简易型数字电压表的电气原理图如图13.6所示。

器件清单见表13-3。

表 13-3　AD0809 测试器件清单

序　　号	名　　称	规　　格	数　　量
1	晶体管稳压电源	双通道	1台
2	万能板	—	1块
3	晶体管	9012	3
4	金属膜电阻	10kΩ	1
5	金属膜电阻	1kΩ	5
6	A/D转换器	ADC0809	1
7	数码管	共阳极	4
8	开关	按键式	1
9	电解电容	10μF	1

续表

序　号	名　称	规　格	数　量
10	电容	30pF	2
11	发光二极管	ϕ 3	1
12	石英晶体振荡器	12MHz	1
13	接线端子	2 脚	2

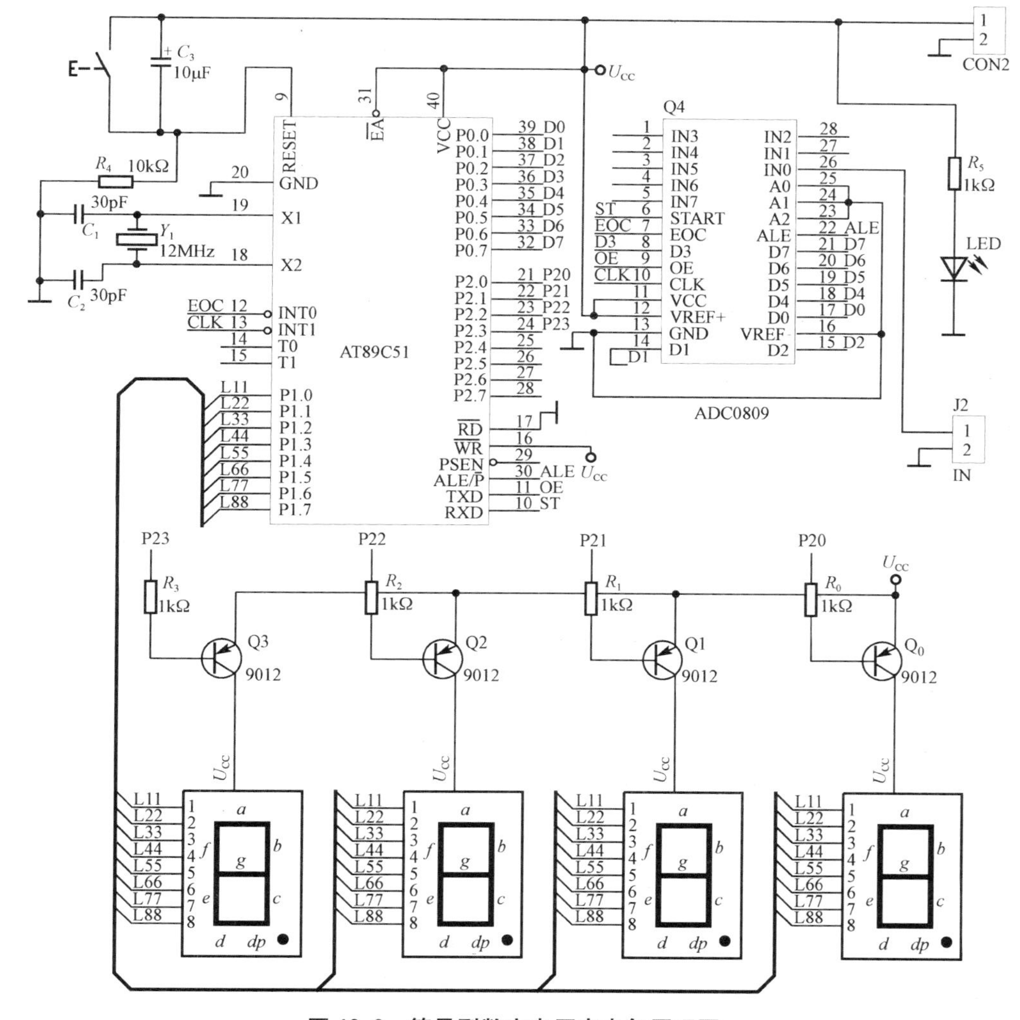

图 13.6　简易型数字电压表电气原理图

13.2.1　简易型数字电压表的结构组成

1. 控制部分

由图 13.6 可知，该电路的控制核心是一块单片微型计算机 AT89C51(简称单片机，将会在后续单片机课程中详细介绍其硬件引脚分配及功能，同时该项目中所用的程序已烧录在单片机中，通电即可使用)，由电容 C_1、C_2和石英晶体振荡器 Y_1组成振荡电路，用于给单片机提供时钟信号，并与 AT89C51 的 X1 和 X2 端连接。由按键 S_1、电阻 R_4及电容 C_3组成单片机复位电路。除此之外，通过接线端子 J1 输入+5V 电源电压，以供给单片机和 ADC0809 使用，并在电源端接限流电阻 R_5和发光二极管用于电源指示。

2. 显示部分

在单片机的输出端口 P1 口连接 4 个共阳极数码管的 a～DP 端，另外在数码管的共阳极点通过 4 个用于功率驱动的 PNP 型晶体管 9012，4 位数码管用于电压指示，并精确显示至小数点后 3 位，即 0.001V。

3. 转换部分

通过接线端子 J2 引入待转换的电压 u_i，并连接与 ADC0809 的 IN_0端，同时将单片机的 P0 口(32～39)与 ADC0809 的数据输出端 D_0～D_7连接，用于读取转换后的数据。

13.2.2 简易型数字电压表的显示及测量原理

在图 13.6 所示电路中，ADC0809 具有 8 路 8 位模拟量输入，但由于 A_0、A_1、A_2端口均接低电平 0，故 ADC0809 选择 IN_0模拟量输入信号并进行转换，其输出最大数为 255；另外 ADC0809 外部基准电压 $U_{REF(-)}$和 $U_{REF(+)}$端分别接地和+5V 电源，故所测电压范围为 0～5V，即 0V 对应为数字 0(二进制 00000000)，5V 就对应 255(二进制 11111111)，外部所测电压经 A/D 转换后数字量输出范围为 0～255，再要把它变化为数字量显示出来就有一个算法问题。假设所转化过来的单元值为 X，则实际值为 $X/51$，即测量精度约为 0.1V。

要完成此算法，则必须要用到该系统的核心器件，即计算机的一种单片机 AT89C51，在该电压表中，AT89C51 除了完成从 ADC0809 输出的数字量信号进行换算之外，另外还需控制显示用的字段码和位码输出，以实现电压的实时显示。

显示部分参照数显电容计，采用巡回扫描显示，以实现多位数码管的同时显示。

13.2.3 实施步骤

1. 安装

(1) 安装前应认真理解电路原理，并对所装元器件预先进行检查，确保元器件处于良好状态。

(2) 将电阻、电容、发光二极管、单片机 AT89C51、ADC0809 等元件参考原理图图 13.6 在万能板上焊好。

2. 调试

(1) 检查万能板上元器件安装、焊接及连线，应准确无误。

(2) 复审无误后通电，并将双通道晶体管稳压电源第一路输出调至＋5V，并接至电路板的J1输入端子，以给单片机及转换器供电；同时在电路输入端子接入将晶体管稳压电源第二路调至0V，接至电路板J2及ADC0809的IN_0端，启动单片机程序后依次作如下测试。

① 观察此时数码管的输出并记录。

② 将晶体管稳压电源的第二路输出调至0.1V，重复①。

③ 将晶体管稳压电源的第二路输出依次0.2V、0.5V、0.8V、1V、1.2V、1.5V、1.8V、2V、2.2V、2.5V、2.8V、3V、3.2V、3.5V、3.8V、4V、4.2V、4.5V、4.8V、5V、6V，并将数码管的显示值与晶体管稳压电源的输出作比较，将数值记录于表13－4中。

表13－4　记录表

稳压电源输出值/V	0	0.1	0.2	0.5	0.8	1.0	1.2
电压表显示值/V							
稳压电源输出值/V	1.5	1.8	2.0	2.2	2.5	2.8	3.0
电压表显示值/V							
稳压电源输出值/V	3.2	3.5	3.8	4.0	4.2	4.5	4.8
电压表显示值/V							
稳压电源输出值/V	5.0	6.0					
电压表显示值/V							

在测试中，分析转换输出误差的原因。

刚才制作的是8位转换，转换精度为1/256，也没有充分发挥4位数码管的显示效能。思考一下，如何进一步提高该电压表的测量精度？通过查询相关资料并参照图13.6搭建硬件电路(提示：可选用12位A/D转换器AD678)。

13.3　D/A转换器的认知及测试

常用集成D/A转换器的实物如图13.7所示。

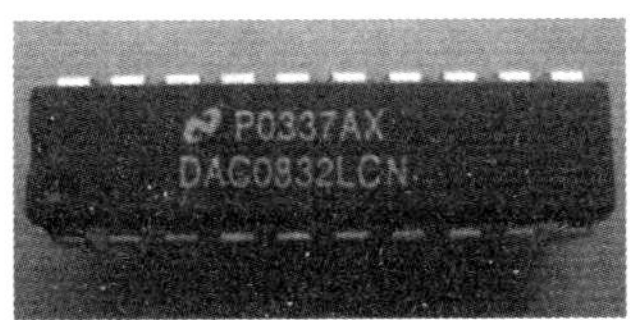

图13.7　常用集成D/A转换器实物

上述实物适用于音视频、工业控制等需要数模转换的场合，其中DAC08、DAC0832是早一代常用的8位D/A转换器，下面将通过测试了解D/A转换器的功能及特性。在学习集成D/A转换器的相关知识之前，先通过一个小实验来测试一下8位D/A转换器的输入输出，测试电路如图13.8所示。

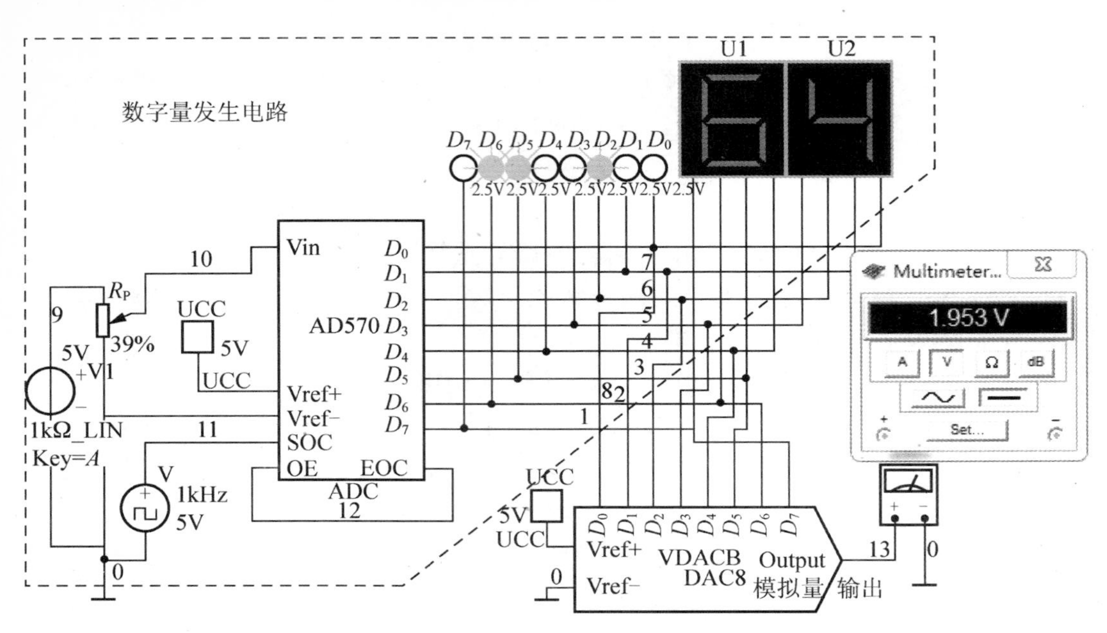

图 13.8　D/A 转换器测试电路

在电路中，先将电位器 R_P的每一步调整幅度改为 0.392%，电位器输出的是一个连续变化的物理量，输出用 8 位 LED 进行数字量状态显示，并用两位数码管同步显示当前数字量输出状态，图 13.7 中虚线所框部分相当于从 00000000 变化到 11111111 可调的数字量发生电路，并将数字量接入 DAC08 的输入端，观测电压表的模拟电压变化。测试时先将 R_P先调整到 0%，然后不断增加 R_P的值，一直输出到 100%，使数字量从 00000000 变化到 11111111，记录每一步所对应的电压表的输出，并将状态记录下来，可观察到如对照表 13－5 对应的值。

表 13－5　AD 转换器测试结果对照表

输入数字量对应十进制数	LED 状态(数字量输入)								输出模拟量值/V
	D_7	D_6	D_5	D_4	D_3	D_2	D_1	D_0	
0	0	0	0	0	0	0	0	0	0
1	0	0	0	0	0	0	0	1	19.5m
2	0	0	0	0	0	0	1	0	39.062m
3	0	0	0	0	0	0	1	1	58.52
4	0	0	0	0	0	1	0	0	78.125m
5	0	0	0	0	0	1	0	1	97.7
6	0	0	0	0	0	1	1	0	114.2
7	0	0	0	0	0	1	1	1	136.7
8	0	0	0	0	1	0	0	0	156.25
9	0	0	0	0	1	0	0	1	176.1

续表

输入数字量对应十进制数	LED状态(数字量输入)								输出模拟量值/V
	D_7	D_6	D_5	D_4	D_3	D_2	D_1	D_0	
10	0	0	0	0	1	0	1	0	195.312
⋮	⋮								⋮
100(如上图)	0	1	1	0	0	1	0	0	1.953
⋮	⋮								⋮
254	1	1	1	1	1	1	1	0	4.84
255	1	1	1	1	1	1	1	1	4.862

从表13－5可看出，输出数字量每变化1，输出模拟量变化0.019V左右，即该电路数字量与模拟量存在一一对应关系，实现了两者之间的转换。接下来学习一下D/A转换器的相关知识。

13.3.1　D/A转换的基本知识及转换原理

D/A转换器是把数字量转换成模拟量的线性电路器件，已做成集成芯片。由于实现这种转换的原理和电路结构及工艺技术有所不同，因而出现各种各样的D/A转换器。目前，国外市场已有上百种产品出售，它们在转换速度、转换精度、分辨率以及使用价值上都各具特色。

其转换输出电压为将数字量按权展开相加，即得到与数字量成正比的模拟量。

$$U_O=\frac{U_{REF}R_F}{2^nR}(D_{n-1}\times 2^{n-1}+D_{n-2}\times 2^{n-2}+\cdots+D_0\times 2^0)$$

其中

$$R_F=R=15\text{k}\Omega,\ U_{REF}=U_{CC}$$

则

$$U_O=\frac{U_{CC}}{2^n}(D_{n-1}\times 2^{n-1}+D_{n-2}\times 2^{n-2}+\cdots+D_0\times 2^0)$$

对照表13－5，试计算一下输入$D_7D_6D_5D_4D_3D_2D_1D_0=01001100$时的输出电压值约为多少?

13.3.2　DA转换器的主要技术指标

衡量一个D/A转换器的性能的主要参数如下。

1. 分辨率

分辨率是指D/A转换器能够转换的二进制数的位数，位数越多，分辨率也就越高。

2. 转换时间

转换时间是将一个数字量转换为稳定模拟信号所需的时间。D/A中常用建立时间来描述其速度，而不是 A/D 中常用的转换速率。一般地，电流输出 D/A 建立时间较短，电压输出 D/A 则较长。转换时间也指数字量输入到完成转换，输出达到最终值并稳定为止所需的时间。电流型 D/A 转换较快，一般在几纳秒到几百纳秒之间。电压型 D/A 转换较慢，取决于运算放大器的响应时间。

3. 精度

精度指 D/A 转换器实际输出电压与理论值之间的误差，一般采用数字量的最低有效位作为衡量单位。

4. 线性度

线性度是指当数字量变化时，D/A 转换器输出的模拟量按比例关系变化的程度。理想的 D/A 转换器是线性的，但是实际上是有误差的，模拟输出偏离理想输出的最大值称为线性误差。

13.3.3 常用集成 D/A 转换器型号及特性

ADI 公司和美国德州仪器生产的几种典型 D/A 转换器型号及特性见表 13－6。

表 13－6 常见 D/A 转换器型号及特性

厂家	型号	特性	应用场合
AD 公司	AD7533	10 位 600ns 电流输出 CMOS 数模转换器	信号数字化衰减器及对输入信号进行调制的调制器
AD 公司	AD9732BRS	10 位 200Msps 单电源数模转换器	
AD 公司	AD7537JN	12 位双路 1.5μs 电流输出 CMOS 数模转换器	
AD 公司	AD768AR	16 位高速电流输出数模转换器	
德州仪器公司 TI	TLC5620	具有缓冲基准输入，4 路 8 位 D/A 转换器，＋5V 电源供电	可编程电源、可数字控制的放大器和衰减器、移动通信、自动测试设备等场合

13.3.4 DAC0832 的特性

DAC0832 主要由两个 8 位寄存器和一个 8 位 D/A 转换器组成。使用两个寄存(输入寄存器和 DAC 寄存器)的好处是能简化某些应用中的硬件接口电路设计。

1. DAC0832 主要特性

DAC0832 的主要特性参数如下。

(1) 分辨率为8位。

(2) 只需在满量程下调整其线性度。

(3) 可与所有的单片机或微处理器直接接口，需要时亦可不与微处理器连用而单独使用。

(4) 电流稳定时间1μs。

(5) 可双缓冲、单缓冲或直通数据输入。

(6) 低功耗：200mW。

(7) 逻辑电平输入与TTL兼容。

(8) 单电源供电(+5～+15V)。

2. 外部特性(引脚功能)及工作原理

该D/A转换器为20脚双列直插式封装，其外形及引脚分布如图13.9所示。

$D_0 \sim D_7$：数字量数据输入线。

IL_E：数据锁存允许信号，高电平有效。

CS：输入寄存器选择信号，低电平有效。

WR_1：输入寄存器的“写”选通信号，低电平有效。

$LE1 = CS + WR_1 \cdot I_{LE} = 1$时，输入锁存器状态随数据输入线状态变化；而$LE1 = 0$时，则锁存输入数据。

U_{REF}：基准电压输入线。

R_{FB}：所馈信号输入线，芯片内已有反馈电阻。

I_{OUT1}和I_{OUT2}：电流输出线。I_{OUT1}和I_{OUT2}的和为常数，I_{OUT1}寄存器的内容线变化。

U_{CC}是工作电源，DGND为数字地，AGND为模拟信号地。

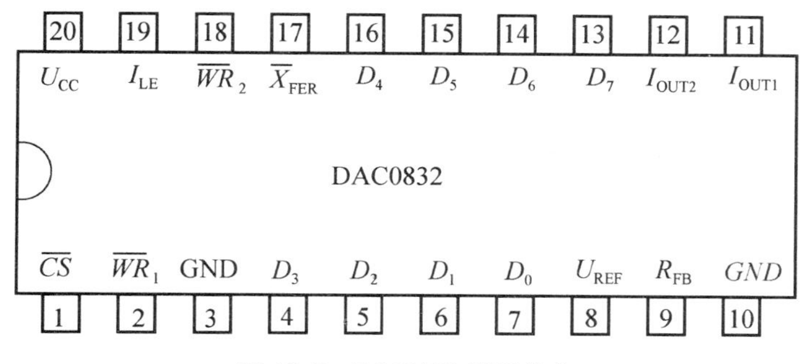

图13.9　DAC0832引脚分布

3. DAC0832的工作原理

图13.8所示电路中，$LE1$、$LE2$是寄存命令。当$LE1 = 1$时，输入寄存器的输出随输入变化；当$LE1 = 0$时，数据锁存在寄存器中，不再随数据总线上的数据变化而变化。R_{FB}是片内电阻，为外部运算放大器提供反馈电阻，用以提供适当的输出电压。U_{REF}端是外部电路提供的+10V到−10V的参考电源。I_{OUT1}与I_{OUT2}是两个电流输出端。

欲将数字量$D_0 \sim D_7$转换为模拟量，只要使$WR_2 = 0$、$X_{FER} = 0$、DAC寄存器为不锁

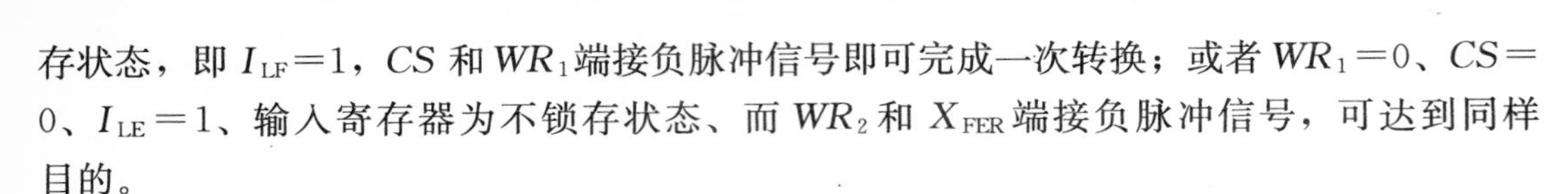

存状态，即 $I_{LF}=1$，CS 和 WR_1 端接负脉冲信号即可完成一次转换；或者 $WR_1=0$、$CS=0$、$I_{LE}=1$、输入寄存器为不锁存状态、而 WR_2 和 X_{FER} 端接负脉冲信号，可达到同样目的。

D/A 转换芯片输入是数字量，输出为模拟量。模拟信号很容易受到电源和数字信号等干扰而波动。为提高输出的稳定性和减少误差，模拟信号部分必须采用高精度基准电源 U_{REF} 和独立的地线，一般把数字地和模拟地分开。模拟地是模拟信号及基准电源的参考地，其余信号的参考地，包括工作电源地、数据、地址、控制等数字逻辑都是数字地。

上面介绍了 DAC0832 及其他常用的集成 D/A 转换器的特性，接下来利用 DAC0832 搭建波形发生电路。

13.4 运用 DAC0832 制作波形发生电路

通过测试 DAC0832，了解了该 8 位 D/A 转换器的功能，接下来利用 DAC0832 制作波形发生电路，电气原理图如图 13.10 所示。

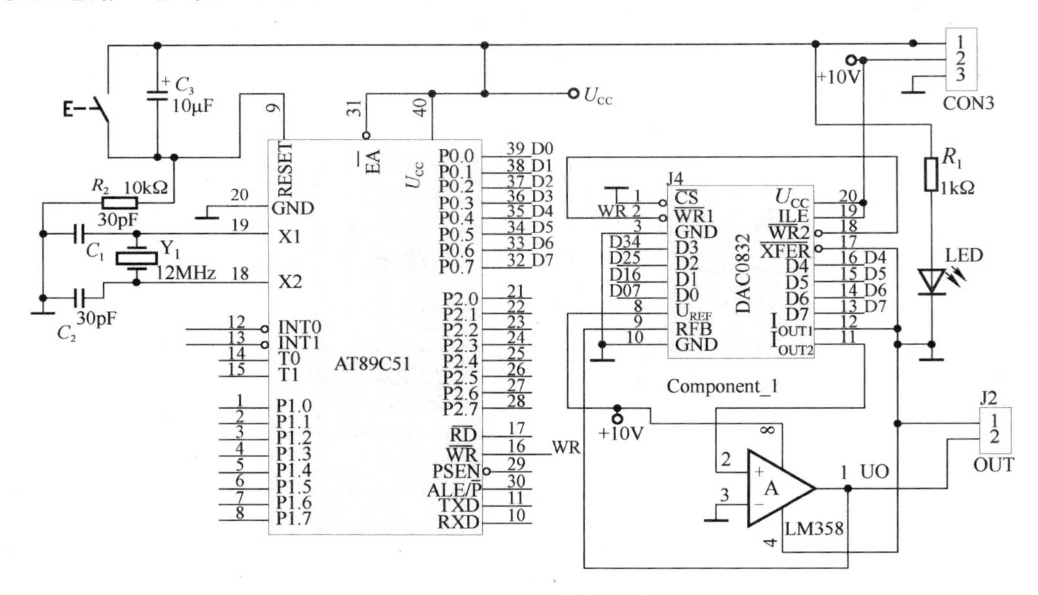

图 13.10 波形发生电路

器件清单见表 13-7。

表 13-7 DAC0832 测试器件清单

序号	名称	规格	数量
1	晶体管稳压电源	双通道	1 台
2	万能板	—	1 块
3	示波器	双踪	1
4	金属膜电阻	10kΩ	1

续表

序　号	名　称	规　格	数　量
5	金属膜电阻	1kΩ	1
6	DA转换器	DAC0832	1
7	集成运放	LM358	1
8	开关	按键式	1
9	电解电容	10μF	1
10	电容	30pF	2
11	发光二极管	ϕ3	1
12	石英晶体振荡器	12MHz	1
13	接线端子	2脚	1
14	接线端子	3脚	1

13.4.1　波形发生器的结构组成及工作原理

1. 控制部分

由图13.8可知，该电路的控制核心是一块单片微型计算机AT89C51，时钟电路、复位电路与简易型数字电压表相同。除此之外，通过接线端子J1输入+5V和+10V电源电压，以供给单片机和DAC0832及LM358使用，并在电源端接限流电阻R_4和发光二极管用于电源指示。

2. 转换部分

将单片机AT89C51的P0口(32～39)与DAC0832的数据输入端D_0～D_7连接，用于提供8位二进制数据，用于DAC0832进行转换。DAC0832通过集成运放LM358接线端子J2输出转换后波形电压u_0，并连接至示波器。

在图13.9所示电路中，参照13.2节及DAC0832的特性，利用AT89C51编制相应程序，即可在集成运放LM358的1脚输出三角波、方波、正弦波及锯齿波。

13.4.2　实施步骤

1. 安装

(1) 安装前应认真理解电路原理，并对所装元器件预先进行检查，确保元器件处于良好状态。

(2) 将电阻、电容、发光二极管、单片机AT89C51、DAC0832等元件参考原理图图13.9在万能板上焊好。

2. 调试

(1) 检查万能板上元器件安装、焊接及连线，应准确无误。

(2) 复审无误后通电，并将双通道晶体管稳压电源第一路输出调至+5V，并接至电路板的J1输入端子，以给单片机供电；同时将晶体管稳压电源第二路调至10V，通过J1供给DAC08032及集成运放LM358转换使用。

① 在单片机中输入三角波驱动程序，启动单片机实施转换，观察示波器的波形并作记录。

② 在单片机中依次输入方波、正弦波及锯齿波的驱动程序，重复步骤①。

项目小结

(1) A/D转换器是指将模拟量转换为数字量的器件，转换位数分别有8位、10位、12位、14位等，位数越高，则转换精度越高。

(2) A/D转换的过程分为采样、保持、量化、编码4部分。

(3) 衡量A/D转换器性能的技术指标有分辨率、转换速度、量化误差、线性度等。

(4) D/A转换器是指将数字量转换为模拟量的器件，转换位数分别有8位、10位、12位、14位、24位等，位数越高，则转换精度越高。

(5) 衡量D/A转换器性能的技术指标有分辨率、精度、转换时间、线性度等。

习　　题

一、选择题

13.1　根据采样定理，采样频率应该(　　)。

A. 小于最高信号频率的一半　　B. 大于最高信号频率的两倍

C. 小于最低信号频率的一半

13.2　4位DAC和8位DAC的输出最小电压一样大，那么它们的最大输出电压(　　)。

A. 一样大　　B. 前者大于后者

C. 后者大于前者　　D. 不确定

13.3　一个8位D/A转换器，其输入为00010010时，输出为0.9V；则输入为10001000时，输出为(　　)。

A. 13.6V　　B. 6.8V　　C. 6.3V

13.4 一个无符号8位数字量输入的DAC，其分辨率为(　　)位。

A. 1　　B. 3　　C. 4　　D. 8

13.5 将一个时间上连续变化的模拟量转换为时间上断续(离散)的模拟量的过程称为(　　)。

A. 采样　　B. 量化　　C. 保持　　D. 编码

二、填空题

13.6 对于D/A转换器，其转换位数越多，转换精度会越________。

13.7 A/D转换器是将________转换为________的器件。将数字量转换为模拟量，采用________转换器。

13.8 在A/D转换中，输入模拟信号中最高频率是10kHz，则最低采样频率是________。

13.9 一般来说，A/D转换需经________、________、________、________4步才能完成。

13.10 一个10位A/D转换器，其分辨率是________。

四、计算分析题

13.11 已知D/A转换器的最小输出电压为5mV，满刻度输出电压为10V，计算该D/A转换器的分辨率。

13.12 一个4位的D/A转换器，当输入数字量为0001时，对应的输出模拟电压为0.02V，试计算当数字量为1101时输出电压为多少伏？

13.13 4位D/A转换器，已知参考电压$U_{REF}=10V$，$R_F=R$，计算该D/A转换器的输出电压范围。

13.14 一个D/A转换器可分辨0.0025V电压，其满刻度输出电压为9.9976V，求该转换器至少是多少位。

13.15 对于一个3位A/D转换器，参考电压为10V，试问电路的最小量化单位是多少？当输入电压为5.6V时，输出数字量$D_2D_1D_0=$？

13.16 已知一个A/D转换器，若最大模拟输入电压为5V，试问要能分辨5mV的输入电压至少需要的转换位数是多少？

13.17 若要选择从ADC0809 IN_5端输入待转换的模拟信号，该如何控制？

13.18 电路中ADC0809的EOC端有什么作用？

13.19 画出ADC0809数字量的时序图(只要求画出时钟CLK、地址译码信号、ALE及OE)。

13.20 根据图13.5，说明如何利用ADC0809的EOC向单片机AT89C51产生请求信号？

13.21 AD7705是16位的A/D转换器，试计算该转换器的分辨率和量化误差？如其基准电压$R_{EF(-)}$、$R_{EF(+)}$为0～3V，则1LSB为多少伏？

附录

EDA(Multisim)认知及应用

Multisim 来源于加拿大图像交互技术公司(Interactive Image Technologies，IIT)推出的以 Windows 为基础的仿真工具，原名 EWB。

EDA 软件代表电子系统设计的技术潮流，在众多的 EDA 仿真软件中，Multisim 软件界面友好、功能强大、易学易用，受到电类设计开发人员的青睐。

1996 年，IIT 推出了 EWB 5.0 版本，在 EWB 5.x 版本之后，从 EWB 6.0 版本开始，IIT 对 EWB 进行了较大变动，名称改为 Multisim(多功能仿真软件)，专用于电路级仿真。

IIT 后来被美国国家仪器公司(National Instruments，NI)公司收购，软件更名为 NI Multisim，目前已经有 Multisim 2001、Multisim 7、Multisim 8、Multisim 9、Multisim 10、Multisim 11、Multisim 12。

Multisim 经历了多个版本的升级，Multisim 9 之后增加了单片机和 LabVIEW 虚拟仪器的仿真和应用。

本书以 Multisim 12 中文版为例，介绍该软件的使用。Multisim 12 为设计提供了大量的元件库和仪器仪表，可以进行元器件的编辑、选取、放置和电路图编辑绘制，可以实现电路工作状况测试，电路特性分析，还可以实现电路图报表的输出、打印等功能。

以下介绍 Multisim12 的基本界面、创建电路原理图的基本操作、虚拟仪器的使用和基本的仿真分析方法。

一、Multisim 12 的基本界面

利用 Multisim 12 进行电路设计和仿真分析的所有操作，都是在其基本界面的电路工作窗口中进行的。在界面上直接或间接地列出了所有的操作菜单，直接展示了最常用的工具栏，不经常使用的工具栏也很容易提取，直接列出了所有的元器件库栏和虚拟仪器。因此，了解基本界面上各种操作命令、工具栏、元器件库栏及虚拟仪器的功能和操作方法，是学习 Multisim 的前提。

Multisim 12 的操作界面如图 F.1 所示。

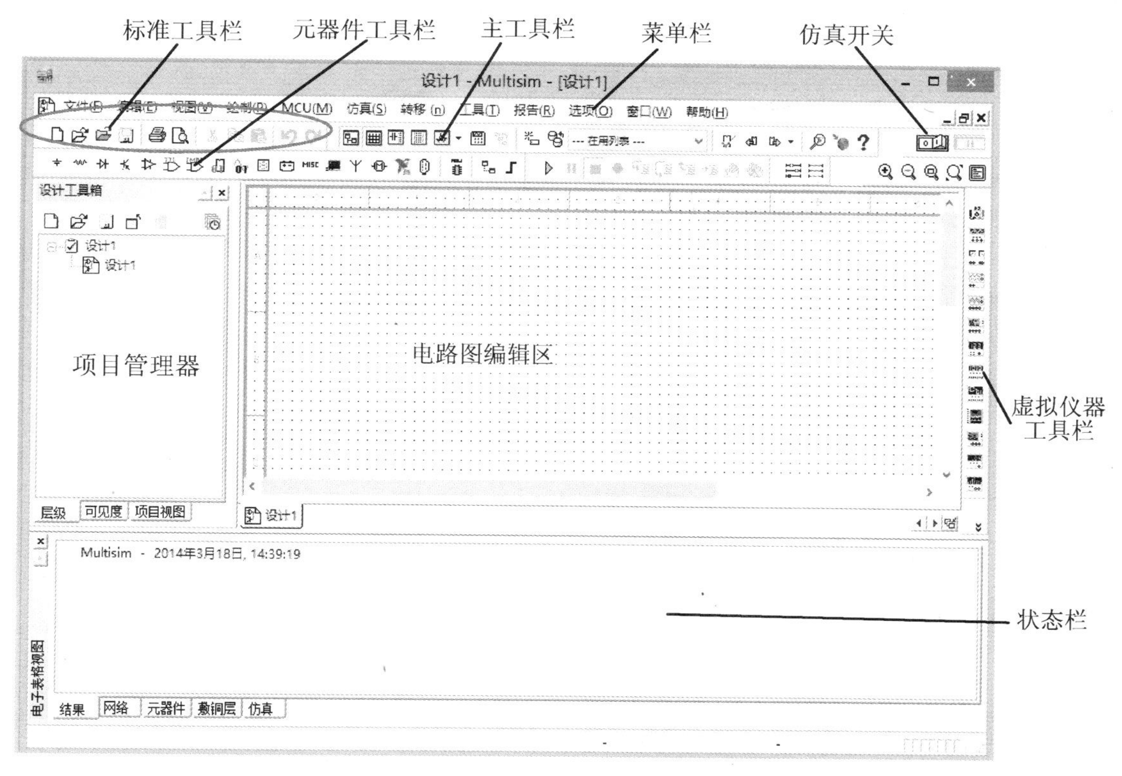

图 F. 1 Multisim 12 的操作界面

1. 菜单栏

与所有的 Windows 应用程序类似，Multisim 12 主菜单中提供了几乎所用的功能命令，共 12 项，每个主菜单下都有下拉菜单，有些下拉菜单中含有右侧带有黑三角的菜单项，当鼠标移至该项时，还会打开子菜单。主菜单栏自左至右依次为(File)文件菜单、(Edit)编辑菜单、(View)视图菜单、(Place)绘制菜单、MCU(单片机仿真)、Simulate(仿真菜单)、(Transfer)转移菜单、(Tools)工具菜单、(Reports)报告菜单、(Options)选项菜单、(Window)窗口菜单、(Help)帮助菜单，共计 12 项。因与绝大多数与一般 Windows 程序软件一样，后面操作菜单常用的操作命令不再赘述，只叙述生僻的和典型性的指令，读者可自行查询。

1) File 文件菜单

File(文件)菜单提供 19 个文件操作命令，如打开、保存和打印等，File 菜单中部分命令及功能如下。

Open：打开一个已存在的 *. Msm10、*. msm9、*. msm8、*. msm7、*. ewb 或 *. utsch 等格式的文件。

Close All：关闭电路工作区内的所有文件。

Save as：将电路工作区内的文件另存为一个文件，仍为 *. msm10 格式。

Save All：将电路工作区内所有的文件以 *. msm10 的格式存盘。

New Project：建立新的项目。

Version Control：版本控制。

Print：打印电路工作区内的电路原理图。

Print Preview：打印预览。

Print Options：包括 Print Setup(打印设置)和 Print Instruments(打印电路工作区内的仪表)命令。

Recent Files：选择打开最近打开过的文件。

Recent Projects：选择打开最近打开过的项目。

2)Edit(编辑)菜单

Edit(编辑)菜单在电路绘制过程中，提供对电路和元件进行剪切、粘贴、旋转等操作命令，共 21 个命令，Edit 菜单中部分命令及功能如下。

Undo：取消前一次操作。

Redo：恢复前一次操作。

Delete Multi—Page：删除多页面。

Paste as Subcircuit：将剪贴板中的子电路粘贴到指定的位置。

Find：查找电路原理图中的元件。

Graphic Annotation：图形注释。

Order：顺序选择。

Assign to Layer：图层赋值。

Layer Settings：图层设置。

Orientation：旋转方向选择，包括 Flip Horizontal(将所选择的元器件左右旋转)、Flip Vertical(将所选择的元器件上下旋转)、90 Clockwise(将所选择的元器件顺时针旋转 90°)、90 CounterCW(将所选择的元器件逆时针旋转 90°)。

Title Block Position：工程图明细表位置。

Edit Symbol/Title Block：编辑符号/工程明细表。

Comment：注释。

Forms/Questions：格式/问题。

3) View(窗口显示)菜单

View(窗口显示)菜单提供 19 个用于控制仿真界面上显示的内容的操作命令，View 菜单中部分命令及功能如下。

Parent Sheet：层次。

Zoom In：放大电原理图。

Show Grid：显示或者关闭栅格。

Show Border：显示或者关闭边界。

Ruler Bars：显示或者关闭标尺栏。

Statusbar：显示或者关闭状态栏。

Design Toolbox：显示或者关闭设计工具箱。

Spreadsheet View：显示或者关闭电子数据表。扩展显示窗口。

Circuit Description Box：显示或者关闭电路描述工具箱。

Toolbar：显示或者关闭工具箱。

Show Comment/Probe：显示或者关闭注释/标注。

Grapher：显示或者关闭图形编辑器。

4）Place(放置)菜单

Place(放置)菜单提供在电路工作窗口内放置元件、连接点、总线和文字等17个命令，Place菜单中部分命令及功能如下。

Connectors：放置输入/输出端口连接器。

New Hierarchical Block：放置层次模块。

Replace Hierarchical Block：替换层次模块。

Hierarchical Block form File：来自文件的层次模块。

New Subcircuit：创建子电路。

Replace by Subcircuit：子电路替换。

Multi-Page：设置多页。

Merge Bus：合并总线。

Bus Vector Connect：总线矢量连接。

Grapher：放置图形。

Title Block：放置工程标题栏。

5）MCU(微控制器)菜单

MCU(微控制器)菜单提供在电路工作窗口内MCU的调试操作命令，MCU菜单中部分命令及功能如下。

No MCU Component Found：没有创建MCU器件。

Debug View Format：调试格式。

Show Line Numbers：显示线路数目。

Step into：进入。

Step over：跨过。

Step out：离开。

Run to cursor：运行到指针。

Toggle breakpoint：设置断点。

Remove all breakpoint：移出所有的断点。

6）Simulate(仿真)菜单

Simulate(仿真)菜单提供18个电路仿真设置与操作命令，Simulate菜单中的命令及功能如下：

Instruments：选择仪器仪表。

Interactive Simulation Settings：交互式仿真设置。

Digital Simulation Settings：数字仿真设置。

Analyses：选择仿真分析法。

Postprocess：启动后处理器。

Simulation Error Log/Audit Trail：仿真误差记录/查询索引。

XSpice Command Line Interface：XSpice 命令界面。

Load Simulation Setting：导入仿真设置。

Save Simulation Setting：保存仿真设置。

Auto Fault Option：自动故障选择。

VHDL Simlation：VHDL 仿真。

Dynamic Probe Properties：动态探针属性。

Reverse Probe Direction：反向探针方向。

Clear Instrument Data：清除仪器数据。

Use Tolerances：使用公差。

7) Transfer(文件输出)菜单

Transfer(文件输出)菜单提供 8 个传输命令，Transfer 菜单中的命令及功能如下。

Transfer to Ultiboard 10：将电路图传送给 Ultiboard 10。

Transfer to Ultiboard 9 or earlier：将电路图传送给 Ultiboard 9 或者其他早期版本。

Export to PCB Layout：输出 PCB 设计图。

Forward Annotate to Ultiboard 10：创建 Ultiboard 10 注释文件。

Forward Annotate to Ultiboard 9 or earlier：创建 Ultiboard 9 或者其他早期版本注释文件。

Backannotate from Ultiboard：修改 Ultiboard 注释文件。

Highlight Selection in Ultiboard：加亮所选择的 Ultiboard。

Export Netlist：输出网表。

8) Tools(工具)菜单

Tools(工具)菜单提供 17 个元件和电路编辑或管理命令，Tools 菜单中的命令及功能如下。

Component Wizard：元件编辑器。

Database：数据库。

Variant Manager：变量管理器。

Set Active Variant：设置动态变量。

Circuit Wizards：电路编辑器。

Rename/Renumber Components：元件重新命名/编号。

Replace Components：元件替换。

Update Circuit Components：更新电路元件。

Update HB/SC Symbols：更新 HB/SC 符号。

Electrical Rules Check：电气规则检验。

Clear ERC Markers：清除 ERC 标志。

Toggle NC Marker：设置 NC 标志。

Symbol Editor：符号编辑器。

Title Block Editor...：工程图明细表比较器。

Description Box Editor：描述箱比较器。

Edit Labels：编辑标签。

Capture Screen Area：抓图范围。

9）Reports（报告）菜单

Reports（报告）菜单提供材料清单等 6 个报告命令，Reports 菜单中的命令及功能如下。

Bill of Report：材料清单。

Component Detail Report：元件详细报告。

Netlist Report：网络表报告。

Cross Reference Report：参照表报告。

Schematic Statistics：统计报告。

Spare Gates Report：剩余门电路报告。

10）Option（选项）菜单

Option（选项）菜单提供 5 个电路界面和电路某些功能的设定命令，Options 菜单中部分命令及功能如下。

Global Preferences...：全部参数设置。

Sheet Properties：工作台界面设置。

Customize User Interface...：用户界面设置。

11）Windows（窗口）菜单

Windows（窗口）菜单提供 9 个窗口操作命令，Windows 菜单中的命令及功能如下：

Cascade：窗口层叠。

Tile Horizontal：窗口水平平铺。

Tile Vertical：窗口垂直平铺。

Windows...：窗口选择。

12）Help（帮助）菜单

Help（帮助）菜单为用户提供在线技术帮助和使用指导，Help 菜单中的命令及功能如下。

Multisim Help：主题目录。

Components Reference：元件索引。

Release Notes：版本注释。

Check For Updates...：更新校验。

File Information...：文件信息。

Patents...：专利权。

About Multisim：有关 Multisim 的说明。

2. 元器件库栏

Multisim9 提供了丰富的元器件库，元器件库栏图标和名称如图 F.2 所示。

元器件工具栏从左到右分别为信号及电源库、基本元器件库、二极管库、晶体管库、模拟集成元器件库、TTL 元器件库、CMOS 元器件库、其他数字元器件库、混合芯片库、

图 F.2　元器件库栏

显示元器件库、其他元器件库、控制部件库、射频元器件库和机电类元器件库。

单击元器件库栏的某一个图标即可打开该元件库。

3. Multisim 仪器仪表库

仪器仪表库的图标如图 F.3 所示。

图 F.3　Multisim 仪器仪表库

从左向右，所用到的虚拟仪表依次排列见表 F.1。

虚拟仪表名	图标及显示面板	虚拟仪表名	图标及显示面板
数字万用电表		逻辑转换仪	
函数信号发生器		IV 分析仪	
瓦特表		失真分析仪	
示波器		频谱分析仪	
四通道示波器		网络分析仪	
波特图		安捷伦信号发生器	
频率计		安捷伦万用表	
字信号发生器		安捷伦示波器	

续表

虚拟仪表名	图标及显示面板	虚拟仪表名	图标及显示面板
逻辑分析仪		泰克示波器	

4. 项目管理器

项目管理器位于基本工作界面的左半部分，电路以分层的形式展示，主要用于层次电路的显示，如图 F.4 所示。

层级(Hierarchy)：对不同电路的分层显示，单击“新建”按钮将生成 Circuit2 电路。

可见度(Visibility)：设置是否显示电路的各种参数标识，如集成电路的引脚名。

项目视图(Project View)：显示同一电路的不同页。

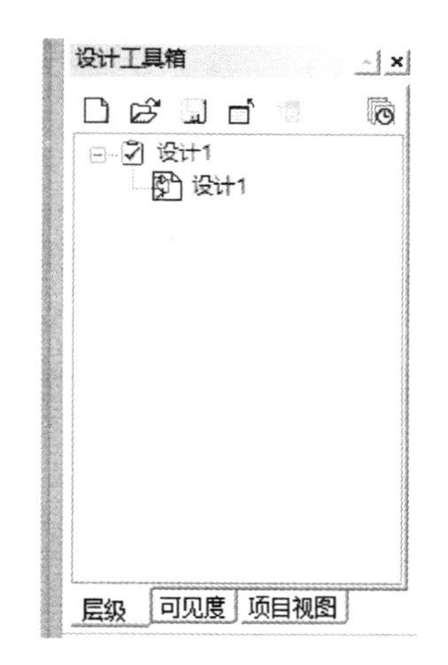

图 F.4　Multisim 12 项目管理器

二、创建电路原理图的基本操作

我们以分压式偏置电路为例，学习电路的绘制与仿真，如图 F.5 所示为目标电路。

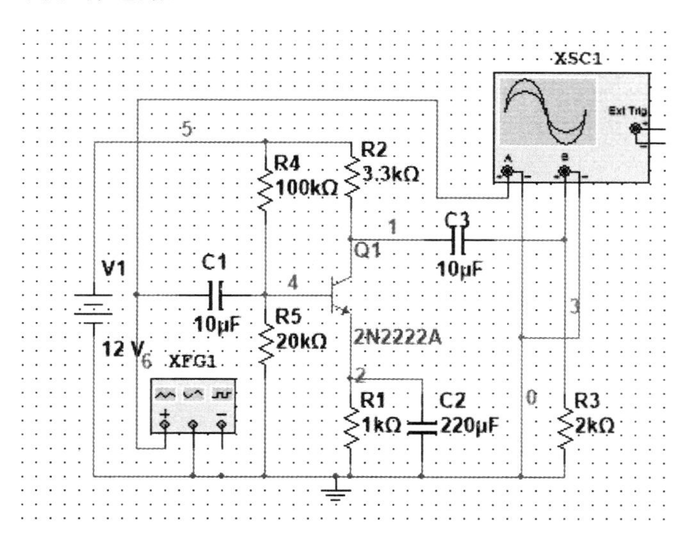

图 F.5　分压式偏置电路

操作步骤如下。

1. 文件的创建与打开

1）新建电路文件

执行菜单命令 File→New，创建一个新的电路文件，屏幕出现一个新的电路工作窗口，系统自动产生 circuit1 的电路文件。在电路文件未保存之前，其文件名为 circuit1. ms9。在该窗口，我们可以进行仿真电路的创建。

如果当前已打开一个电路，并且已被修改，则在打开新的电路的窗口之前，系统会提示是否保存当前修改过的电路。

2）打开已有文件

执行菜单命令 File→Open 打开已有的电路文件。屏幕显示如图 F. 6 所示的对话框，选择路径后选中要打开的文件。

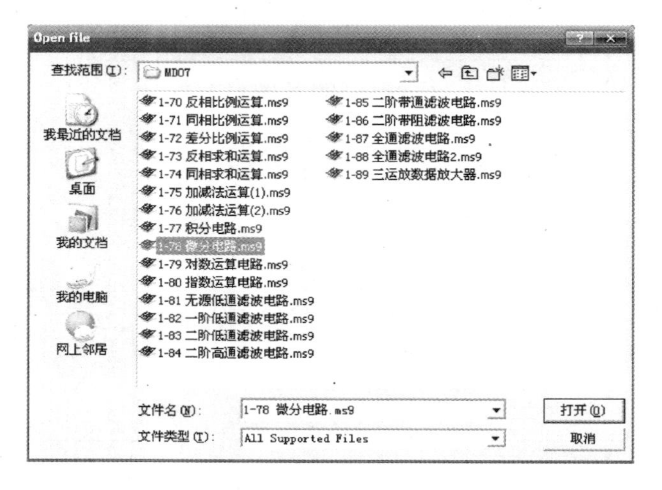

图 F. 6　打开文件对话框

2. 放置元器件和仪表

放置+12V 直流稳压电源：选择主数据库，电源组，POWER _ SOURCES 子类，DC _ POWER，单击确定，如图 F. 7(a)所示，同时双击电源元件，可以改变电源参数，如图 F. 7(b)所示。

同理，放置定值电阻：选择 Basic 组，RESISTOR 子类，根据需要选择相应阻值的电阻。放置后电阻值可以修改。

放置定值电容：选择 Basic 组，CAPACITOR 子类，放置后电容值可以修改。

放置 NPN 晶体管：选择 Transistors 组，选择所有系列，找到本例所需晶体管 2N2222A，如图 F. 8 所示。可用“＊2222”进行模糊查找。

放置接地端：选择 Sources 组，POWER _ SOURCES 子类，选择模拟地 GROUND，本软件中数字地是 DGND，如图 F. 9 所示。

放置信号源：鼠标单击仪表工具栏中函数信号发生器按钮，移动鼠标将其放在电路图 F. 10 中。

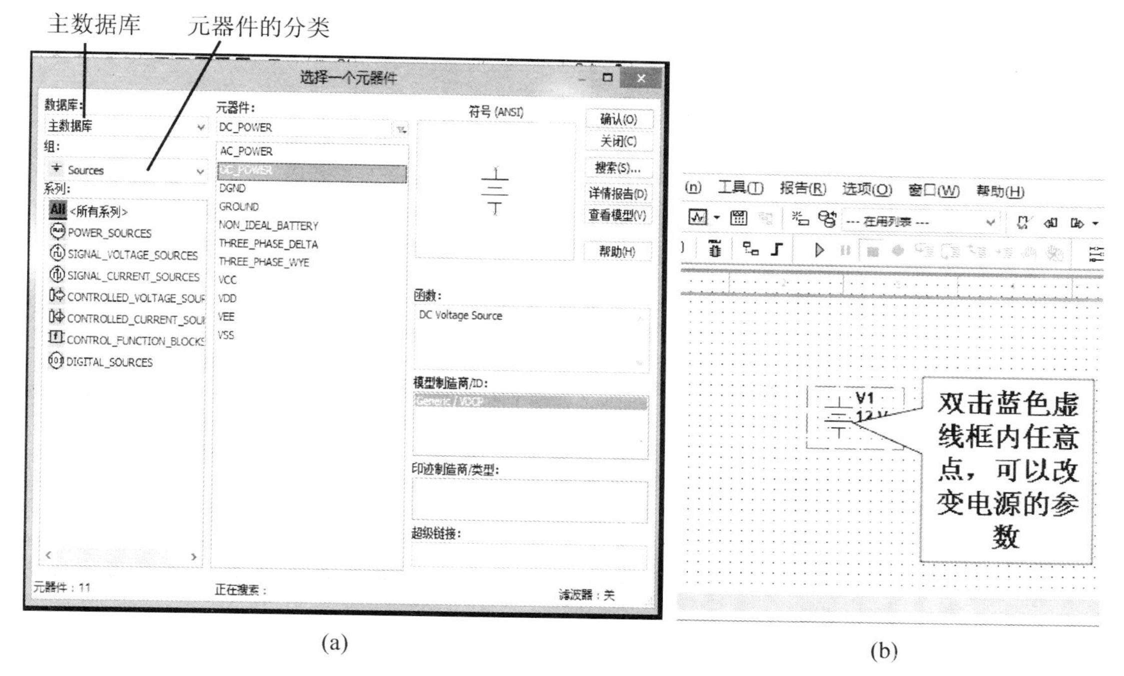

图 F.7　放置电源元件及修改参数

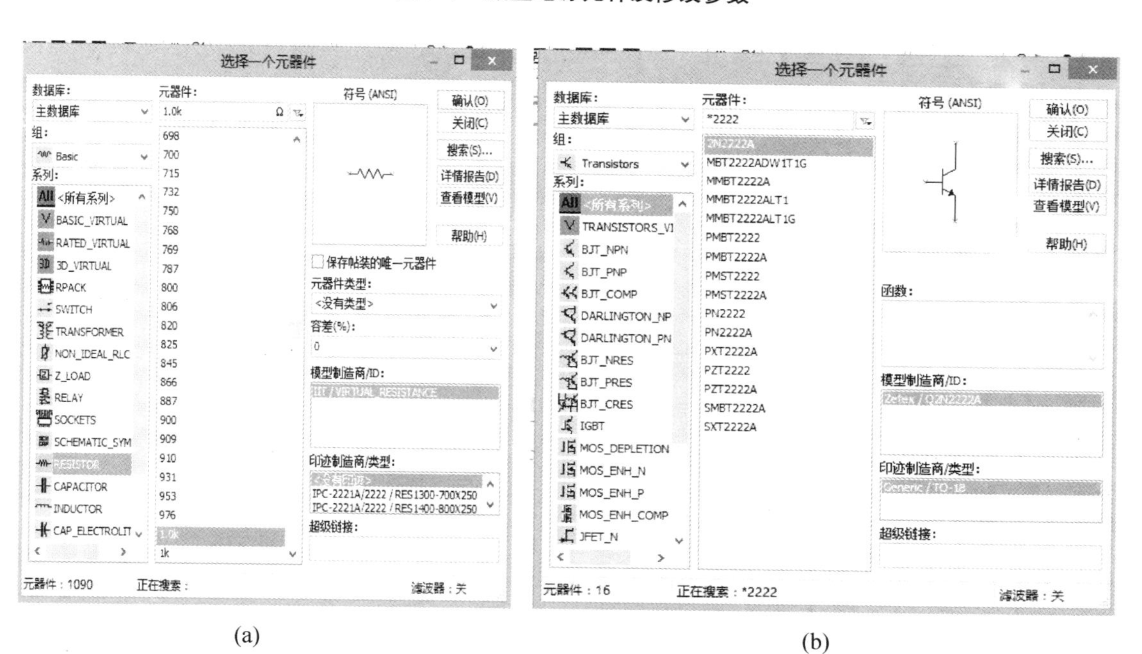

图 F.8　放置电阻及晶体管元件

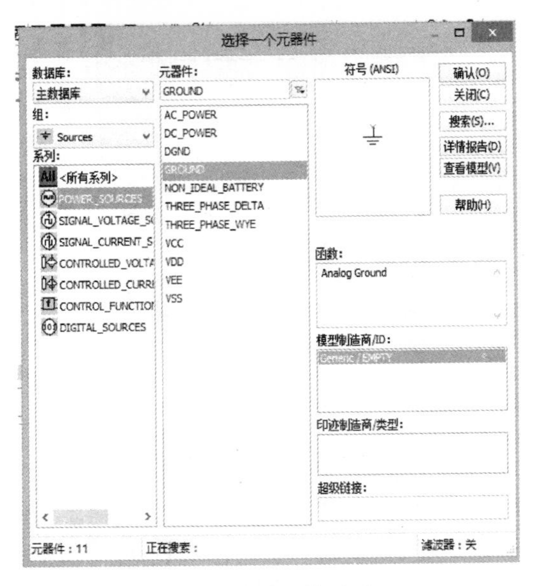

图 F.9　放置接地端

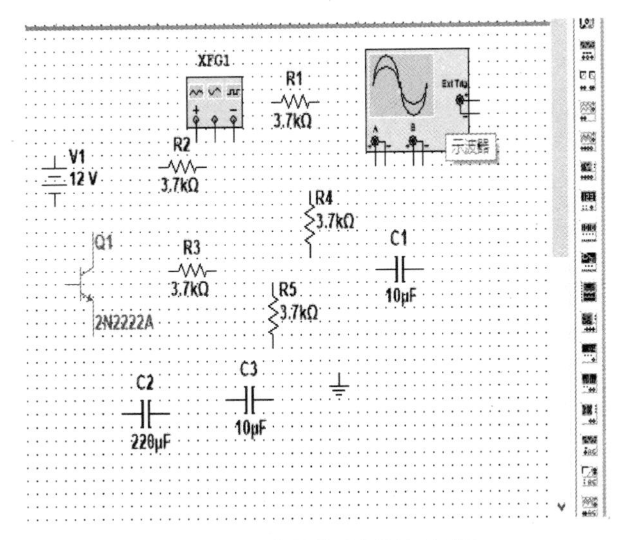

图 F.10　放置信号源及示波器

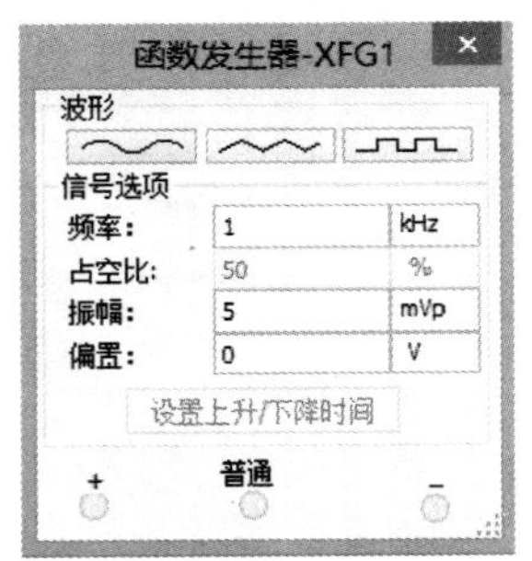

图 F.11　设置信号源参数

放置示波器的方法同上。

双击函数信号发生器图标弹出参数设置对话框；鼠标单击修改相应的参数。如本例：选择幅值 5mVp，频率 1kHz 的正弦波，如图 F.11 所示。

3. 元器件编辑

调整位置：选定元件，移动至合适位置。元器件摆放角度调整热键：需要对元件进行 90°旋转时，先选中该元件，可用 Ctrl+R 实现；同理垂直翻转可用 Alt+Y 实现；水平翻转采用

Alt+X。

4. 连线和进一步调整

1）连线

单击起始引脚鼠标指针变为十字形，移动鼠标至目标引脚或导线单击；在需要拐弯处单击可以固定拐点。

元器件与导线连接，系统自动在交叉点放置节点。

两个元器件引脚连接在一起后，鼠标拖拽其中的一个，则有连接线出现。

2）交叉点

默认丁字交叉为导通，十字交叉为不导通。可分段连线，即起点到交叉点，交叉点到终点。可以在已有连线上增加一个节点(Junction)，从该节点可以引出新的连线。

右击鼠标选择 Delete，即可进行导线和节点删除。到此步，即完成分压式偏置电路的绘制。

5. 电路仿真

按下仿真开关，电路开始工作，双击示波器，可以看到相应的波形，如图 F. 12 所示。

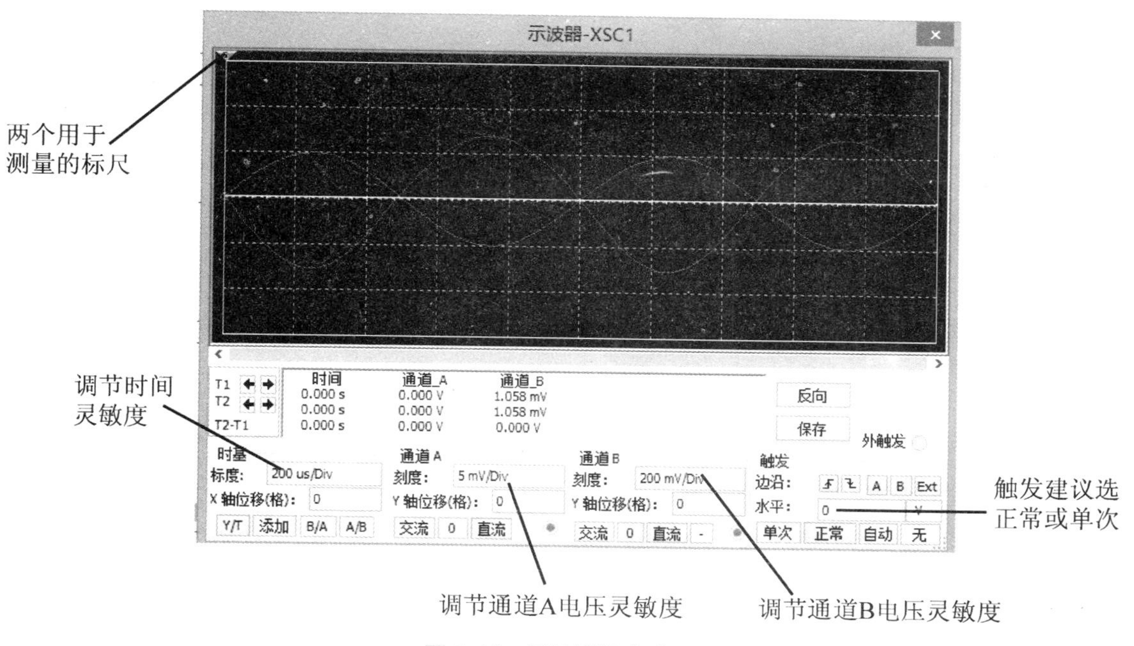

图 F. 12　示波器输出波形

使用两个标尺，显示区给出对应时间及该时间的波形幅值，并得到两个标尺间的时间差，即测量周期，如图 F. 13 所示，由图可知，该波形周期 $T=200\mu s\times 5=1ms$。

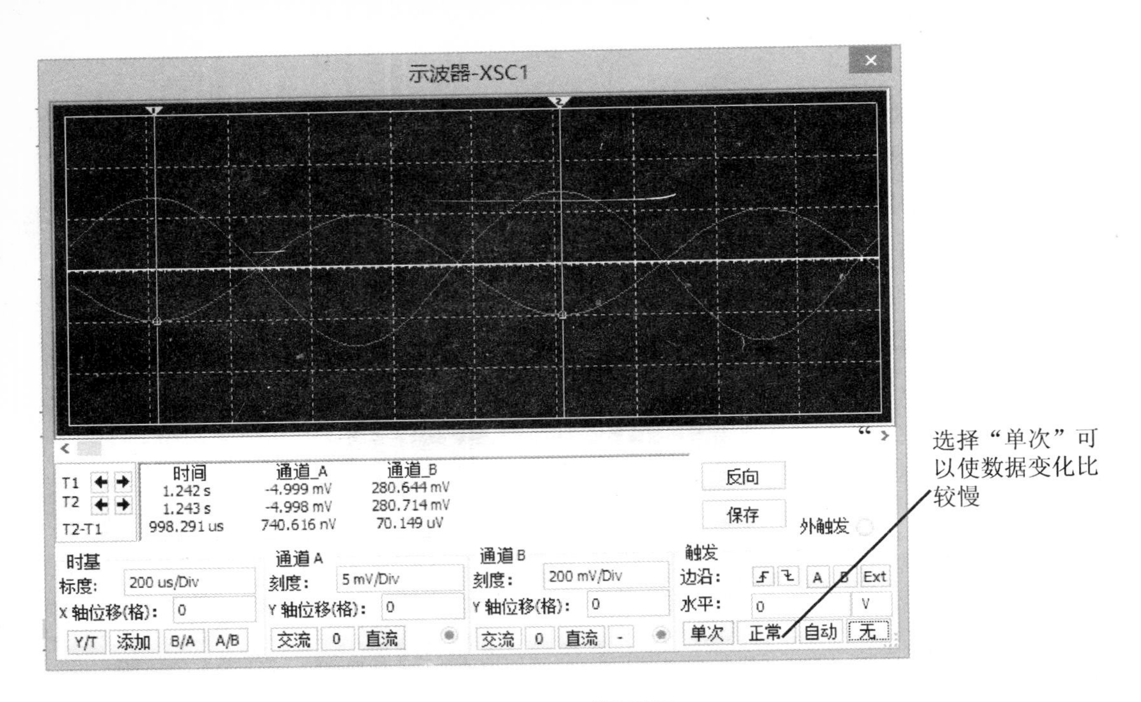

图 F. 13　测量周期

单击“反向”按钮可将背景反色，如图 F. 14 所示。

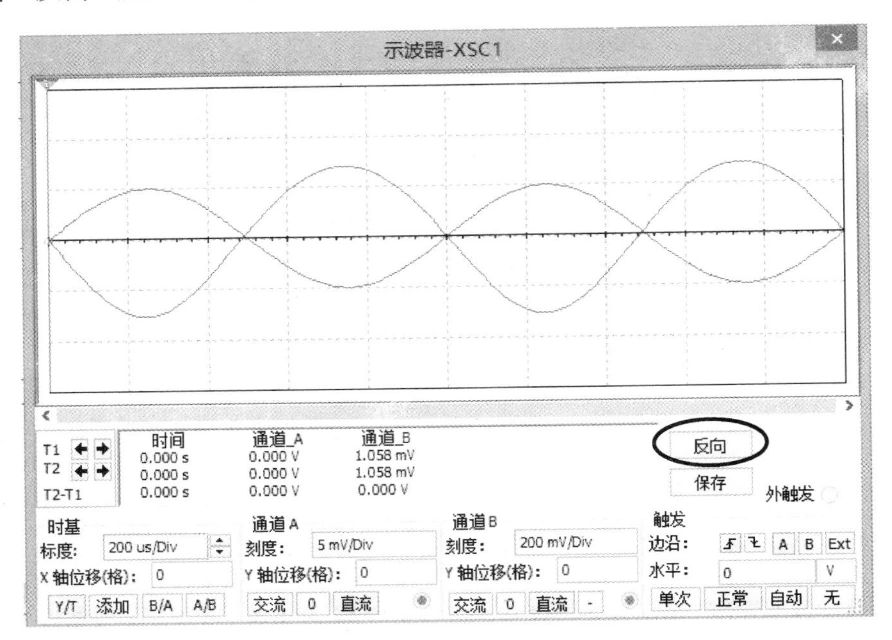

图 F. 14　示波器背景反色

单击“测量探针”按键后，可以在电路图中需要的位置单击鼠标放置探针，如图 F. 15 所示。注意：仿真执行过程中不能删除探针。

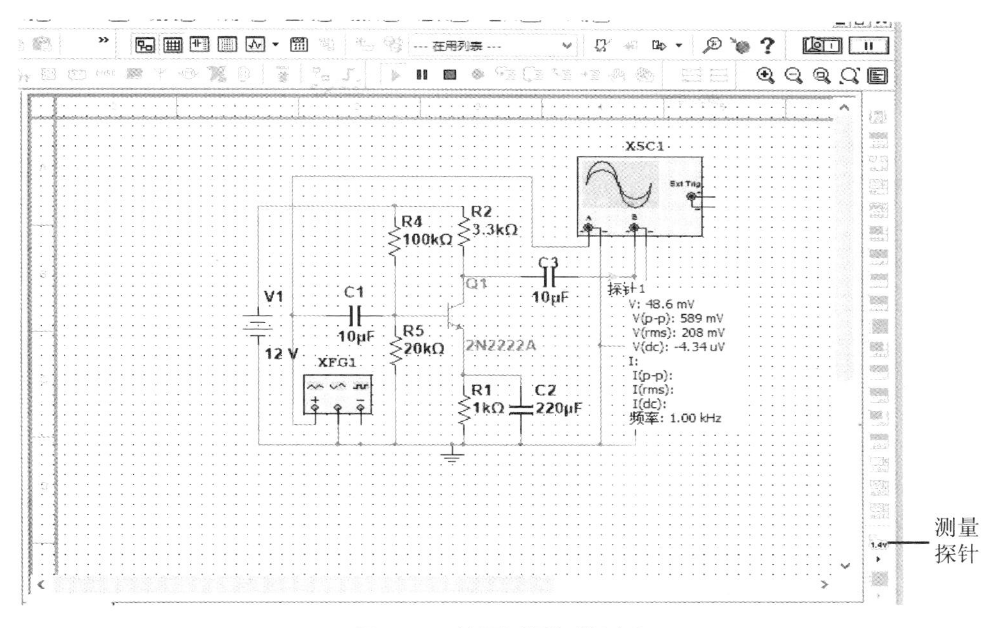

图 F. 15　放置测量探针测试

停止仿真后，单击菜单“选项/电路图属性”，网络名称：选择全部显示，并确认，如图 F. 16 所示。

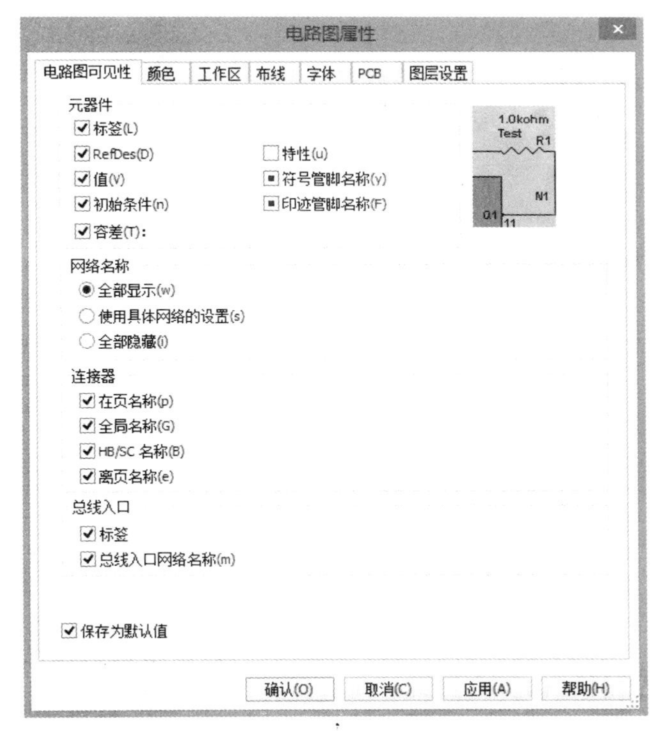

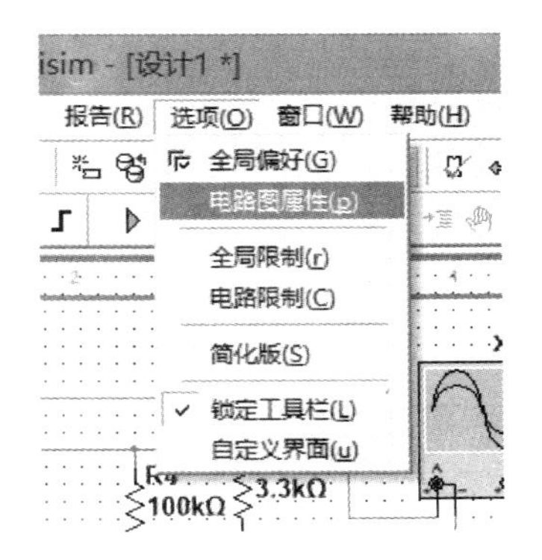

图 F. 16　电路图属性设置

通过电路图属性设置，可在电路图中显示各个结点的编号(图中红色数字)，如图 F.17 所示。

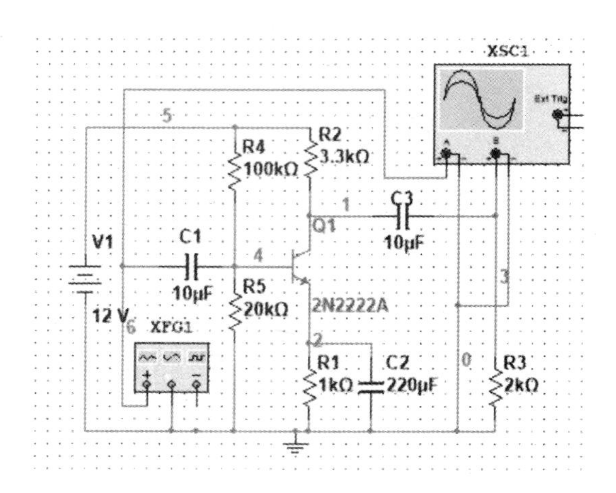

图 F.17　电路中各个结点编号

6. 输出分析结果

1) 直流工作点分析

进入直流工作点分析窗口，选择需要分析的项目，网络各结点电压，各元器件工作电流等参数，可以根据需要添加表达式，单击“仿真”按钮。

图 F.18　直流工作点分析设置

由此可得出仿真分析结果，如图 F.19 所示。

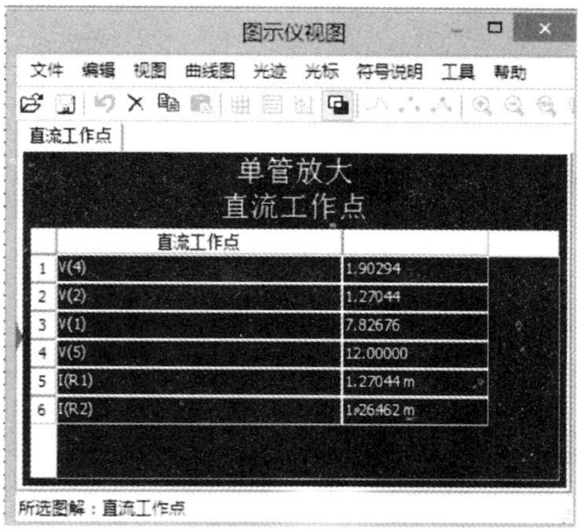

单管放大
直流工作点

	直流工作点	
1	V(4)	1.90294
2	V(2)	1.27044
3	V(1)	7.82676
4	V(5)	12.00000
5	I(R1)	1.27044 m
6	I(R2)	1.26462 m

所选图解：直流工作点

图 F.19　直流工作点参数

2）交流分析

选择起始/停止频率，选择需要分析的输出，或选择添加表达式，如本例中选定输出电压 V(3)比上输入电压 V(6)的相度，可观察到信号频率从 1Hz～1GHz 变化过程中放大倍数变化曲线，如图 F.20 所示。

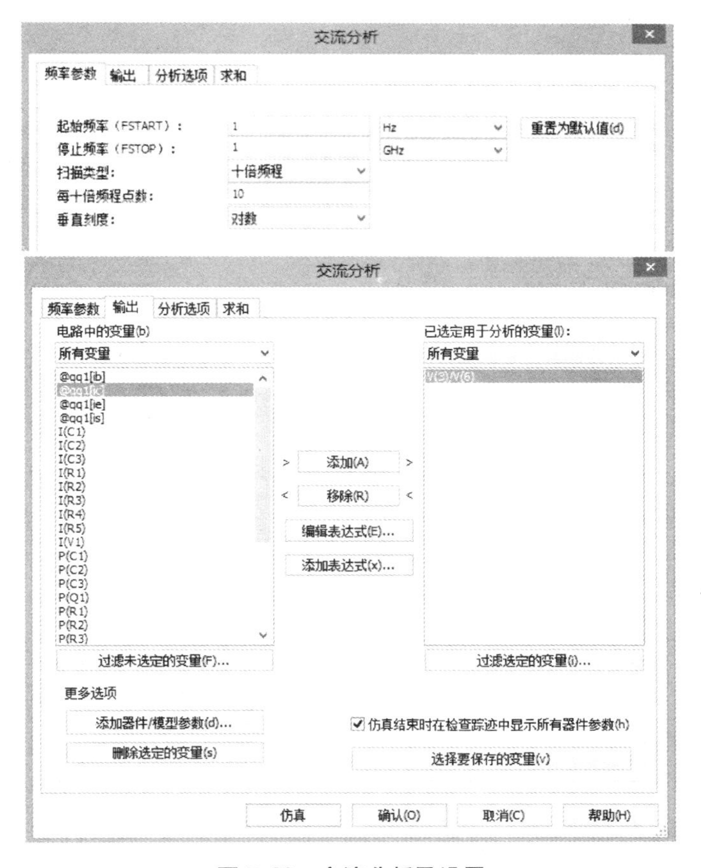

图 F.20　交流分析及设置

交流分析的仿真结果如图 F. 21 所示所示。

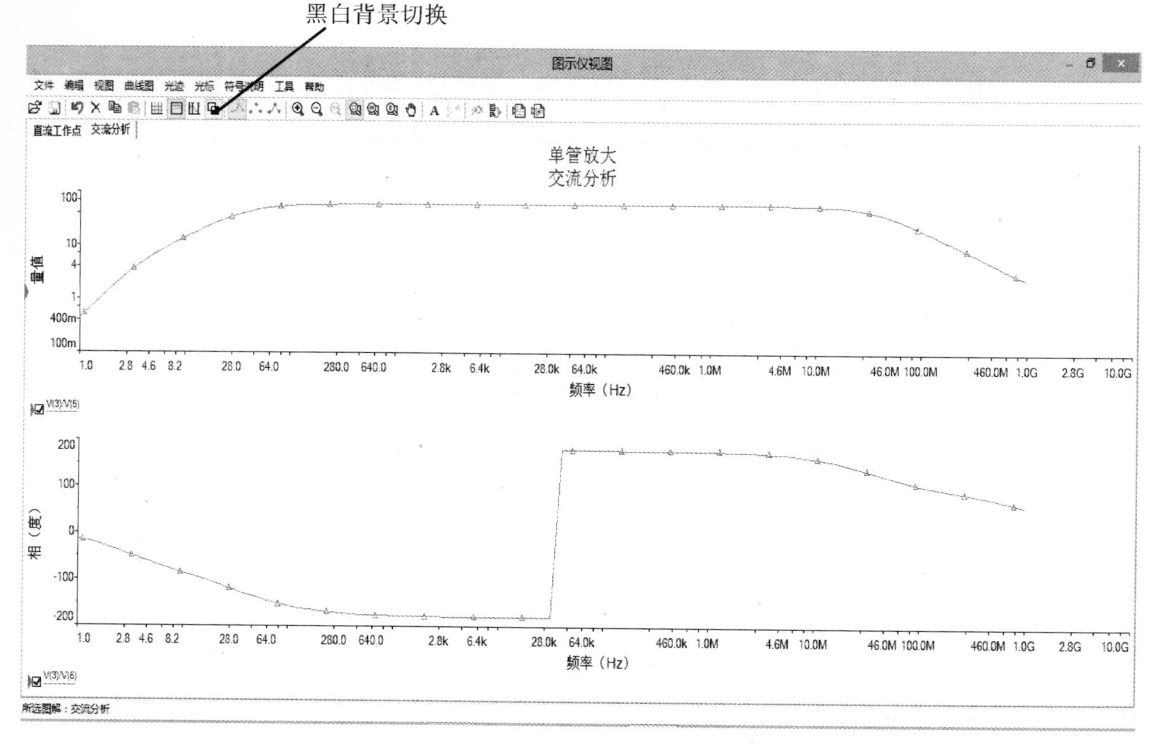

图 F. 21　动态分析仿真结果

3）瞬态分析

设置仿真起止时间，建议时间长度为 1 或 2 个周。选择需要分析的输出，如本例：选择输入电压 V(6)，输出电压 V(3)，如图 F. 22 所示。

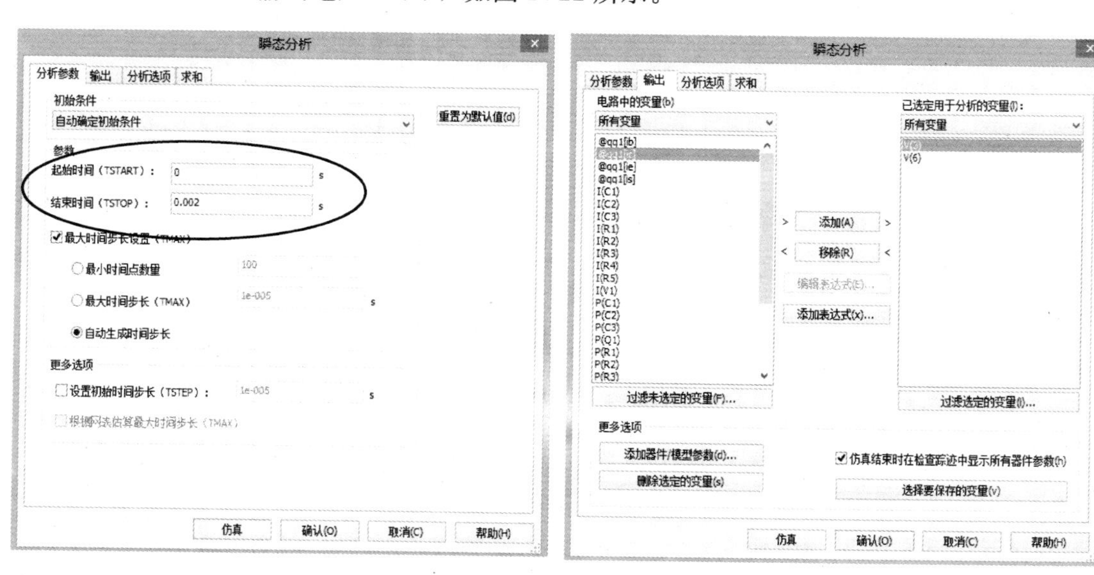

图 F. 22　瞬态分析与设置

单击“仿真”按钮，仿真结果如图 F. 23 所示。

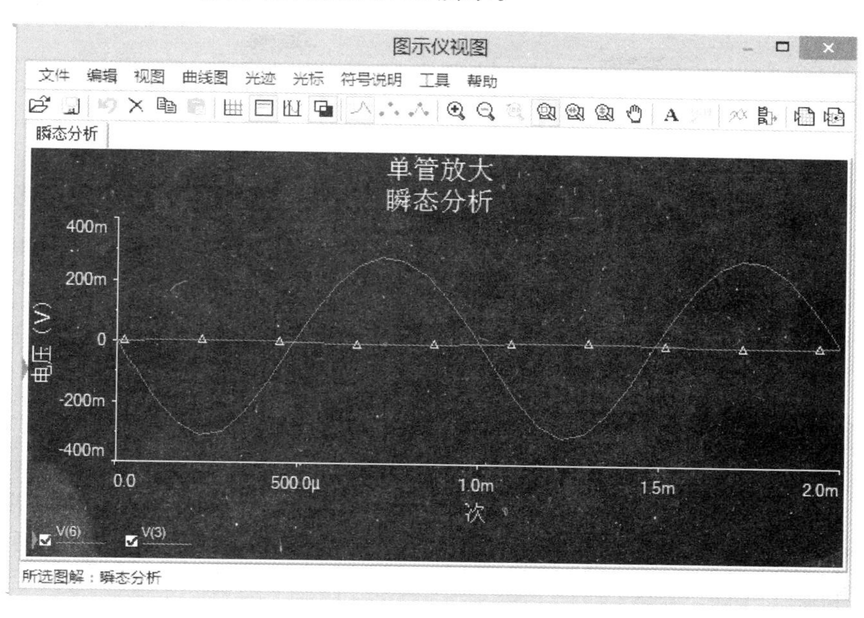

图 F. 23 瞬态分析结果

通过改变光迹属性来改善图示效果，如图 F. 24 所示。

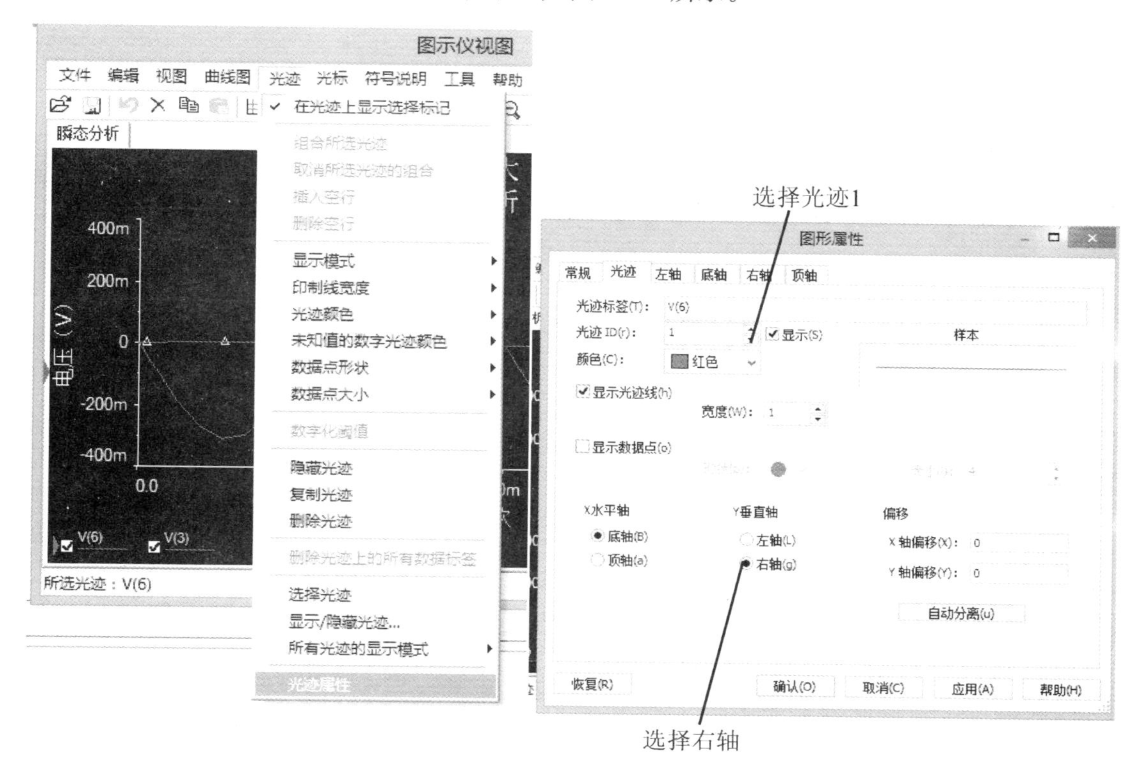

图 F. 24 设置改善图示效果

修改右轴属性，再次观察输出波形，如图 F. 25 所示。

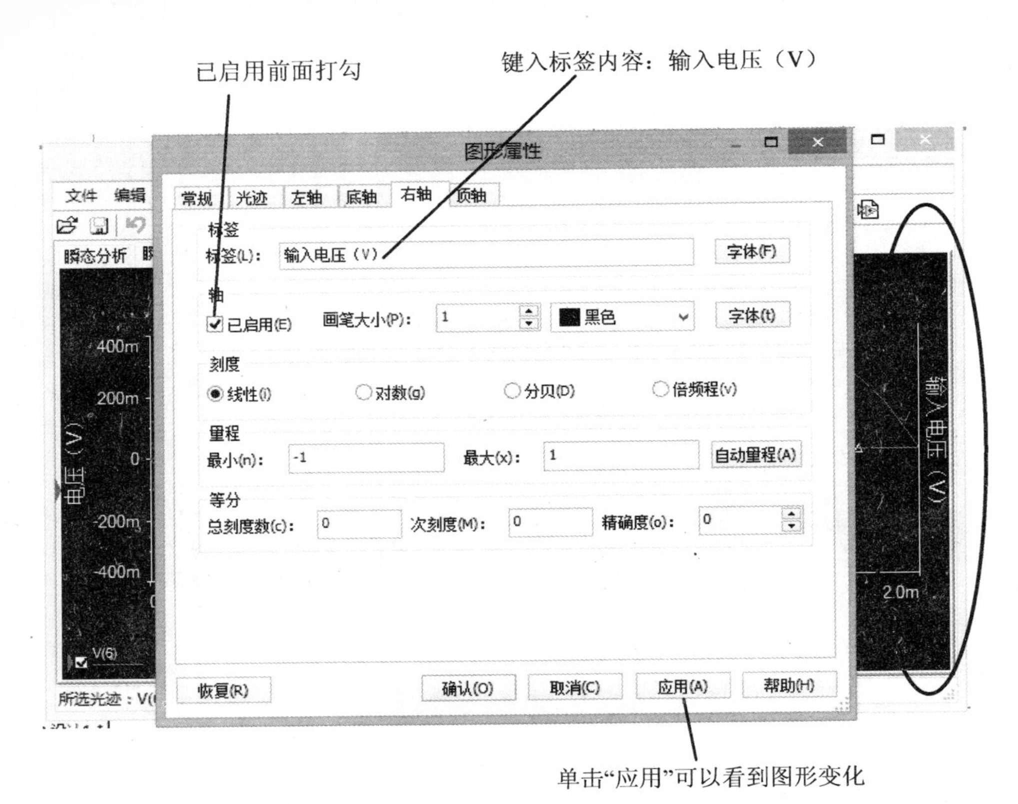

图 F. 25　修改右轴属性

另外，设置输入/输出电压的量程，也可单击“自动量程”，如图 F. 26 所示。

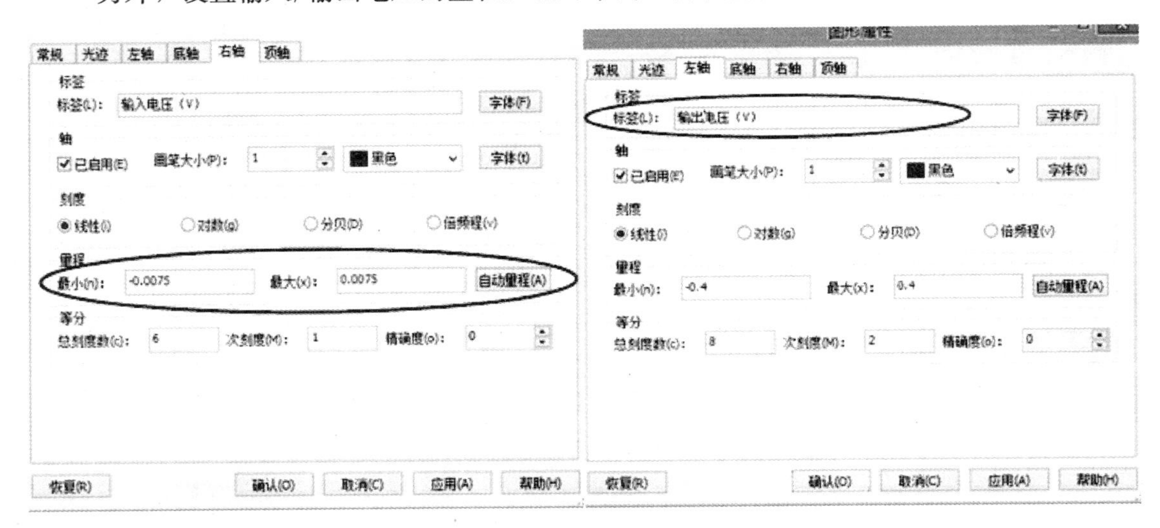

图 F. 26　设置量程

修改左轴标签内容为：输出电压(V)，单击“确定”按钮，可看到最终瞬态分析结果，如图 F. 27 所示。

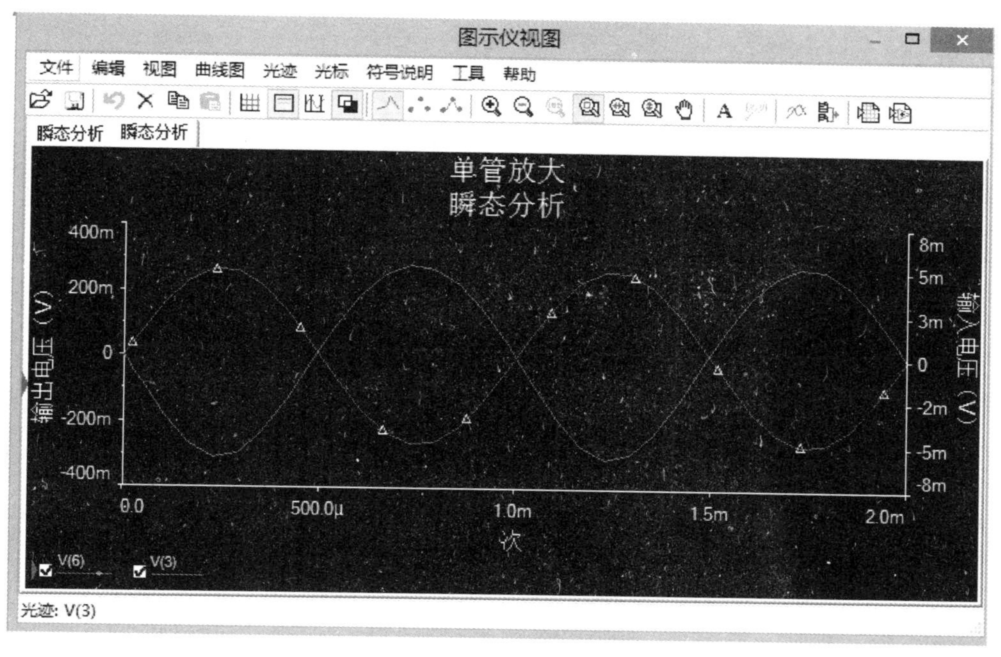

图 F. 27 瞬态分析最终结果

参 考 文 献

[1] 曹建林．电工学[M]．北京：高等教育出版社，2004.

[2] 李怀甫．电工电子技术基础[M]．北京：机械工业出版社，2006.

[3] 魏绍亮，陈新华．电子技术实践[M]．北京：机械工业出版社，2002.

[4] 王海群．电子技术实验与实训[M]．北京：机械工业出版社，2005.

[5] 王艳丹．电工技术与电子技术实验指导[M]．2 版．北京：清华大学出版社，2012.

[6] 刘贵栋．电子电路的 Multisim 仿真实践[M]．哈尔滨：哈尔滨工业大学出版社，2008.

[7] 侯守军，张道平．电子技术基础[M]．北京：国防工业出版社，2010.

[8] 孙红英，于风卫．电工电子基础与电力电子技术[M]．北京：人民交通出版社，2013.

[9] 阎石．数字电子技术基础[M]．北京：中国石化出版社，2013.

北京大学出版社高职高专机电系列规划教材

序号	书号	书名	编著者	定价	印次	出版日期	配套情况
"十二五"职业教育国家规划教材							
1	978-7-301-24455-5	电力系统自动装置(第 2 版)	王　伟	26.00	1	2014.8	ppt/pdf
2	978-7-301-24506-4	电子技术项目教程(第 2 版)	徐超明	42.00	1	2014.7	ppt/pdf
3	978-7-301-24475-3	零件加工信息分析(第 2 版)	谢　蕾	52.00	2	2015.1	ppt/pdf
4	978-7-301-24227-8	汽车电气系统检修(第 2 版)	宋作军	30.00	1	2014.8	ppt/pdf
5	978-7-301-24507-1	电工技术与技能	王　平	42.00	1	2014.8	ppt/pdf
6	978-7-301-17398-5	数控加工技术项目教程	李东君	48.00	1	2010.8	ppt/pdf
7	978-7-301-25341-0	汽车构造(上册)——发动机构造(第 2 版)	罗灯明	35.00	1	2015.5	ppt/pdf
8	978-7-301-25529-2	汽车构造(下册)——底盘构造(第 2 版)	鲍远通	36.00	1	2015.5	ppt/pdf
9	978-7-301-25650-3	光伏发电技术简明教程	静国梁	29.00	1	2015.6	ppt/pdf
10	978-7-301-24589-7	光伏发电系统的运行与维护	付新春	33.00	1	2015.7	ppt/pdf
11	978-7-301-18322-9	电子 EDA 技术(Multisim)	刘训非	30.00	2	2012.7	ppt/pdf
机械类基础课							
1	978-7-301-13653-9	工程力学	武昭晖	25.00	3	2011.2	ppt/pdf
2	978-7-301-13574-7	机械制造基础	徐从清	32.00	3	2012.7	ppt/pdf
3	978-7-301-13656-0	机械设计基础	时忠明	25.00	3	2012.7	ppt/pdf
4	978-7-301-13662-1	机械制造技术	宁广庆	42.00	2	2010.11	ppt/pdf
5	978-7-301-27082-0	机械制造技术	徐　勇	48.00	1	2016.5	ppt/pdf
6	978-7-301-19848-3	机械制造综合设计及实训	裘俊彦	37.00	1	2013.4	ppt/pdf
7	978-7-301-19297-9	机械制造工艺及夹具设计	徐　勇	28.00	1	2011.8	ppt/pdf
8	978-7-301-25479-0	机械制图——基于工作过程(第 2 版)	徐连孝	62.00	1	2015.5	ppt/pdf
9	978-7-301-18143-0	机械制图习题集	徐连孝	20.00	2	2013.4	ppt/pdf
10	978-7-301-15692-6	机械制图	吴百中	26.00	2	2012.7	ppt/pdf
11	978-7-301-27234-3	机械制图	陈世芳	42.00	1	2016.8	ppt/pdf/素材
12	978-7-301-27233-6	机械制图习题集	陈世芳	38.00	1	2016.8	pdf
13	978-7-301-22916-3	机械图样的识读与绘制	刘永强	36.00	1	2013.8	ppt/pdf
14	978-7-301-27778-2	机械设计基础课程设计指导书	王雪艳	26.00	1	2017.1	ppt/pdf
15	978-7-301-23354-2	AutoCAD 应用项目化实训教程	王利华	42.00	1	2014.1	ppt/pdf
16	978-7-301-17122-6	AutoCAD 机械绘图项目教程	张海鹏	36.00	3	2013.8	ppt/pdf
17	978-7-301-17573-6	AutoCAD 机械绘图基础教程	王长忠	32.00	2	2013.8	ppt/pdf
18	978-7-301-19010-4	AutoCAD 机械绘图基础教程与实训(第 2 版)	欧阳全会	36.00	3	2014.1	ppt/pdf
19	978-7-301-22185-3	AutoCAD 2014 机械应用项目教程	陈善岭	32.00	1	2016.1	ppt/pdf
20	978-7-301-26591-8	AutoCAD 2014 机械绘图项目教程	朱　昱	40.00	1	2016.2	ppt/pdf
21	978-7-301-24536-1	三维机械设计项目教程(UG 版)	龚肖新	45.00	1	2014.9	ppt/pdf
22	978-7-301-20752-9	液压传动与气动技术(第 2 版)	曹建东	40.00	2	2014.1	ppt/pdf/素材
23	978-7-301-13582-2	液压与气压传动技术	袁　广	24.00	5	2013.8	ppt/pdf
24	978-7-301-24381-7	液压与气动技术项目教程	武　威	30.00	1	2014.8	ppt/pdf
25	978-7-301-19436-2	公差与测量技术	余　键	25.00	1	2011.9	ppt/pdf
26	978-7-5038-4861-2	公差配合与测量技术	南秀蓉	23.00	4	2011.12	ppt/pdf
27	978-7-301-19374-7	公差配合与技术测量	庄佃霞	26.00	2	2013.8	ppt/pdf
28	978-7-301-25614-5	公差配合与测量技术项目教程	王丽丽	26.00	1	2015.4	ppt/pdf
29	978-7-301-25953-5	金工实训(第 2 版)	柴增田	38.00	1	2015.6	ppt/pdf
30	978-7-301-13651-5	金属工艺学	柴增田	27.00	2	2011.6	ppt/pdf
31	978-7-301-23868-4	机械加工工艺编制与实施(上册)	于爱武	42.00	1	2014.3	ppt/pdf/素材
32	978-7-301-24546-0	机械加工工艺编制与实施(下册)	于爱武	42.00	1	2014.7	ppt/pdf/素材

序号	书号	书名	编著者	定价	印次	出版日期	配套情况
33	978-7-301-21988-1	普通机床的检修与维护	宋亚林	33.00	1	2013.1	ppt/pdf
34	978-7-5038-4869-8	设备状态监测与故障诊断技术	林英志	22.00	3	2011.8	ppt/pdf
35	978-7-301-22116-7	机械工程专业英语图解教程(第2版)	朱派龙	48.00	2	2015.5	ppt/pdf
36	978-7-301-23198-2	生产现场管理	金建华	38.00	1	2013.9	ppt/pdf
37	978-7-301-24788-4	机械 CAD 绘图基础及实训	杜　洁	30.00	1	2014.9	ppt/pdf
数控技术类							
1	978-7-301-17148-6	普通机床零件加工	杨雪青	26.00	2	2013.8	ppt/pdf/素材
2	978-7-301-17679-5	机械零件数控加工	李　文	38.00	1	2010.8	ppt/pdf
3	978-7-301-13659-1	CAD/CAM 实体造型教程与实训(Pro/ENGINEER 版)	诸小丽	38.00	4	2014.7	ppt/pdf
4	978-7-301-24647-6	CAD/CAM 数控编程项目教程(UG版)(第2版)	慕　灿	48.00	1	2014.8	ppt/pdf
5	978-7-301-21873-0	CAD/CAM 数控编程项目教程(CAXA 版)	刘玉春	42.00	2	2013.3	ppt/pdf
6	978-7-5038-4866-7	数控技术应用基础	宋建武	22.00	2	2010.7	ppt/pdf
7	978-7-301-13262-3	实用数控编程与操作	钱东东	32.00	4	2013.8	ppt/pdf
8	978-7-301-14470-1	数控编程与操作	刘瑞已	29.00	2	2011.2	ppt/pdf
9	978-7-301-20312-5	数控编程与加工项目教程	周晓宏	42.00	1	2012.3	ppt/pdf
10	978-7-301-23898-1	数控加工编程与操作实训教程(数控车分册)	王忠斌	36.00	1	2014.6	ppt/pdf
11	978-7-301-20945-5	数控铣削技术	陈晓罗	42.00	1	2012.7	ppt/pdf
12	978-7-301-21053-6	数控车削技术	王军红	28.00	1	2012.8	ppt/pdf
13	978-7-301-25927-6	数控车削编程与操作项目教程	肖国涛	26.00	1	2015.7	ppt/pdf
14	978-7-301-17398-5	数控加工技术项目教程	李东君	48.00	1	2010.8	ppt/pdf
15	978-7-301-21119-9	数控机床及其维护	黄应勇	38.00	1	2012.8	ppt/pdf
16	978-7-301-20002-5	数控机床故障诊断与维修	陈学军	38.00	1	2012.1	ppt/pdf
模具设计与制造类							
1	978-7-301-23892-9	注射模设计方法与技巧实例精讲	邹继强	54.00	1	2014.2	ppt/pdf
2	978-7-301-24432-6	注射模典型结构设计实例图集	邹继强	54.00	1	2014.6	ppt/pdf
3	978-7-301-18471-4	冲压工艺与模具设计	张　芳	39.00	1	2011.3	ppt/pdf
4	978-7-301-19933-6	冷冲压工艺与模具设计	刘洪贤	32.00	1	2012.1	ppt/pdf
5	978-7-301-20414-6	Pro/ENGINEER Wildfire 产品设计项目教程	罗　武	31.00	1	2012.5	ppt/pdf
6	978-7-301-16448-8	Pro/ENGINEER Wildfire 设计实训教程	吴志清	38.00	1	2012.8	ppt/pdf
7	978-7-301-22678-0	模具专业英语图解教程	李东君	22.00	1	2013.7	ppt/pdf
电气自动化类							
1	978-7-301-18519-3	电工技术应用	孙建领	26.00	1	2011.3	ppt/pdf
2	978-7-301-25670-1	电工电子技术项目教程（第2版）	杨德明	49.00	1	2016.2	ppt/pdf
3	978-7-301-22546-2	电工技能实训教程	韩亚军	22.00	1	2013.6	ppt/pdf
4	978-7-301-22923-1	电工技术项目教程	徐超明	38.00	1	2013.8	ppt/pdf
5	978-7-301-12390-4	电力电子技术	梁南丁	29.00	3	2013.5	ppt/pdf
6	978-7-301-17730-3	电力电子技术	崔　红	23.00	1	2010.9	ppt/pdf
7	978-7-301-19525-3	电工电子技术	倪　涛	38.00	1	2011.9	ppt/pdf
8	978-7-301-24765-5	电子电路分析与调试	毛玉青	35.00	1	2015.3	ppt/pdf
9	978-7-301-16830-1	维修电工技能与实训	陈学平	37.00	1	2010.7	ppt/pdf
10	978-7-301-12180-1	单片机开发应用技术	李国兴	21.00	2	2010.9	ppt/pdf
11	978-7-301-20000-1	单片机应用技术教程	罗国荣	40.00	1	2012.2	ppt/pdf
12	978-7-301-21055-0	单片机应用项目化教程	顾亚文	32.00	1	2012.8	ppt/pdf
13	978-7-301-17489-0	单片机原理及应用	陈高锋	32.00	1	2012.9	ppt/pdf
14	978-7-301-24281-0	单片机技术及应用	黄贻培	30.00	1	2014.7	ppt/pdf
15	978-7-301-22390-1	单片机开发与实践教程	宋玲玲	24.00	1	2013.6	ppt/pdf

序号	书号	书名	编著者	定价	印次	出版日期	配套情况
16	978-7-301-17958-1	单片机开发入门及应用实例	熊华波	30.00	1	2011.1	ppt/pdf
17	978-7-301-16898-1	单片机设计应用与仿真	陆旭明	26.00	2	2012.4	ppt/pdf
18	978-7-301-19302-0	基于汇编语言的单片机仿真教程与实训	张秀国	32.00	1	2011.8	ppt/pdf
19	978-7-301-12181-8	自动控制原理与应用	梁南丁	23.00	3	2012.1	ppt/pdf
20	978-7-301-19638-0	电气控制与 PLC 应用技术	郭　燕	24.00	1	2012.1	ppt/pdf
21	978-7-301-18622-0	PLC 与变频器控制系统设计与调试	姜永华	34.00	1	2011.6	ppt/pdf
22	978-7-301-19272-6	电气控制与 PLC 程序设计(松下系列)	姜秀玲	36.00	1	2011.8	ppt/pdf
23	978-7-301-12383-6	电气控制与 PLC(西门子系列)	李　伟	26.00	2	2012.3	ppt/pdf
24	978-7-301-18188-1	可编程控制器应用技术项目教程(西门子)	崔维群	38.00	2	2013.6	ppt/pdf
25	978-7-301-23432-7	机电传动控制项目教程	杨德明	40.00	1	2014.1	ppt/pdf
26	978-7-301-12382-9	电气控制及 PLC 应用(三菱系列)	华满香	24.00	2	2012.5	ppt/pdf
27	978-7-301-22315-4	低压电气控制安装与调试实训教程	张　郭	24.00	1	2013.4	ppt/pdf
28	978-7-301-24433-3	低压电器控制技术	肖朋生	34.00	1	2014.7	ppt/pdf
29	978-7-301-22672-8	机电设备控制基础	王本轶	32.00	1	2013.7	ppt/pdf
30	978-7-301-18770-8	电机应用技术	郭宝宁	33.00	1	2011.5	ppt/pdf
31	978-7-301-23822-6	电机与电气控制	郭夕琴	34.00	1	2014.8	ppt/pdf
32	978-7-301-17324-4	电机控制与应用	魏润仙	34.00	1	2010.8	ppt/pdf
33	978-7-301-21269-1	电机控制与实践	徐　锋	34.00	1	2012.9	ppt/pdf
34	978-7-301-12389-8	电机与拖动	梁南丁	32.00	2	2011.12	ppt/pdf
35	978-7-301-18630-5	电机与电力拖动	孙英伟	33.00	1	2011.3	ppt/pdf
36	978-7-301-16770-0	电机拖动与应用实训教程	任娟平	36.00	1	2012.11	ppt/pdf
37	978-7-301-22632-2	机床电气控制与维修	崔兴艳	28.00	1	2013.7	ppt/pdf
38	978-7-301-22917-0	机床电气控制与 PLC 技术	林盛昌	36.00	1	2013.8	ppt/pdf
39	978-7-301-26499-7	传感器检测技术及应用(第 2 版)	王晓敏	45.00	1	2015.11	ppt/pdf
40	978-7-301-20654-6	自动生产线调试与维护	吴有明	28.00	1	2013.1	ppt/pdf
41	978-7-301-21239-4	自动生产线安装与调试实训教程	周　洋	30.00	1	2012.9	ppt/pdf
42	978-7-301-18852-1	机电专业英语	戴正阳	28.00	2	2013.8	ppt/pdf
43	978-7-301-24764-8	FPGA 应用技术教程(VHDL 版)	王真富	38.00	1	2015.2	ppt/pdf
44	978-7-301-26201-6	电气安装与调试技术	卢　艳	38.00	1	2015.8	ppt/pdf
45	978-7-301-26215-3	可编程控制器编程及应用(欧姆龙机型)	姜凤武	27.00	1	2015.8	ppt/pdf
46	978-7-301-26481-2	PLC 与变频器控制系统设计与高度(第 2 版)	姜永华	44.00	1	2016.9	ppt/pdf
汽车类							
1	978-7-301-17694-8	汽车电工电子技术	郑广军	33.00	1	2011.1	ppt/pdf
2	978-7-301-26724-0	汽车机械基础(第 2 版)	张本升	45.00	1	2016.1	ppt/pdf/素材
3	978-7-301-26500-0	汽车机械基础教程(第 3 版)	吴笑伟	35.00	1	2015.12	ppt/pdf/素材
4	978-7-301-17821-8	汽车机械基础项目化教学标准教程	傅华娟	40.00	2	2014.8	ppt/pdf
5	978-7-301-19646-5	汽车构造	刘智婷	42.00	1	2012.1	ppt/pdf
6	978-7-301-25341-0	汽车构造(上册)——发动机构造(第 2 版)	罗灯明	35.00	1	2015.5	ppt/pdf
7	978-7-301-25529-2	汽车构造(下册)——底盘构造(第 2 版)	鲍远通	36.00	1	2015.5	ppt/pdf
8	978-7-301-13661-4	汽车电控技术	祁翠琴	39.00	6	2015.2	ppt/pdf
9	978-7-301-19147-7	电控发动机原理与维修实务	杨洪庆	27.00	1	2011.7	ppt/pdf
10	978-7-301-13658-4	汽车发动机电控系统原理与维修	张吉国	25.00	2	2012.4	ppt/pdf
11	978-7-301-27796-6	汽车发动机电控技术(第 2 版)	张　俊	53.00	1	2017.1	ppt/pdf/
12	978-7-301-21989-8	汽车发动机构造与维修(第 2 版)	蔡兴旺	40.00	1	2013.1	ppt/pdf/素材
14	978-7-301-18948-1	汽车底盘电控原理与维修实务	刘映凯	26.00	1	2012.1	ppt/pdf
15	978-7-301-24227-8	汽车电气系统检修(第 2 版)	宋作军	30.00	1	2014.8	ppt/pdf
16	978-7-301-23512-6	汽车车身电控系统检修	温立全	30.00	1	2014.1	ppt/pdf
17	978-7-301-18850-7	汽车电器设备原理与维修实务	明光星	38.00	2	2013.9	ppt/pdf

序号	书号	书名	编著者	定价	印次	出版日期	配套情况
18	978-7-301-20011-7	汽车电器实训	高照亮	38.00	1	2012.1	ppt/pdf
19	978-7-301-22363-5	汽车车载网络技术与检修	闫炳强	30.00	1	2013.6	ppt/pdf
20	978-7-301-14139-7	汽车空调原理及维修	林　钢	26.00	3	2013.8	ppt/pdf
21	978-7-301-16919-3	汽车检测与诊断技术	娄　云	35.00	2	2011.7	ppt/pdf
22	978-7-301-22988-0	汽车拆装实训	詹远武	44.00	1	2013.8	ppt/pdf
23	978-7-301-18477-6	汽车维修管理实务	毛　峰	23.00	1	2011.3	ppt/pdf
24	978-7-301-19027-2	汽车故障诊断技术	明光星	25.00	1	2011.6	ppt/pdf
25	978-7-301-17894-2	汽车养护技术	隋礼辉	24.00	1	2011.3	ppt/pdf
26	978-7-301-22746-6	汽车装饰与美容	金守玲	34.00	1	2013.7	ppt/pdf
27	978-7-301-25833-0	汽车营销实务(第 2 版)	夏志华	32.00	1	2015.6	ppt/pdf
28	978-7-301-15578-3	汽车文化	刘　锐	28.00	4	2013.2	ppt/pdf
29	978-7-301-20753-6	二手车鉴定与评估	李玉柱	28.00	1	2012.6	ppt/pdf
30	978-7-301-26595-6	汽车专业英语图解教程(第 2 版)	侯锁军	29.00	1	2016.4	ppt/pdf/素材
31	978-7-301-27089-9	汽车营销服务礼仪(第 2 版)	夏志华	36.00	1	2016.6	ppt/pdf
电子信息、应用电子类							
1	978-7-301-19639-7	电路分析基础(第 2 版)	张丽萍	25.00	1	2012.9	ppt/pdf
2	978-7-301-27605-1	电路电工基础	张　琳	29.00	1	2016.11	ppt/fdf
3	978-7-301-19310-5	PCB 板的设计与制作	夏淑丽	33.00	1	2011.8	ppt/pdf
4	978-7-301-21147-2	Protel 99 SE 印制电路板设计案例教程	王　静	35.00	1	2012.8	ppt/pdf
5	978-7-301-18520-9	电子线路分析与应用	梁玉国	34.00	1	2011.7	ppt/pdf
6	978-7-301-12387-4	电子线路 CAD	殷庆纵	28.00	4	2012.7	ppt/pdf
7	978-7-301-12390-4	电力电子技术	梁南丁	29.00	2	2010.7	ppt/pdf
8	978-7-301-17730-3	电力电子技术	崔　红	23.00	1	2010.9	ppt/pdf
9	978-7-301-19525-3	电工电子技术	倪　涛	38.00	1	2011.9	ppt/pdf
10	978-7-301-18519-3	电工技术应用	孙建领	26.00	1	2011.3	ppt/pdf
11	978-7-301-22546-2	电工技能实训教程	韩亚军	22.00	1	2013.6	ppt/pdf
12	978-7-301-22923-1	电工技术项目教程	徐超明	38.00	1	2013.8	ppt/pdf
14	978-7-301-25670-1	电工电子技术项目教程（第 2 版）	杨德明	49.00	1	2016.2	ppt/pdf
15	978-7-301-26076-0	电子技术应用项目式教程(第 2 版)	王志伟	40.00	1	2015.9	ppt/pdf/素材
16	978-7-301-22959-0	电子焊接技术实训教程	梅琼珍	24.00	1	2013.8	ppt/pdf
17	978-7-301-17696-2	模拟电子技术	蒋　然	35.00	1	2010.8	ppt/pdf
18	978-7-301-13572-3	模拟电子技术及应用	刁修睦	28.00	3	2012.8	ppt/pdf
19	978-7-301-18144-7	数字电子技术项目教程	冯泽虎	28.00	1	2011.1	ppt/pdf
20	978-7-301-19153-8	数字电子技术与应用	宋雪臣	33.00	1	2011.9	ppt/pdf
21	978-7-301-20009-4	数字逻辑与微机原理	宋振辉	49.00	1	2012.1	ppt/pdf
22	978-7-301-12386-7	高频电子线路	李福勤	20.00	3	2013.8	ppt/pdf
23	978-7-301-20706-2	高频电子技术	朱小祥	32.00	1	2012.6	ppt/pdf
24	978-7-301-18322-9	电子 EDA 技术(Multisim)	刘训非	30.00	2	2012.7	ppt/pdf
25	978-7-301-14453-4	EDA 技术与 VHDL	宋振辉	28.00	2	2013.8	ppt/pdf
26	978-7-301-22362-8	电子产品组装与调试实训教程	何　杰	28.00	1	2013.6	ppt/pdf
27	978-7-301-19326-6	综合电子设计与实践	钱卫钧	25.00	2	2013.8	ppt/pdf
28	978-7-301-17877-5	电子信息专业英语	高金玉	26.00	2	2011.11	ppt/pdf
29	978-7-301-23895-0	电子电路工程训练与设计、仿真	孙晓艳	39.00	1	2014.3	ppt/pdf
30	978-7-301-24624-5	可编程逻辑器件应用技术	魏　欣	26.00	1	2014.8	ppt/pdf
31	978-7-301-26156-9	电子产品生产工艺与管理	徐中贵	38.00	1	2015.8	ppt/pdf